Pythonで動かして学ぶ！

あたらしい 深層学習の教科書

機械学習の基本から深層学習まで

株式会社アイデミー 石川 聡彦 著

本書内容に関するお問い合わせについて

このたびは翔泳社の書籍をお買い上げいただき、誠にありがとうございます。

弊社では、読者の皆様からのお問い合わせに適切に対応させていただくため、以下のガイドラインへのご協力をお願い致しております。

下記項目をお読みいただき、手順に従ってお問い合わせください。

ご質問される前に

弊社 Web サイトの「正誤表」をご参照ください。これまでに判明した正誤や追加情報を掲載しています。

正誤表　https://www.shoeisha.co.jp/book/errata/

ご質問方法

弊社 Web サイトの「刊行物 Q&A」をご利用ください。

刊行物 Q&A　https://www.shoeisha.co.jp/book/qa/

インターネットをご利用でない場合は、FAX または郵便にて、下記翔泳社愛読者サービスセンターまでお問い合わせください。電話でのご質問は、お受けしておりません。

回答について

回答は、ご質問いただいた手段によってご返事申し上げます。ご質問の内容によっては、回答に数日ないしはそれ以上の期間を要する場合があります。

ご質問に際してのご注意

本書の対象を越えるもの、記述個所を特定されないもの、また読者固有の環境に起因するご質問等にはお答えできませんので、予めご了承ください。

郵便物送付先および FAX 番号

送付先住所　〒 160-0006　東京都新宿区舟町 5

FAX 番号　03-5362-3818

宛先　㈱翔泳社 愛読者サービスセンター

※本書に記載された URL 等は予告なく変更される場合があります。

※本書の対象に関する詳細は iv ページをご参照ください。

※本書の出版にあたっては正確な記述につとめましたが、著者や出版社などのいずれも、本書の内容に対してなんらかの保証をするものではなく、内容やサンプルに基づくいかなる運用結果に関してもいっさいの責任を負いません。

※本書に掲載されているサンプルプログラムやスクリプト、および実行結果を記した画面イメージなどは、特定の設定に基づいた環境にて再現される一例です。

※本書の内容は、2018 年 9 月執筆時点のものです。

はじめに

本書は、プログラミングの経験はあるものの、機械学習とPythonの経験がほとんどないエンジニアのために作られた参考書です。Pythonの基礎からはじめ、NumPy/Pandasなど、Pythonで頻繁に使われるライブラリに触れたのち、機械学習の基本と深層学習（ディープラーニング）の実践に挑戦します。最終的には、ディープラーニングの技術であるCNNを用いた画像認識タスクプロジェクトを実装できるレベルまで、コーディングできるようにするのがゴールです。

さて、本書はプログラミング学習サービス「Aidemy」の教材をベースに執筆されました。Aidemyとは、日本最大級のAIなどの先端技術特化型のプログラミング学習サービスです。Aidemyはインターネットブラウザ上で提供されるオンライン教材ですが、「テキストは紙で見て、書き込みながら学びたい」派のユーザーも多いはずです。実際、紙のテキストは一覧性に優れているため、後から見返す時には大変便利であるように感じます。

そこで、今回はAidemy初めての「公式教科書」として出版させていただくことになりました。筆者、およびAidemyチームとしても初めてのチャレンジになります。もちろん、本書だけで、Pythonの基礎からディープラーニングの実践まで学習することもできます。しかし、お勧めはAidemyを使いながら、動画を見て理論を把握し、コーディングしながら実践し、クイズに答えながら知識を定着させることです。プログラミング学習に実践は不可欠。ぜひコードを書きながら理解してください。

さらに、Web上のAidemyでは提供されていない、本書オリジナルの「添削問題」も用意しました。添削問題はご自身で自己採点することもできますが、「Aidemy Premium Plan」という短期間集中トレーニングに契約いただければ、弊社のエンジニアがコードをレビューすることもできます。このトレーニングプランでは、書籍の内容に関してもご質問いただけますし、弊社のカウンセラーと学習が進んでない場合の相談や作りたい機械学習システムの議論の壁打ちに付き合い、数ヶ月をかけて機械学習の知識が定着するまでフルサポートいたします。

いずれにせよ、大事なことは、「続けること」です。プログラミング初心者でも、本書を6ヶ月間をかけて少しずつ読み進め、継続して学ぶことができれば、深層学習関連のアプリケーションの作成や、ディープラーニングの資格の取得の可能性も高くなり、エンジニアとして初めの一歩を踏み出せます。また、プログラミング経験者の方は、機械学習について未経験であっても、3ヶ月間本書を少しずつ読み進め、継続して学ぶことができれば深層学習関連の実務をこなすことができるでしょう。

ぜひ、本書やAidemyをうまく活用しつつ、機械学習・深層学習の知識を得てください。そして、世界を変えるようなアプリケーションを作りましょう。本書が、その記念すべき1ページになることを願っております。

2018年9月吉日

株式会社アイデミー

CEO 代表取締役

石川 聡彦

本書の対象読者

本書は深層学習について、基礎から学べる書籍です。

以下のような知識を持っているとより理解が深まります。

・基礎的なパソコンの操作

・基礎的なPythonのプログラミング経験

・関数や微分、ベクトル、行列の基礎知識

MEMO：本書の開発環境

本書で登場するライブラリの細かい仕様などは、Prologue「開発環境の準備」で確認してください。

CONTENTS

目次

【第 7 章】NumPy 171

【第 8 章】Pandas の基礎 219

目次

【第 13 章】lambda や map などの便利な Python 記法 399

【第 14 章】DataFrameを用いたデータクレンジング 437

目次

本書のサンプルのテスト環境とサンプルファイルについて

本書のサンプルのテスト環境

本書のサンプルは以下の環境で、問題なく動作することを確認しています。

OS：Windows 10

Python：3.6.1

Anaconda：5.2.0

開発環境のインストール方法や必要なライブラリは、Prologue「開発環境の準備」で確認してください。

付属データのご案内

付属データ（本書記載のサンプルコード）は、以下のサイトからダウンロードできます。

・付属データのダウンロードサイト

URL https://www.shoeisha.co.jp/book/download/9784798158570

注意

付属データに関する権利は著者および株式会社翔泳社が所有しています。許可なく配布したり、Webサイトに転載したりすることはできません。付属データの提供は予告なく終了することがあります。あらかじめご了承ください。

会員特典データのご案内

会員特典データは、以下のサイトからダウンロードして入手いただけます。

・会員特典データのダウンロードサイト

URL https://www.shoeisha.co.jp/book/present/9784798158570

注意

会員特典データをダウンロードするには、SHOEISHA iD（翔泳社が運営する無料の会員制度）への会員登録が必要です。詳しくは、Webサイトをご覧ください。

会員特典データに関する権利は著者および株式会社翔泳社が所有しています。許可なく配布したり、Webサイトに転載したりすることはできません。会員特典データの提供は予告なく終了することがあります。あらかじめご了承ください。

免責事項

付属データおよび会員特典データの記載内容は、2018年9月現在の法令等に基づいています。

付属データおよび会員特典データに記載されたURL等は予告なく変更される場合があります。

付属データおよび会員特典データの提供にあたっては正確な記述につとめましたが、著者や出版社などのいずれも、その内容に対してなんらかの保証をするものではなく、内容やサンプルに基づくいかなる運用結果に関してもいっさいの責任を負いません。

付属データおよび会員特典データに記載されている会社名、製品名はそれぞれ各社の商標および登録商標です。

著作権等について

2018年9月

株式会社翔泳社　編集部

Introduction

Aidemyで
機械学習・深層学習を学ぶ

ここでは本書の元になったWebサービス「Aidemy」について紹介します。

Aidemy の紹介

Aidemy とは

Aidemy とは、日本最大級の AI などの先端技術特化型のプログラミング学習サービスです。環境構築が不要で、Web ブラウザ上でそのままコーディングできることが大きな特徴です。1 講座当たり数時間で演習ができ、さらに数千円～のリーズナブルな価格で学習可能です。リリースから約 100 日で 10,000 人以上のユーザー登録を記録し、累計 100 万回以上、演習が実行されました。

本書は Aidemy の「Python 入門」「NumPy を用いた数値計算」「Matplotlib によるデータの可視化」「データクレンジング」「機械学習概論」「教師あり学習（分類）」「ディープラーニング基礎」「CNN を用いた画像認識」の 8 講座を書籍として再編集したものになります。

もちろん、本書のみで機械学習・ディープラーニングについて学ぶことができますが、環境構築の手間なく、コードを書きながら学びたい読者は、Aidemy のコースと併用して学ぶことをお勧めします（図 I.1、I.2）。

・Aidemy | 10 秒ではじめる AI プログラミング学習サービス
URL https://aidemy.net/

Aidemy の3つの特徴

環境構築は必要ありません。
今から10秒でコーディングが可能！

プログラミングを演習するための特別な環境の用意は一切不要です。いまお使いのインターネットブラウザでプログラミングの練習ができます。

数学の知識がなくても大丈夫。
実践重視の教材を提供。

Aidemy の教材は「理論よりもまずは実践」です。「ディープラーニングによる画像認識」「自然言語処理による記事分類」「時系列解析による売上予想」など、機械学習の実装方法を重視したテキストを用意しており、数学のスキルがなくても、教材での演習が可能です。

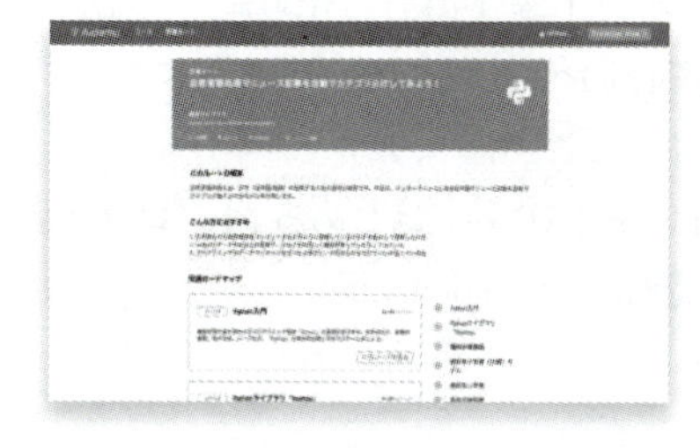

Python初心者でも学習できます。
『Python入門』からコースを用意。

これからプログラミングを始めようという方でも大丈夫。Python によるプログラミングの基礎や、「NumPy」「Pandas」など必須ライブラリの使い方まで押さえることができます。

図 I.1：Aidemy の 3 つの特徴

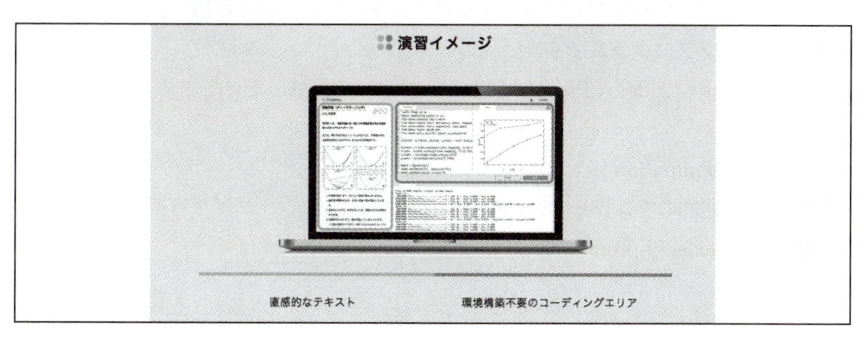

図 I.2：演習イメージ

本書購入の特典

Aidemyでは、本書の購入者に向けて特典を用意しています。

本書の購入者は、Aidemyをお得に受講できる特別なクーポンを利用できます。Aidemyを利用の際、以下のクーポンコードを入力してください。

SHOEISHA10

最初の1講座のみ、10%引きで購入することができます。使い方の詳細は、Aidemyのページをご覧ください。

・Aidemy | 10秒ではじめるAIプログラミング学習サービス
URL https://aidemy.net/

添削問題を添削してもらうには?

本書の各章の最後に添削問題が付いています。

添削問題は、Aidemyのオンライン版プログラミング学習サービスでは提供されていない、本書だけのオリジナル課題になります。添削問題を、解答・解説を見ながら自身で添削することも可能ですが、Aidemyでは問題の添削を行うなど、サポートが手厚い学習プラン「Aidemy Premium Plan」も提供しています。

「Aidemy Premium Plan」は、本書およびWeb版のAidemyの教材を使いながら、オンライン・マンツーマンレッスンを受けてスキルの急上昇を目指す、数ヶ月間の集中トレーニングプログラムです。

詳細は、以下のAidemy Premium Planのページを参照してください。

・Aidemy Premium Plan |
集中的な8週間のマンツーマン訓練で、最先端のAIエンジニアを目指す学習コース
URL http://aidemy-premium.net/

Prologue

開発環境の準備

本書で利用する開発環境について、解説します。

0.1 Anacondaのインストール

本書では、Python 3.x系を利用して解説を進めます。

0.1.1 Anacondaのインストール

本書で利用する環境は**Anaconda**です。Anacondaは、Anaconda社により提供されているパッケージです。Anacondaには、Pythonを利用したコードの実行に必要な環境が整っています。

Anacondaのサイトにアクセスして、本書で利用するパッケージをダウンロードします。

- Anaconda の Download サイト

URL https://www.anaconda.com/download

「Python 3.6 version」の下にある「Download」をクリックします（図0.1）

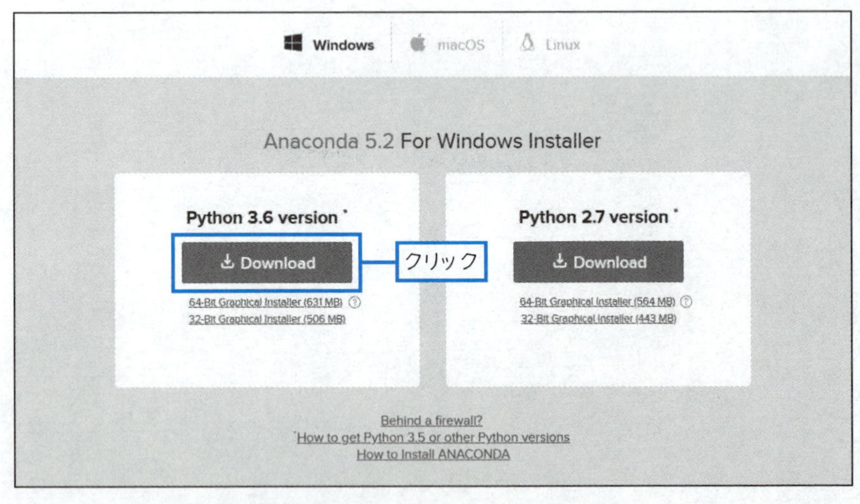

図0.1：AnacondaのDownloadサイト

ダウンロードしたら、ダウンロードしたインストーラー（ここでは「Anaconda3-5.2.0-Windows-x86_64.exe」）をダブルクリックして、ウィザードを起動します（図 0.2）。

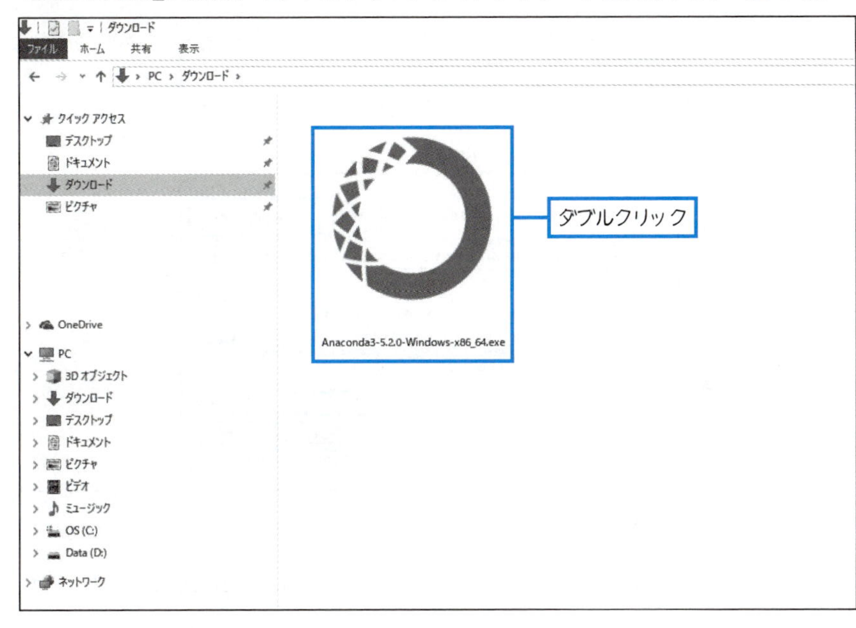

図 0.2：インストーラーをダブルクリック

「Welcome to Anaconda3 5.2.0（64-bit）Setup」で「Next」をクリックします（図 0.3）。

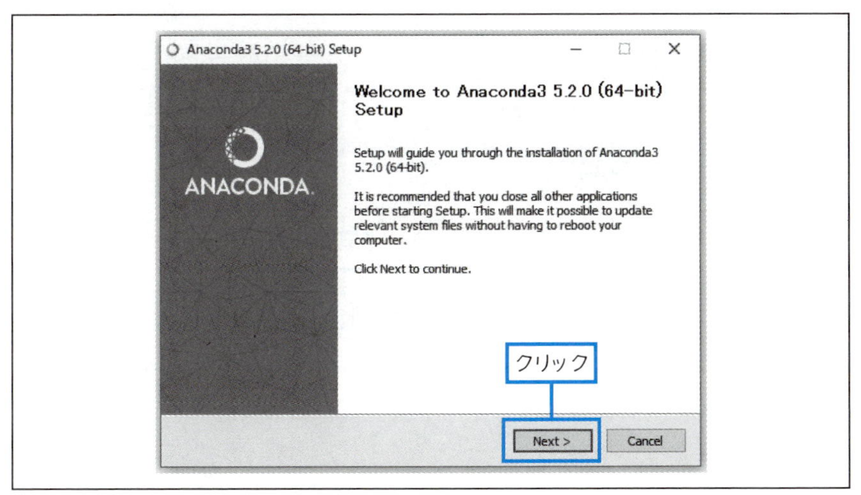

図 0.3：「Next」をクリック

「License Agreement」でライセンスの内容を確認して（図 0.4 ①）、「I Agree」をクリックします②。

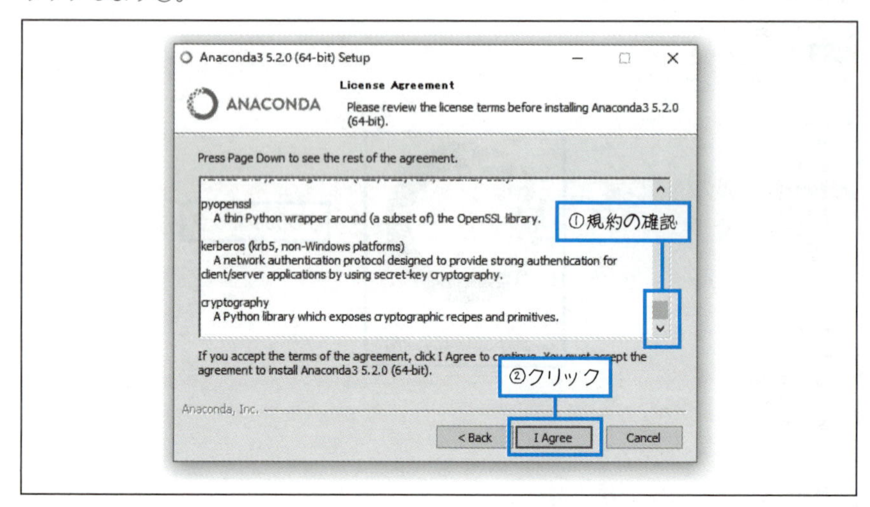

図 0.4：ライセンスの内容を確認

「Select Installation Type」で「Just Me（recommended）」を選択して（図 0.5 ①）、「Next」をクリックします②。

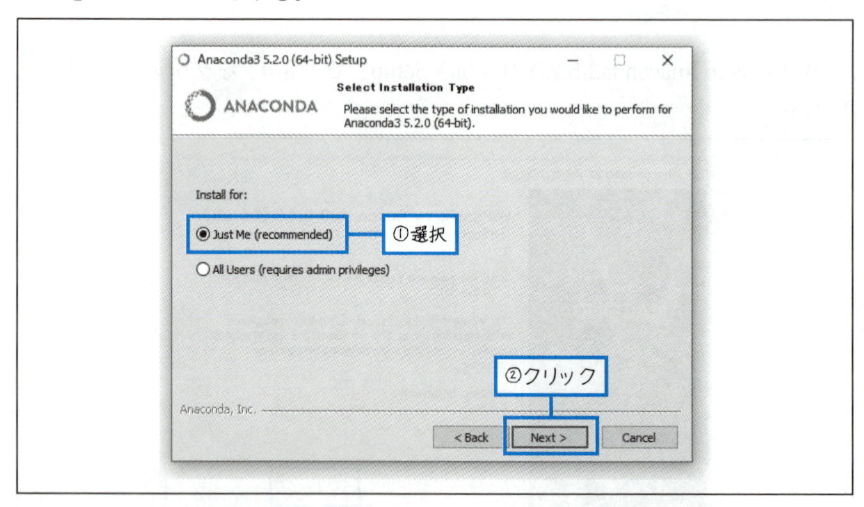

図 0.5：インストールタイプの選択

「Choose Install Location」では、「Destination Folder」でインストール先を指定して（図0.6①）、「Next」をクリックします②。

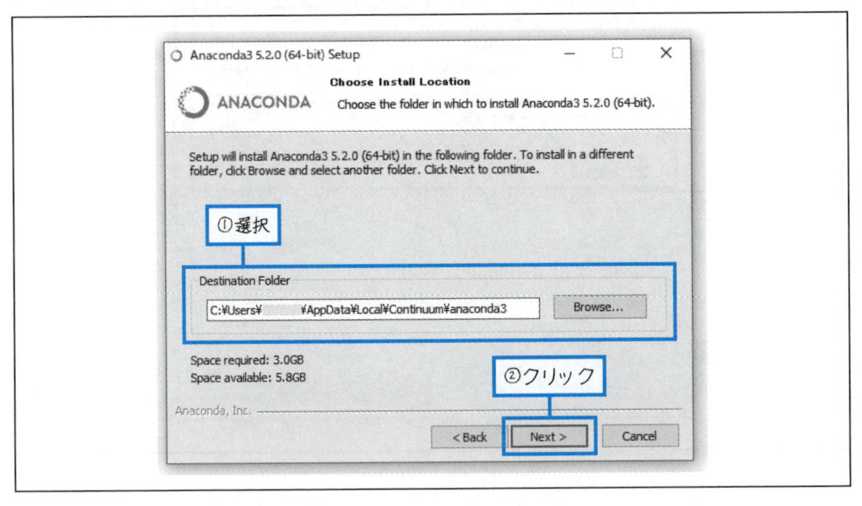

図0.6：インストール先の指定

「Advanced Installation Options」ではそのまま、「Install」をクリックします（図0.7）。

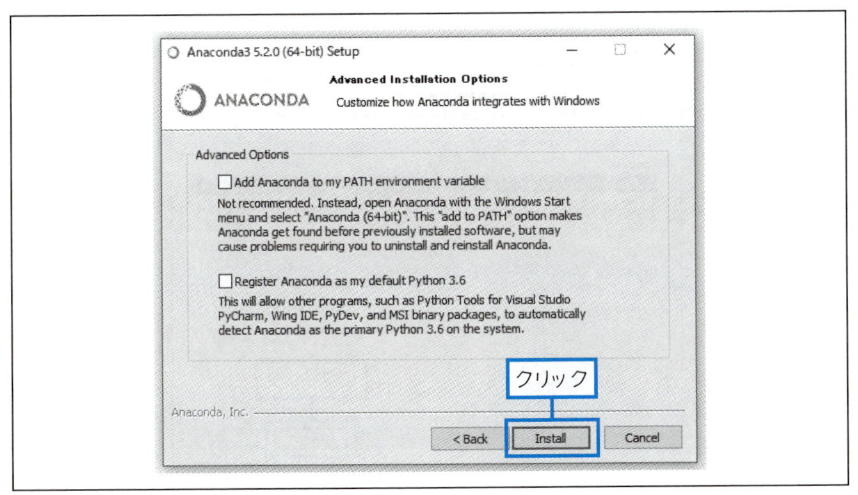

図0.7：「Install」をクリック

「Installing」の画面になり、インストールが開始されます（図 0.8）。

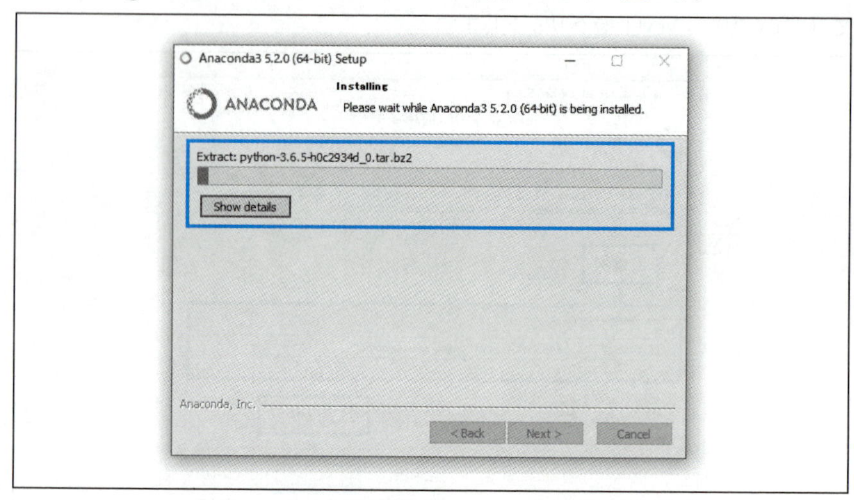

図 0.8：インストール中

「Installation Completed」が表示されればインストール完了です。「Next」をクリックしてウィザードを進め、最後に「Finish」をクリックしてウィザードを閉じます（図 0.9）。

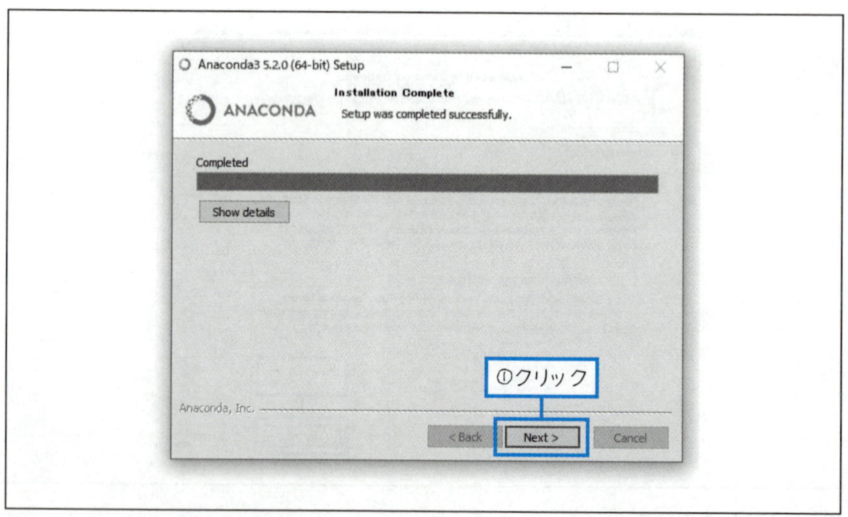

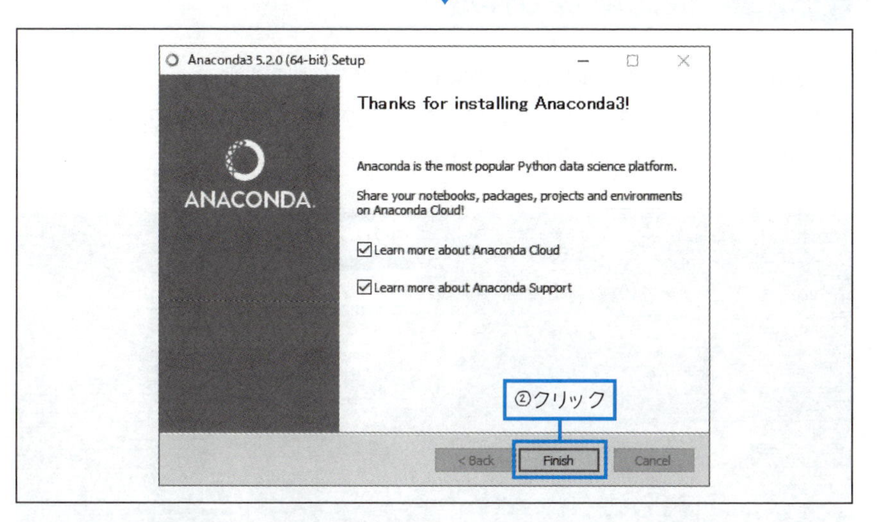

図 0.9：インストール完了

MEMO：Anaconda のバージョン

本書執筆時点（2018 年 9 月現在）では、「Anaconda3-5.2.0-Windows-x86_64.exe」を利用しています。図 0.1 で提供されているバージョンはダウンロード時期によって変わる可能性がありますが、最新版のものを利用すれば基本的に問題ありません。本書の環境に合わせる場合は、以下のサイトからバージョンを指定してダウンロードしてください。

・Anaconda installer archive
URL https://repo.continuum.io/archive/

0.1.2 仮想環境の作成

Anacondaをインストールしたら、次に仮想環境を作成します。

スタートメニューをクリックして（図0.10①）→「Anaconda3(64-bit)」②→「Anaconda Navigator」③をクリックします。

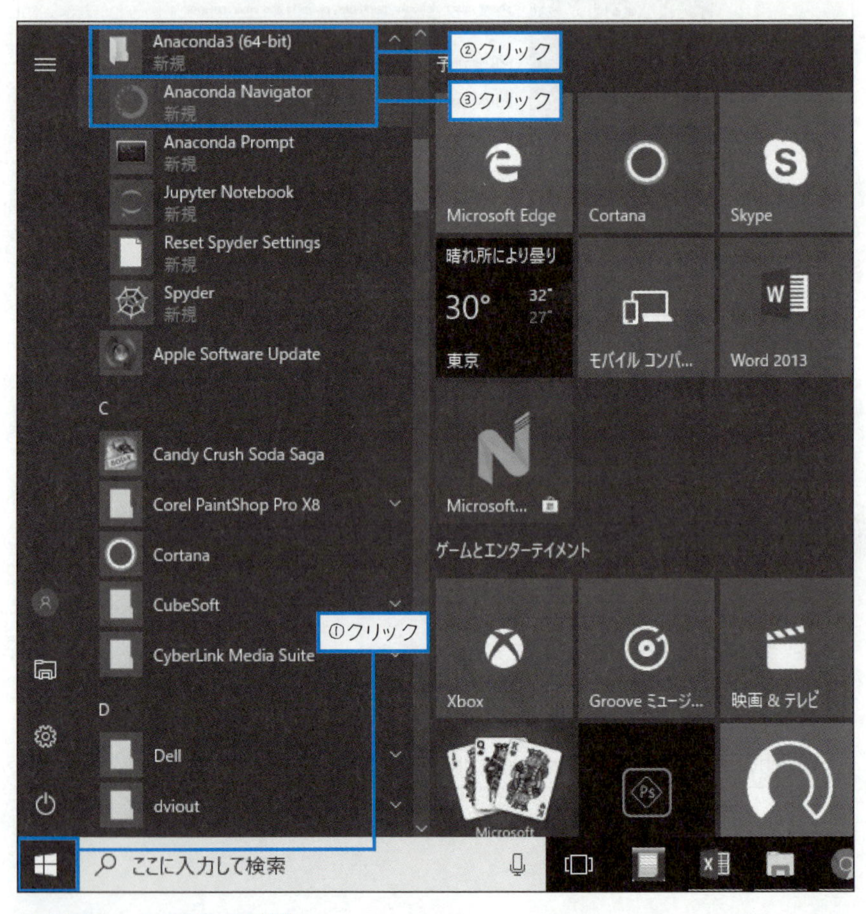

図0.10：Anaconda Navigatorの起動

Anaconda Navigatorが起動したら、「Environments」（図0.11①）→「Create」②の順にクリックします。

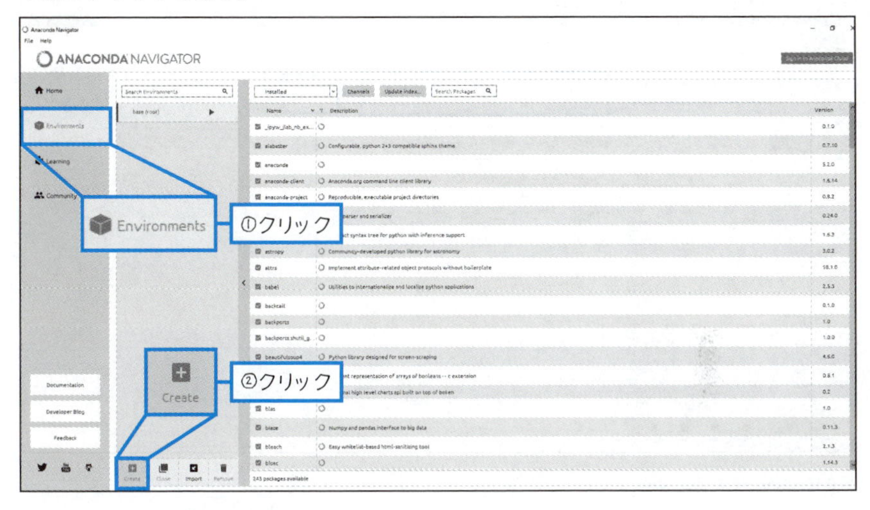

図0.11：Anaconda Navigatorが起動中

「Create new environment」ダイアログが起動するので、Nameに仮想環境の名前を（図0.12①)、Packegesで「Python」にチェックを入れ「3.6」を選択し②、「Create」をクリックします③。

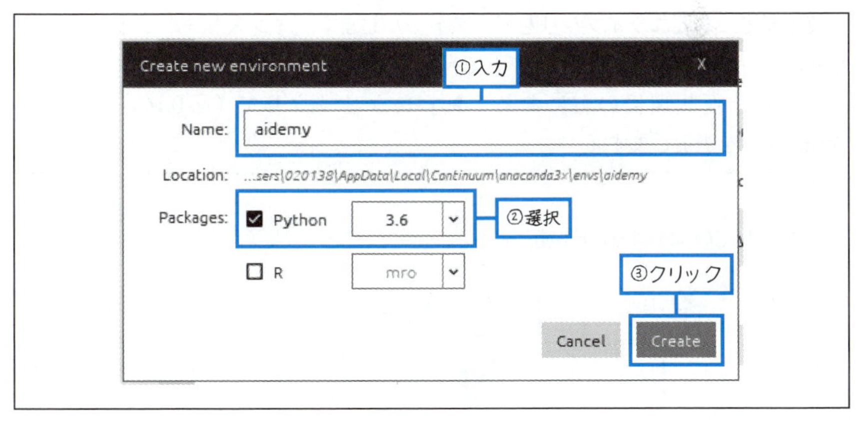

図0.12：Create new environment

仮想環境が作成されます（図 0.13）。

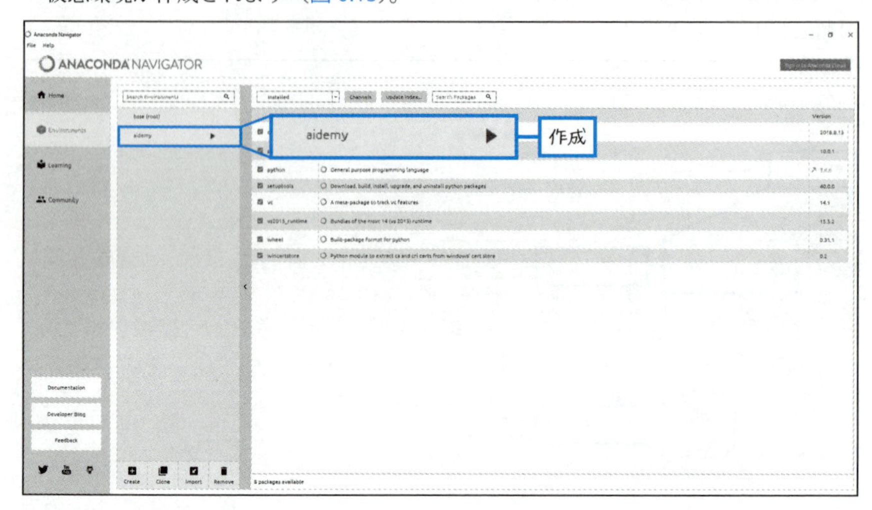

図 0.13：作成された仮想環境

0.1.3 ライブラリのインストール

仮想環境に必要なライブラリをインストールします。インストールには Anaconda Navigator 付属のコマンドプロンプトで行います。

作成した仮想環境の右にある「▶」をクリックして（図 0.14 ①）、「Open Terminal」を選択します②。

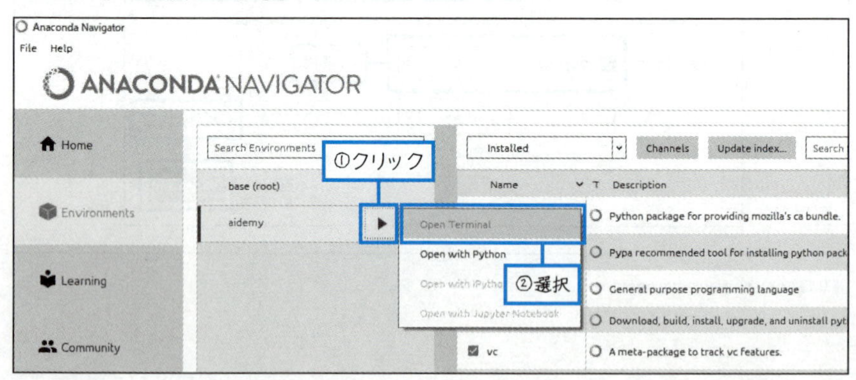

図 0.14：「Open Terminal」の選択

本書ではscikit-learnやTensorFlowなどを利用して解説を進めていきますので、pipコマンドやcondaコマンドを利用して各種ライブラリをインストールします。

```
conda install jupyter
conda install matplotlib==2.2.2
pip install scikit-learn==0.19.1
pip install tensorflow==1.5.0
pip install keras==2.2.0
```

その他、必要なライブラリは表0.1の通りですので、以下のコマンドで、インストールしてください。

```
conda install <ライブラリ名>==<バージョン名>
```

表0.1：ライブラリ名とバージョン名

ライブラリ名	バージョン名
opencv	3.4.2
pandas	0.22.0
pydot	1.2.4
requests	2.19.1

0.1.4 Jupyter Notebook の起動と操作

Jupyter Notebook を起動します。作成した仮想環境の右にある「▶」をクリックして（図 0.15 ①）、「Open with Jupyter Notebook」を選択します②。

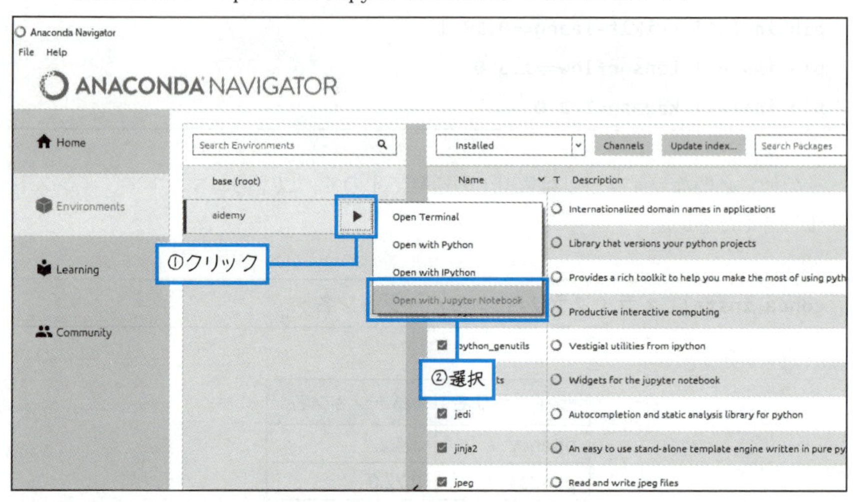

図 0.15：「Open with Jupyter Notebook」を選択

ブラウザが起動します。右の「New」をクリックして（図 0.16 ①）、「Python 3」を選択します②。

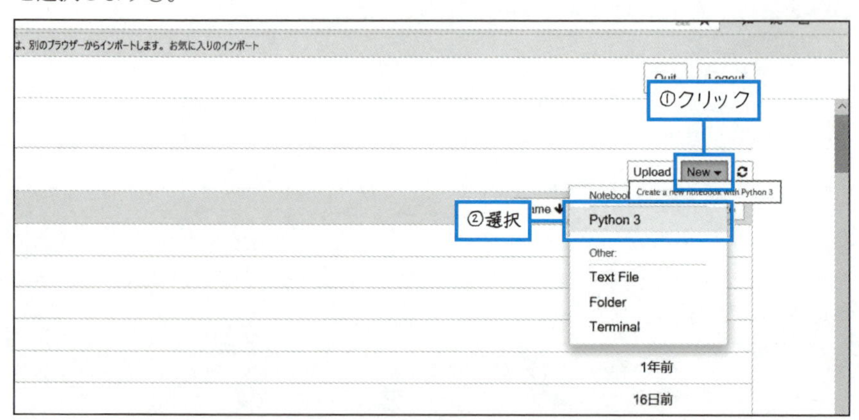

図 0.16：「Python 3」を選択

コードを入力する

セルにカーソルが点滅しているので、コードを入力して（図 0.17 ①）、[Shift] + [Enter] キーを押します②。

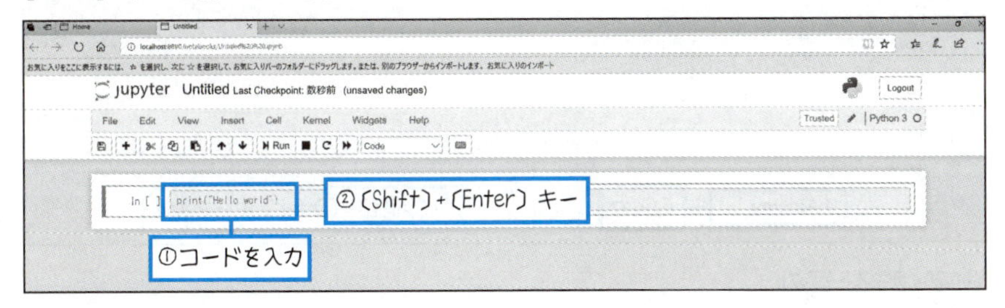

図 0.17：セルにコードを入力して実行

実行結果が表示されます（図 0.18）。

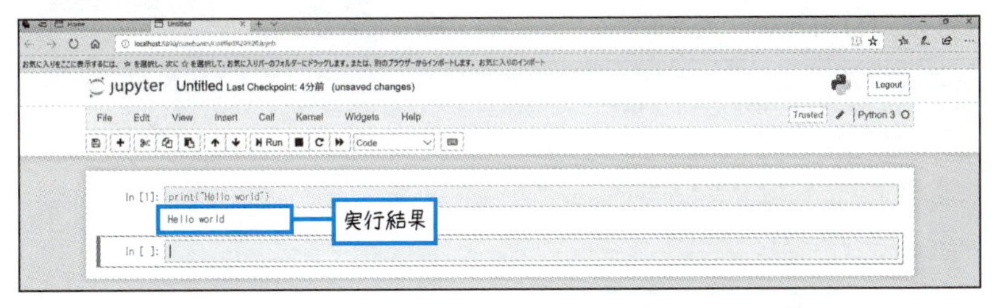

図 0.18：実行結果

テキストを入力する

メニューから「Cell」（図 0.19 ①）→「Cell Type」②→「Markdown」を選択します③。

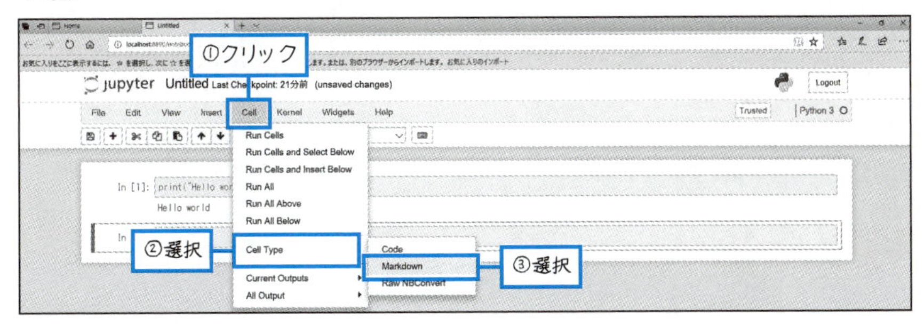

図 0.19：「Markdown」を選択

Aidemy と入力して（図 0.20 ①）、[Shift] + [Enter] キーを押します②。**#** は Markdown の入力の際に利用するタグで、**#**（大見出し）、**##**（中見出し）、**###**（小見出し）のようにフォントのサイズを変更できます。

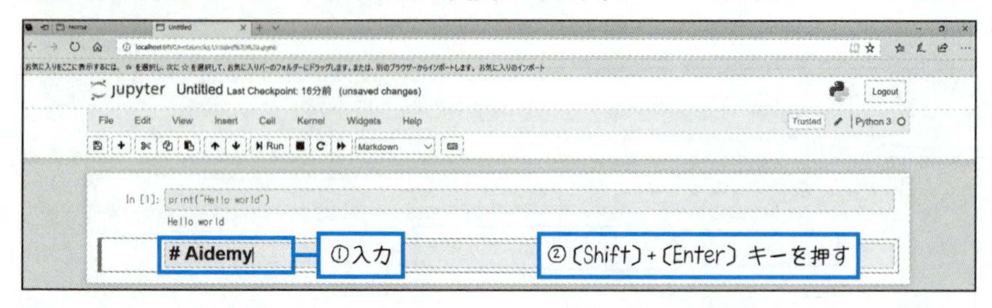

図 0.20：テキストを入力

入力結果が表示されます（図 0.21）。セルの種類はコードとテキストがあるので、必要に応じて、図 0.19 で選択して変更してください。「code」を選択するとコードのセルに、「Markdown」を選択するとテキストのセルになります。

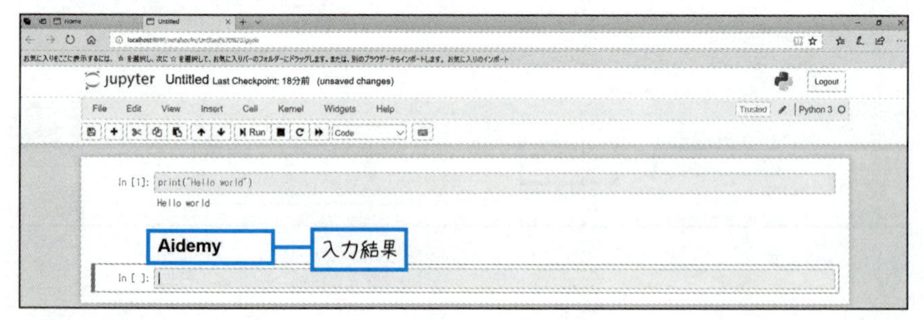

図 0.21：入力結果

第1章

機械学習概論

1.1 機械学習概論

1.1.1 なぜいま「機械学習」が注目されているのか

機械学習はそもそもなぜ大きく注目されるのでしょうか。主な理由の１つとして、**「人間では到底実現不可能な短時間で、大量のデータから自動的に正確な結果を得ることができる。」**ことが挙げられます。機械学習は、大量のデータからパターンを読み取り、問題を解決します。大量のデータを人力で処理するとなると、非常にコストがかかり現実的ではありません。以上の理由から、画像、音声、マーケティング、自然言語、医療など様々な分野において真価を発揮し、今日機械学習が大変注目を集めています。さらに、時代とともに、コンピュータの処理速度が向上し豊富なデータの解析に耐えうるデバイスが登場したのもその要因の１つでしょう。

さて、最近「人工知能（AI）」「機械学習（マシンラーニング）」「深層学習（ディープラーニング）」など、様々な技術が取り沙汰されています。こうした概念の関係性を以下の図 1.1 に示します。

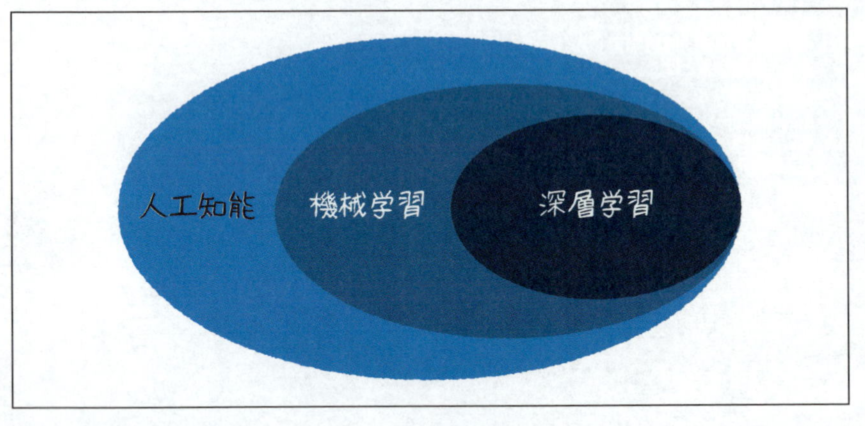

図 1.1：「人工知能（AI）」「機械学習（マシンラーニング）」「深層学習（ディープラーニング）」など、様々な技術

上記の図 1.1 からもわかるように、人工知能（AI）はかなり広範囲のことを表現する言葉です。例えば、ひたすら条件を並べて分類するようなアルゴリズムも人工知能と言われます。If-Then 形式の知識表現アルゴリズムなどと呼ばれることもあります。こうした手法は、昨今話題の技術とは言いにくいので、本書では取り扱いません。ここからは、「深層学習（ディープラーニング）を含む機械学習（マシンラーニング）」

を概観していきましょう。

問題

次の人工知能に関する説明文のなかで、**誤っているもの**を選んでください。

1. 人工知能（AI）は、画像、音声、マーケティングなどの分野で活用されます。
2. 機械学習は、大量のデータからパターンを読み取り、問題を解決する手法です。
3. 深層学習（ディープラーニング）手法のなかの一部が機械学習（マシンラーニング）手法です。
4. 人工知能（AI）アルゴリズムには、If-Then 形式のみで知識表現を行うものも含まれます。

ヒント

「誤っている」ものを選ぶ問題なので気を付けてください。

解答例

3. 深層学習（ディープラーニング）手法のなかの一部が機械学習（マシンラーニング）手法です。

1.1.2 機械学習とは

そもそも「機械学習」とは何でしょうか。簡単に言うと、機械学習とは「**データから反復的に学習し、そこに潜むパターンを探し出すこと**」と言えます。ここで言う「データに潜むパターン」とは何でしょうか？

例えば、人間は、目の中にある網膜から光の信号を受け取り、瞳に何が写っているかを高速に認識することができます。りんごやみかんといった果物や、机や椅子といった家具を瞬時に見分けることができ、りんごを椅子と間違うことはありません。なぜ、間違えないのでしょうか。それは、りんごと椅子との間に特徴（パターン）の違いがあるからです。りんごと椅子、それぞれにあるパターンが存在します。椅子は四角でりんごは丸い、これも1つのパターンです。りんごは赤色で、椅子は茶色である、これもパターンです。人間は、そのパターンの違いを瞬時に見分けるために、りんごを椅子と間違えないのです。

しかし、コンピュータにとってりんごや椅子の画像からパターンを見つけ出すのはとても難しいことです。例えば、「りんごは、赤色で半径5cm程度の球である。」とコンピュータに教えたところで、ボールを赤色に塗ったものをりんごと誤認してしまいます。このように、人間の知識を特徴という記号だけで完全に記述するのは難しいことです。特徴を教えられただけで機械は本当に実物を「理解」できるのかという問題は**「記号接地問題」**と呼ばれ、人工知能が解決すべき難解な問題の１つと言われています。

その問題の解決手段として機械学習では、人間の知識を記述せず、大量のりんごの写真から共通して現れるパターンを見つけ出し、取得する手法が採られたりしています。ひとくくりに手法と言っても、様々なものが存在します。機械学習の手法を大きく３つに分けると、以下のようになります。

・教師あり学習（Supervised Learnings）
・教師なし学習（Unsupervised Learnings）
・強化学習（Reinforcement Learnings）

ここで「教師」とは何のことを指すのでしょうか？　次項から各手法について見ていきましょう。

問題

次の文の「」に当てはまる語句の適切な組み合わせを選びましょう。

機械学習の手法を大きく３つに分けると、「」「」「強化学習」となります。

1.「教師あり学習」、「記号接地問題」
2.「記号接地問題」、「教師なし学習」
3.「教師あり学習」、「教師なし学習」

ヒント

「記号接地問題」は人工知能が解決すべき難解な問題の１つでした。

解答例

3.「教師あり学習」、「教師なし学習」

1.2 機械学習の各手法

1.2.1 教師あり学習を理解する

さて、ここからは機械学習の中で、代表的な手法の１つ、**「教師あり学習」**について学んでいきましょう。

教師あり学習の「教師」とは、「データに付随する正解ラベル」のことを言います。「データに付随する正解ラベル」とはどういうものを指すのでしょうか？　以下の図1.2を見てください。

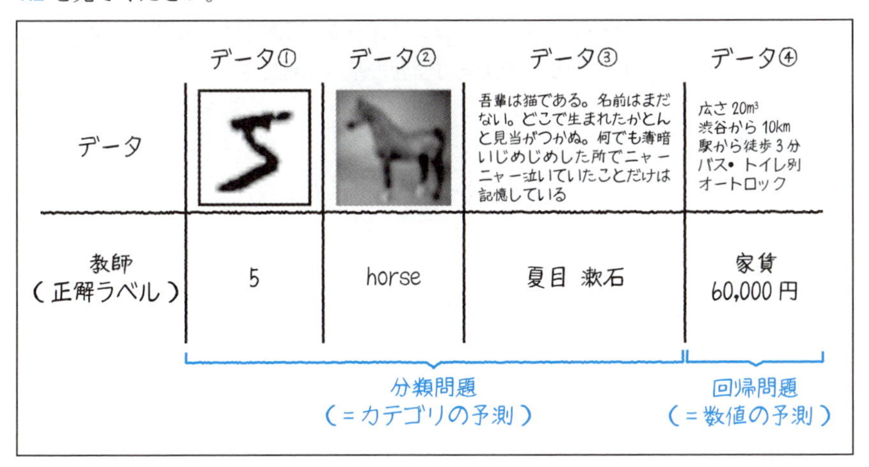

図 1.2：データに付随する正解ラベル

さて、左から様々なデータと、その内容を表すカテゴリや数値が与えられています。こうした内容を表すデータは**「正解ラベル」**などと言われます。データ①は手書き文字（画像）で、教師データとして「5」が与えられています。データ②は写真のような画像で、教師データとして「horse」が与えられています。このように、画像データを扱うものは、「画像認識」などと言われており、機械学習のなかでもディープラーニングの得意とする分野です。

データ③は文章で、教師データとして「夏目漱石」が与えられています。このように、文章を扱うものは「自然言語処理」などと言われています。自然言語処理分野では、言語ごとに違うデータセットを用意しなければならないので、情報を集めにくいのが特徴でしょう。

データ①～③のように、最終的に**カテゴリを予測するものを「分類問題」**と呼びます。データ④は広さなどの定量的なデータを元に、正解ラベルとして家賃「60,000円」が与えられています。最終的に家賃などの**連続値を予測するものは「回帰問題」**と呼ばれます。

以下に、教師あり学習の流れについてまとめておきます。

1. 様々な教師データをコンピュータに与え、「正解ラベル」を学習し、「正解ラベル」を出力するように学習モデルを生成する
2. 生成したモデルに未知のデータを適用した時に、「正解ラベル」に近い値が出るかどうか検証する

基本的には、大量のデータを使って、コンピュータが正解ラベルに近づくようにひたすら反復して処理を行うのが、教師あり学習の基本原理です。

問題

回帰問題として適切なものの組み合わせを選んでください。

1.「家賃予測」と「気温予測」
2.「売上予測」と「0～9の手書き文字認識」
3.「画像に写っているものの識別」と「文章の著者予測」
4.「顔写真の男女識別」と「株価予測」

ヒント

数値の予測は「家賃予測」「売上予測」「気温予測」「株価予測」で、カテゴリの予測は「0～9の手書き文字認識」「画像に写っているものの識別」「文章の著者予測」「顔写真の男女識別」になります。

解答例

1.「家賃予測」と「気温予測」

1.2.2 教師なし学習を理解する

さて、次に**「教師なし学習」**を確認しましょう。前項で確認した通り、「教師あり

学習」には「正解ラベル」という答えが存在するのに対し、**「教師なし学習」**は**「正解ラベル」がありません。**与えられたデータから規則性を発見し、学習する手法です。教師あり学習では、コンピュータにあらかじめ答えを与えていたのに対し、教師なし学習では、コンピュータに自分で導いてもらいます。そのため、教師なし学習には、正解や不正解が存在しないのが特徴です。

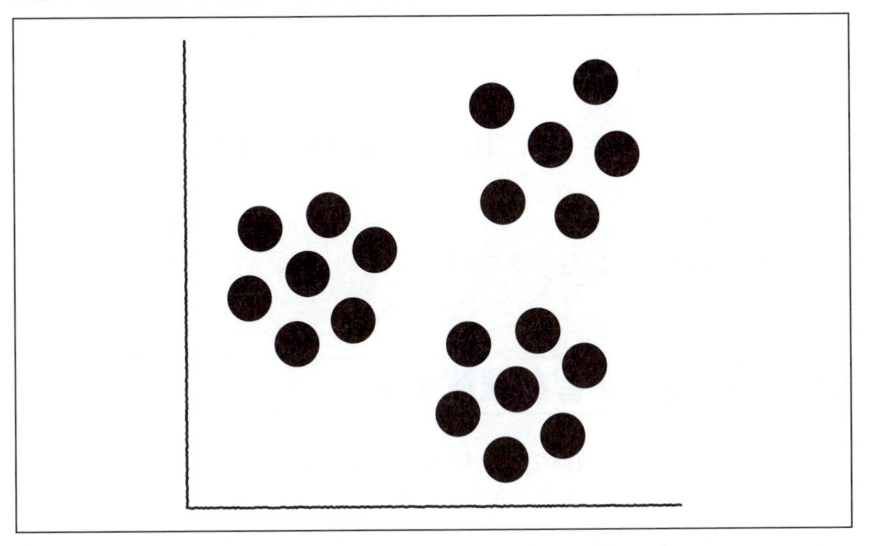

図 1.3：データに付随する正解ラベル

図 1.3 の 20 個の点の集合を見てください。人間がこの点の集合を見れば、3 つのまとまりを帯びているのがすぐにわかると思います。この 3 つのまとまりを機械に認識させるには「教師なし学習」の 1 つである、**「クラスタリング」**といった手法を用います。すると、機械もこのように 3 つの塊で点が構成されているのを認識できるようになります。一般に、「教師なし学習」はデータの集合の中からある法則性やデータのグループを導き出すような意図で用いられます。

教師なし学習はおすすめの商品やメニューを推薦するレコメンデーションで用いられたり、多次元のデータの情報（データ）を圧縮する時に用いられたり（主成分分析や次元削減などと呼ばれます）、情報（データ）を圧縮するために自然言語処理などの分野でよく用いられたりします。

問題

次の文の「」に当てはまる語句の適切な組み合わせを選んでください。

教師なし学習は、正解ラベルが「」を扱い、代表的手法に「」があります。

1.「与えられているもの」、「ランダムフォレスト」
2.「与えられていないもの」、「ランダムフォレスト」
3.「与えられているもの」、「クラスタリング」
4.「与えられていないもの」、「クラスタリング」

ヒント

「ランダムフォレスト」とは、「教師あり学習」の手法の１つです。

解答例

4.「与えられていないもの」、「クラスタリング」

1.2.3 強化学習を理解する

さて、「教師あり学習」「教師なし学習」の他に、最近注目されている手法として「強化学習」があります。「強化学習」も教師を必要としません。強化学習では、「エージェント」と「環境」を与えます。（エージェントと環境があって）エージェントが環境に対して行動をして、その結果として環境がエージェントに「報酬」を与え、与えられた報酬に基づいて、エージェントが行動に対して「良かった・悪かった」の評価をし、次の行動を決定する形になります。強化学習は、最近ではディープラーニングと組み合わせて用いられ、囲碁AIや将棋AI、ロボットの操作制御などで用いられています（図1.4）。

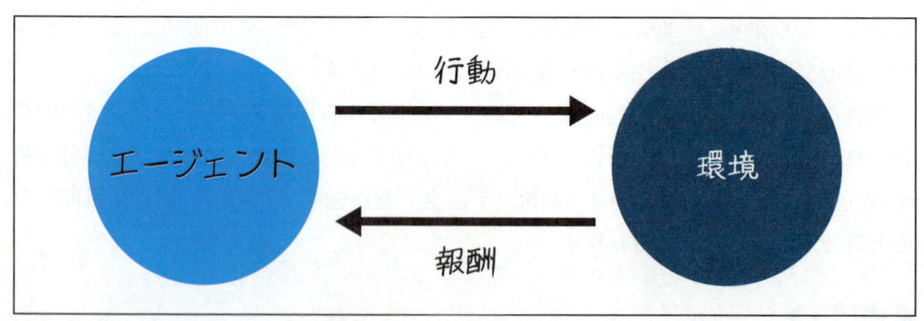

図 1.4：エージェントと環境

実際に強化学習のモデルとしては、以下の動画がわかりやすいでしょう。

・バラ積みロボット：深層学習で教示レス動作獲得

URL https://www.youtube.com/watch?v=ATXJ5dzOcDw

出典 Preferred Networks, Inc.

動画の再生時刻で0:16の時点では、学習が進んでおらず、ロボットがうまく円柱の部品をピッキングできていません。しかし、0:55の時点では、学習が進み、ロボットが9割以上の確率でうまく部品をピッキングできています。ロボットの動作やシミュレーションを通じ、コンピュータが自動的に「良い」評価になるような動き方を学習するのが「強化学習」です。

問題

次の文の「」に当てはまる語句の適切な組み合わせを選びましょう。

強化学習は「」を必要としない学習手法で、画像認識と組み合わせて「」などで使われています。

1.「正解ラベル」、「ロボットの制御」
2.「報酬」、「ロボットの制御」
3.「正解ラベル」、「手書き文字認識」
4.「報酬」、「手書き文字認識」

ヒント

「手書き文字認識」は主に「教師あり学習」のアルゴリズムで実現できます。

解答例

1.「正解ラベル」、「ロボットの制御」

添削問題

この章で学んだ知識を総結集して挑んでみましょう。次の問題文にある 1. ～ 8. の空欄に当てはまる語句をそれぞれ考えてください。

問題

機械学習は、大きく分けて「1.」「2.」「3.」の３つの手法があります。その中でも最も代表的な手法が「4.」です。「4.」は人間の学習過程を模したものです。仕組みは、「5.」で学習をし「6.」という手法を用い、答えを出した後、正しい答えである「7.」を見て答え合わせをします。結果が間違って入れば再度、「8.」を行い答えが当たるまで何度も学習し直します。

ヒント

どの語句もこの章で学習したものばかりです。わからない語句があったら再度本章の本文に戻って復習しましょう。

解答例

機械学習は、大きく分けて「教師あり学習」「教師なし学習」「強化学習」の３つの手法があります。その中でも最も代表的な手法が「教師あり学習」です。「教師あり学習」は人間の学習過程を模倣したものです。仕組みは、「学習データ」で学習をし「機械学習アルゴリズム」という手法を用い、答えを出した後、正しい答えである「ラベル」を見て答え合わせをします。結果が間違って入れば再度、「計算」を行い答えが当たるまで何度も学習し直します。

解説

機械学習における代表格「教師あり学習」は、「教師データ」という問題そのものと問題の答えが付属したデータを扱うことが特徴です。学習データから機械学習アルゴリズムを用い答えを出したのちラベルデータを用いて答え合わせをし、正解するまで何度も答え合わせをするのです。「強化学習」は最近になって特に注目され始めた技術で、ボードゲームの分野で強みを持ちます。最近では、囲碁で応用されたのが最も有名でしょう。「教師あり学習」「教師なし学習」「強化学習」は第 16 章で詳しく解説するので、楽しみにしていてください。

第2章

機械学習の流れ

2.1 機械学習の流れ

2.1.1 機械学習を行うまでの全体の流れ

前章では、機械学習は大きく分けて３種類に大別されることを学びました。ここでは、機械学習を使えるようになるための一連の流れを確認しましょう。この章では、「教師あり学習」「教師なし学習」「強化学習」のなかで最も適応例が多い「教師あり学習」の一連の流れを追っていきます。教師あり学習で行うことの流れを以下にまとめます。

1. データ収集
2. データクレンジング（重複や欠損データなどを取り除いて、データの精度を高めること）
3. 機械学習手法でデータを学習（基準の取得）
4. テストデータで性能をテスト
5. 機械学習モデルをWebなどに実装

上記で機械学習が使われている部分は、３のみです。このように、**機械学習を行うと言っても事前の準備や、結果の考察が必要**になってきます。大抵は、１と２にかなりの時間がかかります。例えば、画像認識分野では、用意する写真のデータだけで、数万枚もの写真データが必要なことがあります。データ量が多ければ、たとえコンピュータで処理をするにしてもデータの事前準備にかかる時間は増えますし、その結果を人間が確認し、再度１や２の処理にかけることもあります。機械学習を行う上では、地道な作業が必要になるのです（データサイエンティストの仕事にかかる時間の８割以上は「データの収集やクレンジング」と言われています）。

問題

教師あり学習で一般的に最も時間がかかると言われている部分はどこでしょうか。次の選択肢の中から選んでください。

1. データ収集とクレンジング
2. 機械学習手法でデータを学習（基準の取得）

3. テストデータで手法をテスト
4. 機械学習モデルをWebなどに実装

ヒント

データサイエンティストの仕事にかかる時間の8割以上は「データの収集やクレンジング」と言われています。

解答例

1. データ収集とクレンジング

2.1.2 データの学習

本項では、前項で説明した機械学習の流れのうち、**「3. 機械学習手法でデータを学習（基準の取得）」**の部分である機械学習について詳しく解説していきます。

機械学習でよく使われるサンプルデータセットに**「Iris（あやめ）」**というものがあります。あやめは花の一種です。あやめの花びらを支える小さな葉のことを「がく片（sepal)」と呼び、花びらを「花弁（petal)」と呼びます。さらに、あやめには様々な品種が存在しますが、ここでは**「setosa」「versicolor」と言う2つの品種を取り上げます。**ここでは、この品種を、「がく片（sepal)」と「花弁（petal)」の長さや幅で分類することを考えます。

あらかじめ、あやめのsetosaとversicolorのがく片の長さとがく片の幅のデータが、それぞれ5個ずつ与えられているとします。グラフの横軸をがく片の長さ、縦軸をがく片の幅とした、散布図を見てみましょう。すると、図2.1のようになります。

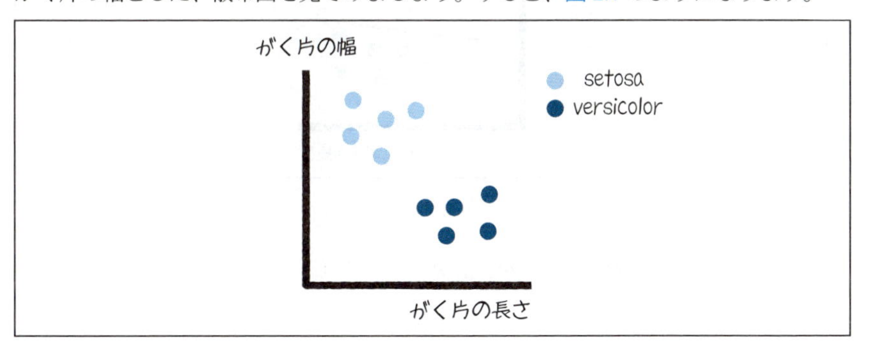

図2.1：散布図

水色の点がsetosaで青の点がversicolorになります。するとどうでしょうか。私たちの目から見ると、水色と青の点が図2.2のように1本の線で分けることができると思います。

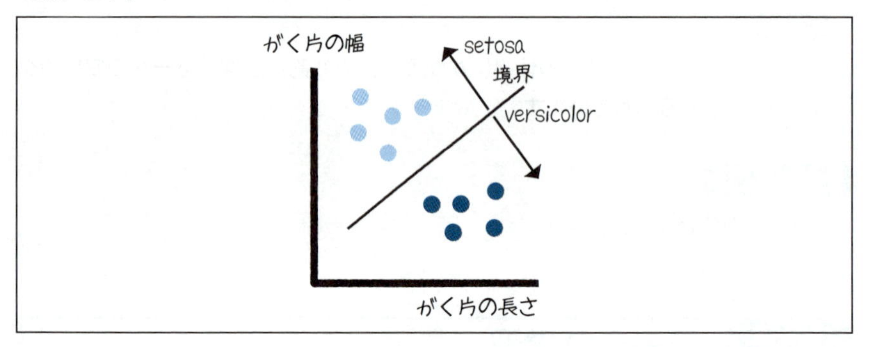

図2.2：散布図

この図を見て人間は、簡単にどちらがsetosaかversicolorであるかを分類することができるかと思います。しかし、コンピュータにとってこのように分類することは容易ではありません。では、コンピュータはどのようにすれば分類できるようになるのでしょうか。以下に、コンピュータに分類をさせる流れをまとめます。

1. まず適当な線を引かせる（図2.3）。

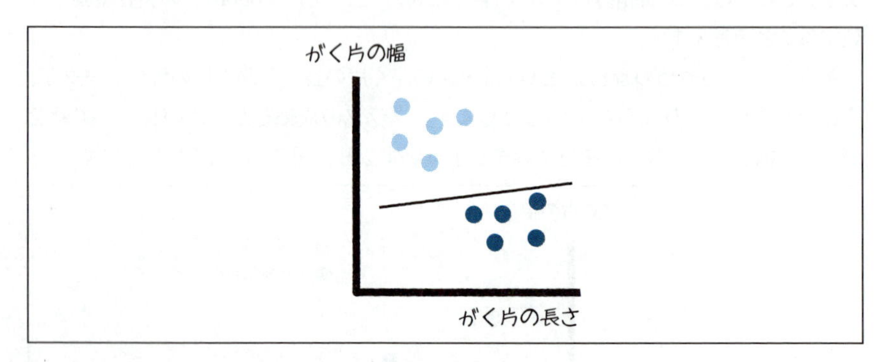

図2.3：線を引く

2. その線が妥当な位置にあるかを、計算で求める（図2.4）。

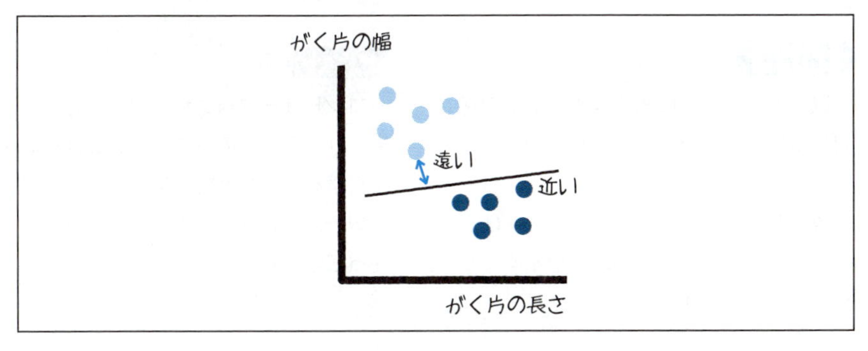

図 2.4：計算で位置を求める

3. 2 での線の位置を改善するほうに修正する。

4. 適切に点を分類できる位置に線を引けたら終了（図 2.5）。

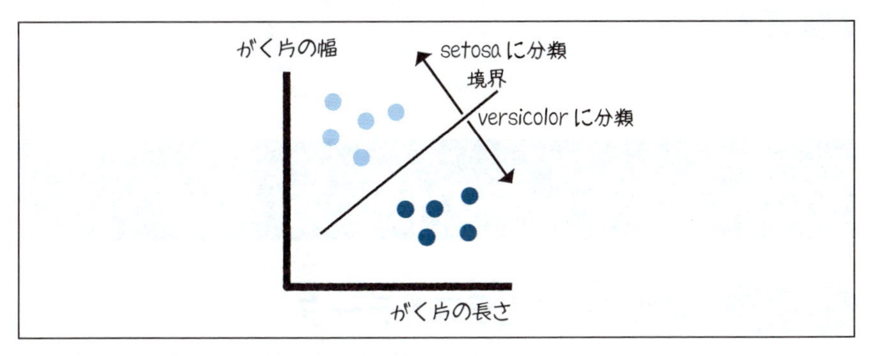

図 2.5：分類できる位置に線を引く

以上の流れで、機械が人間の目から見ても妥当な線を引くことが可能になります。あくまでも、上記の例は数多くある分類手法のうちの 1 つです。実際、2 における計算についても多くの手法があります。それらについては第 16 章「教師あり学習（分類）の基礎」で紹介をします。ここでは、コンピュータが自分で正しい線を引いているかどうかを計算し、修正しているといったイメージで大丈夫です。

2 と 3 をひたすら反復することで、正しい線が描けるようになるのです。そして、4 の時点で、コンピュータ自身は、「このようなデータが来たら、このような線を引いて、分類すれば良い」と自分で学習したと言えます。このように、**コンピュータ自身が自分で答えを見つけ、データのパターンから作られた基準を「モデル」**と言います。

問題

以下の文の「」に当てはまる言葉の適切な組み合わせを選んでください。

教師あり学習では、コンピュータはデータの中から「」を見つけ、分類するための「」を構築する。

1.「パターン」「モデル」
2.「パターン」「データ」
3.「モデル」「ラベル」
4.「パターン」「ラベル」

ヒント

コンピュータ自身が、自分で答えを見つけ、データのパターンから作られた基準をモデルと言います。教師あり学習では、正解ラベル付きのデータを使って学習します。

解答例

1.「パターン」「モデル」

2.2 学習データの使い方

2.2.1 学習データとテストデータ

次に、どのように機械学習の流れが進んでいくのか確認しましょう。

機械学習の「教師あり学習」では、**扱うデータを「トレーニングデータ」と「テストデータ」に分けて用います。**「トレーニングデータ」とは、学習に使うデータ、「テストデータ」とは、学習したモデルの精度評価に使われるデータです。

「トレーニングデータ」と「テストデータ」に分ける理由は、**機械学習は「未知のデータを予測する」ことを目的とした学問体系**であるためです[*1]。機械学習は「画像に写っているものを認識したい」「株価を予測したい」「ニュース記事をカテゴリに分けたい」など様々な活用方法がありますが、すべて「未知のデータ」に対して学習済みモデルが適応されます。

---

*1 機械学習は、人工知能という学問体系の中で最も注目されている研究課題の1つです。本書では統計学と対比して違いを明確にするため、学問体系と表現しています。

そのため、機械学習のモデル評価には、学習には使われていないデータである「テストデータ」を用いるのです（機械学習と似た学問に統計学がありますが、統計学の世界では「トレーニングデータ」と「テストデータ」に分けて使うことは稀です。これは、統計学では「データから現象を説明すること」に重きを置いているためです（図2.6）。

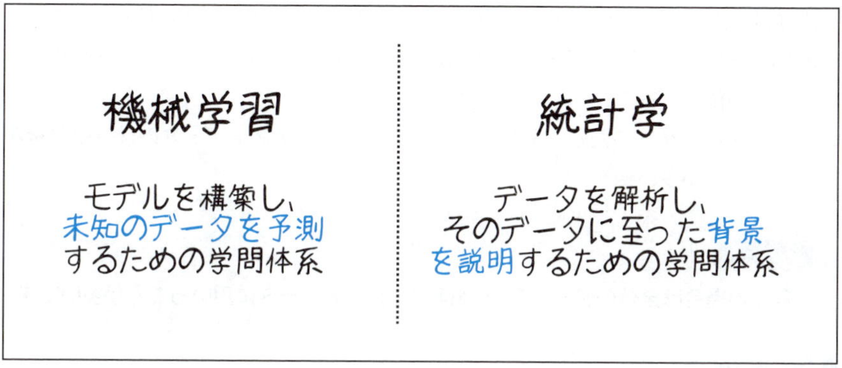

機械学習

モデルを構築し、未知のデータを予測するための学問体系

統計学

データを解析し、そのデータに至った背景を説明するための学問体系

図 2.6：機械学習と統計学

例えば、機械学習でよく用いられる「MNIST」という手書き文字認識によく使われるデータセットがあります。これは、すべてのデータ（70,000 枚の手書き文字画像）のうち、**60,000 枚をトレーニングデータ、10,000 枚をテストデータ**として分けて使い、60,000 枚のデータで学習モデルを作り、学習に使わなかった 10,000 枚のデータでその学習モデルの精度を検証することで知られています。ケースバイケースですが、多くの場合は全体のデータの 20%ほどをテストデータに用いることが多いです（図 2.7）。

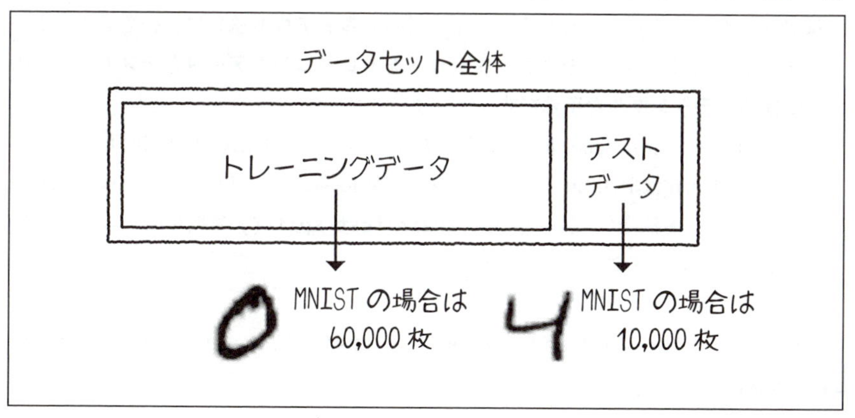

図 2.7：MNIST

問題

次の選択肢のうち**誤りを含む**ものを選んでください。

1. 機械学習とは、主に未知のデータを予測することを目的とした学問体系である。
2. 統計学とは、主にデータから現象を説明することを目的とした学問体系である。
3. 「MNIST」というデータセットでは、主にトレーニングデータに60,000枚のデータが使われる。
4. ケースバイケースだが、トレーニングデータよりテストデータのほうが分量が多いことが多い。

ヒント

多くの場合は全体のデータの20%ほどをテストデータに用いることが多いです。

解答例

4. ケースバイケースだが、トレーニングデータよりテストデータのほうが分量が多いことが多い。

2.2.2 ホールドアウト法の理論と実践

さて、データを分ける方法として、ここでは「ホールドアウト法」と「k-分割交差検証法」という手法を紹介します。まず**「ホールドアウト法」**についてです。ホールドアウト法とは、**与えられたデータセットをトレーニングデータとテストデータの2つに分割するシンプルな手法**です。

ここではライブラリscikit-learnを使ったホールドアウト法の実践に関して確認します。scikit-learnはPythonのオープンソース機械学習ライブラリです。scikit-learnでホールドアウト法を実践するには、`train_test_split()`関数を用います。用い方のサンプルは以下の通りです。

```
X_train, X_test, y_train, y_test = train_test_split(X, y, test_size=XXX, random_state=0)
```

X にはデータセットの正解ラベルに対応する特徴が配列で並んでおり、**y** にはデータセットの正解ラベルが配列で並んでいるデータを用意したものとします。

ここで、**XXX にはデータ全体から、テストデータとして選びたい割合を 0 から 1 までの数値で指定**します。つまり、**0.2** を指定すると、データのうち 20%がテストデータ（80%がトレーニング用データとして分割する）ことになります。以上の指定を行うことによって、**X_train** には、トレーニングデータのデータセット（正解ラベル以外）、**X_test** には、テストデータのデータセット（正解ラベル以外）、**y_train** には、トレーニングデータの正解ラベル、**y_test** には、テストデータの正解ラベルが格納されます。

random_state=0 は指定しなくても良い引数ですが、実験では指定する場合が多いです。**random_state=0** を指定しないと、テストに選ばれるデータセットが固定化せず、毎回ランダムに選ばれることになります。その場合、毎回データセットが変わるので、毎回精度が変わり、他者と精度を比較したり、実験の再現性を担保することができなくなってしまいます。そのため、この引数は指定する場合が多いです。

train_test_split() 関数には他にも様々な引数がありますが、**重要なのは test_size=XXX という引数**であることを覚えておきましょう。

問題

リスト 2.1 の ___ を埋め、データの全体の 20%をテストサイズに指定して出力してください。

In

```
# コードの実行に必要なモジュールを読み込みます
from sklearn import datasets
from sklearn.model_selection import train_test_split

# Iris というデータセットを読み込みます
iris = datasets.load_iris()
X = iris.data
y = iris.target

# 「X_train, X_test, y_train, y_test」にデータを格納します
X_train, X_test, y_train, y_test = train_test_split(X, y, test_size=___,↵
random_state=0)
```

```
# トレーニングデータとテストデータのサイズを確認します
print ("X_train :", X_train.shape)
print ("y_train :", y_train.shape)
print ("X_test :", X_test.shape)
print ("y_test :", y_test.shape)
```

リスト 2.1：問題

ヒント

リスト 2.1 のコードで **test_size** を、例えば **0.3** とすることで全データの 3 割をテストデータにできます。

解答例

In

```
(…略…)
# 「X_train, X_test, y_train, y_test」にデータを格納します
X_train, X_test, y_train, y_test = train_test_split(X, y, test_size=0.2, ↵
random_state=0)
(…略…)
```

Out

```
X_train : (120,4)
y_train : (120,)
X_test : (30,4)
y_test : (30,)
```

リスト 2.2：解答例

2.2.3 k- 分割交差検証の理論

k- 分割交差検証（k- クロスバリデーション）とは、モデルの評価検証の 1 つです。非復元抽出（一度抽出したデータを元に戻すことのない抽出法）を用いて、**トレーニングデータセットを k 分割し、そのうちの k-1 個のデータを学習用のデータセットとして用い、残りの 1 個をモデルのテストに用いるといった手法**のことです。結果として、k 個のモデルとそのモデルに対する性能評価が k 個得られるため、**k 回の学習と評価を繰り返し、その k 個の性能評価の平均をとり、平均性能を算出**します。

k- 分割交差検証では、データセットからテストデータを抽出するすべての組み合わせを試せるため、より安定した正確なモデル評価ができると言えます。その分、k 回の学習と評価を行うので、ホールドアウト法よりも k 倍の演算が必要というデメリットもあります。以下の図 2.8 は、k=10 の時の k- 分割交差検証の様子を示しています。

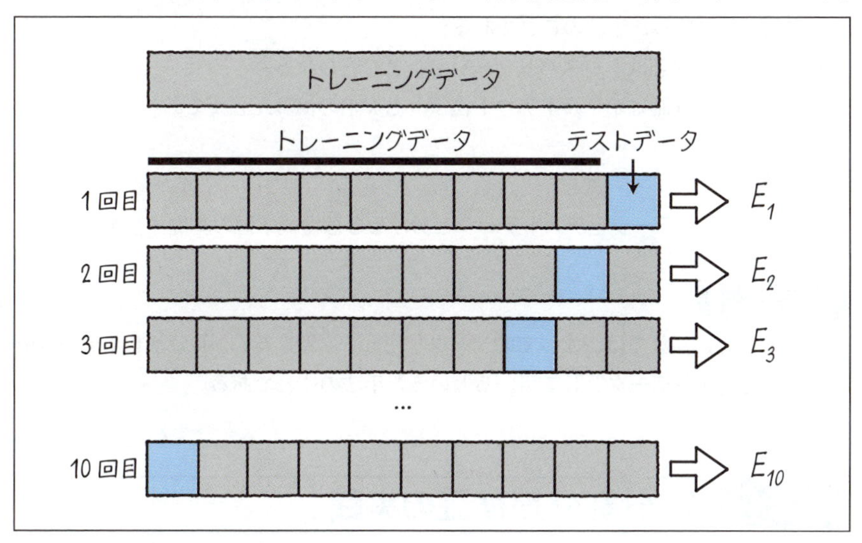

図 2.8：k=10 の時の k- 分割交差検証の様子

一般的に用いられる k の値は 5 〜 10 程度です。データセットが大きい場合は、k の値を増やして分割数を増やすことで良い結果が得られる場合が多いです。

なお、k- 分割交差検証には、**一個抜き（Leave-One-Out:LOO）交差検証**という特別な手法があります。k 分割交差検証のうち、分割の個数をデータセットの数と同じにして、1 行以外のデータセットで学習を行い、学習に使わなかった 1 行でモデルの精度評価を行う手法です（ここで、1 行とは 1 つのデータを指します）。つまり、20 行のデータがあったとしたら、19 行で学習し、学習に使わなかった 1 行でテストを行う、という手法になり、合計 20 回の学習を行ったテスト結果の平均を取ることで精度を算出するのです。かなり小さいデータセット（例えばデータセットが 50 〜 100 行以下）を扱う場合には、この手法が推奨されます。このように、交差検証のメリットは、手持ちのデータを最大限で活かした性能測定ができることです。

問題

次の選択肢のうち、誤りを含むものを選んでください。

1. k-分割交差検証では、すべてのデータを使って学習を行い、k分割したデータセットをテストデータとして用いるといった手法のことである。
2. k-分割交差検証とは、トレーニングデータセットをk分割し、そのうちのk-1個のデータを学習用のデータセットとして用い、残りの1個をモデルのテストに用いるといった手法のことである。
3. k-分割交差検証はクロスバリデーションとも言われる。
4. k-分割交差検証はホールドアウト法よりもk倍の演算が必要である。

ヒント

トレーニングデータとテストデータを分けるのは機械学習の基礎・基本です。

解答例

1. k-分割交差検証では、すべてのデータを使って学習を行い、k分割したデータセットをテストデータとして用いるといった手法のことである。

2.2.4 k-分割交差検証の実践

さて、実際にコードを書いて「k-分割交差検証」の実践を行いましょう。サンプルは以下の通りです。

```
scores = cross_validation.cross_val_score(svc, X, y, cv=5)
```

Xにはデータセットの正解ラベル以外が配列で並んでおり、**y**にはデータセットの正解ラベルが配列で並んでいるデータを用意したものとします。

以上を踏まえ、次の問題にチャレンジしましょう。なお、ここでは未習の機械学習モデル「SVM」が登場しています。このモデルの概要や引数の扱い方は「教師あり学習（分類）」で触れるので、ここでは詳しく理解する必要はありません。

問題

リスト2.3の___部分を埋め、交差検証法の分割数を「5分割」に指定して出力してください。

In
```
# コードの実行に必要なモジュールを読み込みます
```

```
from sklearn import svm, datasets, cross_validation

#「Iris」というデータセットを読み込みます
iris = datasets.load_iris()
X = iris.data
y = iris.target

# 機械学習アルゴリズム SVM を使用します
svc = svm.SVC(C=1, kernel="rbf", gamma=0.001)

# 交差検証法を用いてスコアを求めます
# 内部では、X、y がそれぞれ「X_train, X_test, y_train, y_test」のように分割⏎
され処理されます
scores = cross_validation.cross_val_score(svc, X, y, cv=__)

# トレーニングデータとテストデータのサイズを確認します
print (scores)
print (" 平均スコア :", scores.mean())
```

リスト 2.3：問題

ヒント

k分割の個数を調整すると、最終的なスコアの値が変動します。

分類器SVMとありますが、これは機械学習における分類手法の1つです。学習データを渡すことで答えを予想し出力します。第16章「教師あり学習（分類）の基礎」で詳しく説明します。ここでは、データを分類するための手法の1つといった認識で大丈夫です。

解答例

In

```
# コードの実行に必要なモジュールを読み込みます
from sklearn import svm, datasets, cross_validation
(…略…)
# 交差検証法を用いてスコアを求めます
# 内部では、X、y がそれぞれ「X_train, X_test, y_train, y_test」のように分割⏎
```

```
され処理されます
scores = cross_validation.cross_val_score(svc, X, y, cv=5)
(…略…)
```

Out

```
[0.86666667 0.96666667 0.83333333 0.96666667 0.93333333]
平均スコア : 0.91333333333333334
```

リスト 2.4：解答例

2.3 過学習

2.3.1 過学習とは

データのパターンから基準を作り出したコンピュータに、さらに新しいデータを与えると、ひどいばらつきがない限りデータをパターンごとに分類できるようになります。では、コンピュータにトレーニングとして、偏りのあるデータを与えるとどうなるでしょうか。例えば、図 2.9 のようながく片の幅と長さによって、花の種類を分類しており、その一部が偏っているデータです。

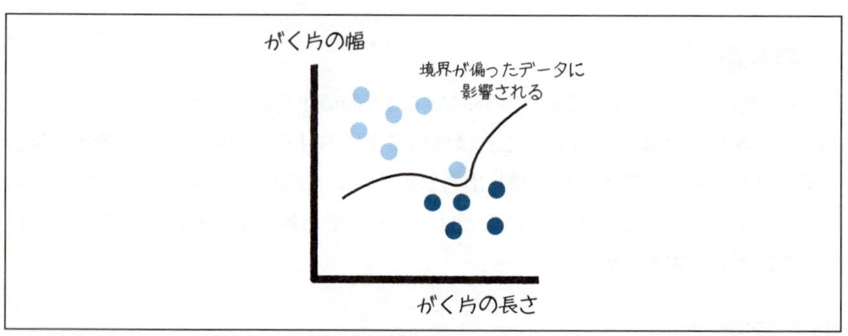

図 2.9：がく片の幅と長さによって、花の種類を分類したデータ

識別面が 1 つのデータに影響され、正しい線が引くことができていないのがわかります。このように、与えられたデータに適用し過ぎてしまい、正しい基準が構築されないことを、**コンピュータがデータを学習し過ぎた状態、過学習（オーバーフィッティング）**と言います。

問題

コンピュータがデータを学習し過ぎた状態をなんと言うでしょうか。次の選択肢から適切なものを選んでください。

1. 過学習
2. 学習不足
3. 転移学習
4. 強化学習

ヒント

過学習と反対の状態、データを学習できていない状態を学習不足と言います。

解答例

1. 過学習

2.3.2 過学習の回避

この過学習の解決手段としては様々あります。例えば、深層学習では「**Dropout（ドロップアウト）**」という手法を用いることで過学習を防いでいます。これは、学習時にランダムに一部のニューロン（特定の入力に対し、値を出力するもの）を消し去る手法です。他にも、過学習を回避する方法の代表的なものの1つに、**正則化**があります。正則化とは、簡単に言うと偏りがあるデータの影響をなくす方法のことです。前項の過学習の場合に扱ったデータに正則化を適用すると、図2.10のようになります。

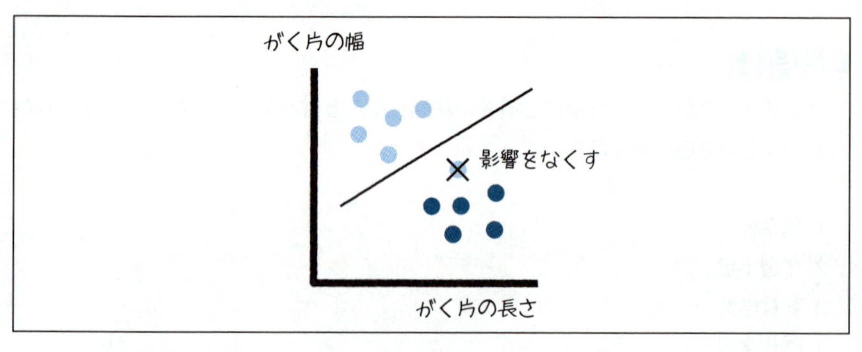

図 2.10：過学習の場合に扱ったデータに正則化を適用した結果

データの集合から外れているデータの影響を正則化を用いることにより消しています。こうすることにより、データを学習し過ぎることなく、データを分類することができます。

なお、コンピュータがデータを学習し過ぎる状態を、過学習と呼ぶのに対し、**データを学習できていない状態を学習不足**と呼びます。また、**過学習を起こしているモデルのことをバリアンスが高い**と言い、**学習不足を起こしているモデルのことをバイアスが高い**と言うことがあります。

問題

次の文章の「」を埋める適切な言葉を選んでください。

コンピュータがデータに対しモデルを構築する際、過学習に陥っている時の解決法の1つとして、「」がある。

1. 正則化
2. カーネル化
3. 対角化
4. 関数化

ヒント

データの集合から外れているデータの影響を正則化を用いることにより消しています。こうすることにより、データを学習し過ぎることなく、データを分類することができます。

解答例

1. 正則化

2.4 アンサンブル学習

2.4.1 アンサンブル学習とは

アンサンブル学習は複数のモデルに学習させることによってデータの一般化を獲得しようとする試みです。

ここでは紹介程度にとどめますが、主に 2 種類の手法が存在します。

1 つは**バギング**と呼ばれる手法で、複数のモデルを同時に学習させ、予測結果の平均をとることで予測結果の汎化を試みます。

もう 1 つは**ブースティング**と呼ばれる手法で、モデルの予測結果に対するモデルを作成し汎化性能を高める手法です。

問題

アンサンブル学習に関して説明している以下の文章のうち正しいものを選んでください。

1. 強力な学習器を用いて全データを学習し続ける手法。
2. 複数のモデルを動かすことによってモデルを汎化させる手法。
3. バギングはモデルの学習結果を別のモデルに入力するため時間がかかる。
4. ブースティングはモデルの学習を加速させる方法である。

ヒント

バギングは複数のモデルを同時に動かすことができます。

アンサンブル学習は複数のモデルが異なるアプローチをします。

解答例

2. 複数のモデルを動かすことによってモデルを汎化させる手法。

添削問題

この章で学んだ知識を総結集して挑んでみましょう。1.～9.の空欄に当てはまる語句をそれぞれ考えてください。

問題

機械学習を実装する上で問題となることの1つに「1.」があります。「1.」はデータを「2.」のことを指します。「1.」をしている状態を「3.」が高いと言い、「4.」をしている状態を「5.」が高いと称されます。「1.」を防ぐ方法の1つにホールドアウト法があります。ホールドアウト法を用いて、学習データを「6.」と「7.」に分割します。「6.」はモデルの学習に用いられ、「7.」を用いて学習済みのモデルの性能を評価します。ホールドアウト法の派生形として、「8.」や「9.」などがあります。

ヒント

過学習の概念及び、過学習の解決法は機械学習をする上で最も重要な事柄の1つです。しっかり復習するようにしましょう。

解答例

機械学習を実装する上で問題となることの1つに「過学習」があります。「過学習」はデータを「学習しすぎた状態」のことを指します。「過学習」をしている状態を「バリアンス」が高いと言い、「学習不足」をしている状態を「バイアス」が高いと称されます。「過学習」を防ぐ方法の1つにホールドアウト法があります。ホールドアウト法を用いて、学習データを「トレーニングデータ」と「テストデータ」に分割します。「トレーニングデータ」はモデルの学習に用いられ、「テストデータ」を用いて学習済みのモデルの性能を評価します。ホールドアウト法の派生形として、「k-分割交差検証」や「leave-one-out交差検証」などがあります。

解説

過学習の概念及び、その解決法について理解できたでしょうか。詳しい正則化の使い方や、交差検証法の実践的な使い方は別の章で説明します。この章に記載されていることはどれも機械学習をする上で必要不可欠なものなので、しっかり覚えるようにしましょう。

第3章

性能評価指標

3.1 性能評価指標

3.1.1 混同行列を理解する

この章では、トレーニングデータを用いて構築された学習済みモデルが、**どの程度良いものであるかを判断する評価指標**について触れていきます。

モデルの性能を評価する指標について詳しく紹介する前に、混同行列について紹介します。**混同行列とは、各テストデータに対するモデルの予測結果を、真陽性（True Positive）、真陰性（True Negative）、偽陽性（False Positive）、偽陰性（False Negative）の4つの観点で分類**をし、それぞれに当てはまる予測結果の個数をまとめた表です。

「真か偽」は予測が的中したかどうか、「陽性か陰性」は予測されたクラスをそれぞれ示しています。つまり、

真陽性は陽性クラスと予測され、結果も陽性クラスであった個数
真陰性は陰性クラスと予測され、結果も陰性クラスであった個数
偽陽性は陽性クラスと予測されたが、結果は陰性クラスであった個数
偽陰性は陰性クラスと予測されたが、結果は陽性クラスであった個数

をそれぞれ示しています。

真陽性（True Positive）と真陰性（True Negative）は機械学習モデルが正解し、偽陰性（False Negative）と偽陽性（False Positive）は機械学習モデルが不正解になったということを示しているのです（図 3.1）。

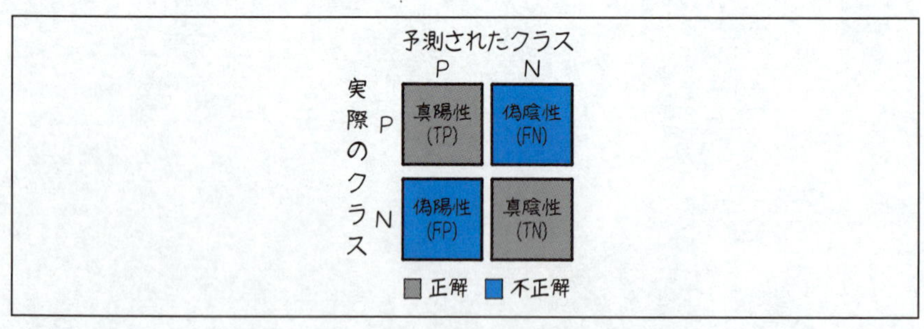

図 3.1：混同行列

問題

次の文章を読んで、下記の選択肢の中から適切なものを選んでください。

Aさんは病院で医者に大腸癌を患っていると宣告されました。しかし、実は大腸癌を患ってはおらず医者の誤りであったことがわかりました。医者の宣告は、図3.1で解説された混同行列の4つの成分のうち、どれにあたるでしょうか。なお、ここでは、癌を患っていることを「陽性」、癌を患っていないことを「陰性」であると呼びます。

1. 真陽性
2. 偽陽性
3. 偽陰性
4. 真陰性

ヒント

この場合、本当に癌があり癌と宣告されることを真陽性、癌がないが癌と宣告されることを偽陽性、癌があるのにもかかわらず癌はないと宣告されることを偽陰性、癌がない上癌はないと宣告されることを真陰性と呼びます。

解答例

2. 偽陽性

3.1.2 混同行列を実装する

前項では、混同行列の各要素について学習しました。この項では、sklearn.metricsモジュールにある **confusion_matrix()** 関数を利用して、実際に混同行列の各成分の個数を見てみましょう。

confusion_matrix() 関数は、以下のように使うことができます。

```
from sklearn.metrics import confusion_matrix
confmat = confusion_matrix(y_true, y_pred)
```

y_true には、正解データの実際のクラスが配列で格納され、**y_pred** には、予想されたクラスが配列で格納されます。格納のされ方は、前の項でも確認した図3.2の通りです。

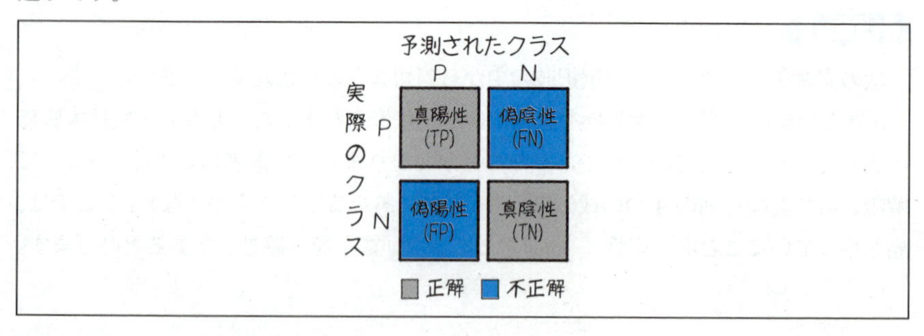

図 3.2：混同行列（scikit-learn による出力）

さて、実際に問題を解いて混同行列を実装しましょう。

問題

変数 **confmat** に **y_true** と **y_pred** の混同行列を格納してください（リスト 3.1）。

In

```
# ここで必要となるモジュールを import します
import numpy
from sklearn.metrics import confusion_matrix


# データを格納します。ここでは 0 が陽性、1 が陰性を示しています
y_true = [0,0,0,1,1,1]
y_pred = [1,0,0,1,1,1]


# 以下の行に変数 confmat に y_true と y_pred の混同行列を格納してください


# 結果を出力します
print (confmat)
```

リスト 3.1：問題

ヒント

confusion_matrix() 関数を使って実装します。

解答例

In

```
# ここで必要となるモジュールを import します
(…略…)
# 以下の行に変数 confmat に y_true と y_pred の混同行列を格納してください
confmat = confusion_matrix(y_true, y_pred)


# 結果を出力します
print (confmat)
```

Out

```
[[2 1]
 [0 3]]
```

リスト 3.2：解答例

3.1.3 正解率

実際に分類モデルを構築できたならば、その分類モデルは他の分類モデルより性能が優れているのか、優れていないのかを評価するための明確な基準といったものが必要になってきます。この項では、前の項で説明した混同行列の各個数を元に算出できる**性能評価指標**について解説します。

まずは「正解率」について確認します。**正解率とは、すべての事象の中で、診断結果が合っていた（TP と TN に分類された）数の割合**で以下のように計算できます。

$$正解率 = \frac{TP + TN}{FP + FN + TP + TN}$$

とてもシンプルな指標なので、直感的にわかりやすいかもしれません。実際のケース問題で、正解率を計算してみましょう。

問題

$\begin{bmatrix} TP & FN \\ FP & TN \end{bmatrix} = \begin{bmatrix} 2 & 1 \\ 0 & 3 \end{bmatrix}$ における正解率は以下のうち、どれになるでしょうか。正しいものを選んでください。

1. 50%
2. 66.7%
3. 83.3%
4. 100%

ヒント

本文にある正解率の公式を確認しましょう。

解答例

3. 83.3%

3.1.4 F 値

さて、他の例を考えてさらに理解を深めていきます。ある病院の癌検診で患者 10,000 人を診療することを考えます。癌検診の結果、患者 10,000 人の診断結果の混同行列は表 3.1 のようになりました。

表 3.1：患者 10,000 人の診断結果の混同行列

実際のクラス ＼ 予測されたクラス	癌だろう	癌ではないだろう
癌である	60	40
癌でない	140	9760

直感的に、この診断の性能はあまり良くないように感じられませんでしょうか？100 人の癌患者のうち、40%は「癌ではないだろう」と誤診をしてしまっていますし、陽性の患者が実際に癌である確率は、30%ほどだからです。しかし、正解率を計算すると、以下のようになります。

$$正解率 = \frac{TP + TN}{FP + FN + TP + TN} = \frac{60 + 9760}{140 + 40 + 60 + 9760} = 98.2\%$$

正解率は98.2%という高い値になりました。これは、**患者のほとんどが癌ではない**ことによるものです。このように、**データに偏りがある状態で「正解率」という指標を使うのは非常に危険**です。そのため、**機械学習では適合率（精度、precision）、再現率（recall）、F値という指標で性能評価**されるケースが多いです。それぞれの評価指標に関して見てみましょう。

まず、適合率（精度、precision）と再現率（recall）です。**適合率（精度、precision）とは陽性と予測されたデータのうち、実際に陽性であるものの割合**であり、**再現率（recall）は、実際の陽性のデータのうち、陽性と予測できたものの割合**を表しています。

$$適合率(精度、precision) = \frac{TP}{FP + TP}$$

$$再現率(recall) = \frac{TP}{FN + TP}$$

さらにF値とは**適合率と再現率の両方を組み合わせた（調和平均）**です。F値は以下のように求めることができます。

$$F値 = 2 \times \frac{適合率 \times 再現率}{適合率 + 再現率}$$

適合率（精度、precision）、再現率（recall）、F値ともに、**0～1の範囲の中で示され、値が1に近いほうが「性能が良い」**ということを示しています。さて、実際にここでの癌検診のケースの適合率（精度、precision）、再現率（recall）、F値を求めてみましょう。

$$precision = \frac{TP}{TP + FP} = \frac{60}{60 + 140} = 30\%$$

$$recall = \frac{TP}{TP + FN} = \frac{60}{60 + 40} = 60\%$$

$$F値 = \frac{2 \times precision \times recall}{precision + recall} = \frac{2 \times 30 \times 60}{30 + 60} = 40\%$$

実際に計算してみるとprecision、recall、F値ともに大きい値（100％に近い値）

3

性能評価指標

とは言えません。何となく「直感」と合致した気がしますね。

問題

$\begin{bmatrix} TP & FN \\ FP & TN \end{bmatrix} = \begin{bmatrix} 2 & 1 \\ 0 & 3 \end{bmatrix}$ におけるF値は以下のうち、どれになるでしょうか。正しいものを選んでください。

1. 51%
2. 63%
3. 71%
4. 80%

ヒント

F値を計算する前にprecisionとrecallを計算しなければなりません。
計算すると、precisionは1（100%）、recallは0.67（67%）になりますね。

解答例

4. 80%

3.1.5 性能評価指標を実装する

前項では、モデルを評価する指標の計算式を学習しました。この項では、scikit-learnに実装されている性能評価指標を利用してみましょう。その関数はsklearn.metricsモジュールからimportできます（リスト3.3）。

In

```
# 適合率、再現率、F
from sklearn.metrics import precision_score
from sklearn.metrics import recall_score, f1_score

# データを格納します。ここでは0が陽性、1が陰性を示しています
y_true = [0,0,0,1,1,1]
y_pred = [1,0,0,1,1,1]
```

```
# y_true には正解のラベルを、y_pred には予測結果のラベルをそれぞれ渡します
print("Precision: %.3f" % precision_score(y_true, y_pred))
print("Recall: %.3f" % recall_score(y_true, y_pred))
print("F1: %.3f" % f1_score(y_true, y_pred))
```

リスト 3.3：性能評価指標の実装

%.3f とは、6.4.1 項「文字列のフォーマット指定」で学習する表現です。小数点 4 桁目で四捨五入され、小数点 3 桁で表示されることになります（6.4.1 項参照）。

問題

$\begin{bmatrix} TP & FN \\ FP & TN \end{bmatrix} = \begin{bmatrix} 2 & 1 \\ 0 & 3 \end{bmatrix}$ における F 値を、**f1_score()** 関数を使わずに、**precision_score()** 関数と **recall_score()** 関数で計算してください。

（参考）

$$F値 = 2 \times \frac{適合率 \times 再現率}{適合率 + 再現率}$$

In

```
# 適合率、再現率、F1
from sklearn.metrics import precision_score
from sklearn.metrics import recall_score, f1_score

# データを格納します。ここでは 0 が陰性、1 が陽性を示しています
y_true = [1,1,1,0,0,0]
y_pred = [0,1,1,0,0,0]

# 適合率と再現率をあらかじめ計算します
precision = precision_score(y_true, y_pred)
recall = recall_score(y_true, y_pred)

# 以下の行に F1 スコアの定義式を記述してください
f1_score = 

print("F1: %.3f" % f1_score)
```

リスト 3.4：問題

precision_score() 関数と **recall_score()** 関数を用いて表現することができます。

解答例

In
```
# 適合率、再現率、F1
(…略…)
# 以下の行に F1 スコアの定義式を記述してください
f1_score =2 *(precision*recall) / (precision+recall)


print("F1: %.3f" % f1_score)
```

Out
```
F1: 0.800
```

リスト 3.5：解答例

3.2 PR 曲線

3.2.1 再現率と適合率の関係

前節で様々な性能評価指標について学習しました。本節では、データから得られた再現率と適合率を用いてモデルの性能を評価する方法について学習していきます。

復習になりますが、TP、FN、FP、TN の関係性と、再現率と適合率について再度確認しましょう（図 3.3）。

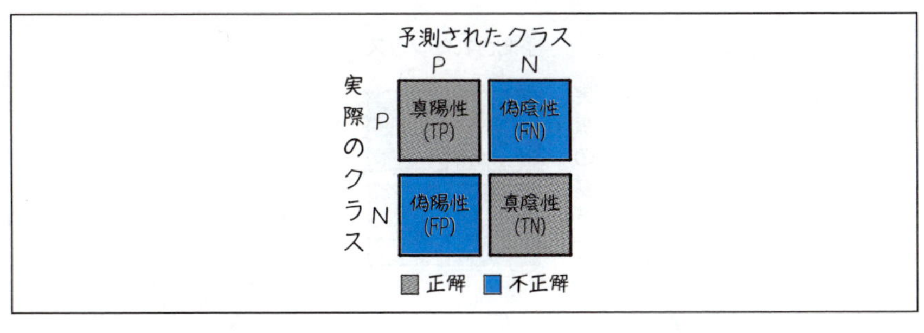

図 3.3：TP、FN、FP、TN の関係性（再掲）

・再現率

本当に陽性であるケースのうち、何 % を陽性と判定することができたかを示します。

・適合率

陽性であると予測したうちの何 % が当たっていたかを示します。

$$適合率(精度、precision) = \frac{TP}{FP + TP}$$

$$再現率(recall) = \frac{TP}{FN + TP}$$

この **2 つの性能評価指標の関係は、トレードオフの関係**になります。トレードオフの関係というのは、再現率を高くしようとすると適合率が低くなり、適合率を高くしようとすると再現率が低くなることを意味します。

例えば、ある病院の癌検診の例を考えます。この病院が保守的な検査を行い、たくさんの陽性（癌である宣告）を出したと考えます。するとどうでしょうか。たくさん陽性を出しているので、本当に陽性であるほうの的中率が上がるので、これは再現率が高くなります。しかし、反対に少しでも癌の兆候が見られればすぐ陽性と判断してしまっているので、適合率が下がります。

今度は、たくさんの陰性（癌ではない宣告）を出したと考えます。すると、一般的には、陰性の患者数のほうが多いため、たくさんの陰性判断をすることで適合率が上がります。逆に、再現率は低くなってしまいます。このように、片方を上げようとすると片方が下がってしまうのです（図 3.4）。

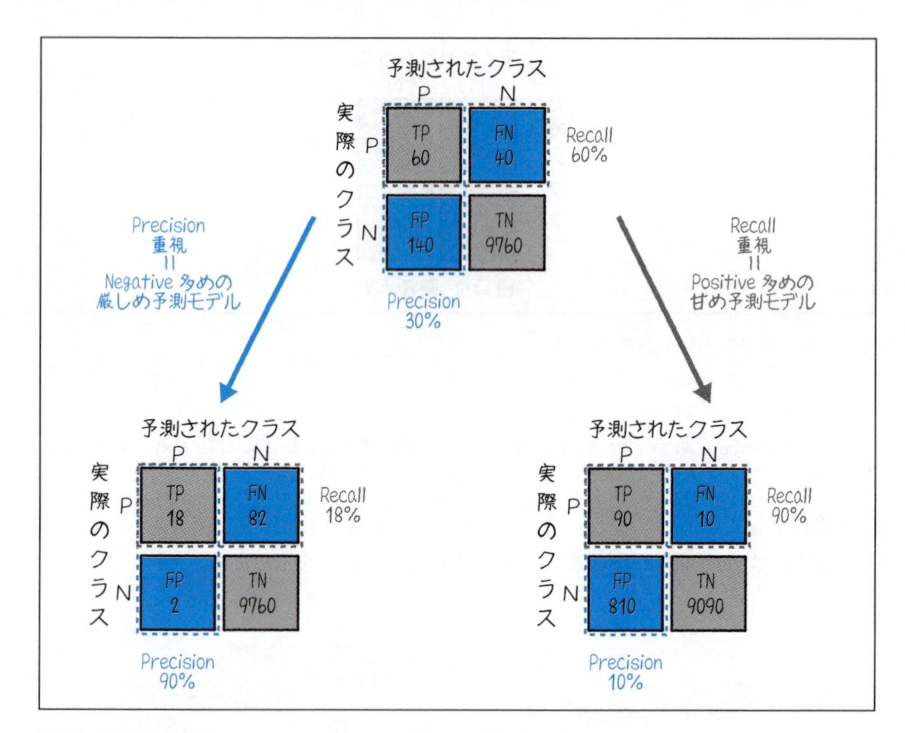

図 3.4：再現率と適合率

ここで紹介するような**癌検診のケースだと、Recall を重視**するのが良いでしょう。というのも**「癌の発見を見逃す」というケースは人の命に関わる重大なケース**であり、できるだけ FN の数を少なくすることが必要であるためです。

逆に、例えば **Web サービスのレコメンドなどの場合 Precision を重視**するのが良いでしょう。「自分の好みでない商品をレコメンド」してしまうと、サービスの信頼性・ブランド力が毀損してしまうためです。つまり、**「自分の好みの商品をレコメンドできない（= 購買機会の減少）」ことよりも、「自分の好みでない商品をレコメンドしてしまう（= 信頼性の減少）」ことを避けたいケース**だと、できるだけ FP の数を少なくすることが必要であるためです。

以上のようなこだわりが特にないケースだと、**再現率と適合率の両方を考慮した F 値**が用いられます。

問題

次の文章の「」に当てはまる語句を、以下の選択肢から選びましょう。

再現率と適合率は、「」の関係にある。

1. 相関
2. 疑似相関
3. トレードオフ
4. トレードオン

ヒント

再現率と適合率の意味を確認しましょう。

・再現率
本当に陽性であるケースのうち、何%を陽性と判定することができたかを示します。

・適合率
陽性であると予測したうちの何%が当たっていたかを示します。

解答例

3. トレードオフ

3.2.2 PR曲線とは

PR曲線とは、横軸を再現率、縦軸を適合率として、データをプロットしたグラフで表したものです。例を挙げます。癌検診を受けた20人の患者のうち、陽性と宣告された患者は10人であるとし、実際に癌である患者数は5人であるとします。この場合、適合率は、癌検診で陽性と宣告された患者数のうち、本当に癌である患者の割合であり、再現率は、本当に癌である患者のうち、癌と宣告された割合です。癌と宣告された患者に対し、1人ずつ適合率と再現率を計算し、順にプロットした図がPR曲線と言えます。プロットされる過程が図3.5のようになります。前提として、表中の患者を癌である確率が高い順に並べ替えています。

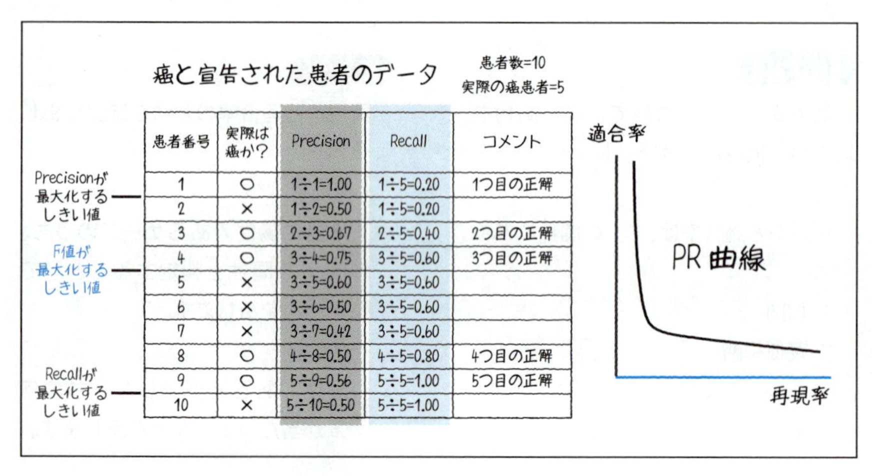

癌と宣告された患者のデータ

患者数=10
実際の癌患者=5

患者番号	実際は癌か?	Precision	Recall	コメント
1	○	1÷1=1.00	1÷5=0.20	1つ目の正解
2	×	1÷2=0.50	1÷5=0.20	
3	○	2÷3=0.67	2÷5=0.40	2つ目の正解
4	○	3÷4=0.75	3÷5=0.60	3つ目の正解
5	×	3÷5=0.60	3÷5=0.60	
6	×	3÷6=0.50	3÷5=0.60	
7	×	3÷7=0.42	3÷5=0.60	
8	○	4÷8=0.50	4÷5=0.80	4つ目の正解
9	○	5÷9=0.56	5÷5=1.00	5つ目の正解
10	×	5÷10=0.50	5÷5=1.00	

図 3.5：癌と宣告された患者のデータと PR 曲線

図 3.5 より、やはり再現率と適合率の関係はトレードオフであると言えます。さて、PR 曲線の仕組みがわかったところで、PR 曲線を用いたモデルの評価について次項で説明していきます。

問題

次の文章の「」に当てはまる言葉の適切な組み合わせを、以下から選びましょう。

PR 曲線は、横軸に「」、縦軸に「」をとります。

1.「再現率」「表現率」
2.「表現率」「再現率」
3.「再現率」「適合率」
4.「適合率」「再現率」

ヒント

PR 曲線とは、横軸を再現率、縦軸を適合率として、データをプロットしたグラフで表したものです。

解答例

3.「再現率」「適合率」

3.2.3 PR曲線を用いたモデルの評価

まず、適合率と再現率について別の見方をしてみましょう。前項の癌検診における例を、ビジネスにおける、全顧客の中から優先してアプローチすべき優良顧客を判定する問題に置き換えます。優良顧客であると予想した顧客と、本当の優良顧客に分かれます。つまり以下のようになります。

・適合率（精度、precision）が高く、再現率（recall）が低い状態
　無駄は少ないが、取りこぼしの多い判定になっている状態と言えます。つまり機会損失が生じていると言えます。

・適合率（精度、precision）が低く、再現率（recall）が高い状態
　取りこぼしが少ないが、無駄撃ちが多い判定になっている状態と言えます。つまりアプローチの予算が無駄になる可能性が高いと言えます。

適合率も再現率も高いに越したことはありません。ですが、**トレードオフの関係のため、どちらかを上げようとするとどちらかが下がってしまいます。**しかし、PR曲線には適合率と再現率が一致する点が存在します。この点を、**ブレークイーブンポイント（BEP）**と呼びます。この点では、適合率と再現率の関係をバランスよく保ったまま、コストと利益を最適化できるので、ビジネスにおいては重要な点となっております。3.1.4項で**F値**という評価指標に触れましたが、BEPも同じような概念と押さえておけば良いでしょう（図3.6）。

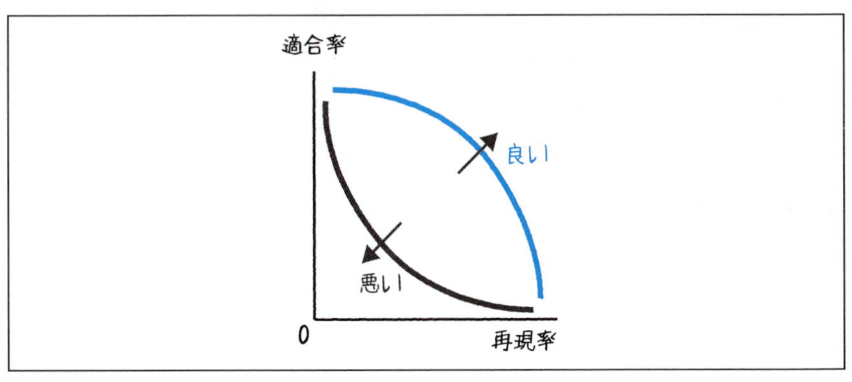

図3.6：PR曲線

さて、PR曲線が描けたところで、PR曲線を用いたモデルの評価をしてみましょう。PR曲線によるモデルの優劣は図3.7のようになります。つまり、BEPが右上に遷移するほど良いモデルが構築できたと言えます。これは、BEPが右上に遷移するほど、適合率と再現率が同時に高くなるためです。

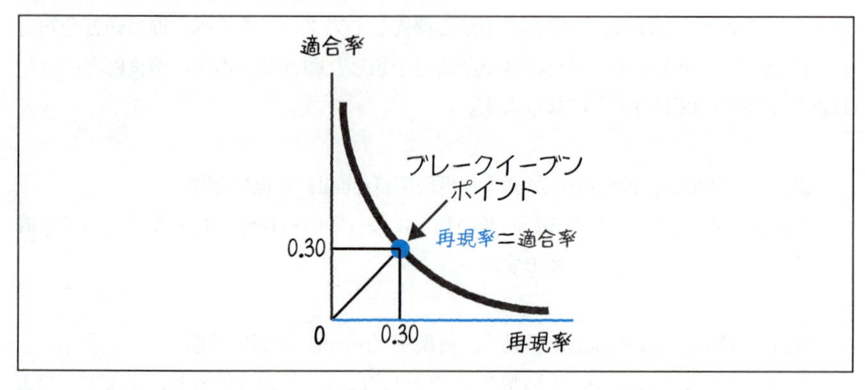

図3.7：PR曲線によるモデルの優劣

問題

次の文章の「」に当てはまる適切な言葉を以下の選択肢から選んでください。

PR曲線における、再現率と適合率が一致する点を「」と言います。

1.「ブレークノンイーブンポイント」
2.「ブレークイーブンポイント」
3.「ジョイントイーブンポイント」
4.「ジョイントノンイーブンポイント」

ヒント

略して「BEP」と呼ぶ場合もあります。

解答例

2.「ブレークイーブンポイント」

添削問題

この章で学んだ知識を総結集して挑んでみましょう。1.～18.の空欄に当てはまる語句をそれぞれ考えてください。

問題

・混同行列は、要素として「1.」「2.」「3.」「4.」からなる正方行列です。「1.」は「5.」と予測し、実際は「6.」であるデータ数、「2.」は「7.」と予測し、実際は「8.」であるデータ数、「3.」は「9.」と予測し、実際は「10.」であるデータ数、「4.」は「11.」と予測し、実際は「12.」であるデータ数をそれぞれ示します。また、性能評価指標として重要な適合率と再現率の式は以下のように表されます。

$$再現率 = \frac{TP}{TP + (13.)}$$

$$適合率 = \frac{TP}{TP + (14.)}$$

・横軸に「15.」、縦軸に「16.」をとったグラフを「17.」と呼びます。また、ビジネスの観点から見ると、「17.」の中で利益とコストをバランスよく最適化できる点を「18.」と呼びます。

ヒント

どの語句も、この章で学んだものです。わからない場合は本文に戻って復習しましょう。

解答例

・混同行列は、要素として「真陽性」「偽陽性」「偽陰性」「真陰性」からなる正方行列です。「真陽性」は「陽性」と予測し、実際は「陽性」であるデータ数、「偽陽性」は「陽性」と予測し、実際は「陰性」であるデータ数、「偽陰性」は「陰性」と予測し、実際は「陽性」であるデータ数、「真陰性」は「陰性」と予測し、実際は「陰性」であるデータ数をそれぞれ示します。また、性能評価指標として重要な適合率と再現率の式は以下のように表されます。

$$再現率 = \frac{TP}{TP + (FN)}$$

$$適合率 = \frac{TP}{TP + (FP)}$$

横軸に「再現率」、縦軸に「適合率」をとったグラフを「PR曲線」と呼びます。また、ビジネスの観点から見ると、「PR曲線」の中で利益とコストをバランスよく最適化できる点を「ブレークイーブンポイント（BEP）」と呼びます。

総合添削問題

第1章、第2章、第3章で学んだことを活かし、実際に機械学習する流れについて総復習しましょう。

問題

リスト3.6のコードは機械学習をする上での基本的な流れに沿っています。(1.)、(2.)、(3.)、(4.) の各ブロックで何を行っているか説明してください。

In

```
import matplotlib.pyplot as plt
import numpy as np
import pandas as pd
from sklearn import datasets
from sklearn import svm
from sklearn.model_selection import train_test_split
from sklearn.metrics import accuracy_score

# (1.)
# Irisデータセットをロードします
iris = datasets.load_iris()
# 3,4列目の特徴量を抽出します
X = iris.data[:, [2,3]]
# クラスラベルを取得します
y = iris.target
```

```
# (2.)
X_train, X_test, y_train, y_test = train_test_split(
    X, y, test_size=0.3, random_state=0)

# (3.)
svc = svm.SVC(C=1, kernel='rbf', gamma=0.001)
svc.fit(X_train, y_train)

# (4.)
y_pred = svc.predict(X_test)
print ("Accuracy: %.2f"% accuracy_score(y_test, y_pred))
```

Out

```
Accuracy: 0.60
```

リスト 3.6：問題

ヒント

基本的な機械学習は、トレーニングデータとテストデータを用意した後、トレーニングデータを機械学習アルゴリズムに学習させ、学習した機械学習アルゴリズムの性能をテストデータで検証するといった流れです。

解答例

1. 教師ありデータを用意しています。
2. 教師ありデータをトレーニングデータとテストデータに分割しています。
3. 機械学習アルゴリズムを用いて、トレーニングデータを学習させています。
4. テストデータを用いてどれほど予測が当たったかを調べ、機械学習アルゴリズムの性能をチェックしています。

解説

ヒントの流れに沿ったコードであったように思います。基本的な流れはこれで学習できたことになります。精度は、**0.60**と低い値になりました。教師ありデータを用意し、そのまま機械学習アルゴリズムに適用しただけなので、低い精度になってしまうのは仕方がありません。機械学習アルゴリズムに教師ありデータを適用する前に、あらかじめ高精度になるようにデータを処理することを**前処理**と呼ばれています。機械学習の精度はこの前処理に委ねられているといっても過言ではありません。詳しい前処理の方法については、第 15 章、第 16 章を参照してください。

第4章

Pythonの基礎

4.1 基礎

4.1.1 Hello world

始めに、Python（パイソン）のプログラムを動かしてみましょう。ここでは、Hello worldを出力する方法を学びます。Pythonでは、**print()**を用いることで出力することができます。なお、出力するものが文字列である場合、「**"**」か「**'**」でその文字列を囲む必要があります。

「**"**」と「**'**」のどちらか一方を使うようにしましょう。

プログラムを書く際、**すべて半角英数字**を用いて書く必要があります。スペース、数字、記号もすべて半角文字である必要があります。ただし、「**"あいうえお"**」のように「**"**」で囲まれた部分は全角文字を使うことが可能です。

問題

リスト4.1のコードをRUN（実行）して「**Hello world**」を出力してください。

In

```
# Pythonでは行頭に#を置いた行はコメントして扱われます
#「Hello world」と出力してください
print("Hello world")
```

リスト4.1：問題

ヒント

・**print("文字")**

・**print('文字')**

解答例

Out

```
Hello world
```

リスト4.2：解答例

4.1.2 Pythonの用途

Pythonは多目的に用いることのできるプログラミング言語です。また、書きやすく、読みやすいように設計されているため、非常に人気の高いプログラミング言語の1つです。Pythonを使ってWebアプリ制作をすることも可能で、有名なPythonのWebアプリ制作のフレームワーク（プログラミングを平易にするための枠組みのこと）には**Django（ジャンゴ）**、**Flask（フラスク）**などがあります。

Pythonは**科学技術計算やデータ分析のための言語**として有名です。このようなデータ解析に適した言語には**R（アール）**、**MATLAB（マトラボ）**などもありますが、人工知能や機械学習分野では、Pythonが一番使われます。実際にAIエンジニアの求人を参照すると、Pythonの利用経験が要求される場合がほとんどです。

Pythonの統合開発環境としては**PyCharm（パイチャーム）**が有名です。テキストエディタの**Atom（アトム）**や**SublimeText（サブライムテキスト）**も人気です。また、ノートブックの**Jupyter Notebook（ジュパイターノートブックまたはジュピターノートブック）**もよく使われます。Jupyter Notebookを起動している時は、データがメモリに保持され、さらにデータ加工のログをノートとして残すことができるため、Jupyter Notebookはデータの前処理に使われます。

問題

Pythonの**Webアプリ制作のフレームワーク**を次の選択肢から選んでください。

1. Django（ジャンゴ）
2. PyCharm（パイチャーム）
3. Jupyter Notebook（ジュピターノートブック）
4. Atom（アトム）

ヒント

Djangoは Webアプリ制作のフレームワーク、PyCharmは統合開発環境、Jupyter Notebookはノートブック、Atomはテキストエディタです。

解答例

1. Django（ジャンゴ）

4.1.3 コメントの入力

実際にプログラムを書いていくと、**書いたコードの意図やその内容の要約**をメモで残したい時もあるでしょう。そのような時に用いるのが、プログラミングの動作には影響のない「コメント」という機能です。Python では、「#」をコメントとして残したい文の前に付けるだけでコメントが残せます。

「#」を付けてコメントにすることを**コメントアウト**と言います。

共同開発では、コメントでコードの意図を示すことにより円滑に仕事を進めることができます。

問題

print(3 + 8) の上に「# 3 + 8 の結果を出力します」とコメントしてください（リスト 4.3）。

In

```
# 5 + 2の結果を出力してください
print(5 + 2)


print(3 + 8)
```

リスト 4.3：問題

ヒント

半角と全角に注意しましょう。

解答例

In

```
# 5 + 2の結果を出力してください
print(5 + 2)

# 3 + 8の結果を出力します
print(3 + 8)
```

Out
```
7
11
```
リスト 4.4：解答例

4.1.4 数値と文字列

先ほどは文字列を出力しましたが、数値も同様に出力できます。**数値の場合は「"」や「'」で囲む必要はありません**。また、**()** の中に計算式を代入すると、計算結果が出力されます（リスト 4.5、リスト 4.6）。

In
```
print(3 + 6)
```
Out
```
9
```
リスト 4.5：代入の例①

In
```
print("8 - 3")
```
Out
```
8 - 3
```
リスト 4.6：代入の例②

「"」で囲んである場合（リスト 4.6）は str（文字列）型になり、囲まない場合（リスト 4.5 の In）は int（整数）型として出力されます。型については後ほど学習します。

問題

- 数値の「**18**」を出力してください。
- **2 + 6** を計算し、計算結果を出力してください。
- 「**2 + 6**」という文字列を出力してください。
- すべて **print()** 関数を用いて出力してください。

In
```
# 数値の「18」を出力してください


# 数値の 2 に 6 を足したものを出力してください

```

```
# 「2 + 6」という文字列を出力してください
```

リスト 4.7：問題

ヒント

・数値の出力

`print(5)`、`print(7 + 2)`

・文字列の出力

`print("7 + 2")`

解答例

In

```
# 数値の「18」を出力してください
print(18)

# 2 + 6 を計算し、計算結果を出力してください
print(2 + 6)

# 「2 + 6」という文字列を出力してください
print("2 + 6")
```

Out

```
18
8
2 + 6
```

リスト 4.8：解答例

4.1.5 演算

Python では、基本的な計算をすることができます。四則演算だけではなく、べき乗（x^2 など）の計算や割り算の余りの計算もすることができます。「**+**」や「**-**」などは**算術演算子**と呼ばれます。

それぞれの算術演算子は、足し算：「**+**」 引き算：「**-**」 掛け算：「*****」 割り算：「**/**」 余りの計算：「**%**」 べき乗：「******」となっています。

問題

- **3 + 5**の結果を出力してください。
- **3 - 5**の結果を出力してください。
- **3 × 5**の結果を出力してください。
- **3 ÷ 5**の結果を出力してください。
- **3**を**5**で割った余りを出力してください。
- **3**の**5**乗の結果を出力してください。
- すべて**print()**関数を用いて出力してください。

In

```
# 3 + 5


# 3 - 5


# 3 × 5


# 3 ÷ 5


# 3を5で割った余り


# 3の5乗

```

リスト 4.9：問題

ヒント

- `print(2 + 5)` #出力結果 **7**
- `print(2 - 5)` #出力結果 **-3**
- `print(2 * 5)` #出力結果 **10**
- `print(2 / 5)` #出力結果 **0.4**
- `print(2 % 5)` #出力結果 **2**
- `print(2 ** 5)` #出力結果 **32**

解答例

In

```
# 3 + 5
print(3 + 5)

# 3 - 5
print(3 - 5)

# 3 × 5
print(3 * 5)

# 3 ÷ 5
print(3 / 5)

# 3を5で割った余り
print(3 % 5)

# 3の5乗
print(3 ** 5)
```

Out

```
8
-2
15
0.6
3
243
```

リスト 4.10：解答例

4.2 変数

4.2.1 変数

プログラムの中で、何度も同じ値を出力したい時があります。この時、一度出力した値のすべてを1つ1つ変えることはとても手間がかかってしまうでしょう。そこで、値に対して名前を付けることで、名前によって値を使えるようにする仕組みを**変数**と言います。

変数は**「変数名 = 値」**で定義します。また、プログラミングでは「=」は数学で意味する「等しい」という意味ではなく、右辺の値を左辺の変数名に**代入する（格納する）**という意味になります。変数名を考える場合は正確に付けるようにしてください。例えば、**n**という変数に**太郎**という文字列が代入されていれば、後ほど自分がコードを手直しする時、もしくは協力してサービスを作る時に協力者が混乱してしまうことになります。**name**などにしましょう。

なお、変数の値を出力したい場合は変数に文字列が格納されている場合でも、数値と同じように「"」や「'」を使いません（リスト4.11）。

In

```
n = "いぬ"
print(n)
```

Out

```
いぬ
```

リスト4.11：変数の例①

変数の命名にはいくつかのルールがあり、以下の条件を満たす必要があります。

- 変数名に使える文字は、以下の3つ。
  1. 大文字、小文字のアルファベット
  2. 数字
  3. _（アンダースコア）
- 変数名の先頭の文字には数字を使えない。
- 予約語やキーワード（**if**や**for**など、コード内で特別な意味を持つ単語）(https://docs.python.org/2/reference/lexical_analysis.html#keywords) を使って

はいけない。

- 事前に定義されている関数名（**print** や **list** など）を使ってはいけない。

このうち予約語やキーワード、関数名については、変数名に使っても当面エラーにになることはありませんが、同じ名前の処理文を使った時にエラーが出てしまいます（リスト 4.12）。

In

```
# print を変数名に使うと、print() を呼び出す段階でエラーが出ます
print = "Hello"
print(print) # TypeError: 'str' object is not callable
```

リスト 4.12：変数の例②

問題

- 変数 **n** に「**ねこ**」を代入してください。
- 変数 **n** を出力してください。**print()** 関数で出力してください。
- 「**n**」という文字列を出力してください。**print()** 関数で出力してください。
- 変数 **n** に **3 + 7** という数式を代入してください。
- 変数 **n** を出力してください。**print()** 関数で出力してください。

In

```
# 変数 n に「ねこ」を代入してください


# 変数 n を出力してください


# 「n」という文字列を出力してください


# 変数 n に 3 + 7 という数式を代入してください


# 変数 n を出力してください

```

リスト 4.13：問題

ヒント

- 変数を出力したい場合は「"」で囲みません。

解答例

In

```
# 変数nに「ねこ」を代入してください
n = "ねこ"

# 変数nを出力してください
print(n)

#「n」という文字列を出力してください
print("n")

# 変数nに3 + 7という数式を代入してください
n = 3 + 7

# 変数nを出力してください
print(n)
```

Out

```
ねこ
n
10
```

リスト 4.14：解答例

4.2.2 変数の更新

プログラムのコードは基本的に上から下へと読み込まれていきます。そのため、**変数に新たな値を代入した後は、変数は新たな値に上書き**されます。

リスト 4.15 の例を見て更新されていることを確認しましょう。

In

```
x = 1
print(x)
x = x + 1
print(x)
```

Out

```
1
2
```

リスト 4.15：変数の更新の例①

さらに、**x = x + 1**という記述を短くして、**x += 1**と記述することもできます。同様に、**x = x - 1**を**x -= 1**、**x = x * 2** を **x *= 2**、**x = x / 2**を**x /= 2** と記述することもできます（リスト 4.16）。

In

```
x = 5
x *= 2
print(x)
```

Out

```
10
```

リスト 4.16：変数の更新の例②

問題

変数**m**に「いぬ」を上書きして、値を**print()**関数で出力してください（リスト 4.17）。変数**n**に**5**を掛けて、上書きしてください。

In

```
m = "ねこ"
print(m)

# 変数mに「いぬ」を上書きして、出力してください



n = 14
print(n)

# 変数nに5を掛けて、上書きしてください



print(n)
```

リスト 4.17：問題

ヒント

上書きする時は、代入の時と同様の方法です。

ここでは、**n = n * 5** を利用しても、**n *= 5** を利用してもどちらでもかまいません。

解答例

In

```
m = "ねこ"
print(m)

# 変数mに「いぬ」を上書きして、出力してください
m = "いぬ"
print(m)

n = 14
print(n)

# 変数nに5を掛けて、上書きしてください。 n = n * 5、n = 5 * n  も正解です
n *= 5

print(n)
```

Out

```
ねこ
いぬ
14
70
```

リスト 4.18：解答例

4.2.3 文字列の連結

「+」は数値の計算だけではなく、**文字列の連結**にも用いることができます。もちろん変数と文字列、変数同士の連結もすることができます。変数と文字列を結合する

時は、リスト 4.19 のようにします。変数は " や ' で囲わないように注意しましょう。

In
```
m = "太郎"
print("私の名前は" + m + "です")
```

Out
```
私の名前は太郎です
```

リスト 4.19：文字列の連結の例

問題

変数 **p** に「**東京**」を代入してください（リスト 4.20）。
変数 **p** を用いて「**私は東京出身です**」と **print()** 関数で出力してください。

In
```
# 変数pに「東京」を代入してください



# 変数pを用いて「私は東京出身です」と出力してください

```

リスト 4.20：問題

ヒント

- 文字列同士
  p = "東京" + "都"
  print(p)
  # 出力結果
  東京都
- 文字列と変数
  print(p + "出身")
  # 出力結果
  東京都出身

解答例

In
```
# 変数pに「東京」を代入してください
p = "東京"
```

```
# 変数pを用いて「私は東京出身です」と出力してください
print("私は" + p + "出身です")
```

Out

```
私は東京出身です
```

リスト 4.21：解答例

4.3 型

4.3.1 型

Pythonの値には「型」という概念があります。型には**「文字列型（str型）」**、**「整数型（int型）」**、**「小数型（float型）」**、**「リスト型（list型）」**などがあり、今までは「文字列型（str型）」と「整数型（int型）」を扱ってきました。

型の計算の時、異なる型同士の計算や連結をしようとするとエラーが発生してしまうことがあります。

例えば、リスト4.22のようなコードを実行すると、「身長は177cmです。」と出力されそうな気がしますが、エラーが出力されます。

In

```
height = 177
print("身長は" + height + "cmです。")    #「TypeError: must be str, not⏎
int」というエラーが出力されます
```

リスト 4.22：型の例①

この対処法は次の項で確認するとして、まずは**変数の型を調べる方法**を確認しましょう。

変数の型を知りたい時は**type()**を用います。**()**内に知りたい型の値を入れれば表示されます（リスト4.23）。

In

```
height = 177
type(height)  # int型であることがわかります
```

Out
```
int
```
リスト 4.23：型の例②

なお、**type()** の **()** の中には 1 つの変数しか入れることができないので、注意してください。

問題

- 変数 **h**、**w** の型を出力してください。
- 変数 **bmi** に計算結果を代入し、値を出力してください。ここで **bmi** とは肥満度を表す指数を指します。
- **bmi** $= \frac{w}{h^2}$ で計算できます（体重÷身長の 2 乗で計算できます。ただし身長の単位はメートルです）。
- 変数 **bmi** の型を出力してください。
- すべて出力は **print()** 関数を使ってください。

In
```
h = 1.7
w = 60

# 変数 h、w の型を出力してください


# 変数 bmi に計算結果を代入してください


# 変数 bmi を出力してください


# 変数 bmi の型を出力してください
```
リスト 4.24：問題

print(type(型を知りたい変数))

解答例

In

```
h = 1.7
w = 60

# 変数h、wの型を出力してください
print(type(h))
print(type(w))

# 変数bmiに計算結果を代入してください
bmi = w / h ** 2

# 変数bmiを出力してください
print(bmi)

# 変数bmiの型を出力してください
print(type(bmi))
```

Out

```
<class 'float'>
<class 'int'>
20.761245674740486
<class 'float'>
```

リスト4.25：解答例

4.3.2 型の変換

「型」の項で学んだように様々な型が存在しています。違う型同士を計算や結合に用いるためには**型を変換**する必要があります。

整数型にしたい場合は`int()`を、小数点を含む数値型にしたい場合は`float()`を、文字列型にしたい場合は`str()`を用います。なお、**小数点を含む数値型のことを、「浮動小数点型（float型）」**と呼びます。

MEMO：浮動小数点

浮動小数点の「浮動」とは、符号・指数・仮数でその小数点を表すコンピュータ特有の数の表し方です。ソフトウェアプログラミングの実務上では、多くの場合、小数点を含む数値は float 型になります)。

さて、「型」の項でエラーが出てしまったコード（リスト 4.22）ですが、リスト 4.26 のように修正すれば、「身長は 177cm です。」と出力されます。

In
```
h = 177
print(" 身長は " + str(h) + "cm です ")
```

Out
```
身長は 177cm です
```

リスト 4.26：型の変換の例①

なお、「浮動小数点型（float 型）」と「整数型（int 型）」は厳密には違う型ですが、同じ数値を取り扱う型なので、リスト 4.27 のように**型の変換をしなくても浮動小数点型（float 型）と整数型（int 型）が混ぜた計算**ができます。

In
```
a = 35.4
b = 10
print(a + b)
```

Out
```
45.4
```

リスト 4.27：型の変換の例②

問題

リスト 4.28 の **print(" あなたの bmi は " + bmi + " です ")** をエラーが出ないように訂正してください。

In
```
h = 1.7
w = 60
bmi = w / h ** 2
```

```
#「あなたの bmi は○○です」と出力してください
print(" あなたの bmi は " + bmi + " です ")
```

リスト 4.28：問題

ヒント

数値型を文字列型に変換するには **str()** を用いましょう。

解答例

In

```
(…略…)
#「あなたの bmi は○○です」と出力してください
print(" あなたの bmi は " + str(bmi) + " です ")
```

Out

```
あなたの bmi は 20.761245674740486 です
```

リスト 4.29：解答例

4.3.3 型の理解と確認

プログラミングのなかで、型は非常に重要です。もう一度、「型」・「型の変換」の項で学んだ型について再確認しましょう。

ポイントは、**異なる型同士では結合できない**、**文字列型で保存されている数値では計算できない**ということです。

また、リスト 4.30 のように**文字列を掛け算**すると、**文字列が複数個並んで出力**されます。

In

```
greeting = "yo!"
print(greeting*2)
```

Out

```
yo!yo!
```

リスト 4.30：型の理解の確認の例

問題

リスト 4.31 のコードを実行した時の出力結果と型を選んでください。

In

```
n = "10"
print(n*3)
```

リスト 4.31：問題（実行結果はサンプルで確認してください）

1. int 型で 30
2. int 型で 101010
3. str 型で 30
4. str 型で 101010

ヒント

変数 n には「"」付きで値が格納されています。これは、str 型であることを示しています。

解答例

4. str 型で 101010

4.4 if 文

4.4.1 比較演算子

さて、ここからは「**比較演算子**」について説明していきます。比較演算子とは、演算子を挟んだ 2 つの値の関係性を調べるためのものです。

右辺と左辺が等しい場合は「`==`」、異なる場合は「`!=`」、不等号については「`>`」「`<`」「`>=`」「`<=`」のように用いることができます。「`=`」は用いられないことに注意しましょう。なぜなら、**プログラミングの世界では、「=」は代入を意味する記号**であるためです。

さて、ここで**新しい型として「bool 型（真偽値型）」**を紹介します。bool 型とは `True` か `False` のいずれかの値を持っている型です。さらに、これを int 型に変換すると、`True` は `1`、`False` は `0` として変換されます。また、比較演算子を用いた式が成立する時は `True` となり、成立しない時は `False` となります。

例えば、リスト 4.32 のようになります。

In
```
print(1 + 1 == 3)
```

Out
```
False
```

リスト 4.32：比較演算子の例

問題

4 + 6 と **-10** を「**!=**」を用いて関係式を作り、**True** を出力してください（リスト 4.33）。出力は **print()** 関数を用いてください。

In
```
# 4 + 6 と -10 を「!=」を用いて関係式を作り、True を出力してください
```

リスト 4.33：問題

ヒント

print() の **()** の中で比較演算子を用いて式を作りましょう。

解答例

In
```
# 4 + 6 と -10 を「!=」を用いて関係式を作り、True を出力してください
print(4 + 6 != -10)
```

Out
```
True
```

リスト 4.34：解答例

4.4.2 if 文

if 文の構文は「**if 条件式： ...**」となっており、「もし条件式が成立するならば、... を行う」という条件分岐を実装することができます。条件式というのは、「比較演算子」の項で学んだ比較演算子を用いた式のことであり、条件式が成立、つまり **True** の時にだけ後半の処理が行われます。なお、**条件文の末尾には：が必要**です。Python に慣れるまでは **：** を忘れがちなので、注意しましょう。

また、条件が成立した時に行う処理の範囲を示すために**必ずインデント（字下げ）をする必要**があります。このように、条件式が成立した時の行動の範囲をインデント

を行うことで示すことは、Pythonの特徴と言えるでしょう。**インデントしている部分が if 文の中身として、True の時に処理**されることになります。

PEP8というPythonのコーディング規約では、コードの読みやすさを意識するため、**インデントはスペース4つ分**が望ましいとされています。そのため、ここでもインデントを下げる時には、スペース4つを入力すると良いでしょう。Jupyter NotebookやAidemyのWebアプリでは、**:**を付けて改行すると、自動的にスペース4つ分のインデントが入るようになっています。

Pythonの条件式は、リスト4.35、リスト4.36のように記述することができます。

In
```
n = 2
if n == 2:
    print("残念！あなたは" + str(n) + "番目の到着です")  # nが2の時だけ表示されます
```

Out
```
残念！あなたは2番目の到着です
```

リスト4.35：if文の例①

In
```
animal = "cat"
if animal == "cat":
    print("ねこはかわいいですな")  # animalがcatの時だけ表示されます
```

Out
```
ねこはかわいいですな
```

リスト4.36：if文の例②

問題

ifを用いて変数**n**が**15**より大きい場合「**とても大きい数字**」と出力してください（リスト4.37）。出力は**print()**関数を用いてください。

In
```
n = 16

# ifを用いて変数nが15より大きい場合「とても大きい数字」と出力してください
```

リスト4.37：問題

ヒント

- 「**15より大きい**」を示すには「**a > 15**」とします。
- 「**:**」を忘れないようにしましょう。

解答例

In
```
n = 16

# ifを用いて変数nが15より大きい場合「とても大きい数字」と出力してください
if n > 15:
    print("とても大きい数字")
```

Out
```
とても大きい数字
```

リスト4.38：解答例

4.4.3 else

前項で**if**文について学びましたが、「**else**」**を用いると「そうでなければ...を行う」と条件分岐を細かくすることができます**。使い方は「**if**」と同じインデントの位置で「**else:**」と書きます。**if**と同じように処理部分はインデントを下げて示します。

リスト4.39、リスト4.40に、elseの記載の例を示しました。

In
```
n = 2
if n == 1:
    print("優勝おめでとう！")  # nが1の時だけ、表示されます
else:
    print("残念！あなたは" + str(n) + "番目の到着です")  # nが1ではない時、↵
表示されます
```

Out
```
残念！あなたは2番目の到着です
```

リスト4.39：elseの例①

In

```
animal = "cat"
if animal == "cat":
    print(" ねこはかわいいですな ")  # animal が "cat" の時だけ、表示されます
else:
    print(" これはねこじゃないにゃ ")  # animal が "cat" ではない時、表示されます
```

Out

```
ねこはかわいいですな
```

リスト 4.40：else の例②

問題

else を用いて **n** が 15 以下の時に「**小さい数字**」を出力してください（リスト 4.41）。

出力はすべて **print()** 関数を用いてください。

In

```
n = 14


if n > 15:
    print(" とても大きい数字 ")
# else を用いて「小さい数字」を出力してください
```

リスト 4.41：問題

ヒント

- **else:** の記載は、**if** とインデントを揃える必要があります。
- **print(" 小さい数字 ")** の記載は、インデントを下げる必要があります。

解答例

In

```
n = 14


if n > 15:
    print(" とても大きい数字 ")
# else を用いて「小さい数字」を出力してください
else:
```

```
    print(" 小さい数字 ")
```

Out
```
小さい数字
```

リスト 4.42：解答例

4.4.4 elif

if 文で条件が成立しなかった時に**違う条件を定義したい場合に「elif」を使用できます。elif は複数個設定することもできます。**使い方やインデントのレベルは「**if**」と同じです。**elif** はリスト 4.43、リスト 4.44 のように記載できます。

elif の処理は、**if** で示された条件に該当しない時、上から順に条件に該当するかどうか判断されます。

In
```
number = 2
if number == 1:
    print(" 金メダルです！ ")
elif number == 2:
    print(" 銀メダルです！ ")
elif number == 3:
    print(" 銅メダルです！ ")
else:
    print(" 残念！あなたは " + str(number) + " 番目の到着です ")
```

Out
```
銀メダルです！
```

リスト 4.43：elif の例①

In
```
animal = "cat"
if animal == "cat":
    print(" ねこはかわいいですな ")
elif animal == "dog":
    print(" 犬はかっこいいわん ")
elif animal == "elephant":
    print(" 象はおおきいぞう ")
else:
```

```
    print(" ねこでも犬でも象でもないにゃん ")
```

Out

```
ねこはかわいいですな
```

リスト 4.44：elif の例②

問題

リスト 4.45 を、**elif** を用いて **n** が 11 以上 15 以下の時、「**中くらいの数字**」と出力するように記述してください。

In

```
n = 14

if n > 15:
    print(" とても大きい数字 ")
# elif を用いて n が 11 以上 15 以下の時、「中くらいの数字」と出力してください




else:
    print(" 小さい数字 ")
```

リスト 4.45：問題

ヒント

elif のインデントは、**if** と **else** と同じ位置に揃えましょう。

解答例

In

```
n = 14
(…略…)
# elif を用いて n が 11 以上 15 以下の時、「中くらいの数字」と出力してください
elif n >= 11:
    print(" 中くらいの数字 ")
else:
    print(" 小さい数字 ")
```

Out

```
中くらいの数字
```

リスト 4.46：解答例

4.4.5 and・not・or

4.4.1 ～ 4.4.4 項で学んだ比較演算子に対して、**and·not·or** を**ブール演算子**と呼び、条件分岐を記述する際に使用されます。**and**・**or** は条件式の間に置いて用い、**and** は複数の条件式がすべて **True** の場合 **True** を返します。**or** は複数の条件式のうち 1 つでも **True** であれば **True** の値を返します。また、**not** は条件式の前において使用し、条件式が **True** の時 **False** を、**False** の時 **True** を返します。

条件式 **and** 条件式
条件式 **or** 条件式
not 条件式

と記載することができます。

問題

・変数 **n_1** が **8** より大きく **14** より小さい、という条件式を作り、結果 **False** を **print** で出力してください。
・変数 **n_1** の 2 乗が変数 **n_2** の 5 倍より小さい、という条件式を作り、**not** を用いて結果を反転させ、結果 **True** を **print** で出力してください。
・出力は **print()** 関数を用いてください。

In

```
n_1 = 14
n_2 = 28

# n_1 が 8 より大きく 14 より小さい条件式を作り and を用いて出力してください
print()

# n_1 の 2 乗が n_2 の 5 倍より小さい条件式を作り not を用いて出力してください
print()
```

リスト 4.47：問題

ヒント

・変数 n_1 が 8 より大きい and 変数 n_1 が 14 より小さい
・not 変数 n_1 の 2 乗が変数 n_2 の 5 倍より小さい

解答例

In

```
(…略…)
# n_1が8より大きく14より小さい条件式を作りandを用いて出力してください
print(n_1 > 8 and n_1 < 14)

# n_1の2乗がn_2の5倍より小さい条件式を作りnotを用いて出力してください
print(not n_1 ** 2 < n_2 * 5)
```

Out

```
False
True
```

リスト 4.48：解答例

添削問題

うるう年かどうかを調べるプログラムを作成してください。

問題

・①西暦が 400 で割り切れず 100 で割り切れる場合は平年です。
・②①が成立しない場合、西暦が 4 で割り切れるとうるう年です。
・それ以外の場合は平年です。
・うるう年の場合は「＊＊年はうるう年です」と出力してください。
・平年の場合は「＊＊年は平年です」と出力してください。

In

```
# 変数yearに西暦で年を入力してください


# if文により条件分岐をし、うるう年か平年かを判別します
```

リスト 4.49：問題

ヒント

割り切れるとは余り 0 のことなので、条件は「%」を用いて「`year % 100 == 0`」のように書くことができます。

解答例

In

```
# 変数 year に西暦で年を入力してください
year = 2000

# if 文により条件分岐をし、うるう年か平年かを判別します
if year % 100 == 0 and year % 400 != 0:
    print (str(year) + " 年は平年です ")
elif year % 4 == 0:
    print (str(year) + " 年はうるう年です ")
else:
    print (str(year) + " 年は平年です ")
```

Out

```
2000 年はうるう年です
```

リスト 4.50：解答例

解説

400 で割り切れないことは「`year % 400 != 0`」と書くことができます。数値型を文字列型に変換することを忘れないようにしましょう。

第5章

Pythonの基本文法

5.1 リスト型

5.1.1 リスト型①

さて、第4章では変数に1つの値だけを代入していましたが、この章では変数に複数の値を代入することができる「**list型（リスト型）**」と呼ばれる型の変数を紹介します。

リスト型は数値や文字列などの複数のデータをまとめて格納できる型であり、**[要素1, 要素2, ...]** のように書きます。また、リストに格納されている値の1つ1つを**要素**、または**オブジェクト**と呼びます。

他のプログラミング言語に触れたことがある方なら、配列と同じものだと思えば良いでしょう。

["象", "キリン", "パンダ"]、[1, 5, 2, 4]

問題

- 変数 c に「red」、「blue」、「yellow」の3つの文字列を代入してください。
- 変数 c の型を print() 関数を用いて出力してください。

In

```
# 変数cに「red」「blue」「yellow」の3つの文字列を代入してください


print(c)


# cの型を出力してください
```

リスト 5.1：問題

ヒント

- リストも1つの値ですので、変数に代入することができます。
- `animal = ["象", "キリン", "パンダ"]`、`storages = [1, 5, 2, 4]` などのようにリスト型で生成してください。

・型の出力は **print(type())** です。
・型の出力は 4.3 節の「型」で確認しました。

解答例

In
```
# 変数 c に「red」「blue」「yellow」の 3 つの文字列を代入してください
c = ["red", "blue", "yellow"]

print(c)

# c の型を出力してください
print(type(c))
```

Out
```
['red', 'blue', 'yellow']
<class 'list'>
```

リスト 5.2：解答例

5.1.2 リスト型②

前項では、リスト型に格納されている要素の 1 つ 1 つはすべて同じ型でしたが、**要素の 1 つ 1 つの型が異なっていても大丈夫です**。さらに、リスト 5.3 のように変数をリストのなかに格納することもできます。

In
```
n = 3
print([" りんご ", n, " ゴリラ "])
```

Out
```
[' りんご ', 3, ' ゴリラ ']
```

リスト 5.3：リスト型②の例

問題

変数名 **fruits** にリスト型で、**apple**、**grape**、**banana** の変数を要素として格納してください。

In
```
apple = 4
grape = 3
banana = 6

# 変数名 fruits にリスト型で変数を要素として apple、grape、banana の順に格納し⏎
てください


print(fruits)
```

リスト 5.4：問題

ヒント

中に入れる変数の順番に注意しましょう。

解答例

In
```
(…略…)
# 変数名 fruits にリスト型で変数を要素として apple、grape、banana の順に格納し⏎
てください
fruits = [apple, grape, banana]

print(fruits)
```

Out
```
[4, 3, 6]
```

リスト 5.5：解答例

5.1.3 リスト in リスト

リストの要素にリスト型を格納することができ、入れ子構造を作ることができます（リスト 5.6）。

In
```
print([[1, 2], [3, 4], [5, 6]])
```

Out
```
[[1, 2], [3, 4], [5, 6]]
```
リスト 5.6：リスト in リストの例

問題

・変数 **fruits** は「果物の名前」と「その個数（変数）」が変数の要素のリストです。
・**[["りんご", 2], ["みかん", 10]]** という出力になるように、fruits に変数を代入してください。

In
```
fruits_name_1 = "りんご"
fruits_num_1 = 2
fruits_name_2 = "みかん"
fruits_num_2 = 10

# [["りんご", 2], ["みかん", 10]] という出力になるように、fruits に変数をリ⏎
スト型にして代入してください



# 出力します
print(fruits)
```
リスト 5.7：問題

ヒント

・リストの要素に変数を用いたリストを格納する場合でも同様に格納することが可能です。
・変数を格納する時は「"」は不要です。

解答例

In
```
(…略…)
# [["りんご", 2], ["みかん", 10]] という出力になるように、fruits に変数をリ⏎
スト型にして代入してください
fruits = [[fruits_name_1, fruits_num_1], [fruits_name_2, fruits_num_2]]
(…略…)
```

5
Pythonの基本文法

Out
```
[['りんご', 2], ['みかん', 10]]
```
リスト 5.8：解答例

5.1.4 リストから値を取り出す

リストの要素には、前から順に「**0, 1, 2, 3, …**」と番号が割り振られており、これを**インデックス番号**と言います。この時、**一番初めの要素は「0 番目」**であることに注意しましょう。さらに、リストの要素は後ろから順に番号を指定することも可能です。

また、一番最後の要素は「-1 番目」、最後から 2 番目の要素は「-2 番目」のように指定可能です。この時、リストの各要素は**リスト [インデックス番号]** で取得できます（リスト 5.9）。

In
```
a = [1, 2, 3, 4]
print(a[1])
print(a[-2])
```

Out
```
2
3
```
リスト 5.9：リストから値を取り出す例

問題

- 変数 **fruits** の 2 つ目の要素を出力してください。
- 変数 **fruits** の最後の要素を出力してください。
- 出力は **print()** 関数を用いてください。

In
```
fruits = ["apple", 2, "orange", 4, "grape", 3, "banana", 1]

# 変数 fruits の 2 番目の要素を出力してください


# 変数 fruits の最後の要素を出力してください
```
リスト 5.10：問題

ヒント

・インデックス番号は0から始まるので、2番目の要素のインデックス番号は1です。
・最後の要素は -1 を使うと楽です。

解答例

In

```
(…略…)
# 変数fruitsの2番目の要素を出力してください
print(fruits[1]) # print(fruits[-7])も正解です

# 変数fruitsの最後の要素を出力してください
print(fruits[7]) # print(fruits[-1])も正解です
```

Out

```
2
1
```

リスト5.11：解答例

5.1.5 リストからリストを取り出す（スライス）

リストから新たなリストを取り出すこともできます。この作業は**スライス**と呼ばれます。

書き方は**リスト[start:end]**であり、「**start**」のインデックス番号から「**end-1**」のインデックス番号までのリストを取り出すことができます。

リスト5.12にスライスの取り出し方を記載しました。

In

```
alphabet = ["a", "b", "c", "d", "e", "f", "g", "h", "i", "j"]
print(alphabet[1:5])
print(alphabet[1:-5])
print(alphabet[:5])
print(alphabet[6:])
print(alphabet[0:20])
```

5

Pythonの基本文法

Out

```
['b', 'c', 'd', 'e']
['b', 'c', 'd', 'e']
['a', 'b', 'c', 'd', 'e']
['g', 'h', 'i', 'j']
['a', 'b', 'c', 'd', 'e', 'f', 'g', 'h', 'i', 'j']
```

リスト 5.12：スライスの例

リスト 5.12 のように、最初からインデックス番号 4 番まで、インデックス番号 6 番から最後まで、といった形でスライスを指定することも可能です。

問題

- リスト**chaos**から以下のリストを取り出し、変数**fruits**に代入してください。
  ["apple", 2, "orange", 4, "grape", 3, "banana", 1]
- 変数**fruits**を**print()**関数で出力しています。

In

```
chaos = ["cat", "apple", 2, "orange", 4, "grape", 3, "banana", 1,⏎
"elephant", "dog"]

# リスト chaos から ["apple", 2, "orange", 4, "grape", 3, "banana", 1] とい⏎
うリストを取り出し、変数 fruits に代入してください



# 変数 fruits を出力
print(fruits)
```

リスト 5.13：問題

ヒント

chaos[start:end] で **chaos** の **start** から (**end-1**) のインデックス番号までのリストを取り出すことができます。

解答例

In

```
(…略…)
# 変数 chaos から ["apple", 2, "orange", 4, "grape", 3, "banana", 1] という⏎
```

```
リストを取り出し、変数fruitsに代入してください
fruits = chaos[1:9]  #chaos[1:-2]でも可能
(…略…)
```

Out
```
['apple', 2, 'orange', 4, 'grape', 3, 'banana', 1]
```

リスト5.14：解答例

5.1.6 リストの要素の更新と追加

リストの要素（オブジェクト）は更新も追加もできます。**リスト[インデックス番号] = 値**とすることで指定したインデックス番号の要素を更新することができます。スライスを用いて値の更新をすることもできます（リスト5.15）。

また、リストの要素を追加したい場合はリストとリストを「**+**」を用いて連結させます。複数個同時に要素を追加することも可能です。**リスト名.append(追加する要素)**としても追加させることができます。**append()メソッドを使う場合、複数個同時に要素を更新することはできません。**

In
```
alphabet = ["a", "b", "c", "d", "e"]
alphabet[0] = "A"
alphabet[1:3] = ["B", "C"]
print(alphabet)


alphabet = alphabet + ["f"]
alphabet += ["g","h"]
alphabet.append("i")
print(alphabet)
```

Out
```
['A', 'B', 'C', 'd', 'e']
['A', 'B', 'C', 'd', 'e', 'f', 'g', 'h', 'i']
```

リスト5.15：リストの要素の更新と追加の例

問題

- リストcの最初の要素を「**red**」に更新してください。

・リストの末尾に文字列「**green**」を追加してください。

In

```
c = ["dog", "blue", "yellow"]

# 変数cの最初の要素を「red」に更新してください

print(c)

# リストの末尾に文字列「green」を追加してください

print(c)
```

リスト 5.16：問題

ヒント

リスト [インデックス番号] = 値

append() メソッドを用いない場合は、リストの結合なので **[]** で囲わなければいけません。

解答例

In

```
c = ["dog", "blue", "yellow"]

# 変数cの最初の要素を「red」に更新してください
c[0] = "red"
print(c)

# リストの末尾に文字列「green」を追加してください
c = c + ["green"]  # c.append("green")でも可能
print(c)
```

Out

```
['red', 'blue', 'yellow']
['red', 'blue', 'yellow', 'green']
```

リスト 5.17：解答例

5.1.7 リストから要素を削除

リストの要素の追加と更新の方法を学んだので、この項では要素の削除の方法を学んでいきましょう。

リストの要素を削除するには **del リスト [インデックス番号]** と書きます。すると指定されたインデックス番号の要素が削除されます。インデックス番号は、スライスで与えることもできます（リスト5.18）。

In
```
alphabet = ["a", "b", "c", "d", "e"]
del alphabet[3:]
del alphabet[0]
print(alphabet)
```

Out
```
['b', 'c']
```

リスト5.18：リストから要素を削除する例

問題

変数 **c** の最初の要素を削除してください。

In
```
c = ["dog", "blue", "yellow"]
print(c)

# 変数 c の最初の要素を削除してください


print(c)
```

リスト5.19：問題

ヒント

del リスト [インデックス番号]

解答例

In
```
(…略…)
```

```
# 変数 c の最初の要素を削除してください
del c[0]
print(c)
```

Out

```
['dog', 'blue', 'yellow']
['blue', 'yellow']
```

リスト 5.20：解答例

5.1.8 リスト型の注意点

まずは、リスト 5.21 のコードを見てください。

In

```
alphabet = ["a", "b", "c"]
alphabet_copy = alphabet
alphabet_copy[0] = "A"
print(alphabet)
```

Out

```
['A', 'b', 'c']
```

リスト 5.21：リスト型の例①

リスト型を用いる時に注意しなければならないことがあります。それはリストの変数をそのまま別の変数に代入し、さらに、その変数の値を変えた場合、元の変数の値が変わってしまうのです。

それを防ぐためには、「**y = x**」とするのではなく「**y = x[:]**」または「**y = list(x)**」と書けば良いので、リスト 5.22 でそのやり方も確認しましょう。

In

```
alphabet = ["a", "b", "c"]
alphabet_copy = alphabet[:]
alphabet_copy[0] = "A"
print(alphabet)
```

Out

```
['a', 'b', 'c']
```

リスト 5.22：リスト型の例②

問題

変数 c のリストの要素が変化しないように、「c_copy = c」の部分を訂正してください。

In

```
c = ["red", "blue", "yellow"]


# 変数 c の値が変化しないように訂正してください
c_copy = c


c_copy[1] = "green"
print(c)
```

リスト 5.23：問題

ヒント

- y = x[:]
- y = list(x)

解答例

In

```
(…略…)
# 変数 c の値が変化しないように訂正してください
c_copy = list(c) #c[:] も正解です
(…略…)
```

Out

```
['red', 'blue', 'yellow']
```

リスト 5.24：解答例

5.2 辞書型

5.2.1 辞書型

辞書型とはリスト型と同じように複数のデータを扱う時に用いられます。

リスト型と違う点としては、インデックス番号で要素を取り出すのではなく、**キー**と呼ばれる名前を付けて**値（バリュー）**に紐付ける点です。他のプログラミング言語に触れたことがある方なら、連想配列と似た形式であると押さえておけば良いでしょう。

書き方は、**{ キー 1: バリュー 1, キー 2: バリュー 2, …}** です。文字列の場合は「**"**」で囲います（リスト 5.25）。

In
```
dic ={"Japan": "Tokyo", "Korea": "Seoul"}
print(dic)
```

Out
```
{'Japan': 'Tokyo', 'Korea': 'Seoul'}
```

リスト 5.25：辞書型の例

問題

- 辞書 **town** を用いて、変数 **town** に以下のキーとバリューを持つ辞書を作って代入してください。
- キー 1：**Aichi**、バリュー 1：**Nagoya**、キー 2：**Kanagawa**、バリュー 2：**Yokohama**

In
```
# 変数 town に辞書を代入してください



# town の出力
print(town)
# 型の出力
print(type(town))
```

リスト 5.26：問題

ヒント

辞書型は {"yellow": "banana", "red": "tomato", "purple": "grape"} のように {"キー": "値", …} の形式です。

解答例

In
```
# 変数 town に辞書を代入してください
town = {"Aichi": "Nagoya", "Kanagawa": "Yokohama"}
(…略…)
```

Out
```
{'Aichi': 'Nagoya', 'Kanagawa': 'Yokohama'}
<class 'dict'>
```

リスト 5.27：解答例

5.2.2 辞書の要素を取り出す

辞書の要素を取り出す時は、取り出したい値に紐付けられているキーを用いて、**辞書名["キー"]** と書きます（リスト 5.28）。

In
```
dic ={"Japan": "Tokyo", "Korea": "Soul"}
print(dic["Japan"])
```

Out
```
Tokyo
```

リスト 5.28：辞書の要素を取り出す例

問題

- 辞書 **town** のバリューを用いて、「**Aichi** の県庁所在地は **Nagoya** です」と出力してください。
- 辞書 **town** のバリューを用いて、「**Kanagawa** の県庁所在地は **Yokohama** です」と出力してください。
- 出力は **print()** 関数を用いてください。

In

```
town = {"Aichi": "Nagoya", "Kanagawa": "Yokohama"}

#「Aichiの県庁所在地はNagoyaです」と出力してください



#「Kanagawaの県庁所在地はYokohamaです」と出力してください

```

リスト5.29：問題

ヒント

town["取り出したい値のキー"]

解答例

In

```
(…略…)
#「Aichiの県庁所在地はNagoyaです」と出力してください
print("Aichiの県庁所在地は" + town["Aichi"] + "です")

#「Kanagawaの県庁所在地はYokohamaです」と出力してください
print("Kanagawaの県庁所在地は" + town["Kanagawa"] + "です")
```

Out

```
Aichiの県庁所在地はNagoyaです
Kanagawaの県庁所在地はYokohamaです
```

リスト5.30：解答例

5.2.3 辞書の更新と追加

辞書の値を更新する時は、**辞書名["更新したい値のキー"] = 値**と書きます。

また、辞書に要素を追加したい場合は、**辞書名["追加したいキー"] = 値**と書きます（リスト5.31）。

In

```
dic ={"Japan":"Tokyo","Korea":"Soul"}
dic["Japan"] = "Osaka"
dic["China"] = "Beijin"
```

```
print(dic)
```

Out

```
{'Japan': 'Osaka', 'Korea': 'Soul', 'China': 'Beijin'}
```

リスト 5.31：辞書の更新と追加の例

問題

・キー「**Hokkaido**」、バリュー「**Sapporo**」の要素を追加し出力してください。
・キー「**Aichi**」のバリューを「**Nagoya**」に変更し出力してください。

In

```
town = {"Aichi": "aichi", "Kanagawa": "Yokohama"}


# キー「Hokkaido」、バリュー「Sapporo」を追加してください


print(town)


# キー「Aichi」のバリューを「Nagoya」に変更してください


print(town)
```

リスト 5.32：問題

ヒント

・辞書名 [" 更新したい値のキー "] = 値
・辞書名 [" 追加したいキー "] = 値

解答例

In

```
(…略…)
# キー「Hokkaido」、バリュー「Sapporo」を追加してください
town["Hokkaido"] = "Sapporo"
print(town)

# キー「Aichi」のバリューを「Nagoya」に変更してください
town["Aichi"] = "Nagoya"
print(town)
```

Out

```
{'Aichi': 'aichi', 'Kanagawa': 'Yokohama', 'Hokkaido': 'Sapporo'}
{'Aichi': 'Nagoya', 'Kanagawa': 'Yokohama', 'Hokkaido': 'Sapporo'}
```

リスト 5.33：解答例

5.2.4 辞書の要素の削除

辞書の値を削除する時は、**del 辞書名 [" 削除したいキー "]** と書きます（リスト5.34）。

In

```
dic ={"Japan": "Tokyo", "Korea": "Soul", "China": "Beijin"}
del dic["China"]
print(dic)
```

Out

```
{'Japan': 'Tokyo', 'Korea': 'Soul'}
```

リスト 5.34：辞書の要素の削除の例

問題

キーが「**Aichi**」の要素を削除してください。

In

```
town = {"Aichi": "aichi", "Kanagawa": "Yokohama", "Hokkaido": "Sapporo"}

# キーが「Aichi」の要素を削除してください

print(town)
```

リスト 5.35：問題

ヒント

del 辞書名 [" 削除したいキー "]

解答例

In

```
(…略…)
# キーが「Aichi」の要素を削除してください
```

```
del town["Aichi"]
print(town)
```

Out
```
{'Kanagawa': 'Yokohama', 'Hokkaido': 'Sapporo'}
```

リスト 5.36：解答例

5.3 while 文

5.3.1 while 文①

while を用いると、**与えられた条件式が False になるまで処理を繰り返す**ことができます。

第 4 章で学んだ **if** と同じように「**while　条件式：...**」と書きます。条件式が **True** の間、**while** 文内の処理は繰り返されることになります。なお、**while** 文内の処理は、**if** 文と同様、インデントを下げることでそのループ処理を行う箇所を指定します。インデントは、スペース 4 つが良いとされていることを、再度確認しておきましょう（リスト 5.37）。

In
```
n = 2
while n >0:
    print(n)
    n -= 1
```

Out
```
2
1
```

リスト 5.37：while 文①の例

問題

リスト 5.38 のコードを実行した時、**print("Aidemy")** は何回実行されるでしょう？

In
```
x = 5
while x > 0:
```

```
    print("Aidemy")
    x -= 2
```

リスト 5.38：問題

1. 1回
2. 2回
3. 3回
4. 4回

ヒント

・**x** の値が 1 回ループするごとに 2 小さくなります。
・**x** が 0 より大きければ、ループが続きます。

解答例

Out
```
Aidemy
Aidemy
Aidemy
```

リスト 5.39：解答例

3. 3回

5.3.2 while 文②

さて、**while** 文は Python でも頻出要素の 1 つなので、内容をもう一度演習しながら、理解を定着させましょう。

条件式の変数の値の更新を忘れたり、常に条件式が成り立つものを作ったりしてしまうと、ループが無限に起こってしまいます。**無限ループが起こらないように注意してください**。なお、Aidemy のサイトで提供する実行環境では、実行が終わるまで 60 秒以上かかる問題は強制的に実行がストップされるようになっています。

問題

・**while** 文を用いて、変数 x が 0 ではない間、ループするように作ってください。

・while 文の中で実行する処理は、変数 x から 1 を引く処理と、引いた後に x の値を出力する処理を書いてください。
・出力は print() 関数を用いてください。
・実行結果が以下のようになるようにしてください。

```
4
3
2
1
0
```

In

```
x = 5

# while を用いて、変数 x が 0 ではない間、ループするように作ってください

    # while の中で実行する処理は、変数 x から 1 を引く処理と引いた後に出力させる⏎
処理です
```

リスト 5.40：問題

ヒント

・「0 ではない」は「x != 0」と表記できます。
・while 条件式： ...

解答例

In

```
(…略…)
# while を用いて、変数 x が 0 ではない間、ループするように作ってください
while x != 0:
    # while の中で実行される処理は、変数 x から 1 を引く処理と引いた後に出力させ⏎
る処理です
    x -= 1
    print(x)
```

Out

```
4
3
2
1
0
```

リスト 5.41：解答例

5.3.3 while と if

この項では、第 4 章で学んだ **if** と前の 5.3.1 項と 5.3.2 項で学んだ **while** を用いた問題を解いてみましょう。

問題

- 前項で書いたコードを改良してみましょう。
- **if** 文を用いて、以下のような出力になるように、このコードを改良してください。

4
3
2
1
Bang

In

```
x = 5

# while を用いて、変数 x が 0 ではない間、ループするように作ってください

    # while の中で実行される処理は、変数 x から 1 を引く処理と引いた後に出力させ⏎
る処理です

    print(x)
```

リスト 5.42：問題

ヒント

ifを使って、**print(x)**と**print("Bang")**を条件分岐しましょう。
x != 0の場合と**x = 0**の場合でコードを書き分ければ良いです。

解答例

In

```
(…略…)
# while を用いて、変数 x が 0 ではない間、ループするように作ってください
while x != 0:
    # while の中で実行される処理は、変数 x から 1 を引く処理と引いた後に出力させ↵
る処理です
    x -= 1
    if x != 0:
        print(x)
    else:
        print("Bang")
```

Out

```
4
3
2
1
Bang
```

リスト 5.43：解答例

5.4 for文

5.4.1 for文

リストの要素をすべて出力したいような時に、よく用いられるのが**for文**です。「**for 変数 in データ群:**」と書くことで、データ群の要素数だけ処理を繰り返すことができます。

データ群とは、リスト型や辞書型のように変数の中に要素を複数個持つものを指します。ここではfor文におけるリスト型の使い方を扱い、辞書型は5.5.3項「辞書型のループ」にて扱います。

ここでも、**for 文の後にコロンが入る**のを忘れないようにしてください。

これまでに学んだ **if** や **while** 同様、**インデントによって処理の範囲**を示します。ここでも、インデントはスペース4つとしましょう（リスト5.44）。

In
```
animals = ["tiger", "dog", "elephant"]
for animal in animals:
    print(animal)
```

Out
```
tiger
dog
elephant
```

リスト5.44：for文の例

問題

・**for** 文を使って変数 **storages** の要素を1つずつ出力してください。
・出力は **print()** 関数を用いてください。
・**for** の後に置く変数は任意とします。

In
```
storages = [1, 2, 3, 4]

# for文を使って変数storagesの要素を出力してください
```

リスト5.45：問題

ヒント

for の文末には **:**（コロン）を付けるのを忘れないようにしましょう。

解答例

In
```
(…略…)
# for文を使って変数storagesの要素を出力してください
```

```
for n in storages:
    print(n)
```

Out

```
1
2
3
4
```

リスト 5.46：解答例

5.4.2 break

break を用いると繰り返し処理を終了することができます。**if** 文と同時に用いられることが多いです（リスト 5.47）。

In

```
storages = [1, 2, 3, 4, 5, 6, 7, 8, 9, 10]
for n in storages:
    print(n)
    if n >= 5:
        print(" 続きはこちら ")
        break
```

Out

```
1
2
3
4
5
続きはこちら
```

リスト 5.47：break の例

問題

変数 **n** の値が **4** の時に処理を終了させてください。

In

```
storages = [1, 2, 3, 4, 5, 6]

for n in storages:
    print(n)
    # 変数nの値が4の時に処理を終了させてください
```

リスト 5.48：問題

ヒント

・数式の等号を示す記号は「=」ではなく「==」です。
・インデントを下げるのを忘れないようにしましょう。

解答例

In

```
(…略…)
for n in storages:
    print(n)
    # 変数nの値が4の時に処理を終了させてください
    if n == 4:
        break
```

Out

```
1
2
3
4
```

リスト 5.49：解答例

5.4.3 continue

continue は **break** とは異なり、ある条件の時だけ、そのループ処理を1回だけスキップをすることができます。**break** 同様 **if** 文などと組み合わせて使用します（リスト 5.50）。

In

```
storages = [1, 2, 3]
for n in storages:
    if n == 2:
        continue
    print(n)
```

Out

```
1
3
```

リスト 5.50：continue の例

問題

変数 **n** の値が 2 の倍数の時だけ、**continue** を使用して処理をスキップさせてください。

In

```
storages = [1, 2, 3, 4, 5, 6]

for n in storages:
    # 変数 n の値が 2 の倍数の時だけ、処理をスキップさせてください


    print(n)
```

リスト 5.51：問題

ヒント

- 2 の倍数とは「2 で割った時に余りが 0」と言い換えることができます。
- 余りを求める算術演算子は **%** です。

解答例

In

```
(…略…)
    # 変数 n の値が 2 の倍数の時だけ、処理をスキップさせてください
    if n % 2 == 0:
        continue
    print(n)
```

Out
```
1
3
5
```
リスト 5.52：解答例

5.5 Appendix

5.5.1 for 文で index 表示

for 文を用いてループをする時に、リストのインデックスを同時に得たい時があります。**enumerate()** 関数を用いることにより、インデックス付きで要素を得ることができます。関数については第6章で説明します。

```
for x, y in enumerate("リスト型"):
    forの中ではx、yを用いて記述します。
    xは整数型のインデックス、yはリスト型に含まれる要素です。
```

上記のように記述します。**x**、**y** はインデックスと要素を得るための変数になっており、リスト 5.53 のように自由に変数名を付けることができます。

In
```
list = ["a", "b"]
for index, value in enumerate(list):
    print(index, value)
```

Out
```
0 a
1 b
```
リスト 5.53：for 文で index 表示する例

問題

- **for** 文と **enumerate()** 関数を用いて以下の出力をするようなコードを書いてください。
- 出力は **print()** 関数を用いてください。

```
index:0 tiger
index:1 dog
index:2 elephant
```

In

```
animals = ["tiger", "dog", "elephant"]


# enumerate()関数を用いて出力してください

```

リスト 5.54：問題

ヒント

- for の直後に置く変数は自由です。
- print(a, b)　# 出力結果 a b

解答例

In

```
(…略…)
# enumerate()関数を用いて出力してください
for index, animal in enumerate(animals):
    print("index:" + str(index), animal)
```

Out

```
index:0 tiger
index:1 dog
index:2 elephant
```

リスト 5.55：解答例

5.5.2 リスト in リストのループ

リストの要素がリスト型の場合、その中身のリストの中の要素を **for** 文により取り出すことができます。この時、「**for a, b, c, … in 変数（list 型）**」のように書きます。ただし、**a, b, c,** …の個数は要素である**リストの中の要素の個数と等しく**なければいけません（リスト 5.56）。

In

```
list = [[1, 2, 3],
        [4, 5, 6]]
for a, b, c in list:
    print(a, b, c)
```

Out

```
1 2 3
4 5 6
```

リスト 5.56：リスト in リストのループの例

問題

・**for** 文を用いて、以下の出力をするようなコードを書いてください。
・出力は **print()** 関数を用いてください。

```
strawberry is red
peach is pink
banana is yellow
```

In

```
fruits = [["strawberry", "red"],
          ["peach", "pink"],
          ["banana", "yellow"]]

# for文を用いて出力してください
```

リスト 5.57：問題

ヒント

・**for** の後に置く変数は自由です。
・例えば **for fruit, color in fruits:** と記述すると良いでしょう。

解答例

In

```
(…略…)
# for文を用いて出力してください
for fruit, color in fruits:
```

```
    print(fruit + " is " + color)
```

Out

```
strawberry is red
peach is pink
banana is yellow
```

リスト 5.58：解答例

5.5.3 辞書型のループ

辞書型のループでは、キーとバリューの両方を変数としてループさせることができます。**items()** を用いて、「**for key の変数名 , value の変数名 in 変数（辞書型）.items():**」と書きます（リスト 5.59）。

In

```
fruits = {"strawberry": "red", "peach": "pink", "banana": "yellow"}
for fruit, color in fruits.items():
        print(fruit+" is "+color)
```

Out

```
strawberry is red
peach is pink
banana is yellow
```

リスト 5.59：辞書型のループの例

問題

・**for** 文を用いて以下の出力をするようなコードを書いてください。

・出力は **print()** 関数を用いてください。

```
Aichi Nagoya
Kanagawa Yokohama
Hokkaido Sapporo
```

In

```
town = {"Aichi": "Nagoya", "Kanagawa": "Yokohama", "Hokkaido":⏎
"Sapporo"}
```

```
# for 文を用いて出力してください
```

リスト 5.60：問題

ヒント

- for の後に置く変数は自由です。
- for key, value in town.items():

解答例

In

```
(…略…)
# for 文を用いて出力してください
for prefecture, capital in town.items():
        print(prefecture, capital)
```

Out

```
Aichi Nagoya
Kanagawa Yokohama
Hokkaido Sapporo
```

リスト 5.61：解答例

添削問題

商品の値段と個数を表示し、金額に対してお釣りの額を表示するプログラムを作成してください。

問題

- 変数 items を for 文でループさせてください。ただし変数を item としてください。
- for 文の中の処理
    - 「＊＊は 1 個＊＊円で、＊＊個購入します」と出力してください。
    - 変数 total_price に値段×個数を足して代入してください。
- 「支払金額は＊＊円です」と出力してください。
- 変数 money に好きな値を代入してください。
- money > total_price の時「お釣りは＊＊円です」と出力してください。
- money == total_price の時「お釣りはありません」と出力してください。
- money < total_price の時「お金が足りません」と出力してください。

・出力は **print()** 関数を用いてください。

In

```
items = {"eracer" : [100, 2], "pen" : [200, 3], "notebook" : [400,5]}
total_price = 0

# 変数 items を for 文でループさせてください


    #「**は 1 個**円で、**個購入します」と出力してください

    # 変数 total_price に値段×個数を足して代入してください


#「支払金額は**円です」と出力してください

# 変数 money に好きな値を代入してください


# money > total_price の時「お釣りは**円です」と出力してください



# money == total_price の時「お釣りはありません」と出力してください



# money < total_price の時「お金が足りません」と出力してください

```

リスト 5.62：問題

ヒント

- **for** 文でループしたい範囲はインデントで示します。
- 数値型を文字列型に変換するには str 型を用います。
- 辞書型のバリューがリストの時は2つ目の **[]** で要素を指定することができます。
- 文字列型を数値型に変換するには **int()** を用います。
- **if**、**elif**、**else** をうまく使いましょう。

解答例

In

```
items = {"eracer" : [100, 2], "pen" : [200, 3], "notebook" : [400,5]}
total_price = 0

# 変数 items を for 文でループさせてください
for item in items:

    # 「**は 1 個**円で、**個購入します」と出力してください
    print(item + "は 1 個" + str(items[item][0]) + "円で、"
          + str(items[item][1]) + "個購入します")
    # 変数 total_price に値段×個数を足して代入してください
    total_price += items[item][0] * items[item][1]

# 「支払金額は**円です」と出力してください
print("支払金額は" + str(total_price) + "円です")
# 変数 money に好きな値を代入してください
money = 4000

# money > total_price の時「お釣りは**円です」と出力してください
if money > total_price:
    print("お釣りは" + str(money - total_price) + "円です")
# money == total_price の時「お釣りはありません」と出力してください
elif money == total_price:
    print("お釣りはありません")
# money < total_price の時「お金が足りません」と出力してください
else:
    print("お金が足りません")
```

Out

```
eracer は 1 個 100 円で、2 個購入します
pen は 1 個 200 円で、3 個購入します
notebook は 1 個 400 円で、5 個購入します
支払金額は 2800 円です
```

```
お釣りは 1200 円です
```

リスト 5.63：解答例

解説

In

```python
items = {"eracer" : [100, 2], "pen" : [200, 3], "notebook" : [400, 5]}
print(items["pen"][1])
```

Out

```
3
```

リスト 5.64：解説の例

items[" キー "] によってバリューであるリストの内容を取り出すことができます。つまり **items[" キー "][" index 番号 "]** によりバリューの要素を取り出すことができるのです。

そのためこの課題の値段と個数は、**items[item][0]**, **items[item][1]** により取り出すことが可能です。

また、**str()** の **()** の中で演算子を用いることができます。

第 6 章

関数の基礎

6.1 組み込み関数とメソッド

6.1.1 関数の基礎と組み込み関数

関数とは、簡単に述べると**処理をまとめたプログラム**のことです。関数はユーザーが自由に定義することもできますし、関数がまとまったパッケージも存在し、このパッケージはライブラリやフレームワークなどと呼ばれます。

組み込み関数とはPythonにあらかじめ定義されている関数のことであり、代表例の1つに`print()`関数があります。

`print()`の他にもPythonには様々な便利な関数が用意されており、それらの関数を用いることで効率的にプログラムを作ることができます。例えば、これまで学習してきた`print()`、`type()`、`int()`や`str()`も組み込み関数です。

さて、ここではよく使われる組み込み関数の1つである`len()`について学びましょう。`len()`関数は`()`内の**オブジェクトの長さや要素の数**を返します。

オブジェクトとは、**変数に代入できる要素**を指します。オブジェクトの詳しい説明は6.3.1項の「オブジェクト」で扱います。このように代入される値を「**引数**（ひきすう）」と呼びます。引数のことをパラメータと呼ぶ場合もあります。

関数1つ1つに、引数に取れる変数の型（第4章で取り扱いました）は決まっています。ここで扱う`len()`関数は、例えばstr型（文字列型）、list型（リスト型）を入れることができますが、int型（整数型）、float型（浮動小数点型）、bool型（真偽値型）などは入れることができません。**関数を学ぶ時は、どの型が引数に取れるのか、確認するようにしましょう。**

引数を確認したい時はPythonのリファレンスを参照するのが良いです。

・○ エラーが出ない例

```
len("tomato")  # 6
len([1,2,3])  # 3
```

・× エラーが出る例

```
len(3)  # TypeError: object of type 'int' has no len()
```

```
len(2.1)  # TypeError: object of type 'float' has no len()
len(True)  # TypeError: object of type 'bool' has no len()
```

関数や変数は同じオブジェクトという考え方をとります。

そのため、Python ではその考え方に基づき予約語や組み込み関数が保護されておりません。予約語や組み込み関数の名前をそのまま変数名として用いると予約語や組み込み関数が上書きされてしまい、本来の挙動が行われなくなります。4.2.1 項の変数の命名のルールで「予約語やキーワード（**if** や **for** など、コード内で特別な意味を持つ単語）を使ってはいけない」「事前に定義されている関数名（**print** や **list** など）を使ってはいけない」と説明したのはこのような理由があるからです。

問題

・変数 **vege** のオブジェクトの長さを **len()** 関数と **print()** 関数を用いて出力してください。

・変数**n**のオブジェクトの長さを**len()**関数と**print()**関数を用いて出力してください。

・出力は **print()** 関数を用いてください。

In
```
vege = "potato"
n = [4, 5, 2, 7, 6]

# 変数 vege のオブジェクトの長さを出力してください



# 変数 n のオブジェクトの長さを出力してください
```

リスト 6.1：問題

ヒント

・**len([2, 4, 5]) # 出力結果 3**

・**len("hello") # 出力結果 5**

解答例

In
```
(…略…)
```

```
(…略…)
# 変数 vege のオブジェクトの長さを出力してください
print(len(vege))

# 変数 n のオブジェクトの長さを出力してください
print(len(n))
```

Out

```
6
5
```

リスト 6.2：解答例

6.1.2 関数とメソッド

メソッドとはある値に対して処理を行うもので、**値．メソッド名()** という形式で書きます。役割としては、関数と同じです。しかし、**関数の時は処理したい値を()の中に記入しましたが、メソッドでは値の後に．を繋げて処理を書く**と覚えておきましょう。関数と同じように、また、**値の型によって使用できるメソッドが異なります。**

例えば、第 5 章で学んだ **append()** はリスト型に付けることができるメソッドですね（リスト 6.3）。

In

```
# append の操作の復習
alphabet = ["a","b","c","d","e"]
alphabet.append("f")
print(alphabet)
```

Out

```
['a', 'b', 'c', 'd', 'e', 'f']
```

リスト 6.3：append() メソッドの例

さて、同じような処理が組み込み関数でもメソッドでも用意されているケースもあります。例えば「組み込み関数の **sorted()**」と「メソッドの **sort()**」などが挙げられます（リスト 6.4、リスト 6.5）。これは、どちらも並べ替えをするための関数 / メソッドです。

In

```
# sortedの操作です
number = [1,5,3,4,2]
print(sorted(number))
print(number)
```

Out

```
[1, 2, 3, 4, 5]
[1, 5, 3, 4, 2]
```

リスト 6.4：関数とメソッドの例①

In

```
# sortの操作です
number = [1,5,3,4,2]
number.sort()
print(number)
```

Out

```
[1, 2, 3, 4, 5]
```

リスト 6.5：関数とメソッドの例②

リスト 6.4、6.5 のように、同じソート処理でも **print(number)** をした時に値が変化するかどうかという点で異なっています。

すなわち、**変数の中身そのものを変更しないのが sorted()、変更するのが sort()** となるのです（ただし、すべての組み込み関数とメソッドの間にこの関係が成り立つわけではありません）。

このように、元のリスト自体の中身自体を変えてしまうメソッドの **sort()** は、プログラミングの世界では**破壊的メソッド**と呼ばれることもあります。

問題

以下のコードを実行した時の出力結果を選んでください。

（1 問目）

```
alphabet = ["b", "a", "e", "c", "d"]
sorted(alphabet)
print(alphabet)
```

（2問目）

```
alphabet = ["b", "a", "e", "c", "d"]
alphabet.sort()
print(alphabet)
```

1. 1問目：**["a", "b", "c", "d", "e"]** 2問目：**["a", "b", "c", "d", "e"]**
2. 1問目：**["a", "b", "c", "d", "e"]** 2問目：**["b", "a", "e", "c", "d"]**
3. 1問目：**["b", "a", "e", "c", "d"]** 2問目：**["a", "b", "c", "d", "e"]**
4. 1問目：**["b", "a", "e", "c", "d"]** 2問目：**["b", "a", "e", "c", "d"]**

ヒント

「組み込み関数の **sorted()**」と「メソッドの **sort()**」の違いをよく確認しましょう。

解答例

3.1問目：**["b", "a", "e", "c", "d"]** 2問目：**["a", "b", "c", "d", "e"]**

6.1.3 文字列型のメソッド（upper/count）

さて、関数とメソッドの違いを確認してもらったところで、**文字列に付けられるメソッド**を確認していきましょう。

ここでは **upper()** メソッドと **count()** メソッドを扱います。

upper() メソッドは文字列をすべて大文字にして返すメソッドです。また、**count()** メソッドは **()** 内にある文字列にいくつの要素が含まれてるかを返すメソッドです。

使い方はそれぞれ**変数 .upper()**、**変数 .count(" 数えたいオブジェクト ")** と書きます。

使い方はリスト 6.6 の通りになります。

In

```
# メソッドの操作の例です
city = "Tokyo"
print(city.upper())
print(city.count("o"))
```

Out

```
TOKYO
2
```

リスト 6.6：upper() メソッド、count() メソッドの例

問題

- 変数 **animal_big** に変数 **animal** に格納された文字列を大文字にしたものを代入してください。
- 変数 **animal** に「**e**」が何個存在するか出力してください。
- 出力は **print()** 関数を用いてください。

In

```
animal = "elephant"

# 変数animal_bigに変数animalに格納された文字列を大文字にしたものを代入して⏎
ください



print(animal)
print(animal_big)

# 変数animalに「e」が何個存在するか出力してください

```

リスト 6.7：問題

ヒント

- **color = "red"**
- **color.upper()**
- **color.count("r")**

解答例

In

```
(…略…)
# 変数animal_bigに変数animalに格納された文字列を大文字にしたものを代入して⏎
ください
animal_big = animal.upper()
```

```
print(animal)
print(animal_big)

# 変数animalに「e」が何個存在するか出力してください
print(animal.count("e"))
```

Out

```
elephant
ELEPHANT
2
```

リスト6.8：解答例

6.1.4 文字列型のメソッド（format）

他にも文字列型のメソッドとして便利なものとして、format()メソッドがあります。format()メソッドは**文字列で作られたひな形に任意の値を代入して文字列を生成します**。つまり、変数を文字列に埋め込む際によく使われるものになります。使う時は文字列の中に{}を入れるのが特徴です。この{}の中に任意の値が入ることになります（リスト6.9）。

In

```
print("私は{}生まれ、{}育ち".format("東京", "埼玉"))
```

Out

```
私は東京生まれ、埼玉育ち
```

リスト6.9：format()メソッドの例

問題

- format()メソッドを用いて「bananaはyellowです」と出力してください。
- 出力はprint()関数を用いてください。

In

```
fruit = "banana"
color = "yellow"

#「bananaはyellowです」と出力してください
```

リスト6.10：問題

```
print("私は{}生まれ、{}育ち".format("東京", "埼玉"))
```

解答例

In
```
(…略…)
#「bananaはyellowです」と出力してください
print("{}は{}です".format(fruit, color))
```

Out
```
bananaはyellowです
```

リスト 6.11：解答例

6.1.5 リスト型のメソッド（index）

第5章で学んだようにリスト型にはインデックス番号が存在します。**インデックス番号とは、リストの中身を0から順番に数えた時の番号**でしたね。目的のオブジェクトが**どのインデックス番号にあるのか探すためのメソッドとして index() メソッド**があります。

また、リスト型でも先ほど扱った **count()** メソッドを使うことができます。使い方はリスト 6.12 の通りです。

In
```
alphabet = ["a", "b", "c", "d", "d"]
print(alphabet.index("a"))
print(alphabet.count("d"))
```

Out
```
0
2
```

リスト 6.12：index() メソッドの例

問題

- 「**2**」のインデックス番号を出力してください。
- 変数 **n** の中に「**6**」がいくつあるか出力してください。
- 出力は **print()** 関数を用いてください。

In

```
n = [3, 6, 8, 6, 3, 2, 4, 6]

# 「2」のインデックス番号を出力してください



# 変数 n の中に「6」がいくつあるか出力してください

```

リスト 6.13：問題

ヒント

- **print()** 関数を使う必要があります。
- **n.index(2)**
- **n.count(6)**

解答例

In

```
(…略…)
# 「2」のインデックス番号を出力してください
print(n.index(2))

# 変数 n の中に「6」がいくつあるか出力してください
print(n.count(6))
```

Out

```
5
3
```

リスト 6.14：解答例

6.1.6 リスト型のメソッド(sort)

リスト型のメソッドとしてよく用いられるものに6.1.2項「関数とメソッド」で扱った**sort()**メソッドがあります。**sort()**メソッドはリストの中を小さい順にソートして並べ替えてくれます(リスト6.15)。**reverse()メソッドを用いるとリストの要素の順番を反対に**することができます(リスト6.16)。

なお、**sort()メソッドを使うと、リストの中身がそのまま変更されます。**

もし、単純に並べ替えたリストを参照したいだけであれば、組み込み関数の**sorted()**を扱うのが良いでしょう。

In

```
# sort()の利用例
list = [1, 10, 2, 20]
list.sort()
print(list)
```

Out

```
[1, 2, 10, 20]
```

リスト6.15：sorted()メソッドの例

In

```
#  reverse()の利用例
list = ["あ", "い", "う", "え", "お"]
list.reverse()
print(list)
```

Out

```
['お', 'え', 'う', 'い', 'あ']
```

リスト6.16：reverse()メソッドの例

問題

- 変数**n**をソートし、数字が小さい順になるように出力してください。
- **n.reverse()**を用いて、数字が小さい順になるようにソートされた変数**n**の要素の順番を反対にし、数字が大きい順になるように出力してください。
- 出力は**print()**関数を用いています。

In

```
n = [53, 26, 37, 69, 24, 2]


# n をソートし、数字が小さい順になるように出力してください


print(n)


# 数字が小さい順になるようにソートされた n の要素の順番を反対にし、数字が大きい⏎
順になるように出力してください


print(n)
```

リスト 6.17：問題

ヒント

- リスト .sort()
- リスト .reverse()
- リストの中身が直接書き換えられます。

解答例

In

```
(…略…)
# n をソートし、数字が小さい順になるように出力してください
n.sort()
print(n)

# 数字が小さい順になるようにソートされた n の要素の順番を反対にし、数字が大きい⏎
順になるように出力してください
n.reverse()
print(n)
```

Out

```
[2, 24, 26, 37, 53, 69]
[69, 53, 37, 26, 24, 2]
```

リスト 6.18：解答例

6.2 関数

6.2.1 関数の作成

関数とは**プログラムのいくつかの処理を1つにまとめたもの**です。

正確には、引数を受け取り、処理結果を戻り値として返します。関数を用いることで、全体の動作がわかりやすくなり、また、同じプログラムを何度も書かずに済むと言ったメリットがあります。

関数の作り方は、「**def　関数名(引数):**」です。引数とはその関数に渡したい値のことです。引数は空であることもあります。**関数内の処理の範囲はインデントによって示します。**

関数を呼び出す時は「**関数名()**」と書いて呼び出します。関数は定義した後でしか呼び出すことはできません。

引数が空のシンプルな関数を以下に示します。関数の記述方法と呼び出し方法を確認してみてください（リスト6.19）。

In
```
def sing():
    print("歌います！")

sing()
```

Out
```
歌います！
```

リスト6.19：関数の作成例

問題

・「**Yamadaです**」と出力する関数**introduce**を作ってください。

・出力は**print()**関数を用いてください。

In
```
#「Yamadaです」と出力する関数introduceを作ってください
```

```
# 関数の呼び出し
introduce()
```

リスト 6.20：問題

def introduce():

解答例

In

```
#「Yamada です」と出力する関数 introduce を作ってください
def introduce():
    print("Yamada です")
(…略…)
```

Out

```
Yamada です
```

リスト 6.21：解答例

6.2.2 引数

前項の「関数の作成」で説明したように関数に渡す値を**引数**と呼びます。引数を渡すと関数の中でその値を使用することができるようになります。

def 関数名 (引数): のように引数を指定します。すると「**関数名 (引数)**」と書いて呼び出す時に**この引数が引数で指定した変数に代入されるので、引数を変えるだけで出力内容を変えること**ができます。注意点としては、引数や関数内で定義した変数に関してはその関数内だけでしか使うことができないということです。

引数を 1 つ指定する関数を以下に示します。関数の記述方法と呼び出し方法を確認してみてください（リスト 6.22)。

In

```
def introduce(n):
    print(n + " です")


introduce("Yamada")
```

Out

```
Yamadaです
```

リスト6.22：引数の例

問題

引数nを用いて、引数を3乗した値を表示する関数cube_calを作ってください（リスト6.23）。

In

```
# 引数nを用いて、引数を3乗した値を出力する関数cube_calを作ってください



# 関数を呼び出します
cube_cal(4)
```

リスト6.23：問題

ヒント

- def cube_cal(n):
- 乗数の計算を行う算術演算子は**です。

解答例

In

```
# 引数nを用いて、引数を3乗した値を出力する関数cube_calを作ってください
def cube_cal(n):
    print(n ** 3)
(…略…)
```

Out

```
64
```

リスト6.24：解答例

6.2.3 複数の引数

引数は複数渡すことができます。複数渡すためには()の中をコンマで区切って定義します。

引数を２つ指定する関数をリスト 6.25 に示します。関数の記述方法と呼び出し方法を確認してみてください。

In
```
def introduce(first,second):
    print(" 名字は "+ first + " で、名前は "+ second + " です。")

introduce("Yamada","taro")
```

Out
```
名字は Yamada で、名前は taro です。
```

リスト 6.25：複数の引数の例

問題

・第１引数 **n**、第２引数 **age** を用いて「＊＊です。＊＊歳です。」と出力する関数 **introduce** を作ってください。
・関数 **introduce** に「**Yamada**」「**18**」を引数として関数を呼び出してください。
・「**Yamada**」は文字列、「**18**」は整数としてください。

In
```
# 関数 introduce を作ってください


# 関数を呼び出してください

```

リスト 6.26：問題

ヒント

・**def introduce(n, age):**
・数値型を文字列型に変換してください。
・**introduce("Yamada", 18)**

解答例

In
```
# 関数 introduce を作ってください
def introduce(n, age):
    print(n + " です。" + str(age) + " 歳です。")
```

```
# 関数を呼び出してください
introduce("Yamada", 18)
```

Out
```
Yamadaです。18歳です。
```

リスト 6.27：解答例

6.2.4 引数の初期値

引数には**初期値**を設定することができます。初期値を設定しておくことで、「**関数名 (引数)**」で呼び出す時に引数を省略すると代わりの値として初期値が使われます。初期値の設定は **()** 内で「**引数 = 初期値**」と書くだけです。

初期値を設定した関数を以下に示します。関数の記述方法と呼び出し方法を確認してみてください（リスト 6.28）。

In
```
def introduce(first = "Yamada",second = "Taro"):
    print("名字は"+ first + "で、名前は"+ second + "です。")


introduce("Suzuki")
```

Out
```
名字はSuzukiで、名前はTaroです。
```

リスト 6.28：引数の初期値の例①

ただし、注意点としては初期値を与えられた引数の後に、初期値を与えられていない引数を置くことはできません。すなわち、リスト 6.29 の関数は定義できますが、リスト 6.30 の関数は定義できません（**non-default argument follows default argument** というエラーが出力されます)。

In
```
def introduce(first,second = "Taro"):
    print("名字は"+ first + "で、名前は"+ second + "です。")


introduce("Suzuki")
```

Out

```
名字は Suzuki で、名前は Taro です。
```

リスト 6.29：引数の初期値の例②

上記のコードを実行した場合、特にエラーは出力されません。

In

```
def introduce(first = "Suzuki",second):
    print(" 名字は "+ first + " で、名前は "+ second + " です。")
```

Out

```
  File "<ipython-input-25-c947e91503d3>", line 1
    def introduce(first = "Suzuki",second):
                 ^
SyntaxError: non-default argument follows default argument
```

リスト 6.30：引数の初期値の例③

問題

・引数 **n** の初期値を「**Yamada**」にしてください。
・引数に「18」のみ入れて関数の呼び出しを行ってください。

In

```
# 初期値を設定してください
def introduce(age, n):
    print(n + " です。" + str(age) + " 歳です。")

# 関数を呼び出します

```

リスト 6.31：問題

ヒント

・関数を定義する時点で**引数 = 初期値**とします。
・初期値を与えられた引数の後に、初期値を与えられていない引数を置くことはできません。

解答例

In

```
# 初期値を設定してください
def introduce(age, n = "Yamada"):
```

```
    print(n + " です。" + str(age) + " 歳です。")

# 関数を呼び出します
introduce(18)
```

Out

```
Yamada です。18 歳です。
```

リスト 6.32：解答例

6.2.5 return

関数で返り値を設定して、関数の呼び出し元にその値を戻すことができます。書き方は「**return 返り値**」です。

リスト 6.33 のように、return の後に返り値を記入することもできます。

In

```
def introduce(first = "Yamada",second = "Taro"):
    return " 名字は "+ first + " で、名前は "+ second + " です。"

print(introduce("Suzuki"))
```

Out

```
名字は Suzuki で、名前は Taro です。
```

リスト 6.33：return の例①

return の後に文字が並ぶと関数が見にくくなるので、リスト 6.34 のように変数を定義して変数で返すこともできます。

In

```
def introduce(first = "Yamada",second = "Taro"):
    comment = " 名字は "+ first + " で、名前は "+ second + " です。"
    return comment

print(introduce("Suzuki"))
```

Out

```
名字は Suzuki で、名前は Taro です。
```

リスト 6.34：return の例②

問題

- **bmi** を計算する関数を作り、**bmi** の値を返り値としてください。
- $\text{bmi} = \dfrac{\text{weight}}{\text{height}^2}$ で計算できます。
- 2つの変数は、**weight**、**height** を用いてください。

In

```
# bmiを計算する関数を作り、bmiの値を返り値としてください


print(bmi(1.65, 65))
```

リスト 6.35：問題

ヒント

weight / height2** を返しましょう。

解答例

In

```
# bmiを計算する関数を作り、bmiの値を返り値としてください
def bmi(height, weight):
    return weight / height**2
(…略…)
```

Out

```
23.875114784205696
```

リスト 6.36：解答例

6.2.6 関数の import（インポート）*1

Python では自分で作った関数の他に、**一般に公開されている関数**を使用することができます。このような関数は同じような用途を持つものがセットになって公開されています。このセットのことを**パッケージ**と言います。そしてその中にある1つ1つの関数のことを**モジュール**と呼びます（図 6.1）。ここでは具体例として、time を例にとってみましょう。

*1 6.2.6 項の内容に関しては、追加情報がありますので、本書の書籍情報のサイト（https://www.shoeisha.co.jp/book/detail/9784798158570）の「追加情報」でご確認ください。

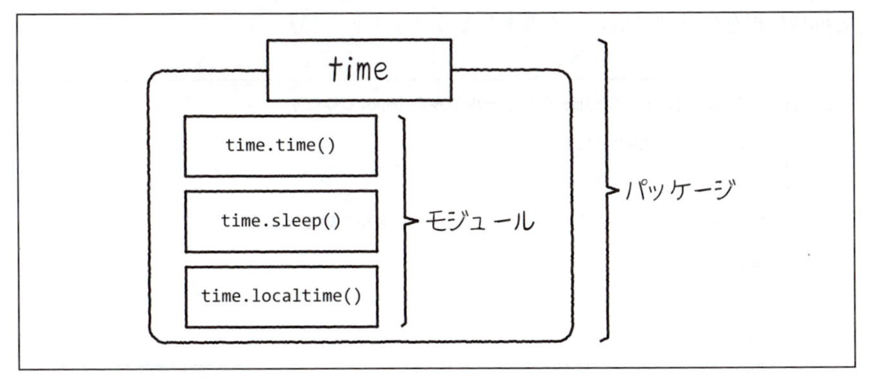

図 6.1：パッケージとモジュール

現在実行している時間の出力や、プログラムの停止など時間に関係する関数がtime というパッケージとして公開されています。また time パッケージの中にはプログラム中で使用するモジュールがいくつも入っています。図 6.1 では 3 つのみとしていますが実際には数十という単位でモジュールは存在しています。

パッケージは **import（インポート）**という作業をすることによって使用することが可能になります。パッケージのモジュールを使用したい場合、**パッケージ名 . モジュール名**で関数を使用することができます。例として time パッケージを用いて現在の時刻を出力してみます（リスト 6.37）。

In
```
# time パッケージを import します
import time

# time() モジュールを使用することで現在時刻を now_time に代入します
now_time = time.time()

# print() を用いて出力します
print(now_time)
```

Out
```
1529386894.4015388
```

リスト 6.37：関数の import の例①

モジュールはパッケージ名を省略して使用することもできます。**from パッケージ名 import モジュール名**で該当するモジュールのみを import しています。先ほどと同様に現在の時刻を出力してみましょう（リスト 6.38）。

In

```
# from を使用して time モジュールのみを import します
from time import time

# from で import しているので、パッケージ名を省略できます
now_time = time()

print(now_time)
```

Out

```
1529386934.0317435
```

リスト 6.38：関数の import の例②

パッケージにはどのような種類があるのでしょうか？

Python では PyPI という Python のパッケージ管理システムがあり、そこで公開されているパッケージをインストールすると使用可能な状態になります。

インストールには pip というパッケージ管理ツールを利用する方法がよく知られています。パソコンのコマンドプロンプト上（Windows 以外であればターミナル上）で **pip install パッケージ名**と入力することでインストールが完了します。ご自身のパソコンでプログラミングする時には必要になります。

問題

- **from** を利用して time パッケージの time モジュールを import してください。
- **time()** を利用して、現在時刻を出力してください。

In

```
# from を利用して time モジュールを import してください
from  import

# now_time に現在の時刻を代入してください
now_time =

print(now_time)
```

リスト 6.39：問題

ヒント

- 現在の時刻はtimeパッケージのtimeモジュールで出力できます。
- モジュールを直接 **import** しているので、**time.time()** で呼び出そうとしてもエラーになります。

解答例

In

```
# fromを利用してtimeモジュールをimportしてください
from time import time


# now_timeに現在の時刻を代入してください
now_time = time()
(…略…)
```

Out

```
1529387046.641908
```

リスト6.40：解答例

6.3 クラス

6.3.1 オブジェクト

6.1.1項で少しだけ紹介しましたが、Pythonはオブジェクト指向言語であるため、今まで扱っていた文字列や配列などはすべて**オブジェクト**です。突然オブジェクトと言われても抽象的な概念で戸惑ってしまうかもしれませんが、英単語ですとObject、直訳すると「物体・物」となります。プログラミング言語の世界ではオブジェクトとは、**変数（メンバ）**や**関数（メソッド）**がひとまとまりになった「物」のことを指します。

例えばlist型のオブジェクト（5.1.1項「リスト型①」参照）は配列として用いられますが、よく見るとリスト6.41のように状況によって振る舞いを変えています。

In

```
# 値を直接格納することができます
mylist = [1, 10, 2, 20]

# 格納した値に対してソート処理を行うことができます
mylist.sort()

# 関数に渡して値を処理した結果を表示させることもできます
print(mylist)
```

Out

```
[1, 2, 10, 20]
```

リスト 6.41：クラスの例

これは、mylist が内部に変数と関数を持っており状況によって振る舞い方を変えているので実現できているのです。オブジェクトを使うとプログラマーは関数と変数を意識して使い分ける必要がなくなり、オブジェクトに対して「この数を覚えてほしい」「先ほどの数を並べてほしい」と命令するだけで済むので負担が軽くなります。

既に存在するオブジェクトを利用するだけなら従来通り特に意識する必要はないのですが、将来、自分自身で新しいオブジェクトを作ったり既存のオブジェクトを改良したりする必要が出てきた時のために表 6.1 のようなオブジェクト指向の概念や用語を知っておくと便利です。耳慣れない単語がたくさんあり大変に思えますが、これらの単語は、Java や Ruby などの他のオブジェクト指向言語でも共通なので広く応用できますし、Aidemy の講座「ブロックチェーン基礎講座」などでは自分で作れることが前提になります。具体的なイメージを持てば難しくはないので頑張って覚えてしまいましょう。

表 6.1：オブジェクト指向（用語と具体的イメージ）

用語	具体的イメージ
クラス	車の設計図
コンストラクタ（関数）	車の工場
メンバ（変数）	ガソリンの量、現在のスピードなど
メソッド（関数）	ブレーキ、アクセル、ハンドルなど
インスタンス（実体）	工場で作られた実際の車

図解すると図 6.2 になります。

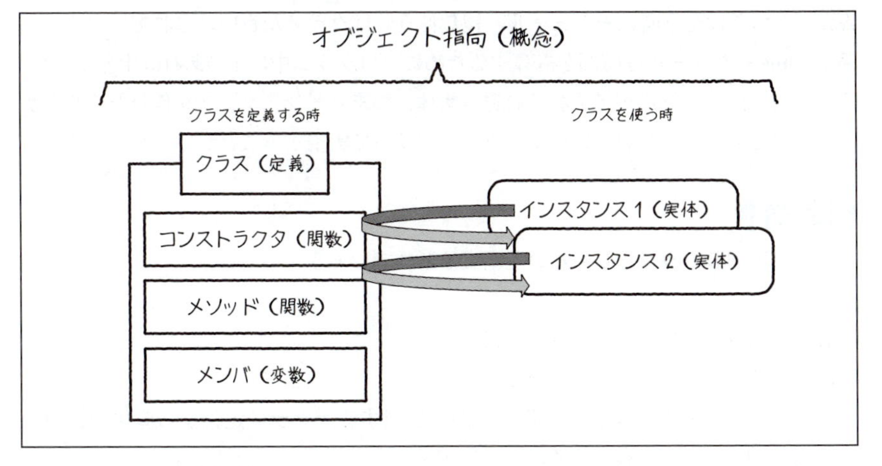

図6.2：オブジェクト指向（概念）

クラスを新しく設計する時は、下記の３つを定義します。

・コンストラクタ
　クラスを作成する際に自動的に呼び出される特殊な関数です。Pythonでは名前を **__init__** にする必要があります。第１引数に **self** と言う自分自身を表す特殊な変数を必ず自動的に受け取ります。
・メソッド
　クラスが持つ処理、つまり関数です。インスタンスに対して操作を行うインスタンスメソッド、クラス全体に対して操作を行うクラスメソッド、インスタンスがなくても実行できる静的メソッドの３種類が存在します。
・メンバ
　クラスが持つ値、つまり変数です。他のオブジェクト指向言語では、「プライベート（クラス外からアクセスできない）」と「パブリック（クラス外からアクセスできる）」の２種類のメンバが用意されていることが多いのですが、Pythonではすべてパブリックなメンバとして扱われます。その代わりにPythonではメンバへのアクセスをプロパティと言う手法で制限できます。

クラスを使う時は、基本的にはコンストラクタを呼び出し、インスタンスを作成してから使用することになります。

オブジェクトとクラスは、6.2.6項「関数のimport（インポート）」で紹介したパッケージとモジュールに似ています。厳密な使い分けルールがあるわけではありませんが、1つだけ使う時はモジュール、複数使う時はクラスが良いとされています。例えば、timeモジュールは時間を計算するためにプログラム中に1つあれば十分ですが、車は、自家用車と社用車でそれぞれ違う実体、つまりインスタンスを作りたくなるケースが出てくるかもしれないので、クラスを使って実現することが望ましいです。

問題

以下の選択肢のうち**正しくない**説明文はどれでしょう？

1. インスタンスはオブジェクトである。
2. オブジェクトはインスタンスである。
3. メソッドはインスタンスを作ってから利用するがクラス定義から直接呼び出せる静的メソッドも存在する。
4. Pythonにはプライベートなメンバは存在しないが、代わりにプロパティと言うアクセス制限の仕組みがある。
5. **`__init__`** 関数を作成するということはクラスのコンストラクタを作っていると言うことである。

ヒント

- オブジェクトとは概念です。例えると「車」です。
- インスタンスとは実体です。例えると「私の所有しているプリウス」です。
- Pythonには3種類のメソッドが存在します。
- Pythonのメンバはすべてパブリックですが、アクセス制限の仕組みは存在します。
- Pythonではコンストラクタの名前は必ず **`__init__`** になります。

解答例

2. オブジェクトはインスタンスである。

6.3.2 クラス（メンバとコンストラクタ）

それぞれのオブジェクトはどのような値を持てるか、どのような処理ができるかが決まっています。それを決定付けるには、オブジェクトの構造を決めるような**設計図**が必要になります。この設計図のことを**クラス**と呼びます。listオブジェクトも、

list クラスによって設計が定められており、決まった処理を行うことができます。
ここでは以下のような構造を持ったオブジェクトを考えます。

- オブジェクトの内容
  - 商品
- メンバ
  - 商品名 : **name**
  - 値段 : **price**
  - 在庫 : **stock**
  - 売れ行き : **sales**

この商品オブジェクトを定義するには、リスト 6.42 のようなクラスを定義します。

In
```
# MyProduct クラスを定義します
class MyProduct:
    # コンストラクタの定義します
    def __init__(self, name, price):
        # 引数をメンバに格納します
        self.name = name
        self.price = price
        self.stock = 0
        self.sales = 0
```
リスト 6.42：クラスの例①

定義したクラスはあくまでも**設計図**なので、オブジェクトを作るにはクラスを呼び出す必要があります（リスト 6.43）。

In
```
# MyProduct を呼び出し、オブジェクト product1 を作成します
product1 = MyProduct("cake", 500)
```
リスト 6.43：クラスの例②

クラスを呼び出す際に作動するメソッドを、**コンストラクタ**と呼びます。コンストラクタはクラス定義において **__init__()** によって定義されます。
クラス内では、メンバは **self.price** のように変数名の前に **self.** を付けます。

また、コンストラクタには第1引数に**self**を指定する必要があります。

上記の例では**MyProduct**が呼び出されると、引数**name = "cake"**、**price = 500**としてコンストラクタが作動し、各引数によって各メンバ**name**、**price**が初期化されていきます。

作成されたオブジェクトのメンバを参照する際は、**オブジェクト.変数名**として直接参照することができます。

直接参照では、メンバの変更も可能です。

問題

MyProductクラスのコンストラクタを修正して、クラス呼び出し時に**name**、**price**、**stock**の初期値を指定できるようにしてください。その際それぞれの引数名は以下のようにしてください。

- 商品名 : **name**
- 値段 : **price**
- 在庫 : **stock**

product_1の**stock**を直接参照して、**print**してください。

In

```
# MyProductクラスを定義します
class MyProduct:
    # コンストラクタを修正してください
    def __init__():
        # 引数をメンバに格納してください




# MyProductを呼び出し、オブジェクトproduct_1を作成します
product_1 = MyProduct("cake", 500, 20)

# product_1のstockを出力してください
print()
```

リスト6.44：問題

ヒント

・メソッドは第1引数に **self** を持つことに注意してください。
・メンバ定義の際は、変数名の前に **self.** を付けます。

解答例

In
```
(…略…)
    # コンストラクタを修正してください
    def __init__(self, name, price, stock):
        # 引数をメンバに格納してください
        self.name = name
        self.price = price
        self.stock = stock
        self.sales = 0
(…略…)
# product_1のstockを出力してください
print(product_1.stock)
```

Out
```
20
```

リスト 6.45：解答例

6.3.3 クラス（メソッド）

先ほど定義したクラスにはメソッドがありませんでした。そこで、**MyProduct** クラスのメソッドを以下のように定義します。

・メソッド
  ・商品をn個仕入れ、在庫を更新する : **buy_up(n)**
  ・商品をn個売り、在庫と売れ行きを更新する : **sell(n)**
  ・商品の概要を出力する : **summary()**

これらのメソッドを先ほどのクラス定義に追加すると、リスト 6.46 のように書けます。

In

```
# MyProduct クラスを定義します
class MyProduct:
    def __init__(self, name, price, stock):
        self.name = name
        self.price = price
        self.stock = stock
        self.sales = 0
    # 仕入れメソッド
    def buy_up(self, n):
        self.stock += n
    # 売却メソッド
    def sell(self, n):
        self.stock -= n
        self.sales += n*self.price
    # 概要メソッド
    def summary(self):
        message = "called summary().\n name: " + self.name + \
        "\n price: " + str(self.price) + \
        "\n stock: " + str(self.stock) + \
        "\n sales: " + str(self.sales)
        print(message)
```

リスト 6.46：クラス（メソッド）の例

メソッド定義はコンストラクタと同様に、メンバの頭に **self.** を付け、第 1 引数に **self** を指定する必要があります。しかし他の部分は通常の関数定義と同様に書くことができます。

メソッドを呼び出す際は**オブジェクト . メソッド名**として使います。

メンバは直接参照できるとは言ったものの、これはオブジェクト指向としては良くない傾向でもあります。メンバは容易に変更されないような造りにすることが良いクラス設計の基本とされており、オブジェクト指向言語を使う以上なるべくこれに従うようにしましょう。

そのため、メンバの参照や変更をする際にもそれ専用のメソッドを用意するのが最善です。

問題

MyProduct クラスに、以下のメソッドを追加してください。

- name の値を取得して返す : get_name()
- price を n だけ減らす : discount(n)

作成された product_2 の price を 5,000 減らし、summary() メソッドを用いてその概要を出力してください。

In

```
# MyProduct クラスを定義します
class MyProduct:
    def __init__(self, name, price, stock):
        self.name = name
        self.price = price
        self.stock = stock
        self.sales = 0
    # 概要メソッド
    # 文字列と「自分自身のメソッド」や「自分自身のメンバ」を連結して出力します
    def summary(self):
        message = "called summary()."  + \
        "\n name: "  + self.get_name() + \
        "\n price: " + str(self.price) + \
        "\n stock: " + str(self.stock) + \
        "\n sales: " + str(self.sales)
        print(message)
    # name を返す get_name() を作成してください
    def get_name():

    # 引数の分だけ price を減らす discount() を作成してください
    def discount():



product_2 = MyProduct("phone", 30000, 100)
```

```
# 5,000だけdiscountしてください


# product_2のsummaryを出力してください
```

リスト 6.47：問題

ヒント

・メソッドの第1引数に注意しましょう。
・通常の関数定義と同様に、**return**とすることで返り値を指定できます。

解答例

In

```
(…略…)
    # nameを返すget_name()を作成してください
    def get_name(self):
        return self.name
    # 引数の分だけpriceを減らすdiscount()を作成してください
    def discount(self, n):
        self.price -= n

product_2 = MyProduct("phone", 30000, 100)
# 5,000だけdiscountしてください
product_2.discount(5000)
# product_2のsummaryを出力してください
product_2.summary()
```

Out

```
called summary().
 name: phone
 price: 25000
 stock: 100
 sales: 0
```

リスト 6.48：解答例

6.3.4 クラス（継承、オーバーライド、スーパー）

もし、他の人が作ったクラスに何か機能を追加したくなった時はどうすれば良いでしょうか？

直接そのクラスを変更することもできますが、それを行ってしまうとそのクラスを使用している他のプログラムに影響が出てしまうかもしれません。ソースをコピーして新しいクラスを作成することもできますが、それを行ってしまうと同じようなプログラムが２つできてしまうので、何か修正が必要になった時に同じ修正を２回する必要が出てくるかもしれません。

このような時のために、オブジェクト指向言語は継承（インヘリタンス）と言うスマートな仕組みを用意しています。既存のクラスを元に、メソッドやメンバを追加もしくは一部だけ変更してあなた自身の新しいクラスを作ることができるのです。

元となるクラスは「親クラス」「スーパークラス」「基底クラス」、新しくできるクラスは「子クラス」「サブクラス」「派生クラス」などと呼ばれます。子クラスは、以下のことができます。

- 親クラスのメソッド / メンバをそのまま利用することができます。
- 親クラスのメソッド / メンバを上書きすることもできます（オーバーライド）。
- 自分自身のメソッド / メンバを自由に追加できます。
- 子クラスから親クラスのメソッド / メンバを呼び出すこともできます（スーパー）。

それでは実際に6.3.3 項で作った **MyProduct** を継承して消費税 10% 対応をした **MyProductSalesTax** を新しく作成してみましょう。手順としてはリスト 6.49 のようになります。

In

```
# MyProduct クラスを継承して MyProductSalesTax を定義します
class MyProductSalesTax(MyProduct):

    # MyProductSalesTax ではコンストラクタの第 4 引数に消費税率を受け取ること⏎
にします
    def __init__(self, name, price, stock, tax_rate):
        # super() を使うと親クラスのメソッドを呼び出すことができます
        # ここでは、MyProduct クラスのコンストラクタを呼び出しています
```

```
        super().__init__(name, price, stock)
        self.tax_rate = tax_rate

    # MyProductSalesTax では MyProduct の get_name をオーバーライド ( 上書き )⏎
します
    def get_name(self):
        return self.name + "( 税込 )"

    # MyProductSalesTax に get_price_with_tax を新規実装します
    def get_price_with_tax(self):
        return int(self.price * (1 + self.tax_rate))
```

リスト 6.49：クラスの継承の例

このプログラムを実行するとリスト 6.50 のようになります。

In

```
product_3 = MyProductSalesTax("phone", 30000, 100, 0.1)
print(product_3.get_name())
print(product_3.get_price_with_tax())
# MyProductSalesTax クラスでは summary() メソッドは定義されていませんが、
# MyProductを継承しているので MyProductの summary() メソッドを呼び出すことが⏎
できます
product_3.summary()
```

Out

```
phone( 税込 )          ――― 期待通りの出力
33000                  ――― 期待通りの出力
called summary().      ――― price が税抜き価格になってしまっています！
name: phone( 税込 )
price: 30000
stock: 100
sales: 0
```

リスト 6.50：クラスの継承の例

最初の 2 行は期待通りの出力でしたが、**summary()** メソッドで呼び出した結果は、税抜き価格で **price** が返ってしまいました。

つまり、新しく実装した **get_name()** メソッドと **get_price_with_tax()** メソッドは期待通りの動作をしましたが、MyProduct から継承した **summary()** メソッドが税抜き価格を返すバグが発生してしまったのです。

問題

MyProduct の **summary()** メソッドをオーバーライドして **summary** が税込み価格を出力するようにしてください。

In

```
class MyProduct:
    def __init__(self, name, price, stock):
        self.name = name
        self.price = price
        self.stock = stock
        self.sales = 0

    def summary(self):
        message = "called summary().\n name: " + self.get_name() + \
                  "\n price: " + str(self.price) + \
                  "\n stock: " + str(self.stock) + \
                  "\n sales: " + str(self.sales)
        print(message)

    def get_name(self):
        return self.name

    def discount(self, n):
        self.price -= n


class MyProductSalesTax(MyProduct):
    # MyProductSalesTax では第 4 引数に消費税率を受け取ることにします
    def __init__(self, name, price, stock, tax_rate):
        # super() を使うと親クラスのメソッドを呼び出すことができます
        # ここでは、MyProduct クラスのコンストラクタを呼び出しています
```

6

関数の基礎

```
        super().__init__(name, price, stock)
        self.tax_rate = tax_rate

    # MyProductSalesTax では MyProduct の get_name をオーバーライド ( 上書き )⏎
します
    def get_name(self):
        return self.name + "( 税込 )"

    # MyProductSalesTax に get_price_with_tax を新規実装します
    def get_price_with_tax(self):
        return int(self.price * (1 + self.tax_rate))

    # MyProduct の summary() メソッドをオーバーライドして summary が税込み価格⏎
を出力するようにしてください



product_3 = MyProductSalesTax("phone", 30000, 100, 0.1)
print(product_3.get_name())
print(product_3.get_price_with_tax())
product_3.summary()
```

リスト 6.51：問題

ヒント

メソッドの中からメソッドを呼ぶことができます。

解答例

In

```
(…略…)
    # MyProduct の summary() メソッドをオーバーライドして summary が税込み価格⏎
を出力するようにしてください
    def summary(self):
        message = "called summary().\n name: " + self.get_name() + \
                  "\n price: " + str(self.get_price_with_tax()+0) + \
                  "\n stock: " + str(self.stock) + \
```

```
                    "\n sales: " + str(self.sales)
        print(message)
(…略…)
```

Out

```
phone( 税込 )
33000
called summary().
 name: phone( 税込 )
 price: 33000
 stock: 100
 sales: 0
```

リスト 6.52：解答例

6.4 Appendix

6.4.1 文字列のフォーマット指定

6.1.4 項で関数の **format()** を用いて文字列をフォーマットしました。Python には文字列をフォーマットする方法が他にも存在します。

「**%**」演算子を用いる方法です。ダブルクォートやシングルクォートで囲まれた文字列の中に「**%**」を記述することにより、**文字列の後ろに置かれたオブジェクトを引き渡す**ことができます（リスト 6.53）。

%d：整数で表示
%f：小数で表示
%.2f：小数第 2 位まで表示
%s：文字列として表示

In

```
pai = 3.141592
print("円周率は %f" % pai)
print("円周率は %.2f" % pai)
```

Out

```
円周率は 3.141592
円周率は 3.14
```

リスト 6.53：文字列のフォーマット指定の例

問題

・___を埋めて、「bmi は＊＊です」と出力させてください。ただし小数第 4 位まで求めてください。
・身長と体重の値は自由です。

In

```
def bmi(height, weight):
    return weight / height**2

#「bmi は＊＊です」と出力させてください
print("bmi は ___ です " % ______)
```

リスト 6.54：問題

ヒント

%.4f で小数第 4 位まで求められます。

解答例

In

```
def bmi(height, weight):
    return weight / height**2

#「bmi は＊＊です」と出力させてください
print("bmi は %.4f です " % bmi(1.65, 65))
```

Out

```
bmi は 23.8751 です
```

リスト 6.55：解答例

添削問題

この章で習ったことを用いて解いてみましょう。

問題

・**object** の中から **character** を含む要素数を数える関数を作成してください。

・引数に **object**、**character** をとる関数 **check_character** を作成してください。

・戻り値として **count()** メソッドで文字列やリストの中の要素の数を返してください。

```
check_character([1, 2 ,4 ,5 ,5 ,3], 5)  # 出力結果 2
```

・関数 **check_character** に調べたい文字列やリストと個数を調べたい要素を入力してください。

In
```
# 関数 check_character を作成してください



# 関数 check_character に入力してください

```

リスト 6.56：問題

```
変数 .count(character)
```

解答例

In
```
# 関数 check_character を作成してください
def check_character(object, character):
    return object.count(character)

# 関数 check_character に入力してください
print(check_character([1, 3, 4, 5, 6, 4, 3, 2, 1, 3, 3, 4, 3], 3))
print(check_character("asdgaoirnoiafvnwoeo", "d"))
```

Out

```
5
1
```

リスト 6.57：解答例

解説

count() メソッドを用いることにより、文字列やリストの中のある要素や文字の数を取り出すことができます。

総合添削問題

二分探索法（バイナリーサーチ）を用いて探索を行うアルゴリズムのプログラムを作成してもらいます。アルゴリズムとは、問題を解くための手順のことです。探すデータが大きくなるほどライナーサーチ（初めから順番に探す方法）と比べ、探索にかかる時間が圧倒的に短く済むアルゴリズムとなっています。 バイナリーサーチのアルゴリズムは以下のようになります。

1. データの中央値を取ります。
2. 取り出したデータが目的のものかどうかを比較し、一致する場合は終了です。
3. 中央値が目的のデータより小さい場合は、探索範囲の最小値を中央値に 1 を足した値にし、大きい場合は探索範囲の最大値を中央値から 1 を引いた値にします。

問題

- 関数 **binary_search** の中に、二分探索法を用いてリストの **numbers** から **target_number** を探し出すプログラムを作成してください。
- 関数を実行した時に「**11 は 10 番目にあります**」と出力させるようにしてください。
- 変数 **target_number** を変更し自分のプログラムが正しく動いているか確認してください。

ヒント

- 初めに求める中央値はリストの **index** である点に注意しましょう。
- 中央値を求める時、「**/**」（余りが出る）ではなく、「**//**」（切り捨て除算）を用いると良いです。

In

```
# 関数binary_searchの中を作成してください
def binary_search(numbers, target_number):


# 探索するデータ
numbers = [1, 2, 3, 4, 5, 6, 7, 8, 9, 10, 11, 12, 13]
# 探索したい値
target_number = 11
# バイナリーサーチの実行
binary_search(numbers, target_number)
```

リスト 6.58：問題

解答例

In

```
# 関数 binary_search の中を作成してください
def binary_search(numbers, target_number):
    # 最小値を仮決め
    low = 0
    # 範囲内の最大値
    high = len(numbers)
    # 目的地を探し出すまでループ
    while low <= high:
        # 中央値を求めます(index)
        middle = (low + high) // 2
        # 中央値のnumbersの値とtarget_numberが等しい場合
        if numbers[middle] == target_number:
            # 出力します
                print("{1}は{0}番目にあります".format(middle, target_↵
number))
            # 終了させます
            break
        # 中央値のnumbersの値がtarget_numberより小さい場合
        elif numbers[middle] < target_number:
            low = middle + 1
        # 中央値のnumbersの値がtarget_numberより大きい場合
```

```
        else:
            high = middle - 1

# 探索するデータ
numbers = [1, 2, 3, 4, 5, 6, 7, 8, 9, 10, 11, 12, 13]
(…略…)
```

Out

```
11 は 10 番目にあります
```

リスト 6.59：解答例

解説

基本的にバイナリーサーチのアルゴリズムに沿ってコードを書けば良いです。

バイナリーサーチは一般的に「上限」と「下限」を持ち、その２つを両端とし探索していきます。

この上限と下限の値を徐々に狭めていくことで目的の数字を見つけます。

どのように範囲を狭めれば良いのか？　を決めるのが **middle** です。

middle は上限と下限の真ん中を取ります。

真ん中が目的の値より大きい時は、全体的に小さいほうに寄るために、上限を **middle - 1** に更新します。

真ん中が目的の値より小さい時は、全体的に大きいほうに寄るために、下限を **middle + 1** に更新します。

この処理を繰り返すことで **target_num** の場所を絞っていきます。

余力があれば、**target_number** が **numbers** の要素の中にない場合、要素がないことを示す部分を付け加えてみてください。

第 7 章

NumPy

7.1 NumPyの概観

7.1.1 NumPyとは

NumPyとは、Pythonでベクトルや行列計算を高速に行うのに特化した基盤となるライブラリです。

ライブラリとは外部から読み込むPythonのコードの塊です。Pythonが機械学習分野で広く活用されている理由には、NumPyをはじめとする科学技術計算に便利なライブラリの充実が挙げられます。ライブラリのなかには、たくさんのモジュールが入っており、モジュールはたくさんの関数でまとまっていると押さえておけば良いでしょう（図7.1）。

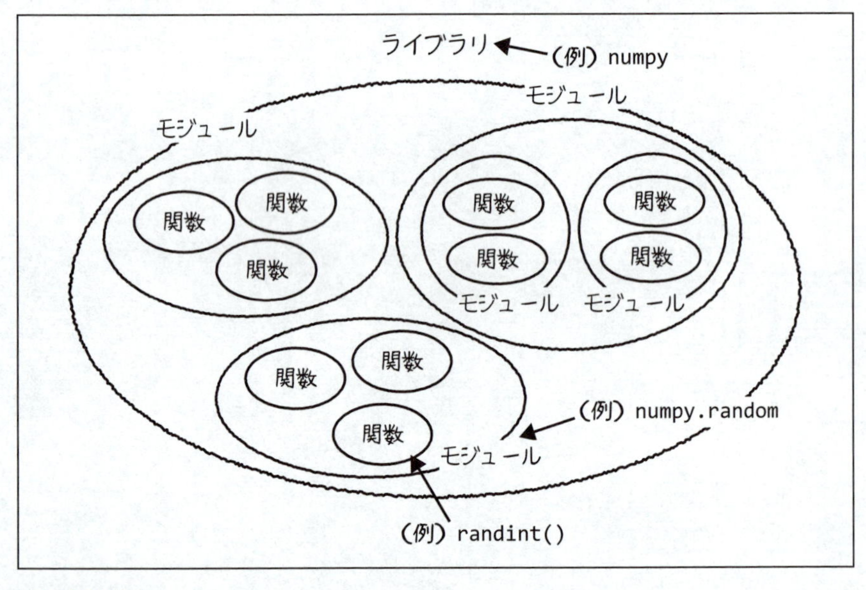

図7.1：ライブラリ

Pythonで他に利用されるライブラリには、**SciPy**、**Pandas**、**scikit-learn**、**Matplotlib**などがあります。これらのライブラリや開発環境などを含めたPythonの環境全体を指して**エコシステム**と呼ばれます。図7.2はPythonのエコシステムの概観を表しています。下にあるほど基盤となるような機能を提供します。NumPyは他のライブラリにも関係する、非常に基礎的な役割を担っているのです。

機械学習ライブラリ

計算・可視化ライブラリ

pandas

SciPy

matplotlib

ベクトル・行列計算に
特化した基盤ライブラリ

プログラミング言語

図 7.2：Python のエコシステムの概観

問題

NumPy は以下の選択肢のうち、どの処理を行うライブラリですか。

1. データのプロットを行う。
2. 独自のデータ構造を使い、データを操作する。
3. 機械学習のライブラリを提供する。
4. ベクトルや行列計算を高速化する。

ヒント

NumPy はベクトルや行列計算に特化しています。

解答例

4. ベクトルや行列計算を高速化する。

7.1.2 NumPy の高速な処理の体験

Python はベクトルや行列計算の処理が低速で、それを補うライブラリとして NumPy が存在することを説明しました。次の行列の計算を実行して、NumPy により処理が高速化されていることを確認しましょう。

詳しいコードの内容は、次の節から説明するので、ここでは次の問題のコードを実行して、NumPyの行列計算の速度を見てみるだけで良いです。

問題

リスト7.1の行列計算を実行して、NumPyにより処理が高速化されていることを確認しましょう。

In

```
# 必要なライブラリをimportします
import numpy as np
import time
from numpy.random import rand

# 行、列の大きさ
N = 150

# 行列を初期化します *1
matA = np.array(rand(N, N))
matB = np.array(rand(N, N))
matC = np.array([[0] * N for _ in range(N)])

# Pythonのリストを使って計算します

# 開始時間を取得します
start = time.time()

# for文を使って行列の掛け算を実行します
for i in range(N):
    for j in range(N):
        for k in range(N):
            matC[i][j] = matA[i][k] * matB[k][j]

print("Pythonの機能のみでの計算結果：%.2f[sec]" % float(time.time() -⏎
start))
```


*1 matC = np.array([[0] * N for _ in range(N)]) の [0] の部分は、環境によっては [0. 0] にしてください。

```
# NumPyを使って計算します

# 開始時間を取得します
start = time.time()

# NumPyを使って行列の掛け算を実行します
matC = np.dot(matA, matB)

# 小数第2位の桁で打ち切っているのでNumPyは0.00[sec]と表示されます
print("NumPyを使った場合の計算結果:%.2f[sec]" % float(time.time() -
start))
```

リスト7.1：問題

ヒント

桁は小数第2位で打ち切っているのでNumPyは**0.00[sec]**と表示される場合であっても、0ではありません。

解答例

Out

```
Pythonの機能のみでの計算結果:2.94[sec]
NumPyを使った場合の計算結果:0.62[sec]
```

リスト7.2：解答例（実際の秒数は実行する環境によって大きく異なります）

7.2 NumPy 1次元配列

7.2.1 import

さて、この節から本格的にNumPyを使ったプログラミングに挑戦します。

NumPyを**import**する時は、**import numpy**と表記します。読み込んだNumPyを用いるには**numpy.モジュール名**という形で用います。**import numpy as np**のように**as**を用いて**import ＿＿＿ as ＿**と表記するとパッケージ名を変更することができ、**np. モジュール名の形**で用いることができます。Python コミュニティーには、慣習としてよく使われるモジュールの命名規則があり、**numpy** は **np** という名前で定義されます（以下、本書でも **numpy** は **np** として表記していきます）。

問題

NumPy を **import** し、**np** という名前で定義してください（リスト 7.3）。

In
```
# NumPy を import してください
```
リスト 7.3：問題

ヒント

```
import _____ as __
```

解答例

In
```
# NumPy を import してください
import numpy as np
```
リスト 7.4：解答例

7.2.2 1 次元配列

NumPy には配列を高速に扱うための **ndarray** クラスが用意されています。**ndarray** を生成する方法の 1 つは、NumPy の **np.array()** 関数を用いる方法です。**np.array(リスト) と表記し、リストを与えることで作成**します。

```
np.array([1,2,3])
```

また、**np.arange()** 関数を用いる方法があり、**np.arange(X)** と表記し、等間隔に増減させた値の要素を X 個作成してくれます。

```
np.arange(4)  # 出力結果 [0 1 2 3]
```

ndarray クラスは 1 次元の場合は**ベクトル**、2 次元の場合は**行列**、3 次元以上は**テ**

ンソルと呼ばれます。テンソルについては数学的な概念ですが、機械学習では単に行列の概念を拡張したものと捉えて頂いて大丈夫です。1次元、2次元、3次元の**np.array**の例は以下のようになります。

- 1次元のndarrayクラス
  array_1d = np.array([1,2,3,4,5,6,7,8])

- 2次元のndarrayクラス
  array_2d = np.array([[1,2,3,4],[5,6,7,8]])

- 3次元のndarrayクラス
  array_3d = np.array([[[1,2],[3,4]],[[5,6],[7,8]]])

問題

変数**storages**から**ndarray**配列を生成し、変数**np_storages**に代入してください。

変数**np_storages**の型を出力してください。

In

```
import numpy as np


storages = [24, 3, 4, 23, 10, 12]
print(storages)


# ndarray配列を生成し、変数np_storagesに代入してください


# 変数np_storagesの型を出力してください
print()
```

リスト7.5：問題

ヒント

- **np.array(** リスト **)**
- 型を出力する関数は**type(** 任意の変数など **)**です。

解答例

In

```
(…略…)
# ndarray配列を生成し、変数np_storagesに代入してください
np_storages = np.array(storages)

# 変数np_storagesの型を出力してください
print(type(np_storages))
```

Out

```
[24, 3, 4, 23, 10, 12]
<class 'numpy.ndarray'>
```

リスト7.6：解答例

7.2.3 1次元配列の計算

リストでは、要素ごとの計算を行うためには、**ループを書いて要素を1つずつ取り出して足し算**を行う必要がありましたが、**ndarrayではループで書く必要はありません。ndarray**同士の算術演算では、同じ位置にある要素同士で計算されます（リスト7.7、リスト7.8）。

In

```
# NumPyを使わないで実行します
storages = [1, 2, 3, 4]
new_storages = []
for n in storages:
    n += n
    new_storages.append(n)
print(new_storages)
```

Out

```
[2, 4, 6, 8]
```

リスト7.7：1次元配列の計算の例①

In

```
# NumPyを使って実行します
import numpy as np
storages = np.array([1, 2, 3, 4])
storages += storages
print(storages)
```

Out

```
[2 4 6 8]
```

リスト7.8：1次元配列の計算の例②

問題

- 変数**arr**同士を足したものを出力してください。
- 変数**arr**同士を引いたものを出力してください。
- 変数**arr**の3乗を出力してください。
- 1を変数**arr**で割った値を出力してください。
- 出力は**print()**関数を用いてください。

In

```
import numpy as np

arr = np.array([2, 5, 3, 4, 8])

# arr + arr
print()

# arr - arr
print()

# arr ** 3
print()

# 1 / arr
print()
```

リスト7.9：問題

変数の計算の時と同様にすれば良いです。

解答例

In

```
import numpy as np

arr = np.array([2, 5, 3, 4, 8])

# arr + arr
print('arr + arr')
print(arr + arr)

# arr - arr
print('arr - arr')
print(arr - arr)

# arr ** 3
print('arr ** 3')
print(arr ** 3)

# 1 / arr
print('1 / arr')
print(1 / arr)
```

Out

```
arr + arr
[ 4 10  6  8 16]

arr - arr
[0 0 0 0 0]

arr ** 3
[  8 125  27  64 512]
```

```
1 / arr
[0.5        0.2        0.33333333 0.25       0.125     ]
```

リスト 7.10：解答例

7.2.4 インデックス参照とスライス

リスト型と同様に NumPy でも**インデックス参照やスライスをする**ことができます。インデックス参照は 5.1.4 項「リストから値を取り出す」で、スライスは同じく 5.1.5 項「リストからリストを取り出す（スライス）」で確認しましたね。インデックス参照とスライスの方法はリストの時と同じ方法です。1 次元配列はベクトルであるので、インデックスで参照した先はスカラー値（通常の整数や小数点など）となります。

- リストから値を取り出す（5.1.4 項参照）
- リストからリストを取り出す（スライス）（5.1.5 項参照）

スライスの値を変更したい時は **arr[start:end] = 変更したい値**と表記します。なお、**arr[start:end] の時、start から (end-1) までのリスト**が作成されることに注意してください（リスト 7.11、リスト 7.12）。

In

```
arr = np.arange(10)
print(arr)
```

Out

```
[0 1 2 3 4 5 6 7 8 9]
```

リスト 7.11：スライスの例①

In

```
arr = np.arange(10)
arr[0:3] = 1
print(arr)
```

Out

```
[1 1 1 3 4 5 6 7 8 9]
```

リスト 7.12：スライスの例②

問題

・変数 **arr** の要素のうち **3**、**4**、**5** だけを出力してください。
・変数 **arr** の要素のうち **3**、**4**、**5** を **24** に変更してください。

In

```
import numpy as np

arr = np.arange(10)
print(arr)

# 変数 arr の要素のうち 3、4、5 だけを出力してください
print()

# 変数 arr の要素のうち 3、4、5 を 24 に変更してください


print(arr)
```

リスト 7.13：問題

ヒント

・**arr[start:end]** の時、**start** から **(end-1)** までのリストが作成されます。
・**arr[start:end] = 変更したい値**

解答例

In

```
(…略…)
# 変数 arr の要素のうち 3、4、5 だけを出力してください
print(arr[3:6])

# 変数 arr の要素のうち 3、4、5 を 24 に変更してください
arr[3:6] = 24
print(arr)
```

Out

```
[0 1 2 3 4 5 6 7 8 9]
[3 4 5]
```

```
[ 0  1  2 24 24 24  6  7  8  9]
```

リスト7.14：解答例

7.2.5 ndarrayの注意点

ndarrayはPythonのリストと同じように**代入先の変数の値を変更すると元のndarray配列の値も変更**されます。そのため、ndarrayをコピーして2つの別々の変数にしたい時は、**copy()メソッドを使用**します。このメソッドは**コピーしたい配列.copy()**で使用できます。

問題

リスト7.15のコードを実行して、挙動を確認しましょう。

In

```
import numpy as np

# ndarrayをそのまま別の変数に代入した場合の挙動を見て行きましょう
arr1 = np.array([1, 2, 3, 4, 5])
print(arr1)

arr2 = arr1
arr2[0] = 100

# 別の変数への変更が元の変数にも影響されています
print(arr1)

# ndarrayをcopy( )を使って別の変数に代入した場合の挙動を見て行きましょう
arr1 = np.array([1, 2, 3, 4, 5])
print(arr1)

arr2 = arr1.copy()
arr2[0] = 100

# 別の変数への変更が元の変数には影響を与えていません
```

```
print(arr1)
```

リスト 7.15：問題

ヒント

ある変数をそのまま別の変数に代入すると元の変数のデータの場所が代入され、結果的に元のデータと同じものとなっていることに注意してください。

解答例

Out

```
[1 2 3 4 5]
[100   2   3   4   5]
[1 2 3 4 5]
[1 2 3 4 5]
```

リスト 7.16：解答例

7.2.6 view と copy

Python のリストと **ndarray** の相違点としては、**ndarray** のスライスは配列のコピーではなく view であることです。

view とは、もとの配列と同じデータを指していることを指します。つまり **ndarray** のスライスの変更は、オリジナルの **ndarray** を変更するということになります。前節で確認した通り、スライスを**コピーとして扱いたい場合には arr[:].copy()** とします。

問題

リスト 7.17 の処理を実行して、Python のリストと NumPy の **ndarray** のスライスを行った時の挙動の違いを確認してくだい。

In

```
import numpy as np

# Python のリストでスライスを用いた場合の挙動を確認しましょう
arr_List = [x for x in range(10)]
print(" リスト型データです ")
```

```
print("arr_List:",arr_List)

print()
arr_List_copy = arr_List[:]
arr_List_copy[0] = 100

print(" リストのスライスではコピーが作られるので、arr_List には arr_List_copy↵
の変更が反映されません。")
print("arr_List:",arr_List)
print()

# NumPy の ndarray でスライスを用いた場合での挙動を確認しましょう
arr_NumPy = np.arange(10)
print("NumPy の ndarray データです ")
print("arr_NumPy:",arr_NumPy)
print()

arr_NumPy_view = arr_NumPy[:]
arr_NumPy_view[0] = 100

print("NumPy のスライスでは view ( データが格納されている場所の情報 ) が代入され↵
るので、arr_NumPy_view の変更が arr_NumPy に反映されます ")
print("arr_NumPy:",arr_NumPy)
print()

# NumPy の ndarray で copy() を用いた場合での挙動を確認しましょう
arr_NumPy = np.arange(10)
print('NumPy の ndarray で copy() を用いた場合での挙動です ')
print("arr_NumPy:",arr_NumPy)
print()
arr_NumPy_copy = arr_NumPy[:].copy()
arr_NumPy_copy[0] = 100

print("copy() を用いた場合は、コピーが生成されているので arr_NumPy_copy は
```

```
arr_NumPy に影響を与えません")
print("arr_NumPy:",arr_NumPy)
```

リスト 7.17：問題

ヒント

Python のリストと NumPy の **ndarray** はスライスを使った時の挙動が違うので注意しましょう。

解答例

Out

```
リスト型データです
arr_List: [0, 1, 2, 3, 4, 5, 6, 7, 8, 9]

リストのスライスではコピーが作られるので、arr_List には arr_List_copy の変更が
反映されません
arr_List: [0, 1, 2, 3, 4, 5, 6, 7, 8, 9]

NumPy の ndarray データです
arr_NumPy: [0 1 2 3 4 5 6 7 8 9]

NumPy のスライスでは view( データが格納されている場所の情報 ) が代入されるので、⏎
arr_NumPy_view の変更が arr_NumPy に反映されます
arr_NumPy: [100   1   2   3   4   5   6   7   8   9]

NumPy の ndarray で copy() を用いた場合での挙動です
arr_NumPy: [0 1 2 3 4 5 6 7 8 9]

copy() を用いた場合は、コピーが生成されているので arr_NumPy_copy は arr_NumPy
に影響を与えません
arr_NumPy: [0 1 2 3 4 5 6 7 8 9]
```

リスト 7.18：解答例

7.2.7 ブールインデックス参照

ブールインデックス参照とは、[] の中に**論理値（True/False）の配列を用いて要素を取り出す方法のこと**です。**arr[ndarray の論理値の配列]** と表記すると、論理値配列の True に該当する箇所の要素の ndarray を作成して返してくれます（リスト 7.19）。

In
```
arr = np.array([2, 4, 6, 7])
print(arr[np.array([True, True, True, False])])
```

Out
```
[2 4 6]
```

リスト 7.19：ブールインデックス参照の例①

これを応用すると、リスト 7.20 のように ndarray の要素を抽出することができます。

リスト 7.20 のコードでは、3 で割った時の余りが 1 の要素を True として返し、3 で割った時の余りの要素を出力しています。

In
```
arr = np.array([2, 4, 6, 7])
print(arr[arr % 3 == 1])
```

Out
```
[4 7]
```

リスト 7.20：ブールインデックス参照の例②

問題

- 変数 arr の各要素が 2 で割り切れるかどうかを示す真偽値の配列を出力してください。
- 変数 arr 各要素のうち 2 で割り切れる要素の配列を出力してください。

In
```
import numpy as np

arr = np.array([2, 3, 4, 5, 6, 7])

# 変数 arr の各要素が 2 で割り切れるかどうかを示す真偽値の配列を出力してください
```

```
print()

# 変数arr各要素のうち2で割り切れる要素の配列を出力してください
print()
```

リスト 7.21：問題

ヒント

- 2で割り切れるかどうかは **arr % 2 == 0** で判定できます。
- 真偽値の配列の出力は **print(条件)** で行います。
- 要素の配列は **arr[ndarrayの論理値の配列]** で表せます。

解答例

In

```
(…略…)
# 変数arrの各要素が2で割り切れるかどうかを示す真偽値の配列を出力してください
print(arr % 2 == 0)

# 変数arr各要素のうち2で割り切れる要素の配列を出力してください
print(arr[arr % 2 == 0])
```

Out

```
[ True False  True False  True False]
[2 4 6]
```

リスト 7.22：解答例

7.2.8 ユニバーサル関数

ユニバーサル関数とは**ndarray配列の各要素に対して演算した結果を返す関数**のことです。要素ごとの計算なので多次元配列でも用いることができます。ユニバーサル関数には引数が1つのものと2つのものがあります。

引数が1つのものの代表例が、要素の絶対値を返す **np.abs()** 関数、要素のe（自然対数の底）のべき乗を返す **np.exp()** 関数や要素の平方根を返す **np.sqrt()** 関数などです。

引数が2つのものの代表例が、要素同士の和を返す **np.add()** 関数、要素同士の差を返す np.subtract() 関数や要素同士の最大値を格納した配列を返す np.maximum() 関数などがあります。

問題

・変数 arr の各要素を絶対値にし、変数 arr_abs に代入してください。
・変数 arr_abs の各要素の e のべき乗と平方根を出力してください。

In

```
import numpy as np


arr = np.array([4, -9, 16, -4, 20])
print(arr)


# 変数 arr の各要素を絶対値にし、変数 arr_abs に代入してください
arr_abs = 
print(arr_abs)


# 変数 arr_abs の各要素の e のべき乗と平方根を出力してください
print()
print()
```

リスト 7.23：問題

ヒント

それぞれの関数に「np.」を付けるのを忘れないようにしましょう。

解答例

In

```
(…略…)
# 変数 arr の各要素を絶対値にし、変数 arr_abs に代入してください
arr_abs = np.abs(arr)
print(arr_abs)


# 変数 arr_abs の各要素の e のべき乗と平方根を出力してください
print(np.exp(arr_abs))
print(np.sqrt(arr_abs))
```

Out

```
[ 4 -9 16 -4 20]
[ 4  9 16  4 20]
[5.45981500e+01 8.10308393e+03 8.88611052e+06 5.45981500e+01
 4.85165195e+08]
[2.          3.          4.          2.          4.47213595]
```

リスト7.24：解答例

7.2.9 集合関数

集合関数とは**数学の集合演算を行う関数**のことです。**1次元配列のみ**を対象としています。

代表的な関数は、配列要素から**重複を取り除きソートした結果を返すnp.unique()関数**、配列xとyのうち**少なくとも一方に存在する要素を取り出しソートするnp.union1d(x, y)関数（和集合）**、配列xとyのうち**共通する要素を取り出しソートするnp.intersect1d(x, y)関数（積集合）**や**配列xと配列yに共通する要素を配列xから取り除きソートするnp.setdiff1d(x, y)関数（差集合）**などがあります。

問題

- **np.unique()**関数を用いて、変数**arr1**の重複をなくした配列を変数**new_arr1**に代入してください。
- 変数**new_arr1**と変数**arr2**の和集合を出力してください。
- 変数**new_arr1**と変数**arr2**の積集合を出力してください。
- 変数**new_arr1**から変数**arr2**を引いた差集合を出力してください。

In

```
import numpy as np

arr1 = [2, 5, 7, 9, 5, 2]
arr2 = [2, 5, 8, 3, 1]

# np.unique()関数を用いて重複をなくした配列を変数new_arr1に代入してください
new_arr1 = 
print(new_arr1)
```

```
# 変数 new_arr1 と変数 arr2 の和集合を出力してください
print()

# 変数 new_arr1 と変数 arr2 の積集合を出力してください
print()

# 変数 new_arr1 から変数 arr2 を引いた差集合を出力してください
print()
```

リスト 7.25：問題

ヒント

それぞれの関数に **np.** を付けるのを忘れないようにしましょう（ここで紹介した関数に使用されている文字はアルファベットの l ではなく数字の 1 です）。

解答例

In

```
(…略…)
# np.unique() 関数を用いて重複をなくした配列を変数 new_arr1 に代入してください
new_arr1 = np.unique(arr1)
print(new_arr1)

# 変数 new_arr1 と変数 arr2 の和集合を出力してください
print(np.union1d(new_arr1, arr2))

# 変数 new_arr1 と変数 arr2 の積集合を出力してください
print(np.intersect1d(new_arr1, arr2))

# 変数 new_arr1 から変数 arr2 を引いた差集合を出力してください
print(np.setdiff1d(new_arr1, arr2))
```

Out

```
[2 5 7 9]
[1 2 3 5 7 8 9]
[2 5]
```

```
[7 9]
```

リスト7.26：解答例

7.2.10 乱数

NumPyではnp.randomモジュールで乱数を生成することができます。代表的な**np.random()関数には、0以上1未満の一様乱数を生成するnp.random.rand()関数、x以上y未満の整数をz個生成するnp.random.randint(x, y, z)関数やガウス分布に従う乱数を生成するnp.random.normal()関数**などがあります。

np.random.rand()関数は、**()の中に整数を入れることで、その中に入れた整数の数分の乱数**が生成されます。

np.random.randint(x, y, z)関数は、**x以上y未満の整数**を生成することに注意しましょう。さらに、**z**には**(2,3)なども引数に入れることができ、そうすることで2×3の行列を生成**することができます。

通常これらの関数を用いる時、**np.random.randint()**としますが、何回も**np.random**を打つのは面倒だと思います。そこで**from numpy.random import randint**と最初に記述しておくと**randint()**のみで用いることができるようになります。これは、「**from モジュール名 import そのモジュールの中にある関数名**」と一般化することができます。

問題

- **randint()**関数を**np.random**と付けなくても良いように**import**してください。
- 変数**arr1**に各要素が0以上10以内の整数の行列**(5 × 2)**を代入してください。
- 0以上1未満の一様乱数を3つ生成し、変数**arr2**に代入してください。

In

```
import numpy as np

# randint()関数をnp.randomと付けなくても良いようにimportしてください


# 変数arr1に、各要素が 0 以上 10 以内の整数の行列(5 × 2)を代入してください
arr1 =
print(arr1)
```

```
# 変数 arr2 に 0 以上 1 未満の一様乱数を 3 つ代入してください
arr2 = 
print(arr2)
```

リスト 7.27：問題

ヒント

- **import** する際は **np.random** ではなく、**numpy.random** です。
- **randint(x, y, z)** 関数の **z** の値には **(1, 3)** なども引数として与えることができます。
- **randint(x, y, z)** 関数は **x** 以上 **y** 未満の整数を生成することに注意しましょう。

解答例

In

```
(…略…)
# randint() 関数を np.random と付けなくても良いように import してください
from numpy.random import randint

# 変数 arr1 に、各要素が 0 以上 10 以内の整数の行列 (5 × 2) を代入してください
arr1 = randint(0, 11, (5, 2))
print(arr1)

# 変数 arr2 に 0 以上 1 未満の一様乱数を 3 つ代入してください
arr2 = np.random.rand(3)
print(arr2)
```

Out

```
[[2 9]
 [8 2]
 [1 4]
 [9 2]
 [1 4]]
[0.32407232 0.34071192 0.1996319 ]
```

リスト 7.28：解答例

7.3 NumPy 2次元配列

7.3.1 2次元配列

7.2.2項「1次元配列」で述べたように2次元配列は、行列に該当します。**np.array([リスト , リスト])**と表記することで2次元配列を作成することができます（図7.3）。

ndarray配列の内部には**shape**という変数があり、**ndarray配列.shape**で各次元ごとの要素数を返すことができます。**ndarray配列.reshape(a,b)**で指定した引数と同じ形の行列に変換されます。**ndarray**の変数を入れずに、**ndarray**配列そのものを入れても同じように返します。

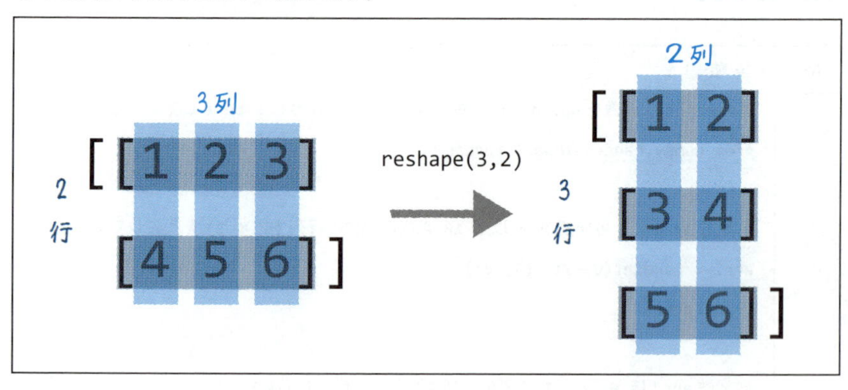

図7.3：2次元配列

問題

- 変数**arr**にリスト**[[1, 2, 3, 4], [5, 6, 7, 8]]**を2次元配列に変換したものを代入してください。
- 変数**arr**の行列の各次元ごとの要素数を**print()**関数で出力してください。
- 変数**arr**を4行2列の行列に変換してください。

In

```
import numpy as np


# 変数arrに2次元配列を代入してください
```

```
arr = 
print(arr)

# 変数 arr の行列の各次元ごとの要素数を出力してください
print()

# 変数 arr を 4 行 2 列の行列に変換してください
print()
```

リスト 7.29：問題

arr.reshape(x, y) は **x** が行を表し、**y** が列を表します。

解答例

In

```
(…略…)
# 変数 arr に 2 次元配列を代入してください
arr = np.array([[1, 2, 3, 4], [5, 6, 7, 8]])
print(arr)

# 変数 arr の行列の各次元ごとの要素数を出力してください
print(arr.shape)

# 変数 arr を 4 行 2 列の行列に変換してください
print(arr.reshape(4, 2))
```

Out

```
[[1 2 3 4]
 [5 6 7 8]]
(2, 4)
[[1 2]
 [3 4]
 [5 6]
 [7 8]]
```

リスト 7.30：解答例

7 NumPy

7.3.2 インデックス参照とスライス

2次元配列の場合、インデックスを1つしか指定しない場合、任意の行を配列で取得できます（リスト7.31）。

In

```
arr = np.array([[1, 2 ,3], [4, 5, 6]])
print(arr[1])
```

Out

```
[4 5 6]
```

リスト7.31：インデックス参照の例①

個々の要素つまりスカラー値にたどり着くには、インデックスを2つ指定する必要があります。つまり、**arr[1][2]** または **arr[1, 2]** のようにアクセスする必要があります。**arr[1][2]** は **arr[1]** で取り出した配列の3番目の要素にアクセスしており、**arr[1, 2]** では2次元配列の軸をそれぞれ指定して要素にアクセスしています（リスト7.32）。

In

```
arr = np.array([[1, 2 ,3], [4, 5, 6]])
print(arr[1,2])
```

Out

```
6
```

リスト7.32：インデックス参照の例②

2次元配列を参照する時にスライスを利用することも可能です。スライスは5.1.5項「リストからリストを取り出す（スライス）」で確認しましたね。スライスを使う場合、リスト7.33のように指定すればOKです。リスト7.33の場合、「1行目」「1列目以降」を取り出す操作をしています（図7.4）。

In

```
arr = np.array([[1, 2 ,3], [4, 5, 6]])
print(arr[1,1:])
```

Out

```
[5 6]
```

リスト7.33：スライスの例

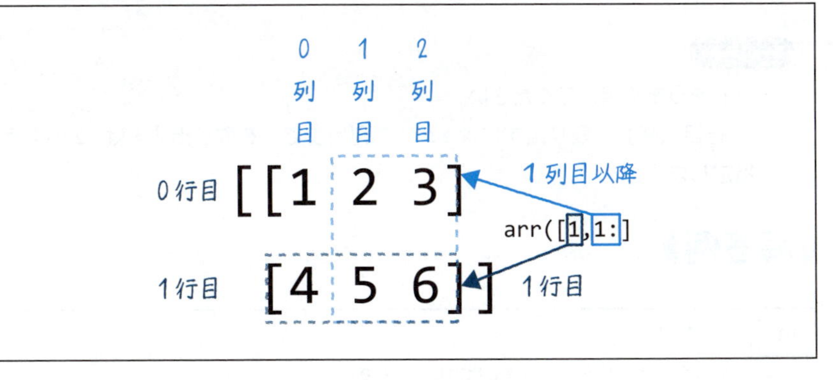

図 7.4：2 次元配列の例

問題

- 2 次元配列 arr $\begin{bmatrix} 1 & 2 & 3 \\ 4 & 5 & 6 \\ 7 & 8 & 9 \end{bmatrix}$ を考えます。
- 変数 **arr** の要素のうち 3 を出力してください。
- 変数 **arr** から以下を部分的に取り出し出力してください。

```
[[4 5]
[7 8]]
```

In

```
import numpy as np

arr = np.array([[1, 2, 3], [4, 5, 6], [7, 8, 9]])
print(arr)

# 変数 arr の要素のうち 3 を出力してください
print()

# 変数 arr から取り出し出力してください
print()
```

リスト 7.34：問題

ヒント

- 「**:**」をうまく用いてください。
- 「1 行目以降」を取り出すには **1:**、「2 列目まで」を取り出すには **:2** のように指定します。

解答例

In

```
(…略…)
# 変数 arr の要素のうち 3 を出力してください
print(arr[0, 2])

# 変数 arr から取り出し出力してください
# 以下では、「1 行目以降」と「2 列目まで」を取り出しています
print(arr[1:, :2])
```

Out

```
[[1 2 3]
 [4 5 6]
 [7 8 9]]
3
[[4 5]
 [7 8]]
```

リスト 7.35：解答例

7.3.3 axis

2 次元配列からは **axis** という概念が重要になってきます。**axis とは座標軸**のようなものです。NumPy の関数の引数として **axis** を設定できる場面が多々あります。2 次元配列の場合、図 7.5 のように **axis** が設定されています。**列ごとに処理を行う軸が axis = 0 で、行ごとに処理を行う軸が axis = 1** ということになります。

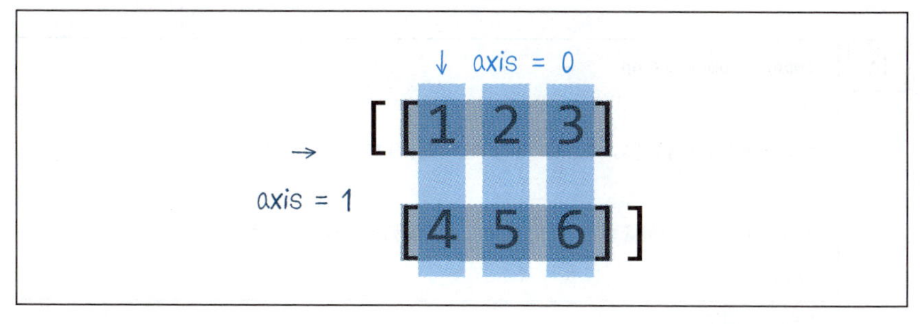

図 7.5：axis の例

例えば、**ndarray** 配列の **sum()** メソッドを考えてみましょう。**ndarray.sum()** で**要素を足し合わせる**ことができます（リスト 7.36）。

In

```
arr = np.array([[1, 2 ,3], [4, 5, 6]])


print(arr.sum())
print(arr.sum(axis=0))
print(arr.sum(axis=1))
```

Out

```
21
[5 7 9]
[ 6 15]
```

リスト 7.36：axis の例

このように、**sum()** メソッドの**引数に何も指定しない場合は、単純な合計値がスカラー（整数や小数など）**で、**sum()** メソッドの**引数に axis=0 を指定した場合は縦に足し算が行われて要素が 3 つの 1 次元配列**に、**sum()** メソッドの**引数に axis=1 を指定した場合は横に足し算が行われて要素が 2 つの 1 次元配列**になることがわかります。

問題

arr の行の合計値を求め、以下のような 1 次元配列を返してください。

```
[ 6 21 57]
```

In

```
import numpy as np

arr = np.array([[1, 2, 3], [4, 5, 12], [15, 20, 22]])

# arr の行の合計値を求め、問題文の 1 次元配列を返してください
print()
```

リスト 7.37：問題

ヒント

.sum() メソッドを使います。

行を残して、列ごとに処理をする必要があるので、軸の設定は**axis=1**となります。

解答例

In

```
(…略…)
# arr の行の合計値を求め、問題文の 1 次元配列を返してください
print(arr.sum(axis=1))
```

Out

```
[ 6 21 57]
```

リスト 7.38：解答例

7.3.4 ファンシーインデックス参照

ファンシーインデックス参照とは、インデックス参照にインデックスの配列を用いる方法のことです。ある **ndarray** 配列から**ある特定の順序で行を抽出**するには、**その順番を示す配列**をインデックス参照として渡せば良いです。

スライスとは異なり、ファンシーインデックス参照は常に元データのコピーを返し、新しい要素を作成します（リスト 7.39）。

In

```
arr = np.array([[1, 2], [3, 4], [5, 6], [7, 8]])

# 3 行目、2 行目、0 行目の順番に行の要素を抽出し、新しい要素を作成します
```

```
# インデックス番号は0から始まります
print(arr[[3, 2, 0]])
```

Out
```
[[7 8]
 [5 6]
 [1 2]]
```

リスト 7.39：ファンシーインデックス参照の例

問題

ファンシーインデックス参照を用いて、変数 **arr** の2行目、4行目、1行目の順番で配列を出力してください。なお、**ここで言う行はインデックス番号とは異なり、1行目から数える行**のことを言います（リスト 7.40）。

In
```
import numpy as np


arr = np.arange(25).reshape(5, 5)


# 変数arrの行の順番を変更したものを出力してください
print()
```

リスト 7.40：問題

ヒント

- **arr[3, 2, 0]** ではなく、**arr[[3, 2, 0]]** であることに注意しましょう。
- インデックス番号は0番目からです。

解答例

In
```
(…略…)
# 変数arrの行の順番を変更したものを出力してください
print(arr[[1, 3, 0]])
```

Out
```
[[ 5  6  7  8  9]
 [15 16 17 18 19]
 [ 0  1  2  3  4]]
```

リスト 7.41：解答例

7.3.5 転置行列

行列では、**行と列を入れ替えることを転置**と言います。転置行列は、行列の内積の計算などで出てくることもあります。**ndarray** を転置するには、**np.transpose()** 関数を用いる方法と **.T** を用いる方法の 2 つあります（図 7.6）。

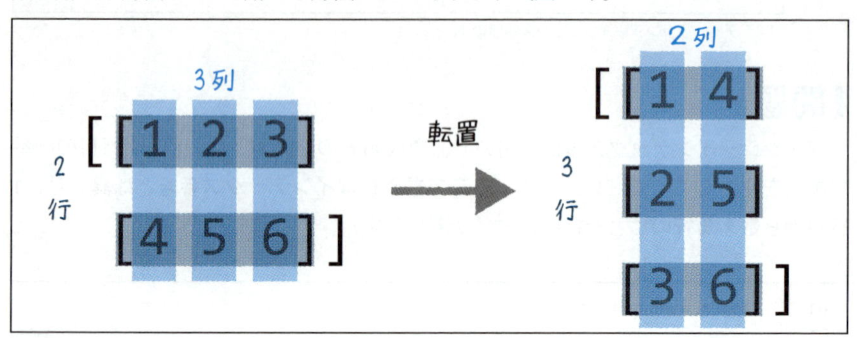

図 7.6：転置行列の例

問題

変数 **arr** を転置させ、出力してください。

In

```
import numpy as np

arr = np.arange(10).reshape(2, 5)

# 変数 arr を転置させてください
print()
```

リスト 7.42：問題

ヒント

・**transpose()** 関数を用いる場合は、**np.** を忘れないようにしてください。
・**arr.T** を用いても転置を行うことができます。

解答例

In

```
(…略…)
# 変数 arr を転置させてください
print(arr.T) # print(np.transpose(arr))
```

Out

```
[[0 5]
 [1 6]
 [2 7]
 [3 8]
 [4 9]]
```

リスト 7.43：解答例

7.3.6 ソート

ndarray もリスト型と同様に **sort()** メソッドでソートすることが可能です。2 次元配列の場合、**0 を引数とすると列単位で要素がソートされ、1 を引数にすると行単位で要素がソート**されます。なお、**np.sort()** 関数でもソートをすることができます。**sort()** メソッドと異なる点は、**np.sort() 関数はソートした配列のコピーを返す関数**である点です。

また、実際に機械学習を学んでいく上でよく使われる関数に **argsort()** メソッドというものがあります。**argsort()** メソッドは**ソート後の配列のインデックス**を返します（リスト 7.44）。

In

```
arr = np.array([15, 30, 5])
arr.argsort()
```

Out

```
array([2, 0, 1], dtype=int64)
```

リスト 7.44：ソートの例

以上の例の場合、**arr.sort()** すると、**[5 15 30]** となるので、もとの配列で「**2 番目」にあった要素「5」**が 0 番目、もとの配列で「**0 番目」にあった要素「15」**が

1番目、もとの配列で「**1番目**」にあった要素「30」が2番目の要素になります。そのため、**[15, 30, 5]** を **.argsort()** すると、順に「2番目、0番目、1番目」の要素になるということで、**[2 0 1]** と値が返されるのです。

問題

・変数 **arr** を **argsort()** メソッドでソートし出力してください。
・変数 **arr** を **np.sort()** 関数でソートし出力してください。
・変数 **arr** を **sort()** メソッドにより行でソートしてください。

In

```
import numpy as np

arr = np.array([[8, 4, 2], [3, 5, 1]])

# argsort() メソッドを用いて出力してください
print()

# np.sort() 関数を用いてソートし出力してください
print()

# sort() メソッドを用いて行でソートしてください

print(arr)
```

リスト 7.45：問題

ヒント

列でソートする場合は引数を0、行でソートする場合は引数を1とします。

解答例

In

```
import numpy as np

arr = np.array([[8, 4, 2], [3, 5, 1]])

# argsort() メソッドを用いて出力してください
```

```
print(arr.argsort())

# np.sort() 関数を用いてソートし出力してください
print(np.sort(arr))

# sort() メソッドを用いて行でソートしてください
arr.sort(1)
print(arr)
```

Out

```
[[2 1 0]
 [2 0 1]]
[[2 4 8]
 [1 3 5]]
[[2 4 8]
 [1 3 5]]
```

リスト 7.46：解答例

7.3.7 行列計算

行列計算をするための関数には、2つの行列の行列積を返す **np.dot(a,b)** 関数やノルムを返す **np.linalg.norm(a)** 関数などがあります。

行列積とは、行列の中にある行ベクトルと列ベクトルとの内積を要素とする行列が新たに作り出されることです。行列計算に関してはここでは深く触れませんが、以下のように計算することができます。

np.dot(a,b) 関数では行ベクトル a と列ベクトル b の行列積が出力されます（図 7.7）。

$$\begin{bmatrix} 1 & 2 \\ 3 & 4 \end{bmatrix} \times \begin{bmatrix} 1 & 2 \\ 3 & 4 \end{bmatrix} = \begin{bmatrix} 1\times1+2\times3 & 1\times2+2\times4 \\ 1\times3+3\times4 & 3\times2+4\times4 \end{bmatrix} = \begin{bmatrix} 7 & 10 \\ 15 & 22 \end{bmatrix}$$

図 7.7：行列積

ノルムとは、ベクトルの長さを返すもので、要素の2乗値を足し合わせて、ルートを被せたものです。こちらに関してもここでは深く触れませんが、図 7.8 のように計算することができます。

np.linalg.norm(a) 関数も同様に、ベクトルaとbのノルムが出力されます。

図 7.8：ノルムの例

問題

・変数 **arr** と **arr** の行列積を出力してください。

・変数 **vec** のノルムを出力してください。

In

```
import numpy as np

# arrを定義します
arr = np.arange(9).reshape(3, 3)

# 変数arrとarrの行列積を出力してください
print()

# vecを定義します
vec = arr.reshape(9)

# 変数vecのノルムを出力してください
print()
```

リスト 7.47：問題

ヒント

・**x.dot(y)** または **np.dot(x, y)**

・**numpy** は **np** と省略できます。

解答例

In

```
(…略…)
# 変数 arr と arr の行列積を出力してください
print(np.dot(arr, arr))

# vec を定義します
vec = arr.reshape(9)

# 変数 vec のノルムを出力してください
print(np.linalg.norm(vec))
```

Out

```
[[ 15  18  21]
 [ 42  54  66]
 [ 69  90 111]]
14.2828568570857
```

リスト 7.48：解答例

7.3.8 統計関数

統計関数とは ndarray 配列全体、もしくは特定の軸を中心とした数学的な処理を行う関数、またはメソッドです。既に学習した統計関数には、7.3.3 項「axis」で取り扱った**配列の和を返す sum() メソッド**などがありました。

よく使われるメソッドには、**配列の要素の平均を返す mean() メソッドや np.average() メソッド、最大値・最小値を返す np.max() メソッド・np.min() メソッド**などがあります。また、**要素の最大値、または最小値のインデックス番号を返す np.argmax()、np.argmin()** メソッドがあります。

他にも、統計分野でよく使われる**「標準偏差」や「分散」を返す関数として np.std() メソッド・np.var() メソッド**などがあります。「標準偏差」や「分散」の計算方法に関しては、ここでは詳しく扱いませんが、これらは**データのバラつきを示す指標**です。

sum() メソッドで **axis** で指定することによりどの軸を中心に処理するかを決める

ことができたように、**mean()** メソッドなどでも同じように軸を指定できます。**argmax()** メソッド、**argmin()** メソッドの場合は、**axis** で指定された軸ごとに最大または最小値のインデックスを返します。図 7.9 のように、**列ごとに処理を行う軸が axis = 0 で、行ごとに処理を行う軸が axis = 1** となることを再度復習しましょう。

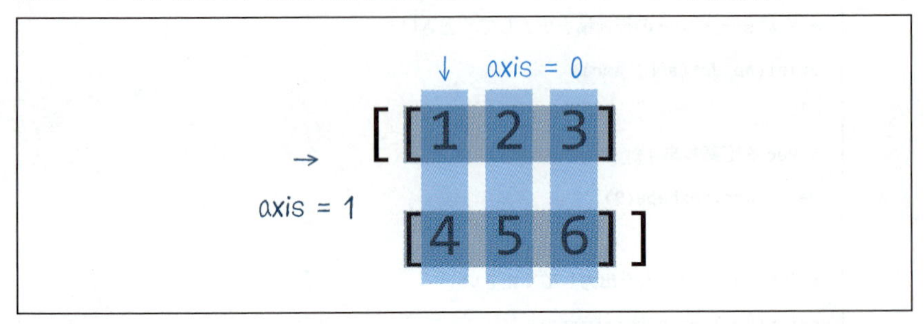

図 7.9：axis の例（再掲）

問題

- 変数 **arr** の列ごとの平均を出力してください。
- 変数 **arr** の行の合計を出力してください。
- 変数 **arr** の最小値を出力してください。
- 変数 **arr** のそれぞれの列の最大値のインデックス番号を出力してください。
- 出力は **print()** 関数を用いてください。

In

```
import numpy as np

arr = np.arange(15).reshape(3, 5)

# 変数 arr の列ごとの平均を出力してください
print()

# 変数 arr の行の合計を出力してください
print()

# 変数 arr の最小値を出力してください
print()
```

```
# 変数 arr のそれぞれの列の最大値のインデックス番号を出力してください
print()
```

リスト 7.49：問題

axis で指定した側を計算します。

解答例

In

```
(…略…)
# 変数 arr の列ごとの平均を出力してください
print(arr.mean(axis=0))

# 変数 arr の行の合計を出力してください
print(arr.sum(axis=1))

# 変数 arr の最小値を出力してください
print(arr.min())

# 変数 arr のそれぞれの列の最大値のインデックス番号を出力してください
print(arr.argmax(axis=0))
```

Out

```
[5. 6. 7. 8. 9.]
[10 35 60]
0
[2 2 2 2 2]
```

リスト 7.50：解答例

7.3.9 ブロードキャスト

サイズの違う NumPy 配列（以下 ndarray）同士の演算時に、**ブロードキャスト**という処理が自動で行われます。ブロードキャストは、**2 つの ndarray 同士の演算時にサイズの小さい配列の行と列を自動で大きい配列に合わせます**。2 つの配列の行が一致しない時は、行の少ないほうが多いほうの数に合わせ、足りない分を既存の行からコピーします。列が一致しない場合もまた然りです。どのような配列でもブロードキャストができるわけではありませんが、図 7.10 のように**すべての要素に同じ処理をする時**などはブロードキャスト可能になります。

```
  [[0 1 2]                1
   [3 4 5]]   +

  [[0 1 2]             [[1 1 1]
= [3 4 5]]    +         [1 1 1]]

  [[1 2 3]
= [4 5 6]]
```


図 7.10：ブロードキャスト

図 7.10 のケースをコードで書くと、リスト 7.51 のようになります。

In

```
x = np.arange(6).reshape(2, 3)
print(x + 1)
```

Out

```
[[1 2 3]
 [4 5 6]]
```

リスト 7.51：ブロードキャストの例

問題

0 から 14 の整数値を持つ 1 次元 **ndarray** 配列 **y** を用いて、配列 **x** の各要素から列のインデックス番号を引いてください（リスト 7.52）。ただし、左から最初の列を 0 番目とします。

In

```
import numpy as np
```

```
# 0から14の整数値をもつ3 × 5のndarray配列xを生成します
x = np.arange(15).reshape(3, 5)

# 0から4の整数値をもつ1 × 5のndarray配列yを生成します
y = np.array([np.arange(5)])

# xのn番目の列のすべての行からnだけ引いてください
z = 

# xを出力
print(z)
```
リスト7.52：問題

ヒント

・ブロードキャストは、2つの**ndarray**同士の演算時にサイズの小さい配列の列もしくは行を自動で大きい配列に合わせます。
・出力結果は

```
[[ 0  0  0  0  0]
[ 5  5  5  5  5]
[10 10 10 10 10]]
```

となります。

解答例

In
```
(…略…)
# xのn番目の列のすべての行からnだけ引いてください
z = x - y
(…略…)
```

Out
```
[[ 0  0  0  0  0]
 [ 5  5  5  5  5]
 [10 10 10 10 10]]
```
リスト7.53：解答例

添削問題

これまで学んできたことを用いてNumPyの基本を確認しましょう。

問題

・各要素が**0** ～ **30**の整数の行列（**5** × **3**）を変数**arr**に代入してください。

・変数**arr**を転置してください。

・変数**arr**の**2**、**3**、**4**列のみの行列**(3** × **3)**を変数**arr1**に代入してください。

・変数**arr1**を行でソートしてください。

・各列の平均を出力してください。

In

```
import numpy as np

np.random.seed(100)

# 各要素が0~30の整数の行列（5 × 3）を変数arrに代入してください

print(arr)

# 変数arrを転置してください

print(arr)

# 変数arrの2、3、4列のみの行列(3 × 3)を変数arr1に代入してください

print(arr1)

# 変数arr1を行でソートしてください

print(arr1)

# 各列の平均を出力してください
```

リスト7.54：問題

ヒント

- np.random.randint()
- arr.T
- arr[:, 2:]
- np.sort() 関数ではなく sort() メソッドを用いてください。
- axis の設定に注意してください。

解答例

In

```
(…略…)
# 各要素が 0 ~ 30 の整数の行列 (5 × 3) を変数 arr に代入してください
arr = np.random.randint(0, 31, (5, 3))
print(arr)

# 変数 arr を転置してください
arr = arr.T
print(arr)

# 変数 arr の 2、3、4 列のみの行列 (3 × 3) を変数 arr1 に代入してください
arr1 = arr[:, 1:4]
print(arr1)

# 変数 arr1 を行でソートしてください
arr1.sort(0)
print(arr1)

# 各列の平均を出力してください
print(arr1.mean(axis = 0))
```

Out

```
[[ 8 24  3]
 [ 7 23 15]
 [16 10 30]
 [20  2 21]
```

7

NumPy

```
 [ 2  2 14]]
[[ 8  7 16 20  2]
 [24 23 10  2  2]
 [ 3 15 30 21 14]]
[[ 7 16 20]
 [23 10  2]
 [15 30 21]]
[[ 7 10  2]
 [15 16 20]
 [23 30 21]]
[15.         18.66666667 14.33333333]
```

リスト 7.55：解答例

解説

乱数を発生させる `np.random.randint(x, y, z)` 関数は、`x` ～ `y-1` の整数値を `z` 個生成します。`0` ～ `30` まで発生させるには、`np.random.randint(0, 31, 個数)` と指定します。

スライス機能を使って一部を取り出し、`mean()` メソッドを用いて平均を計算します。平均を求める軸を設計するための `axis=0` を設定します。

総合添削問題

総合添削問題では、NumPyの知識を用いて2枚の画像の差分を計算して求めてみましょう。問題を簡単にするため、`0`～`5` のいずれかの整数を色とみなします。画像は2次元データであるため行列として表すことができ、NumPy配列として扱うことが可能です。サイズが等しい画像の差分は、同じ位置の要素同士の差を成分とする行列で表され、これを画像とみなすことができます。

問題

- 乱数を用いて指定の大きさの画像を生成する関数 `make_image()` を完成させてください。
- 渡された行列のうちの一部を乱数を用いて変更する関数 `change_matrix()` を完成させてください。

・生成した**image1**と**image2**の各要素の差分の絶対値を計算し、**image3**に代入してください。

In

```
import numpy as np

# 乱数を初期化します
np.random.seed(0)

# 縦の大きさ、横の大きさを渡されたときに乱数で指定の大きさの画像を生成する関数⏎
です
def make_image(m, n):

    # n × m 行列の各成分を 0~5 の値でランダムに満たしてください


    return image


# 渡された行列の一部を変更する関数です
def change_little(matrix):
    # 与えられた行列の形を取得し、shape に代入してください


    # 行列の各成分について、変更するかしないかをランダムに決めた上で
    # 変更する場合は 0~5 のいずれかの整数にランダムに入れ替えてください




    return matrix

# ランダムに画像を作成します
image1 = make_image(3, 3)
print(image1)
```

```
print()

# ランダムに変更を適用します
image2 = change_little(np.copy(image1))
print(image2)
print()

# image1 と image2 の差分を計算し、image3 に代入してください

print(image3)
print()

# image3 の各成分が絶対値である行列をもとめ image3 に再代入してください



# image3 を出力します
print(image3)
```

リスト 7.56：問題

ヒント

- 同じ形の NumPy 配列同士の足し算や引き算は同じ位置の要素同士で計算されます。
- **numpy.random.randint(x, y, z)** で **x ~ y-1** までの範囲の整数をランダムに **z** 個得ることができます。

解答例

In

```
(…略…)
    # n × m 行列の各成分を 0~5 の値でランダムに満たしてください
    image = np.random.randint(0, 6, (m, n))
(…略…)
    # 与えられた行列の形を取得し、shape に代入してください
    shape = matrix.shape
```

```
    # 行列の各成分について、変更するかしないかをランダムに決めた上で
    # 変更する場合は 0~5 のいずれかの整数にランダムに入れ替えてください
    for i in range(shape[0]):
        for j in range(shape[1]):
            if np.random.randint(0, 2)==1:
                matrix[i][j] = np.random.randint(0, 6, 1)
    return matrix
(…略…)
# image1 と image2 の差分を計算し、image3 に代入してください
image3 = image2 - image1
(…略…)
# image3 の各成分が絶対値である行列をもとめ image3 に再代入してください
image3 = np.abs(image3)
(…略…)
```

Out

```
[[4 5 0]
 [3 3 3]
 [1 3 5]]

[[4 5 0]
 [3 3 3]
 [0 5 5]]

[[ 0  0  0]
 [ 0  0  0]
 [-1  2  0]]

[[0 0 0]
 [0 0 0]
 [1 2 0]]
```

リスト 7.57：解答例

解説

乱数を発生させる場合はNumPyの機能を用いるのが便利です。

NumPyのブロードキャスト機能を使って２つの２次元配列同士の計算を行います。

第 8 章

Pandas の基礎

8.1 Pandas の概観

8.1.1 Pandas とは

Pandas も NumPy のようにデータの集合を扱うためのライブラリです。NumPy はデータを数学的な行列として扱うことができ、科学計算に特化しています。一方、Pandas では**一般的なデータベースにて行われる操作が実行でき、数値以外にも氏名や住所といった文字列データも簡単に扱うことができます**。データ分析においてNumPy と Pandas を使い分けることで効率的に分析を行うことができます。

Pandas には **Series** と **DataFrame** という 2 種類のデータ構造が存在します。主に使われるデータ構造は表 8.1 の 2 次元のテーブルで表される **DataFrame** です。横方向のデータを行、縦方向のデータを列と呼びます。各行、各列に対してそれぞれラベルが付与されており、行ラベルは**インデックス**、列ラベルは**カラム**と言います。**Series** は 1 次元の配列（表 8.2）で、**DataFrame** の行、もしくは列として捉えることができます。こちらも各要素にラベルが付与されています。

表 8.1：DataFrame のラベル情報

	Prefecture	Area	Population	Region
0	Tokyo	2190	13636	Kanto
1	Kanagawa	2415	9145	Kanto
2	Osaka	1904	8837	Kinki
3	Kyoto	4610	2605	Kinki
4	Aichi	5172	7505	Chubu

・**DataFrame のラベル情報**

インデックス：`[0, 1, 2, 3, 4]`

カラム：`["Prefecture", "Area", "Population", "Region"]`

表 8.2：Series のラベル情報

0	Tokyo
1	Kanagawa
2	Osaka
3	Kyoto
4	Aichi

問題

表 8.3 の DataFrame のカラムは次の選択肢のうちのどれでしょうか。

表 8.3：データ構造

	Prefecture	Area	Population	Region
0	Tokyo	2190	13636	Kanto
1	Kanagawa	2415	9145	Kanto
2	Osaka	1904	8837	Kinki
3	Kyoto	4610	2605	Kinki
4	Aichi	5172	7505	Chubu

1. **"Prefecture", "Area", "Population", "Region"**
2. **0, 1, 2, 3, 4**

ヒント

カラムは列のラベル、つまり縦方向のデータにそれぞれつけられているラベルのことです。

解答例

1. **"Prefecture", "Area", "Population", "Region"**

8.1.2 Series と DataFrame のデータの確認

Pandas には Series と DataFrame という 2 種類のデータ構造が存在することを先ほど述べました。実際にどのようなデータとなっているのか確認してみましょう。Series では辞書型を渡すことで辞書のキーで昇順にソートされます（リスト 8.1、リスト 8.2）。

In

```
# Pandas を pd として import します
import pandas as pd
# Series のデータです
fruits = {"orange": 2, "banana": 3}
print(pd.Series(fruits))
```

Out

```
banana    3
orange    2
dtype: int64
```

リスト 8.1：Series と DataFrame のデータの例①

In

```
# Pandas を pd として import します
import pandas as pd

# DataFrame のデータです
data = {"fruits": ["apple", "orange", "banana", "strawberry",⏎
"kiwifruit"],
        "year": [2001, 2002, 2001, 2008, 2006],
        "time": [1, 4, 5, 6, 3]}
df = pd.DataFrame(data)
print(df)
```

Out

```
       fruits  time  year
0       apple     1  2001
1      orange     4  2002
2      banana     5  2001
3  strawberry     6  2008
4   kiwifruit     3  2006
```

リスト 8.2：Series と DataFrame のデータの例②

問題

リスト 8.3 を実行して、Series と DataFrame がどのようなデータなのか確認してください。

Series、DataFrame のデータの作り方は 8.2 節、8.3 節で扱いますので、Series はラベルの付いた 1 次元のデータで、DataFrame は Series を束ねたような 2 次元のデータ構造をしていることが確認できれば OK です。

In

```
# pandas を pd として import します
import pandas as pd
```

```
# Series用のラベル作成（インデックス）します
index = ["apple", "orange", "banana", "strawberry", "kiwifruit"]

# Series用のデータ値の代入します
data = [10, 5, 8, 12, 3]

# Series作成します
series = pd.Series(data, index=index)


# 辞書型を用いてDataFrame用のデータの作成します
data = {"fruits": ["apple", "orange", "banana", "strawberry",
"kiwifruit"],
        "year": [2001, 2002, 2001, 2008, 2006],
        "time": [1, 4, 5, 6, 3]}

# DataFrameを作成します
df = pd.DataFrame(data)

print("Series データ")
print(series)
print("\n")
print("DataFrame データ")
print(df)
```

リスト8.3：問題

ヒント

- リスト8.3では、Seriesはインデックスを指定して作成しています。指定しない場合は0から昇順に番号が振られます。
- DataFrameの行のインデックスには、0から昇順に番号が振られています。

Out

```
Series データ
apple        10
orange        5
```

```
banana         8
strawberry    12
kiwifruit      3
dtype: int64


DataFrame データ
       fruits  time  year
0       apple     1  2001
1      orange     4  2002
2      banana     5  2001
3  strawberry     6  2008
4   kiwifruit     3  2006
```

リスト 8.4：解答例

8.2 Series

8.2.1 Series を生成する

Pandas のデータ構造のうちの 1 つである Series は 1 次元の配列のように扱うことができます。**pandas** を **import** し、**pandas.Series(辞書型のリスト)** のように辞書型のリストを渡すことで Series を生成できます。なお、**import pandas as pd** と書くと、**pandas.Series** を **pd.Series** と略記できます（以下より、**pandas** は **pd** と表記します）。

また、データとそれに関連付けたインデックスを指定することでも Series を生成できます。**pd.Series(データ配列 , index= インデックス配列)** と指定することで Series を生成できます（リスト 8.5）。インデックスを指定しない場合は 0 から順の整数がインデックスとして付きます。また、Series を出力した際に「**dtype: int64**」と出力されるのですが、**Series に格納されている値が "int64" という型であること**を示しています。**dtype** とは **Data type** のことで、データの型を指します（データが整数であれば **int**、小数点を持つものであれば **float** など）。**int64** とは 64bit のサイズを持つ整数のことで、-2^{63} ～ $2^{63}-1$ までの整数を扱うことができます。**dtype**

には他にも **int32** など同じ整数でもサイズの異なるものや、0 か 1 のみを値に持つ **bool** という型などがあります。

In
```
# pandas を pd として import します
import pandas as pd


fruits = {"banana": 3, "orange": 2}
print(pd.Series(fruits))
```

Out
```
banana    3
orange    2
dtype: int64
```

リスト 8.5：Series の生成例

問題

pandas を **import** してください。

データに **data**、インデックスに **index** を指定した Series を作成し **series** に代入してください。

大文字で始まる Series はデータ型の名前、小文字で始まる **series** は変数名です。

In
```
# pandas を pd として import します



index = ["apple", "orange", "banana", "strawberry", "kiwifruit"]
data = [10, 5, 8, 12, 3]


# index と data を含む Series を作成し series に代入してください



print(series)
```

リスト 8.6：問題

ヒント

・**pandas** を **import** することで、Series を用いることができます。

・**pd.Series(** データ配列 **, index=** インデックス配列 **)** と指定することで Series を生成できます。

解答例

In

```
# pandas を pd として import します
import pandas as pd

index = ["apple", "orange", "banana", "strawberry", "kiwifruit"]
data = [10, 5, 8, 12, 3]

# index と data を含む Series を作成し series に代入してください
series = pd.Series(data, index=index)

print(series)
```

Out

```
apple         10
orange         5
banana         8
strawberry    12
kiwifruit      3
dtype: int64
```

リスト 8.7：解答例

8.2.2 参照

Series の要素を参照する時、リスト 8.8 のように番号を指定する方法とリスト 8.9 のようにインデックス値を指定する方法が使えます。

番号を指定する場合は、リストのスライス機能のように **series[:3]** などと指定することで、任意の範囲を取り出すことができます。

インデックス値を指定する場合は、欲しい要素のインデックス値を 1 つのリストにまとめてから参照することができます。リストではなく 1 つの整数値を指定した場合は、その位置に該当するデータのみを取り出すことができます。

In

```
import pandas as pd
fruits = {"banana": 3, "orange": 4, "grape": 1, "peach": 5}
series = pd.Series(fruits)
print(series[0:2])
```

Out

```
banana     3
grape      1
dtype: int64
```

リスト 8.8：参照の例①

In

```
print(series[["orange", "peach"]])
```

Out

```
orange     4
peach      5
dtype: int64
```

リスト 8.9：参照の例②

問題

インデックス参照を用いて **series** の 2 つ目から 4 つ目までの 3 つの要素を取り出して **items1** に代入してください。

インデックス値を指定する方法を用いて **"apple"**、**"banana"**、**"kiwifruit"** のインデックスを持つ要素を取り出して **items2** に代入してください。

In

```
import pandas as pd

index = ["apple", "orange", "banana", "strawberry", "kiwifruit"]
data = [10, 5, 8, 12, 3]
series = pd.Series(data, index=index)

# インデックス参照を用いてseriesの2つ目から4つ目までの3つの要素を取り出し⏎
てitems1に代入してください

# インデックス値を指定する方法を用いて"apple"、"banana"、"kiwifruit"のイン⏎
デックスを持つ要素を取り出してitems2に代入してください
```

8

Pandasの基礎

```
print(items1)
print()
print(items2)
```

リスト 8.10：問題

ヒント

・インデックス値を指定する場合は、リストのスライス機能のように **series[:3]** と指定することで、任意の範囲を取り出すことができます。
・インデックス値を指定する場合は、欲しい要素のインデックス値を 1 つのリストにまとめてから参照することができます。

解答例

In

```
(…略…)
# インデックス参照を用いて series の 2 つ目から 4 つ目までの 3 つの要素を取り出し↵
て items1 に代入してください
items1 = series[1:4]

# インデックス値を指定する方法を用いて "apple"、"banana"、"kiwifruit" のイン↵
デックスを持つ要素を取り出して items2 に代入してください
items2 = series[["apple", "banana", "kiwifruit"]]
(…略…)
```

Out

```
orange        5
banana        8
strawberry   12
dtype: int64

apple        10
banana        8
kiwifruit     3
dtype: int64
```

リスト 8.11：解答例

8.2.3 データ、インデックスを取り出す

作成したSeriesのデータの値のみ、またはインデックスのみを取り出す方法が用意されています。Series型において **series.values** とするとデータの値、**series.index** とするとインデックスを参照することができます。

問題

・変数 **series_values** に **series** のデータを代入してください。
・変数 **series_index** に **series** のインデックスを代入してください。

In

```
import pandas as pd

index = ["apple", "orange", "banana", "strawberry", "kiwifruit"]
data = [10, 5, 8, 12, 3]
series = pd.Series(data, index=index)

# series_valuesにseriesのデータを代入してください


# series_indexにseriesのインデックスを代入してください


print(series_values)
print(series_index)
```

リスト8.12：問題

ヒント

Series型のデータ **series** において **series.values** とするとデータの値、**series.index** とするとインデックスを参照することができます。

解答例

In

```
(…略…)
# series_values に series のデータを代入してください
series_values = series.values

# series_index に series のインデックスを代入してください
series_index = series.index
```

Out

```
[10  5  8 12  3]
Index(['apple', 'orange', 'banana', 'strawberry', 'kiwifruit'],⏎
dtype='object')
```

リスト 8.13：解答例

8.2.4 要素を追加する

Seriesに要素を追加する場合、追加する要素もまたSeries型である必要があります。追加したい要素をあらかじめSeries型に変換した後、追加先のSeries型の**append()**に渡すことで要素を追加することができます（リスト8.14）。

In

```
fruits = {"banana": 3, "orange": 2}
series = pd.Series(fruits)
series = series.append(pd.Series([3], index=["grape"]))
```

リスト 8.14：要素を追加する例

問題

seriesに、インデックスが**"pineapple"**、データが12の要素を追加してください。

In

```
import pandas as pd

index = ["apple", "orange", "banana", "strawberry", "kiwifruit"]
data = [10, 5, 8, 12, 3]
```

```
series = pd.Series(data, index=index)

# series に、インデックスが "pineapple"、データが 12 の要素を追加してください




print(series)
```

リスト 8.15：問題

ヒント

追加したい要素をあらかじめSeries型に変換した後、追加先のSeries型の**append()**に渡すことで要素を追加することができます。

解答例

In

```
(…略…)
# series に、インデックスが "pineapple"、データが 12 の要素を追加してください
pineapple = pd.Series([12], index=["pineapple"])
series = series.append(pineapple)
# series = series.append(pd.Series({"pineapple":12})) でも OK
(…略…)
```

Out

```
apple         10
orange         5
banana         8
strawberry    12
kiwifruit      3
pineapple     12
dtype: int64
```

リスト 8.16：解答例

8.2.5 要素を削除する

Seriesのインデックス参照を用いて、要素を削除することができます。Series型の変数**series**において、**series.drop(" インデックス ")**とすることで指定されたインデックスを持つ要素を削除することができます。

問題

seriesのインデックスが**strawberry**の要素を削除したSeriesを**series**に代入してください。

In
```
import pandas as pd

index = ["apple", "orange", "banana", "strawberry", "kiwifruit"]
data = [10, 5, 8, 12, 3]

# indexとdataを含むSeriesを作成しseriesに代入します
series = pd.Series(data, index=index)

# インデックスがstrawberryの要素を削除してseriesに代入してください


print(series)
```

リスト8.17：問題

ヒント

Series型の変数**series**において、**series.drop(" インデックス ")**とすることで指定されたインデックスを持つ要素を削除することができます。

解答例

In
```
(…略…)
# インデックスがstrawberryの要素を削除してseriesに代入してください
series = series.drop("strawberry")
```

```
(…略…)
```

Out
```
apple        10
orange        5
banana        8
kiwifruit     3
dtype: int64
```

リスト 8.18：解答例

8.2.6 フィルタリング

Series型のデータにおいて条件に一致する要素を取り出したい場合があります。Pandasでは**bool型のシーケンスを指定すると、Trueとなるものだけを抽出することができます**（リスト 8.19）。シーケンスとは、「連続」「順序」のことを言います。

In
```
index = ["apple", "orange", "banana", "strawberry", "kiwifruit"]
data = [10, 5, 8, 12, 3]
series = pd.Series(data, index=index)

conditions = [True, True, False, False, False]
print(series[conditions])
```

Out
```
apple     10
orange     5
dtype: int64
```

リスト 8.19：フィルタリングの例①

ここでは**bool**型のシーケンスを作成しましたが、Pandasでは**Series（やDataFrame）を使って条件式を作成すると bool 型のシーケンスを取得**することができます。これを用いることで、例えばSeries型の変数**series**に対して、**series[series >= 5]**とすると値が5以上の要素だけを含むSeriesを得ることができます（リスト 8.20）。また、**series[ ][ ]**のように**[ ]**を複数組後ろに付け加えることで複数の条件を付け加えることができます。

In
```
print(series[series >= 5])
```

Out
```
apple         10
orange         5
banana         8
strawberry    12
dtype: int64
```

リスト 8.20：フィルタリングの例②

問題

series 内の要素のうち、値が 5 以上 10 未満の要素を含む Series を作り、**series** に再代入してください。

In
```
import pandas as pd
```

```
index = ["apple", "orange", "banana", "strawberry", "kiwifruit"]
data = [10, 5, 8, 12, 3]
series = pd.Series(data, index=index)

# series 内の要素のうち、値が 5 以上 10 未満の要素を含む Series を作り、series に↵
再代入してください



print(series)
```

リスト 8.21：問題

ヒント

- Series 型の変数 **series** に対して、**series[series >= 5]** とすると値が **5** 以上の要素のみを含む Series を得ることができます。
- 条件を複数個付けたい場合は **series[][]** のようにさらに後ろに付け加えれば良いです。

解答例

In

```
(…略…)
# series 内の要素のうち、値が 5 以上 10 未満の要素を含む Series を作り、series に↵
再代入してください
series = series[series >= 5][series < 10]
(…略…)
```

Out

```
orange     5
banana     8
dtype: int64
```

リスト 8.22：解答例

8.2.7 ソート

Series では、インデックスについてのソートとデータについてソートする 2 つの方法が用意されています。Series 型の変数 **series** に対して、インデックスについてのソートは **series.sort_index()**、データについてのソートは **series.sort_values()** で行うことができます。**特に指定をしない限りは昇順にソートされますが**、引数に **ascending=False** を渡すことで降順にソートされます。

問題

- **series** をインデックスについてアルファベット順にソートした Series を **items1** に代入してください。
- **series** をデータについて値の大きさを昇順にソートした Series を **items2** に代入してください。

In

```
import pandas as pd


index = ["apple", "orange", "banana", "strawberry", "kiwifruit"]
data = [10, 5, 8, 12, 3]
series = pd.Series(data, index=index)
```

```
# series をインデックスについてアルファベット順にソートした Series を items1 に⏎
代入してください


# series をデータについて値の大きさを昇順にソートした Series を items2 に代入し⏎
てください



print(items1)
print()
print(items2)
```

リスト 8.23：問題

ヒント

Series 型の変数 **series** に対してインデックスについてのソートは **series.sort_index()**、データについてのソートは **series.sort_values()** で行うことができます。

解答例

In

```
(…略…)
# series をインデックスについてアルファベット順にソートした Series を items1 に⏎
代入してください
items1 = series.sort_index()

# series をデータについて値の大きさを昇順にソートした Series を items2 に代入し⏎
てください
items2 = series.sort_values()
(…略…)
```

Out

```
apple        10
banana        8
kiwifruit     3
```

```
orange        5
strawberry   12
dtype: int64

kiwifruit     3
orange        5
banana        8
apple        10
strawberry   12
dtype: int64
```

リスト 8.24：解答例

8.3 DataFrame

8.3.1 DataFrameの生成

DataFrameは、Seriesを複数束ねたような2次元のデータ構造をしています。**pd.DataFrame()** にSeriesを渡すことでDataFrameを生成することができます。行には0から昇順に番号が付きます。

```
pd.DataFrame([Series, Series, ...])
```

また、バリューにリスト型を持った辞書型を用いても作成することができます。注意点としては、リスト型の長さは等しくなくてはいけません（リスト8.25）。

In

```
data = {"fruits": ["apple", "orange", "banana", "strawberry", ⏎
"kiwifruit"],
        "year": [2001, 2002, 2001, 2008, 2006],
        "time": [1, 4, 5, 6, 3]}
df = pd.DataFrame(data)
print(df)
```

Out

```
      fruits  time  year
0      apple     1  2001
1     orange     4  2002
2     banana     5  2001
3  strawberry    6  2008
4   kiwifruit    3  2006
```

リスト 8.25：DataFrameの生成の例

問題

series1、**series2**からDataFrameを生成して**df**に代入してください。

In

```
import pandas as pd

index = ["apple", "orange", "banana", "strawberry", "kiwifruit"]
data1 = [10, 5, 8, 12, 3]
data2 = [30, 25, 12, 10, 8]
series1 = pd.Series(data1, index=index)
series2 = pd.Series(data2, index=index)

# series1、series2からDataFrameを生成してdfに代入してください



# 出力します
print(df)
```

リスト 8.26：問題

```
pd.DataFrame([Series, Series, ...])
```

解答例

In

```
(…略…)
# series1、series2からDataFrameを生成してdfに代入してください
df = pd.DataFrame([series1, series2])
```

```
(…略…)
```

Out

```
   apple  orange  banana  strawberry  kiwifruit
0     10       5       8          12          3
1     30      25      12          10          8
```

リスト 8.27：解答例

8.3.2 インデックスとカラムを設定する

DataFrameでは、行の名前をインデックス、列の名前をカラムと呼びます。特に指定をしないでDataFrameを作成した場合、インデックスは0から昇順に数字が割り当てられます。また、カラムは元データであるSeriesのindexや辞書型のキーになります。DataFrame型の変数**df**のインデックスは**df.index**に行数と同じ長さのリストを代入することで設定できます。**df**のカラムは**df.columns**に列数と同じ長さのリストを代入することで設定することができます。

```
df.index = ["name1", "name2"]
```

問題

DataFrame型の変数**df**のインデックスが1から始まるように指定してください。

In

```
import pandas as pd

index = ["apple", "orange", "banana", "strawberry", "kiwifruit"]
data1 = [10, 5, 8, 12, 3]
data2 = [30, 25, 12, 10, 8]
series1 = pd.Series(data1, index=index)
series2 = pd.Series(data2, index=index)
df = pd.DataFrame([series1, series2])

# dfのインデックスが1から始まるように設定してください


# 出力します
```

```
print(df)
```

リスト 8.28：問題

ヒント

- DataFrame 型の変数 **df** のインデックスは **df.index** に行数と同じ長さのリストを代入することで指定できます。
- **df** のカラムは **df.columns** に列数と同じ長さの配列を代入することで指定することができます。

解答例

In

```
(…略…)
# df のインデックスが 1 から始まるように指定してください
df.index = [1, 2]
(…略…)
```

Out

```
   apple  orange  banana  strawberry  kiwifruit
1     10       5       8          12          3
2     30      25      12          10          8
```

リスト 8.29：解答例

8.3.3 行を追加する

新しい観測データや取引情報を得た時、それらを既存の DataFrame に追加したい場合があります。**DataFrame** 型の変数 **df** に対して **df.append("Series 型のデータ", ignore_index=True)** を実行すると、渡した Series 型のデータのインデックスが **df** のカラムに対応した上で新しい行が追加された DataFrame が生成されます（リスト 8.30）。ただし、**df** のカラムと **df** に追加する Series 型のデータのインデックスが一致しない場合は、**df** にて新しいカラムが追加され値が存在しない要素は **NaN** で埋められます。

In

```
data = {"fruits": ["apple", "orange", "banana", "strawberry",↵
"kiwifruit"],
        "year": [2001, 2002, 2001, 2008, 2006],
```

```
        "time": [1, 4, 5, 6, 3]}
df = pd.DataFrame(data)
series = pd.Series(["mango", 2008, 7], index=["fruits", "year", "time"])

df = df.append(series, ignore_index=True)
print(df)
```

Out

```
      fruits  time  year
0      apple     1  2001
1     orange     4  2002
2     banana     5  2001
3  strawberry    6  2008
4   kiwifruit    3  2006
5      mango     7  2008
```

リスト 8.30：行を追加する例

問題

DataFrame 型の変数 **df** に新しい行として **series3** を追加してください。

DataFrame のカラムと追加する Series のインデックスが一致しない時の挙動を確認してください。

In

```
import pandas as pd

index = ["apple", "orange", "banana", "strawberry", "kiwifruit"]
data1 = [10, 5, 8, 12, 3]
data2 = [30, 25, 12, 10, 8]
data3 = [30, 12, 10, 8, 25, 3]
series1 = pd.Series(data1, index=index)
series2 = pd.Series(data2, index=index)
# df に series3 を追加し、df に再代入してください
index.append("pineapple")
series3 = pd.Series(data3, index=index)
df = pd.DataFrame([series1, series2])
# df に再代入してください
```

```
# 出力します
# df と追加する Series のインデックスが一致しない時の挙動を確認しましょう
print(df)
```

リスト 8.31：問題

ヒント

DataFrame 型の変数 **df** に対して **df.append("Series 型のデータ", ignore_index=True)** を実行すると、渡した Series 型のデータのインデックスが **df** のカラムに対応した上で新しい行が追加された DataFrame が生成されます。

解答例

In

```
(…略…)
# df に再代入してください
df = df.append(series3, ignore_index=True)
(…略…)
```

Out

```
   apple  orange  banana  strawberry  kiwifruit  pineapple
0     10       5       8          12          3        NaN
1     30      25      12          10          8        NaN
2     30      12      10           8         25        3.0
```

リスト 8.32：解答例

8.3.4 列を追加する

観測データや取引情報に新しい属性を追加する時、それらを既存の DataFrame のカラムに追加したい場合があります。DataFrame 型の変数 **df** に対して **df["新しいカラム"]** に Series もしくはリストを代入することで新しい列を追加できます。リストを代入した場合は最初の行から最初の要素が割り当てられ、Series を代入した場合は Series のインデックスが **df** のインデックスに対応します（リスト 8.33）。

In

```
data = {"fruits": ["apple", "orange", "banana", "strawberry",⏎
"kiwifruit"],
        "year": [2001, 2002, 2001, 2008, 2006],
        "time": [1, 4, 5, 6, 3]}
df = pd.DataFrame(data)

df["price"] = [150, 120, 100, 300, 150]
print(df)
```

Out

```
       fruits  time  year  price
0       apple     1  2001    150
1      orange     4  2002    120
2      banana     5  2001    100
3  strawberry     6  2008    300
4   kiwifruit     3  2006    150
```

リスト 8.33：列を追加する例

問題

df の **"mango"** という名の新しい列に **new_column** のデータを追加してください。

In

```
import pandas as pd

index = ["apple", "orange", "banana", "strawberry", "kiwifruit"]
data1 = [10, 5, 8, 12, 3]
data2 = [30, 25, 12, 10, 8]
series1 = pd.Series(data1, index=index)
series2 = pd.Series(data2, index=index)

new_column = pd.Series([15, 7], index=[0, 1])

# series1, seires2 から DataFrame を生成します
df = pd.DataFrame([series1, series2])

# df の新しい列 "mango" に new_column のデータを追加してください
```

```
# 出力します
print(df)
```

リスト 8.34：問題

ヒント

- DataFrame 型の変数 **df** に対して **df[" 新しいカラム "]** に Series もしくはリストを代入することで新しい列を追加できます。
- リストを代入した場合は最初の行から最初の要素が割り当てられ、Series を代入した場合は Series のインデックスが **df** のインデックスに対応します。

解答例

In

```
(…略…)
# df の新しい列 "mango" に new_column のデータを追加してください
df["mango"] = new_column
(…略…)
```

Out

```
   apple  orange  banana  strawberry  kiwifruit  mango
0     10       5       8          12          3     15
1     30      25      12          10          8      7
```

リスト 8.35：解答例

8.3.5 データの参照

DataFrame のデータは行と列を指定することで参照ができます。行、列の指定の仕方により参照の仕方が以下の図 8.1 のように変わります。参照の方法はいくつかありますが、本書では **loc** と **iloc** を扱います。**loc** は**名前による参照**を行い、**iloc** は**番号による参照**を行います。

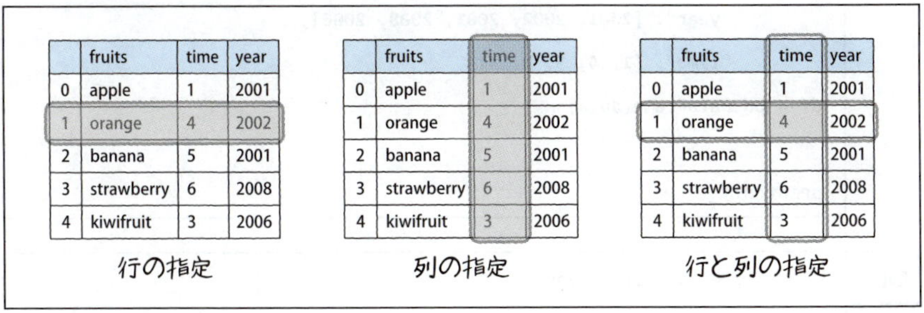

	fruits	time	year
0	apple	1	2001
1	orange	4	2002
2	banana	5	2001
3	strawberry	6	2008
4	kiwifruit	3	2006

行の指定

	fruits	time	year
0	apple	1	2001
1	orange	4	2002
2	banana	5	2001
3	strawberry	6	2008
4	kiwifruit	3	2006

列の指定

	fruits	time	year
0	apple	1	2001
1	orange	4	2002
2	banana	5	2001
3	strawberry	6	2008
4	kiwifruit	3	2006

行と列の指定

図 8.1：行の指定、列の指定、行と列の指定

問題

DataFrameのデータに対し、名前による参照を行うのは次の選択肢のうちどちらでしょうか。

1. **loc**
2. **iloc**

ヒント

locは名前による参照を行い、**iloc**は番号による参照を行います。

解答例

1. **loc**

8.3.6 名前による参照

DataFrame型のデータの名前、つまりインデックス、カラム名を使って参照する場合は**loc**を使用します。DataFrame型の変数**df**に対して**df.loc["インデックスのリスト", "カラムのリスト"]**と指定することで該当する範囲のDataFrameを得ることができます。

リスト 8.36の時、リスト 8.37のようになります。

In

```
data = {"fruits": ["apple", "orange", "banana", "strawberry",↵
"kiwifruit"],
```

```
        "year": [2001, 2002, 2001, 2008, 2006],
        "time": [1, 4, 5, 6, 3]}
df = pd.DataFrame(data)

print(df)
```

Out

```
       fruits  time  year
0       apple     1  2001
1      orange     4  2002
2      banana     5  2001
3  strawberry     6  2008
4   kiwifruit     3  2006
```

リスト 8.36：名前による参照の例①

In

```
df = df.loc[[1,2],["time","year"]]
print(df)
```

Out

```
   time  year
1     4  2002
2     5  2001
```

リスト 8.37：名前による参照の例②

問題

loc[] を使って **df** の 2 行目から 5 行目までの 4 行と、**"banana"**、**"kiwifruit"** の 2 列を含む DataFrame を **df** に代入してください。

インデックスは先頭の行が 1、以降は整数値が昇順に付けられています。

In

```
import numpy as np
import pandas as pd
np.random.seed(0)
columns = ["apple", "orange", "banana", "strawberry", "kiwifruit"]

# DataFrame を生成し、列を追加します
df = pd.DataFrame()
```

```
for column in columns:
    df[column] = np.random.choice(range(1, 11), 10)
# range( 開始行数 , 終了行数 -1) です
df.index = range(1, 11)

# loc[] を使って df の 2 行目から 5 行目までの 4 行と、"banana"、"kiwifruit" の 2↵
列を含む DataFrame を df に代入してください
# インデックスは先頭の行が 1、以降は整数値が昇順に付けられています



print(df)
```
リスト 8.38：問題

ヒント

DataFrame 型の変数 **df** に対して **df.loc[" インデックスのリスト ", " カラムのリスト "]** と指定することで該当する範囲の DataFrame を得ることができます。

解答例

In

```
(…略…)
# インデックスは先頭の行が 1、以降は整数値が昇順に付けられています
df = df.loc[range(2,6),["banana","kiwifruit"]]
(…略…)
```

Out

```
   banana  kiwifruit
2      10         10
3       9          1
4      10          5
5       5          8
```
リスト 8.39：解答例

8.3.7 番号による参照

インデックス、カラムの番号でDataFrame型のデータを参照する場合はilocを使用します。DataFrame型の変数**df**に対して**df.iloc["行番号のリスト","列番号のリスト"]**と指定することで該当する範囲のDataFrameを得ることができます。行、列ともに番号は0から始まります。リストを渡す他にスライス機能を使うこともできます。

リスト8.40の時、リスト8.41のようになります。

In

```
data = {"fruits": ["apple", "orange", "banana", "strawberry",↵
"kiwifruit"],
        "year": [2001, 2002, 2001, 2008, 2006],
        "time": [1, 4, 5, 6, 3]}
df = pd.DataFrame(data)

print(df)
```

Out

```
       fruits  time  year
0       apple     1  2001
1      orange     4  2002
2      banana     5  2001
3  strawberry     6  2008
4   kiwifruit     3  2006
```

リスト8.40：番号による参照の例①

In

```
df = df.iloc[[1, 3], [0, 2]]
print(df)
```

Out

```
       fruits  year
1      orange  2002
3  strawberry  2008
```

リスト8.41：番号による参照の例②

問題

iloc[] を使って **df** の2行目から5行目までの4行と、**"banana"**、**"kiwifruit"** の2列を含むDataFrameを **df** に代入してください。

In

```
import numpy as np
import pandas as pd
np.random.seed(0)
columns = ["apple", "orange", "banana", "strawberry", "kiwifruit"]

# DataFrameを生成し、列を追加します
df = pd.DataFrame()
for column in columns:
    df[column] = np.random.choice(range(1, 11), 10)
df.index = range(1, 11)

# iloc[]を使ってdfの2行目から5行目までの4行と、"banana", "kiwifruit"の⏎
2列を含むDataFrameをdfに代入してください



print(df)
```

リスト8.42：問題

ヒント

- DataFrame型の変数 **df** に対して **df.iloc["行番号のリスト","列番号のリスト"]** と指定することで該当する範囲のDataFrameを得ることができます。
- 行、列ともに番号は0から始まります。
- リストを渡す他にスライス機能を使うこともできます。

解答例

In

```
(…略…)
# iloc[]を使ってdfの2行目から5行目までの4行と、"banana"、"kiwifruit"の⏎
2列を含むDataFrameをdfに代入してください
```

```
df = df.iloc[range(1,5), [2, 4]] # スライスを用いて df = df.iloc[1:5, [2,⏎
4]] でも可能です
(…略…)
```

Out

```
   banana  kiwifruit
2      10         10
3       9          1
4      10          5
5       5          8
```

リスト 8.43：解答例

8.3.8 行または列の削除

DataFrame型の変数 **df** に対して **df.drop()** にインデックスまたはカラムを指定することで該当する行または列が削除されたDataFrameを生成します。インデックスまたはカラムをリストで渡すことでまとめて削除することもできます。なお、行と列を同時に削除することはできます。また、列を削除する場合は第2引数に **axis=1** を指定して渡す必要があります（リスト 8.44）。

In

```
import pandas as pd
data = {"fruits": ["apple", "orange", "banana", "strawberry",⏎
"kiwifruit"],
        "time": [1, 4, 5, 6, 3],
        "year": [2001, 2002, 2001, 2008, 2006]}
df = pd.DataFrame(data)

# drop() を用いて df の 0、1 行目を削除します
df_1 = df.drop(range(0, 2))

# drop() を用いて df の列 "year" を削除します
df_2 = df.drop("year", axis=1)
```

```
print(df_1)
print()
print(df_2)
```

Out

```
      fruits  time  year
2     banana     5  2001
3 strawberry     6  2008
4  kiwifruit     3  2006

      fruits  time
0      apple     1
1     orange     4
2     banana     5
3 strawberry     6
4  kiwifruit     3
```

リスト 8.44：行または列の削除の例

問題

drop() を用いて **df** の奇数の名前が付いている行のみを残して **df** に代入してください。

drop() を用いて **df** の列 **"strawberry"** を削除して **df** に代入してください。

In

```
import numpy as np
import pandas as pd
np.random.seed(0)
columns = ["apple", "orange", "banana", "strawberry", "kiwifruit"]

# DataFrame を生成し、列を追加します
df = pd.DataFrame()
for column in columns:
    df[column] = np.random.choice(range(1, 11), 10)
df.index = range(1, 11)

# drop() を用いて df の奇数のインデックスがついている行のみを残して df に代入し↵
```

```
てください



# drop() を用いて df の列 "strawberry" を削除して df に代入してください



print(df)
```

リスト 8.45：問題

ヒント

- DataFrame 型の変数 **df** に対して **df.drop()** にインデックスまたはカラムを指定することで該当する行または列が削除された DataFrame を生成します。
- 行と列を同時に削除することはできない上に、列を削除する場合は第 2 引数に **axis=1** を指定して渡す必要があります。
- 偶数の数列は **numpy** を **import** し **np.arange** を使用することで作ることが可能です。

解答例

In

```
(…略…)
# drop() を用いて df の奇数のインデックスがついている行のみを残して df に代入し⏎
てください
df = df.drop(np.arange(2, 11, 2))
#np.arange(2, 11, 2) は 2 から 10 までの数列を差が 2 になるように抜き出したもの⏎
です
# ここでは 2、4、6、8、10 が出力となります
#np.arange(2,11,3) とすると 2 から 10 までの数列を差が 3 になるように抜き出した⏎
ものになります

# drop() を用いて df の列 "strawberry" を削除して df に代入してください
df = df.drop("strawberry", axis=1)
(…略…)
```

Out

```
   apple  orange  banana  kiwifruit
```

```
1      6      8      6      10
3      4      9      9       1
5      8      2      5       8
7      4      8      1       3
9      3      9      6       3
```

リスト 8.46：解答例

8.3.9 ソート

DataFrame 型の変数 **df** に対して、**df.sort_values(by="カラムもしくはカラムのリスト", ascending=True)** とすると、列の値が昇順（小さい順）にソートされた DataFrame を生成できます。**ascending=False** とすると、降順（大きい順）にソートされます。指定をしない場合は **ascending=True** として処理されます。カラムのリストの順番が早いカラムが優先的にソートされます（リスト 8.47）。

In

```
import pandas as pd
data = {"fruits": ["apple", "orange", "banana", "strawberry",⏎
"kiwifruit"],
        "time": [1, 4, 5, 6, 3],
        "year": [2001, 2002, 2001, 2008, 2006]}
df = pd.DataFrame(data)
print(df)
#データを昇順にソートします(引数にカラムを指定)
df = df.sort_values(by="year", ascending = True)
print(df)

#データを昇順にソートします(引数にカラムのリストを指定)
df = df.sort_values(by=["time", "year"] , ascending = True)
print(df)
```

Out

```
       fruits  time  year
0       apple     1  2001
1      orange     4  2002
```

```
2      banana     5  2001
3  strawberry     6  2008
4   kiwifruit     3  2006
       fruits  time  year
0       apple     1  2001
2      banana     5  2001
1      orange     4  2002
4   kiwifruit     3  2006
3  strawberry     6  2008
       fruits  time  year
0       apple     1  2001
4   kiwifruit     3  2006
1      orange     4  2002
2      banana     5  2001
3  strawberry     6  2008
```

リスト 8.47：ソートの例

問題

dfを"apple"、"orange"、"banana"、"strawberry"、"kiwifruit"の優先度の順に昇順にソートしてください。

ソートした結果生成されたDataFrameを**df**に代入してください。

In

```
import numpy as np
import pandas as pd
np.random.seed(0)
columns = ["apple", "orange", "banana", "strawberry", "kiwifruit"]

# DataFrameを生成し、列を追加します
df = pd.DataFrame()
for column in columns:
    df[column] = np.random.choice(range(1, 11), 10)
df.index = range(1, 11)

# dfを"apple"、"orange"、"banana"、"strawberry"、"kiwifruit"の優先度の順⏎
```

```
に昇順にソートしてください
# ソートした結果生成された DataFrame を df に代入してください。第 1 引数であれば
by は省略することも可能です



print(df)
```

リスト 8.48：問題

ヒント

- DataFrame 型の変数 **df** に対して、**df.sort_values(by=" カラムのリスト ", ascending=True)** とすると列の値について小さい順にソートされた DataFrame を生成できます。
- リストの順番が早い列が優先的にソートされます。

解答例

In

```
(…略…)
# ソートした結果生成された DataFrame を df に代入してください。第 1 引数であれば
by は省略することも可能です
df = df.sort_values(by=columns)

print(df)
```

Out

```
    apple  orange  banana  strawberry  kiwifruit
2       1       7      10           4         10
9       3       9       6           1          3
7       4       8       1           4          3
3       4       9       9           9          1
4       4       9      10           2          5
10      5       2       1           2          1
8       6       8       4           8          8
1       6       8       6           3         10
5       8       2       5           4          8
6      10       7       4           4          4
```

リスト 8.49：解答例

8.3.10 フィルタリング

DataFrameの場合もSeriesの時と同じように、bool型のシーケンスを指定することで**True**のものだけを取り出すフィルタリングを実行することができます。またSeriesの場合と同様に、DataFrameを用いた条件式からbool型のシーケンスを取得することができます。この条件式を用いることでフィルタリングを実行できます。例えば、リスト8.50のコードでは、偶数行のデータだけを抽出しています。

In
```
data = {"fruits": ["apple", "orange", "banana", "strawberry",↵
"kiwifruit"],
        "year": [2001, 2002, 2001, 2008, 2006],
        "time": [1, 4, 5, 6, 3]}
df = pd.DataFrame(data)
print(df.index % 2 == 0)
print()
print(df[df.index % 2 == 0])
```

Out
```
[ True False  True False  True]

      fruits  time  year
0      apple     1  2001
2     banana     5  2001
4  kiwifruit     3  2006
```

リスト8.50：フィルタリングの例

例えば、DataFrame型の変数**df**に対して**df.loc[df["カラム"]を含む条件式]**とすることで、条件に一致する要素を含む行を持つDataFrameが生成されます。

問題

フィルタリングを用いて、**df**の**"apple"**列が5以上かつ**"kiwifruit"**列が5以上の値をもつ行を含むDataFrameを**df**に代入してください。

In
```
import numpy as np
```

```
import pandas as pd
np.random.seed(0)
columns = ["apple", "orange", "banana", "strawberry", "kiwifruit"]

# DataFrameを生成し、列を追加します
df = pd.DataFrame()
for column in columns:
    df[column] = np.random.choice(range(1, 11), 10)
df.index = range(1, 11)

# フィルタリングを用いて、dfの"apple"列が5以上かつ"kiwifruit"列が5以上の⏎
値をもつ行を含むDataFrameをdfに代入してください




print(df)
```

リスト8.51：問題

ヒント

DataFrame型の変数dfに対して**df.loc[df["カラム"]を含む条件式]**とすることで条件に一致する要素を含む行を持つDataFrameが生成されます。

解答例

In

```
(…略…)
# フィルタリングを用いて、dfの"apple"列が5以上かつ"kiwifruit"列が5以上の⏎
値をもつ行を含むDataFrameをdfに代入してください
df = df.loc[df["apple"] >= 5]
df = df.loc[df["kiwifruit"] >= 5]
#df = df.loc[df["apple"] >= 5][df["kiwifruit"] >= 5]でもOK
(…略…)
```

Out

```
   apple  orange  banana  strawberry  kiwifruit
1      6       8       6           3         10
```

5	8	2	5	4	8
8	6	8	4	8	8

リスト 8.52：解答例

添削問題

この章の復習をします。

問題

リスト 8.53 のコメントアウトの処理をしてください。

In

```
import pandas as pd
import numpy as np

index = ["growth", "mission", "ishikawa", "pro"]
data = [50, 7, 26, 1]
# Series を作成してください
series =

# インデックスについてアルファベット順にソートした series を aidemy に代入して⏎
ください
aidemy =

# series に、インデックスが "tutor"、データが 30 の要素を追加してください
aidemy1 =
aidemy2 = series.append(aidemy1)

print(aidemy)
print()
print(aidemy2)

# DataFrame を生成し、列を追加します
df = pd.DataFrame()
for index in index:
```

```
    df[index] = np.random.choice(range(1, 11), 10)
    # range(開始行数 , 終了行数 -1) です
df.index = range(1, 11)

# loc[] を使って df の 2 行目から 5 行目までの 4 行と、"ishikawa" を含む DataFrame⏎
を aidemy3 に代入してください
# インデックスは先頭の行が 1、以降は整数値が昇順に付けられています
aidemy3 =
print()
print(aidemy3)
```

リスト 8.53：問題

ヒント

- Series を作成してください。
- **series** をアルファベット順にソートしてください。
- **series** に、インデックスが "tutor"、データが 30 の要素を追加してください。

解答例

In

```
(…略…)
# Series を作成してください
series = pd.Series(data, index=index)

# インデックスについてアルファベット順にソートした series を aidemy に代入して⏎
ください
aidemy = series.sort_index()

# series に、インデックスが "tutor"、データが 30 の要素を追加してください
aidemy1 = pd.Series([30], index=["tutor"])
aidemy2 = series.append(aidemy1)
(…略…)
# loc[] を使って df の 2 行目から 5 行目までの 4 行と、"ishikawa" を含む DataFrame⏎
を aidemy3 に代入してください
# インデックスは先頭の行が 1、以降は整数値が昇順に付けられています
```

```
aidemy3 = df.loc[range(2,6),["ishikawa"]]
print()
print(aidemy3)
```

Out

```
growth     50
ishikawa   26
mission     7
pro 1
dtype: int64

growth     50
mission     7
ishikawa   26
pro 1
tutor 30
dtype: int64

ishikawa
2       8
3       1
4       9
5       5
```

リスト 8.54：解答例

第 9 章

Pandas の応用

9.1 DataFrame の連結・結合の概観

9.1.1 連結・結合について

Pandas では DataFrame に対して**連結**、**結合**という操作ができます。DataFrame 同士を一定の方向についてそのままつなげる操作を**連結**（表 9.1）、特定の Key を参照してつなげる操作を**結合**と言います（表 9.2）。

表 9.1：横方向に連結した場合

	apple	orange	banana
1	45	68	37
2	48	10	88
3	65	84	71
4	68	22	89

	apple	orange	banana
1	38	76	17
2	13	6	2
3	73	80	77
4	10	65	72

➡

	apple	orange	banana	apple	orange	banana
1	45	68	37	38	76	17
2	48	10	88	13	6	2
3	65	84	71	73	80	77
4	68	22	89	10	65	72

表 9.2："fruits" を Key にして結合した場合

	amount	fruits	year
0	1	apple	2001
1	4	orange	2002
2	5	banana	2001
3	6	strawberry	2008

	area	fruits	price
0	China	apple	150
1	Brazil	orange	120
2	india	banana	100
3	China	strawberry	250

➡

	amount	fruits	year	area	price
0	1	apple	2001	China	150
1	4	orange	2002	Brazil	120
2	5	banana	2001	india	100
3	6	strawberry	2008	China	250

問題

表 9.3 の操作は連結、結合どちらの操作でしょうか。

表 9.3：縦方向に連結した場合

	apple	orange	banana
1	45	68	37
2	48	10	88
3	65	84	71
4	68	22	89

	apple	orange	banana
1	38	76	17
2	13	6	2
3	73	80	77
4	10	65	72

➡

	apple	orange	banana
1	45	68	37
2	48	10	88
3	65	84	71
4	68	22	89
1	38	76	17
2	13	6	2
3	73	80	77
4	10	65	72

1. 連結
2. 結合

ヒント

そのままつなげているか、何かのラベルを基準（Key）にしてつなげているかを判断しましょう。

解答例

1. 連結

9.2 DataFrameの連結

9.2.1 インデックス、カラムが一致しているDataFrame同士の連結

DataFrame同士を一定の方向についてそのままつなげる操作を**連結**と呼びます。

まずはインデックス、またはカラムが一致しているDataFrame同士の連結について扱います。`pandas.concat("DataFrameのリスト", axis=0)`とすることでリストの先頭から順に縦方向に連結します。`axis=1`を指定することで横方向に連結されます。**縦方向に連結する時は同じカラムについて連結**され、**横方向に連結する時は同じインデックスについて連結**されます。連結方向のカラムはそのまま連結してしまうので、カラムに重複が出てしまう場合があることに注意しましょう。

問題

DataFrame型の変数 **df_data1** と **df_data2** を縦方向に連結し **df1** に代入してください（リスト9.1）。

DataFrame型の変数 **df_data1** と **df_data2** を横方向に連結し **df2** に代入してください。

In

```
import numpy as np
import pandas as pd

# 指定のインデックスとカラムを持つDataFrameを乱数によって作成する関数です
def make_random_df(index, columns, seed):
    np.random.seed(seed)
    df = pd.DataFrame()
    for column in columns:
        df[column] = np.random.choice(range(1, 101), len(index))
    df.index = index
    return df

# インデックス、カラムが一致しているDataFrameを作成します
columns = ["apple", "orange", "banana"]
df_data1 = make_random_df(range(1, 5), columns, 0)
df_data2 = make_random_df(range(1, 5), columns, 1)

# df_data1とdf_data2を縦方向に連結しdf1に代入してください


# df_data1とdf_data2を横方向に連結しdf2に代入してください


print(df1)
print(df2)
```

リスト9.1：問題

- **pandas.concat("DataFrame のリスト", axis=0)** とすることでリストの先頭から順に縦方向に連結します。
- **axis=1** を指定することで横方向に連結されます。

解答例

In

```
(…略…)
# df_data1 と df_data2 を縦方向に連結し df1 に代入してください
df1 = pd.concat([df_data1, df_data2], axis=0)

# df_data1 と df_data2 を横方向に連結し df2 に代入してください
df2 = pd.concat([df_data1, df_data2], axis=1)
(…略…)
```

Out

```
   apple  orange  banana
1     45      68      37
2     48      10      88
3     65      84      71
4     68      22      89
1     38      76      17
2     13       6       2
3     73      80      77
4     10      65      72
   apple  orange  banana  apple  orange  banana
1     45      68      37     38      76      17
2     48      10      88     13       6       2
3     65      84      71     73      80      77
4     68      22      89     10      65      72
```

リスト 9.2：解答例

9

Pandasの応用

9.2.2 インデックス、カラムが一致していないDataFrame同士の連結

インデックスやカラムが一致していないDataFrame同士を連結する場合、**共通のインデックスやカラムでない行や列にNaNを持つセルが作成**されます。**pandas.concat("DataFrameのリスト", axis=0)**とすることでリストの先頭から順に縦方向に連結します。**axis=1**を指定することで横方向に連結されます。

問題

インデックスやカラムが一致していないDataFrame同士を連結した時の挙動を確認してください（リスト9.3）。

DataFrame型の変数**df_data1**と**df_data2**を縦方向に連結し**df1**に代入してください。DataFrame型の変数**df_data1**と**df_data2**を横方向に連結し**df2**に代入してください。

In

```
import numpy as np
import pandas as pd

# 指定のインデックスとカラムを持つDataFrameを乱数によって作成する関数です
def make_random_df(index, columns, seed):
    np.random.seed(seed)
    df = pd.DataFrame()
    for column in columns:
        df[column] = np.random.choice(range(1, 101), len(index))
    df.index = index
    return df

columns1 = ["apple", "orange", "banana"]
columns2 = ["orange", "kiwifruit", "banana"]
# インデックスが1、2、3、4、カラムがcolumns1のDataFrameを作成します
df_data1 = make_random_df(range(1, 5), columns1, 0)
# インデックスが1、3、5、7、カラムがcolumns2のDataFrameを作成します
df_data2 = make_random_df(np.arange(1, 8, 2), columns2, 1)
```

```
# df_data1 と df_data2 を縦方向に連結し df1 に代入してください



# df_data1 と df_data2 を横方向に連結し df2 に代入してください



print(df1)
print(df2)
```

リスト 9.3：問題

ヒント

・**axis=0**、**axis=1** いずれの場合でも、共通のインデックスやカラムでない行や列に **NaN** を持つセルが作成されます。

解答例

In

```
(…略…)
# df_data1 と df_data2 を縦方向に連結し df1 に代入してください
df1 = pd.concat([df_data1, df_data2], axis=0)

# df_data1 と df_data2 を横方向に連結し df2 に代入してください
df2 = pd.concat([df_data1, df_data2], axis=1)
(…略…)
```

Out

```
   apple  banana  kiwifruit  orange
1   45.0      37        NaN      68
2   48.0      88        NaN      10
3   65.0      71        NaN      84
4   68.0      89        NaN      22
1    NaN      17       76.0      38
3    NaN       2        6.0      13
5    NaN      77       80.0      73
7    NaN      72       65.0      10
```

9

Pandasの応用

```
   apple  orange  banana  orange  kiwifruit  banana
1   45.0    68.0    37.0    38.0       76.0    17.0
2   48.0    10.0    88.0     NaN        NaN     NaN
3   65.0    84.0    71.0    13.0        6.0     2.0
4   68.0    22.0    89.0     NaN        NaN     NaN
5    NaN     NaN     NaN    73.0       80.0    77.0
7    NaN     NaN     NaN    10.0       65.0    72.0
```
リスト 9.4：解答例

9.2.3 連結する際のラベルの指定

連結ではそのまま DataFrame 同士をつなげてしまうので、ラベルに重複が生じてしまう場合があります。例えば以下の例 1（表 9.4）の連結では、**"apple"**、**"orange"**、**"banana"** がラベルとして重複していることが確認できます。この場合、**pd.concat()** に **keys** で指定したラベルを追加することでラベルの重複を避けることができます。連結後の DataFrame では複数のラベルが使用されている MultiIndex となります。例 2（表 9.5）の場合、新たに **"X"** と **"Y"** のカラムが既存のカラムの上位に追加されていることが確認できます。この場合、**df["X"]** で **"X"** のラベルが付いているカラムを参照でき、**df["X", "apple"]** とすることで **"X"** カラムの中の **"apple"** カラムを参照できます。

表 9.4：例 1.concat_df=pd.concat([df_data1,df_data2],axis=1)

	apple	orange	banana
1	45	68	37
2	48	10	88
3	65	84	71
4	68	22	89

	apple	orange	banana
1	38	76	17
2	13	6	2
3	73	80	77
4	10	65	72

	apple	orange	banana	apple	orange	banana
1	46	68	37	38	76	17
2	48	10	88	13	6	2
3	65	84	71	73	80	77
4	68	22	89	10	65	72

表 9.5：例 2.concat_df=pd.concat([df_data1,df_data2],axis=1,keys=["X", "Y"])

	apple	orange	banana
1	45	68	37
2	48	10	88
3	65	84	71
4	68	22	89

	apple	orange	banana
1	38	76	17
2	13	6	2
3	73	80	77
4	10	65	72

	X			Y		
	apple	orange	banana	apple	orange	banana
1	45	68	37	38	76	17
2	48	10	88	13	6	2
3	65	84	71	73	80	77
4	68	22	89	10	65	72

問題

DataFrame 型の変数 **df_data1** と **df_data2** を横方向に連結し、かつ **keys** に **"X"**、**"Y"** を指定して MultiIndex にし、**df** に代入してください（リスト 9.5）。

df の **"Y"** ラベルの **"banana"** を **Y_banana** に代入してください。

In

```
import numpy as np
import pandas as pd

# 指定のインデックスとカラムを持つ DataFrame を乱数によって作成する関数です
def make_random_df(index, columns, seed):
    np.random.seed(seed)
    df = pd.DataFrame()
    for column in columns:
        df[column] = np.random.choice(range(1, 101), len(index))
    df.index = index
    return df

columns = ["apple", "orange", "banana"]
df_data1 = make_random_df(range(1, 5), columns, 0)
df_data2 = make_random_df(range(1, 5), columns, 1)

# df_data1 と df_data2 を横方向に連結し、keys に "X"、"Y" を指定して MultiIndex
にして df に代入してください



#  df の "Y" ラベルの "banana" を Y_banana に代入してください



print(df)
print()
print(Y_banana)
```

リスト 9.5：問題

pandas.concat() で **keys** を使って新しいラベルのリストを指定しましょう。

解答例

In
```
(…略…)
# df_data1 と df_data2 を横方向に連結し、keys に "X"、"Y" を指定して MultiIndex
にして df に代入してください
df = pd.concat([df_data1, df_data2], axis=1, keys=["X", "Y"])

#  df の "Y" ラベルの "banana" を Y_banana に代入してください
Y_banana = df["Y", "banana"]
(…略…)
```

Out
```
      X                    Y
  apple orange banana apple orange banana
1    45     68     37    38     76     17
2    48     10     88    13      6      2
3    65     84     71    73     80     77
4    68     22     89    10     65     72

1    17
2     2
3    77
4    72
Name: (Y, banana), dtype: int32
```

リスト 9.6：解答例

9.3 DataFrame の結合

9.3.1 結合の種類

連結の次は**結合**について扱います。結合のことを**マージ**とも呼びます。結合は、Key と呼ばれる列を指定し、2つのデータベースの Key 内の値が一致する行を横につなげる操作です。

結合には大きく分けて**内部結合**と**外部結合**の2つの方法があります。例を見ながら確認していきましょう。

表 9.6 の2つの DataFrame を `"fruits"` のカラムで結合することを考えます。

表 9.6：2 つの DataFrame

	amount	fruits	year
0	1	apple	2001
1	4	orange	2002
2	5	banana	2001
3	6	strawberry	2008
4	3	kiwifruit	2006

	fruits	price	year
0	apple	150	2001
1	orange	120	2002
2	banana	100	2001
3	strawberry	250	2008
4	mango	3000	2007

内部結合

Key 列に共通の値がない行は破棄されます。また、他に同じカラムを持っており、それらの値が一致していない行を残す、もしくは破棄するなどの指定ができます。2つの DataFrame の `"fruits"` カラムのデータのうち、共通のものしか残ってないことが確認できます（表 9.7）。

表 9.7：内部結合

	amount	fruits	year_x	price	year_y
0	1	apple	2001	150	2001
1	4	orange	2002	120	2002
2	5	banana	2001	100	2001
3	6	strawberry	2008	250	2008

外部結合

Key 列に共通の値がない行も残ります。共通でない列については **NaN** で埋められたセルが作成されます。**"kiwifruit"**、**"mango"** の行方向のデータに **NaN** が挿入されていることが確認できます（表 9.8）。

表 9.8：外部結合

	amount	fruits	year_x	price	year_y
0	1.0	apple	2001.0	150.0	2001.0
1	4.0	orange	2002.0	120.0	2002.0
2	5.0	banana	2001.0	100.0	2001.0
3	6.0	strawberry	2008.0	250.0	2008.0
4	3.0	kiwifruit	2006.0	NaN	NaN
5	NaN	mango	NaN	3000.0	2007.0

問題

外部結合がふさわしいのは以下のうちどの場合でしょう。

1. 同時期に異なる 2 地点で観測された時系列データを、時刻を Key にして結合する。
2. 注文履歴と顧客 ID を、顧客 ID を Key にして結合する。
3. 注文履歴と顧客 ID を、注文履歴を Key にして結合する。
4. 上記のすべて。

ヒント

外部結合は、結合の結果なるべく多くの要素を含んだほうが良い場合に行うのが望ましいです。

解答例

1. 同時期に異なる 2 地点で観測された時系列データを、時刻を Key にして結合する。

9.3.2 内部結合の基本

df1、**df2** の 2 つの DataFrame に対して、**pandas.merge(df1, df2, on=Key** とな

るカラム , how="inner") とすることで内部結合されたDataFrameが作成されます。この場合、**df1**が左側に寄せられます。Key列で値が一致しない行は破棄されます。Key列以外の値の一致しない共通の列は残され、左側のDataFrameに属していたカラムには **_x**、右側に属していたカラムには **_y** が接尾辞として付けられます。特に指定をしない限りDataFrameのインデックスは処理に関与しません。

問題

内部結合の挙動を確認してください（リスト9.7）。

DataFrame型の変数 **df1** と **df2** をカラム **"fruits"** をKeyに内部結合して作成したDataFrameを **df3** に代入してください。

In
```
import numpy as np
import pandas as pd

data1 = {"fruits": ["apple", "orange", "banana", "strawberry",⏎
"kiwifruit"],
        "year": [2001, 2002, 2001, 2008, 2006],
        "amount": [1, 4, 5, 6, 3]}
df1 = pd.DataFrame(data1)

data2 = {"fruits": ["apple", "orange", "banana", "strawberry", "mango"],
        "year": [2001, 2002, 2001, 2008, 2007],
        "price": [150, 120, 100, 250, 3000]}
df2 = pd.DataFrame(data2)

# df1、df2の中身を確認してください
print(df1)
print()
print(df2)
print()

# df1とdf2を"fruits"をKeyに内部結合して作成したDataFrameをdf3に代入し⏎
てください
```

```
# 出力します
# 内部結合を行った時の挙動を確認しましょう
print(df3)
```

リスト 9.7：問題

ヒント

- **df1**、**df2** の2つのDataFrameに対して、**pandas.merge(df1, df2, on=Keyとなるカラム, how="inner")** とすることで内部結合されたDataFrameが作成されます。
- 両方のDataFrameのカラムに **"year"** が含まれていますが、接尾辞が自動で付けられて区別されます。

解答例

In

```
(…略…)
# df1とdf2を"fruits"をKeyに内部結合して作成したDataFrameをdf3に代入し⏎
てください
df3 = pd.merge(df1, df2, on="fruits", how="inner")

# 出力します
# 内部結合を行った時の挙動を確認しましょう
print(df3)
```

Out

```
   amount       fruits  year
0       1        apple  2001
1       4       orange  2002
2       5       banana  2001
3       6   strawberry  2008
4       3    kiwifruit  2006

       fruits  price  year
0       apple    150  2001
1      orange    120  2002
```

```
2      banana    100  2001
3  strawberry    250  2008
4       mango   3000  2007

   amount      fruits  year_x  price  year_y
0       1       apple    2001    150    2001
1       4      orange    2002    120    2002
2       5      banana    2001    100    2001
3       6  strawberry    2008    250    2008
```

リスト 9.8：解答例

9.3.3 外部結合の基本

df1、**df2** の 2 つの DataFrame に対して、**pandas.merge(df1, df2, on=Key となるカラム , how="outer")** とすることで外部結合された DataFrame が作成されます。この場合、**df1** が左側に寄せられます。

Key 列で値の一致しない行は残され、**NaN** で埋められた列が作成されます。Key 列以外の値の一致しない共通の列は残され、左側の DataFrame に属していたカラムには **_x**、右側に属していたカラムには **_y** が接尾辞として付けられます。特に指定をしない限り DataFrame のインデックスは処理に関与しません。

問題

外部結合の挙動を確認してください（リスト 9.9）。

DataFrame 型の変数 **df1** と **df2** をカラム **"fruits"** を Key に外部結合して作成した DataFrame を **df3** に代入してください。

In

```
import numpy as np
import pandas as pd

data1 = {"fruits": ["apple", "orange", "banana", "strawberry",⏎
"kiwifruit"],
        "year": [2001, 2002, 2001, 2008, 2006],
        "amount": [1, 4, 5, 6, 3]}
```

```
df1 = pd.DataFrame(data1)

data2 = {"fruits": ["apple", "orange", "banana", "strawberry", "mango"],
        "year": [2001, 2002, 2001, 2008, 2007],
        "price": [150, 120, 100, 250, 3000]}
df2 = pd.DataFrame(data2)

# df1、df2の中身を確認してください
print(df1)
print()
print(df2)
print()

# df1とdf2を"fruits"をKeyに外部結合して作成したDataFrameをdf3に代入し↵
てください

# 出力します
# 外部結合を行った時の挙動を確認しましょう
print(df3)
```

リスト 9.9：問題

ヒント

df1、**df2**の2つのDataFrameに対して、**pandas.merge(df1, df2, on=Keyとなるカラム , how="outer")**とすることで外部結合されたDataFrameが作成されます。

解答例

In

```
(…略…)
# df1とdf2を"fruits"をKeyに外部結合して作成したDataFrameをdf3に代入し↵
てください
df3 = pd.merge(df1, df2, on="fruits", how="outer")
(…略…)
```

Out

```
   amount      fruits  year
0       1       apple  2001
1       4      orange  2002
2       5      banana  2001
3       6  strawberry  2008
4       3   kiwifruit  2006

       fruits  price  year
0       apple    150  2001
1      orange    120  2002
2      banana    100  2001
3  strawberry    250  2008
4       mango   3000  2007

   amount      fruits  year_x   price  year_y
0     1.0       apple  2001.0   150.0  2001.0
1     4.0      orange  2002.0   120.0  2002.0
2     5.0      banana  2001.0   100.0  2001.0
3     6.0  strawberry  2008.0   250.0  2008.0
4     3.0   kiwifruit  2006.0     NaN     NaN
5     NaN       mango     NaN  3000.0  2007.0
```

リスト 9.10：解答例

9.3.4 同名でない列を Key にして結合する

表 9.9 の 2 つの DataFrame のうち、片方が注文情報を持つ **order_df**（左）、もう片方が顧客情報を持つ **customer_df**（右）であるとします。注文情報では購入顧客の ID を示すカラムを **"customer_id"** としているのに対して、顧客情報では顧客の ID を示すカラムを **"id"** としているとします。注文情報に顧客情報のデータを取り込みたいので **"customer_id"** を Key としたいのですが、**customer_df** では対応するカラムが **"id"** となっており、対応させたい列同士のカラムが一致していません。このような場合はそれぞれのカラムを指定する必要があります。

pandas.merge(左側 DF, 右側 DF, left_on=" 左側 DF のカラム ", right_on="

右側 DF のカラム ", how=" 結合方法 ") と指定することでカラムの異なる DF 同士の列について対応させて結合することができます（DF とは DataFrame の略）。

表 9.9：2 つの DataFrame

	id	item_id	customer_id
0	1000	2546	103
1	1001	4352	101
2	1002	342	101

	id	name
0	101	Tanaka
1	102	Suzuki
2	103	Kato

問題

注文情報 **order_df** と顧客情報 **customer_df** を結合してください（リスト 9.11）。**order_df** の **"customer_id"** を用いて **customer_df** の **"id"** を参照してください。結合方法は内部結合で行ってください。

In

```
import pandas as pd

# 注文情報です
order_df = pd.DataFrame([[1000, 2546, 103],
                         [1001, 4352, 101],
                         [1002, 342, 101]],
                         columns=["id", "item_id", "customer_id"])
# 顧客情報です
customer_df = pd.DataFrame([[101, "Tanaka"],
                            [102, "Suzuki"],
                            [103, "Kato"]],
                            columns=["id", "name"])

# order_df を元に "id" を customer_df に結合して order_df に代入してください


print(order_df)
```

リスト 9.11：問題

ヒント

pandas.merge("左側DF", "右側DF", left_on="左側DFのカラム", right_on="右側DFのカラム", how="結合方法") と指定することで、カラムの異なるDataFrame同士の列について対応させて結合することができます。

解答例

In
```
(…略…)
# order_dfを元に"id"をcustomer_dfに結合してorder_dfに代入してください
order_df = pd.merge(order_df, customer_df, left_on="customer_id", right_⏎
on="id", how="inner")
(…略…)
```

Out
```
   id_x  item_id  customer_id  id_y    name
0  1000     2546          103   103    Kato
1  1001     4352          101   101  Tanaka
2  1002      342          101   101  Tanaka
```

リスト9.12：解答例

9.3.5 インデックスをKeyにして結合する

DataFrame同士の結合に用いるKeyがインデックスの場合、前節の **left_on="左側DataFrameのカラム"**、**right_on="右側DataFrameのカラム"** の代わりに **left_index=True**、**right_index=True** で指定します。

問題

注文情報 **order_df** と顧客情報 **customer_df** を結合してください（リスト9.13）。**order_df** の **"customer_id"** を用いて **customer_df** のインデックスを参照してください。結合方法は内部結合で行ってください。

In
```
import pandas as pd


# 注文情報です
```

```
order_df = pd.DataFrame([[1000, 2546, 103],
                         [1001, 4352, 101],
                         [1002, 342, 101]],
                         columns=["id", "item_id", "customer_id"])
# 顧客情報です
customer_df = pd.DataFrame([["Tanaka"],
                            ["Suzuki"],
                            ["Kato"]],
                            columns=["name"])
customer_df.index = [101, 102, 103]

# customer_dfを元に"name"をorder_dfに結合してorder_dfに代入してください



print(order_df)
```

リスト9.13：問題

ヒント

結合の際に左側のDataFrameのインデックスをKeyにする場合は**left_index=True**、右側のDataFrameのインデックスをKeyにする場合は**right_index=True**と指定します。

解答例

In

```
(…略…)
# customer_dfを元に"name"をorder_dfに結合してorder_dfに代入してください
order_df = pd.merge(order_df, customer_df, left_on="customer_id", right_⏎
index=True, how="inner")
(…略…)
```

Out

```
     id  item_id  customer_id    name
0  1000     2546          103    Kato
1  1001     4352          101  Tanaka
2  1002      342          101  Tanaka
```

リスト9.14：解答例

9.4 DataFrame を用いたデータ分析

9.4.1 一部の行を得る

Pandas で扱うデータ量が膨大な時、画面にすべてを出力するのは不可能です。DataFrame 型の変数 **df** に対して、**df.head()** は**冒頭の 5 行のみを含む DataFrame を返します**。同様に **df.tail()** は**末尾 5 行のみを含む DataFrame を返します**。また、引数に整数値を指定することで冒頭または末尾の任意の行数分の DataFrame を得ることができます。**head()** メソッドと **tail()** メソッドは Series 型の変数でも使うことができます。

問題

DataFrame 型の変数 **df** の冒頭 3 行を取得し、**df_head** に代入してください（リスト 9.15）。

DataFrame 型の変数 **df** の末尾 3 行を取得し、**df_tail** に代入してください。

In

```
import numpy as np
import pandas as pd
np.random.seed(0)
columns = ["apple", "orange", "banana", "strawberry", "kiwifruit"]

# DataFrame を生成し、列を追加します
df = pd.DataFrame()
for column in columns:
    df[column] = np.random.choice(range(1, 11), 10)
df.index = range(1, 11)

# df の冒頭 3 行を取得し、df_head に代入してください



# df の末尾 3 行を取得し、df_tail に代入してください

```

```
# 出力します
print(df_head)
print(df_tail)
```

リスト 9.15：問題

ヒント

- DataFrame 型の変数 **df** に対して、**df.head()** は冒頭の5行のみを含む DataFrame を返します。
- 同様に **df.tail()** は末尾5行のみを返します。また、引数に整数値を指定することで冒頭または末尾の任意の行数分の DataFrame を得ることができます。

解答例

In

```
(…略…)
# df の冒頭 3 行を取得し、df_head に代入してください
df_head = df.head(3)

# df の末尾 3 行を取得し、df_tail に代入してください
df_tail = df.tail(3)
(…略…)
```

Out

```
   apple  orange  banana  strawberry  kiwifruit
1      6       8       6           3         10
2      1       7      10           4         10
3      4       9       9           9          1
    apple  orange  banana  strawberry  kiwifruit
8       6       8       4           8          8
9       3       9       6           1          3
10      5       2       1           2          1
```

リスト 9.16：解答例

9.4.2 計算処理を適用する

Pandas と NumPy は相性が良く、データの受け渡しを柔軟に行うことができます。

NumPyで用意されている関数にSeriesやDataFrameを渡すと、すべての要素に対して計算処理を適用することができます。NumPy配列を受け取る関数にDataFrameを渡した場合は、**列単位でまとめて計算処理がされます。**

また、PandasではNumPyのように**ブロードキャストがサポートされている**ため、Pandas同士やPandasと整数同士の計算も「**+ - * /**」を用いて柔軟に処理することができます。

問題

dfの各要素を2倍し、**double_df**に代入してください（リスト9.17）。

dfの各要素を2乗し、**square_df**に代入してください。

dfの各要素の平方根を計算し、**sqrt_df**に代入してください。

In

```
import numpy as np
import pandas as pd
import math
np.random.seed(0)
columns = ["apple", "orange", "banana", "strawberry", "kiwifruit"]

# DataFrameを生成し、列を追加します
df = pd.DataFrame()
for column in columns:
    df[column] = np.random.choice(range(1, 11), 10)
df.index = range(1, 11)

# dfの各要素を2倍し、double_dfに代入してください



# dfの各要素を2乗し、square_dfに代入してください



# dfの各要素の平方根を計算し、sqrt_dfに代入してください
```

```
# 出力します
print(double_df)
print(square_df)
print(sqrt_df)
```

リスト 9.17：問題

ヒント

Pandas では NumPy のようにブロードキャストがサポートされているため、Pandas 同士や Pandas と整数同士の計算も「+ - * /」を用いて柔軟に処理することができます。

解答例

In

```
(…略…)
# df の各要素を 2 倍し、double_df に代入してください
double_df = df * 2 # double_df = df + df も OK です

# df の各要素を 2 乗し、square_df に代入してください
square_df = df * df #square_df = df**2 でも OK です

# df の各要素の平方根を計算し、sqrt_df に代入してください
sqrt_df = np.sqrt(df)
(…略…)
```

Out

```
   apple  orange  banana  strawberry  kiwifruit
1     12      16      12           6         20
2      2      14      20           8         20
3      8      18      18          18          2
4      8      18      20           4         10
5     16       4      10           8         16
6     20      14       8           8          8
7      8      16       2           8          6
8     12      16       8          16         16
9      6      18      12           2          6
```

```
10    10     4      2          4         2
    apple  orange  banana  strawberry  kiwifruit
1     36      64      36           9        100
2      1      49     100          16        100
3     16      81      81          81          1
4     16      81     100           4         25
5     64       4      25          16         64
6    100      49      16          16         16
7     16      64       1          16          9
8     36      64      16          64         64
9      9      81      36           1          9
10    25       4       1           4          1
       apple    orange    banana  strawberry  kiwifruit
1   2.449490  2.828427  2.449490    1.732051   3.162278
2   1.000000  2.645751  3.162278    2.000000   3.162278
3   2.000000  3.000000  3.000000    3.000000   1.000000
4   2.000000  3.000000  3.162278    1.414214   2.236068
5   2.828427  1.414214  2.236068    2.000000   2.828427
6   3.162278  2.645751  2.000000    2.000000   2.000000
7   2.000000  2.828427  1.000000    2.000000   1.732051
8   2.449490  2.828427  2.000000    2.828427   2.828427
9   1.732051  3.000000  2.449490    1.000000   1.732051
10  2.236068  1.414214  1.000000    1.414214   1.000000
```

リスト 9.18：解答例

9.4.3 要約統計量を得る

列ごとの平均値、最大値、最小値などの統計的情報をまとめたものを**要約統計量**と呼びます。DataFrame 型の変数 **df** に対して、**df.describe()** は **df** の列ごとの**個数**、**平均値**、**標準偏差**、**最小値**、**四分位数**、**最大値**を含む DataFrame を返します。得られた DataFrame のインデックスは統計量の名前になります。

問題

DataFrame 型の変数 **df** の要約統計量のうち、**"mean"**、**"max"**、**"min"** を取り出し

て **df_des** に代入してください（リスト 9.19）。

In
```
import numpy as np
import pandas as pd
np.random.seed(0)
columns = ["apple", "orange", "banana", "strawberry", "kiwifruit"]

# DataFrameを生成し、列を追加します
df = pd.DataFrame()
for column in columns:
    df[column] = np.random.choice(range(1, 11), 10)
df.index = range(1, 11)

# dfの要約統計量のうち、"mean"、"max"、"min"を取り出してdf_desに代入してく⏎
ださい


print(df_des)
```
リスト 9.19：問題

ヒント

- DataFrame 型の変数 **df** に対して、**df.describe()** は **df** の列ごとの個数、平均値、標準偏差、最小値、四分位数、最大値を含む DataFrame を返します。
- **df** のインデックス参照は **df.loc["インデックスのリスト"]** で行います。

解答例

In
```
(…略…)
# dfの要約統計量のうち、"mean", "max", "min"を取り出してdf_desに代入してく⏎
ださい
df_des = df.describe().loc[["mean", "max", "min"]]
(…略…)
```

Out

	apple	orange	banana	strawberry	kiwifruit
mean	5.1	6.9	5.6	4.1	5.3
max	10.0	9.0	10.0	9.0	10.0
min	1.0	2.0	1.0	1.0	1.0

リスト 9.20：解答例

9.4.4 DataFrameの行間または列間の差を求める

行間の差を求める操作は特に時系列分析で用いられる機能です。DataFrame型の変数**df**に対して、**df.diff("行または列の間隔", axis="方向")**と指定することで行間または列間の差を計算したDataFrameが作成されます。第1引数が正の場合は前の行との差、負の場合は後の行との差を求めます。**axis**は**0**の場合が行方向、**1**の場合が列方向です。

問題

DataFrame型の変数**df**の各行について、2行後の行との差を計算したDataFrameを**df_diff**に代入してください（リスト9.21）。

In

```
import numpy as np
import pandas as pd
np.random.seed(0)
columns = ["apple", "orange", "banana", "strawberry", "kiwifruit"]

# DataFrameを生成し、列を追加します
df = pd.DataFrame()
for column in columns:
    df[column] = np.random.choice(range(1, 11), 10)
df.index = range(1, 11)

# dfの各行について、2行後の行との差を計算したDataFrameをdf_diffに代入して⏎
ください
```

```
# df と df_diff の中身を比較して処理内容を確認してください
print(df)
print(df_diff)
```

リスト 9.21：問題

ヒント

- DataFrame 型の変数 **df** に対して、**df.diff(" 行または列の間隔 ", axis=" 方向 ")** と指定することで行間または列間の差を計算した DataFrame が作成されます。
- 第 1 引数が正の場合は前の行との差、負の場合は後の行との差を求めます。
- **axis** は **0** の場合が行方向、**1** の場合が列方向です。

解答例

In

```
(…略…)
# dfの各行について、2行後の行との差を計算したDataFrameをdf_diffに代入して⏎
ください
df_diff = df.diff(-2, axis=0)
(…略…)
```

Out

```
    apple  orange  banana  strawberry  kiwifruit
1       6       8       6           3         10
2       1       7      10           4         10
3       4       9       9           9          1
4       4       9      10           2          5
5       8       2       5           4          8
6      10       7       4           4          4
7       4       8       1           4          3
8       6       8       4           8          8
9       3       9       6           1          3
10      5       2       1           2          1
    apple  orange  banana  strawberry  kiwifruit
1     2.0    -1.0    -3.0        -6.0        9.0
```

```
2   -3.0   -2.0   0.0    2.0    5.0
3   -4.0    7.0   4.0    5.0   -7.0
4   -6.0    2.0   6.0   -2.0    1.0
5    4.0   -6.0   4.0    0.0    5.0
6    4.0   -1.0   0.0   -4.0   -4.0
7    1.0   -1.0  -5.0    3.0    0.0
8    1.0    6.0   3.0    6.0    7.0
9    NaN    NaN   NaN    NaN    NaN
10   NaN    NaN   NaN    NaN    NaN
```

リスト 9.22：解答例

9.4.5 グループ化

データベースやDataFrameに対して、ある特定の列について同じ値を持つ行を集約することを**グループ化**と呼びます。DataFrame型の変数**df**に対して**df.groupby("カラム")**とすることで指定したカラムの列についてグループ化することが可能です。この際、GroupByオブジェクトが返されますが、**グループ化された結果を直接表示することはできません。**

GroupByオブジェクトに対して、各グループの平均値を求める**mean()**や和を求める**sum()**などの演算を行うことができます。

問題

DataFrame型の変数**prefecture_df**には一部の都道府県の名前、面積（整数値）、人口（整数値）、属する地域名が含まれます（リスト9.23）。

prefecture_dfを地域（Region）についてグループ化し、**grouped_region**に代入してください。

prefecture_dfに出てきた地域ごとの、面積（Area）と人口（Population）の平均を**mean_df**に代入してください。

In

```
import pandas as pd

# 一部の都道府県に関するDataFrameを作成します
prefecture_df = pd.DataFrame([["Tokyo", 2190, 13636, "Kanto"],
```

```
                                  ["Kanagawa", 2415, 9145, "Kanto"],
                                  ["Osaka", 1904, 8837, "Kinki"],
                                  ["Kyoto", 4610, 2605, "Kinki"],
                                  ["Aichi", 5172, 7505, "Chubu"]],
                                  columns=["Prefecture", "Area",
                                           "Population", "Region"])

# 出力します
print(prefecture_df)

# prefecture_df を地域 (Region) についてグループ化し、grouped_region に代入し⏎
てください



# prefecture_df に出てきた地域ごとの、面積 (Area) と人口 (Population) の平均を⏎
mean_df に代入してください



# 出力します
print(mean_df)
```

リスト 9.23：問題

ヒント

- DataFrame 型の変数 **df** に対して **df.groupby(" カラム ")** とすることで指定したカラムの列についてグループ化することが可能です。この際、GroupBy オブジェクトが返されます。
- GroupBy オブジェクトに対して、各グループの平均値を求める **mean()** や和を求める **sum()** などの演算を行うことができます。

解答例

In

```
(…略…)
# prefecture_df を地域 (Region) についてグループ化し、grouped_region に代入し⏎
てください
```

```
grouped_region = prefecture_df.groupby("Region")

# prefecture_df に出てきた地域ごとの、面積 (Area) と人口 (Population) の平均を⏎
mean_df に代入してください
mean_df = grouped_region.mean()
(…略…)
```

Out

```
  Prefecture  Area  Population Region
0      Tokyo  2190       13636  Kanto
1   Kanagawa  2415        9145  Kanto
2      Osaka  1904        8837  Kinki
3      Kyoto  4610        2605  Kinki
4      Aichi  5172        7505  Chubu
          Area  Population
Region
Chubu   5172.0      7505.0
Kanto   2302.5     11390.5
Kinki   3257.0      5721.0
```

リスト 9.24：解答例

添削問題

この章で学んだPandasの技術を活かし、データ処理の基礎に挑戦しましょう。

問題

df1 と **df2** はそれぞれ野菜もしくは果物についての **DataFrame** です。**"Name"**、**"Type"**、**"Price"** はそれぞれ名前、野菜か果物か、値段を表します。

あなたは野菜および果物をそれぞれ3種類ずつ購入したいと思っています。なるべく費用を安くしたいので、以下の手順で最小費用を求めてください（リスト 9.25）。

- **df1** と **df2** を縦に結合する。
- そこから野菜のみ、および果物のみをそれぞれ抽出し、**"Price"** でソート。
- 野菜および果物について、それぞれ安いものを上から3つ選び、合計金額を出力する。

In

```
import pandas as pd

# それぞれのDataFrameの定義です
df1 = pd.DataFrame([["apple", "Fruit", 120],
                    ["orange", "Fruit", 60],
                    ["banana", "Fruit", 100],
                    ["pumpkin", "Vegetable", 150],
                    ["potato", "Vegetable", 80]],
                    columns=["Name", "Type", "Price"])

df2 = pd.DataFrame([["onion", "Vegetable", 60],
                    ["carrot", "Vegetable", 50],
                    ["beans", "Vegetable", 100],
                    ["grape", "Fruit", 160],
                    ["kiwifruit", "Fruit", 80]],
                    columns=["Name", "Type", "Price"])

# ここに解答を記述してください
```

リスト 9.25：問題

ヒント

- DataFrame型の変数 **df** に対して **df.sort_value(by="カラムの名前")** とすることで、そのカラムの値でソートできます。
- **sum(df[a:b]["Price"])** で、**df[a]** ～ **df[b - 1]** の範囲の **"Price"** の和を求められます。

解答例

In

```
(…略…)
# ここに解答を記述してください
# 結合します
df3 = pd.concat([df1, df2], axis=0)
```

```
# 果物のみを抽出し、Price でソートします
df_fruit = df3.loc[df3["Type"] == "Fruit"]
df_fruit = df_fruit.sort_values(by="Price")

# 野菜のみを抽出し、Price でソートします
df_veg = df3.loc[df3["Type"] == "Vegetable"]
df_veg = df_veg.sort_values(by="Price")

# それぞれの上 3 つの要素の Price の合計金額を計算します
print(sum(df_fruit[:3]["Price"]) + sum(df_veg[:3]["Price"]))
```

Out

```
430
```

リスト 9.26：解答例

解説

ここで用いたDataFrameの機能は、「結合」、「ソート」、「参照」です。DataFrameの操作に不安を覚えた方は本章の内容を振り返ってみましょう。解答例の最後の行は、**df_fruit[行指定][列指定].sum()** を用いることでも合計を計算することができます。この方法でも是非やってみましょう。

総 合 添 削 問 題

第 8 章と第 9 章で学んだことの総復習をします。

問題

リスト 9.27 の DataFrame について、コメントアウトの箇所の処理を行ってください。

In

```
import pandas as pd


index = ["taro", "mike", "kana", "jun", "sachi"]
columns = [" 国語 ", " 数学 ", " 社会 ", " 理科 ", " 英語 "]
data = [[30, 45, 12, 45, 87], [65, 47, 83, 17, 58], [64, 63, 86, 57, 46,⏎
```

```
], [38, 47, 62, 91, 63], [65, 36, 85, 94, 36]]
df = pd.DataFrame(data, index=index, columns=columns)

# dfの新しい列"体育"にpe_columnのデータを追加してください
pe_column = pd.Series([56, 43, 73, 82, 62],  index=["taro", "mike",⏎
"kana", "jun", "sachi"])
df
print(df)
print()

# 数学を昇順で並び替えてください
df1 = 
print(df1)
print()

# df1の各要素に5点を足してください
df2 = 
print(df2)
print()

# dfの要約統計量のうち、"mean",  "max",  "min"を出力してください
print()
```

リスト 9.27：問題

ヒント

- DataFrameの追加は**apend()**と**df['列の名前'] = Series**で追加できましたね。

解答例

In

```
(…略…)
# dfの新しい列"体育"にpe_columnのデータを追加してください
pe_column = pd.Series([56, 43, 73, 82, 62],  index=["taro", "mike",
"kana", "jun", "sachi"])
```

```
df[" 体育 "] = pe_column
print(df)
print()

# 数学を昇順で並び替えてください
df1 = df.sort_values(by=" 数学 ", ascending=True)
print(df1)
print()

# df1 の各要素に 5 点を足してください
df2 = df1 + 5
print(df2)
print()

# df の要約統計量のうち、"mean", "max", "min" を出力してください
print(df2.describe().loc[["mean", "max", "min"]])
```

Out

```
       国語  数学  社会  理科  英語  体育
taro     30    45    12    45    87    56
mike     65    47    83    17    58    43
kana     64    63    86    57    46    73
jun      38    47    62    91    63    82
sachi    65    36    85    94    36    62

       国語  数学  社会  理科  英語  体育
sachi    65    36    85    94    36    62
taro     30    45    12    45    87    56
mike     65    47    83    17    58    43
jun      38    47    62    91    63    82
kana     64    63    86    57    46    73

       国語  数学  社会  理科  英語  体育
sachi    70    41    90    99    41    67
taro     35    50    17    50    92    61
```

```
mike    70  52  88  22  63  48
jun     43  52  67  96  68  87
kana    69  68  91  62  51  78

        国語    数学    社会    理科    英語    体育
mean  57.4  52.6  70.6  65.8  63.0  68.2
max   70.0  68.0  91.0  99.0  92.0  87.0
min   35.0  41.0  17.0  22.0  41.0  48.0
```

リスト 9.28：解答例

第 10 章

データ可視化のための準備

10.1 様々なグラフ

10.1.1 折れ線グラフ

平面上にデータをプロットし、プロットされたデータ間を直線で結んだグラフを**折れ線グラフ**と呼びます。

折れ線グラフは、時間や位置（距離）によって推移する量を視覚化するのに適しています。例えば、横軸（x 軸）に時間、縦軸（y 軸）にある商品の販売量を対応させることで販売量の推移を視覚化することができます。

図 10.1 の折れ線グラフは、1960 年代のカナダのケベック州における、車の販売台数の変化を表しています。

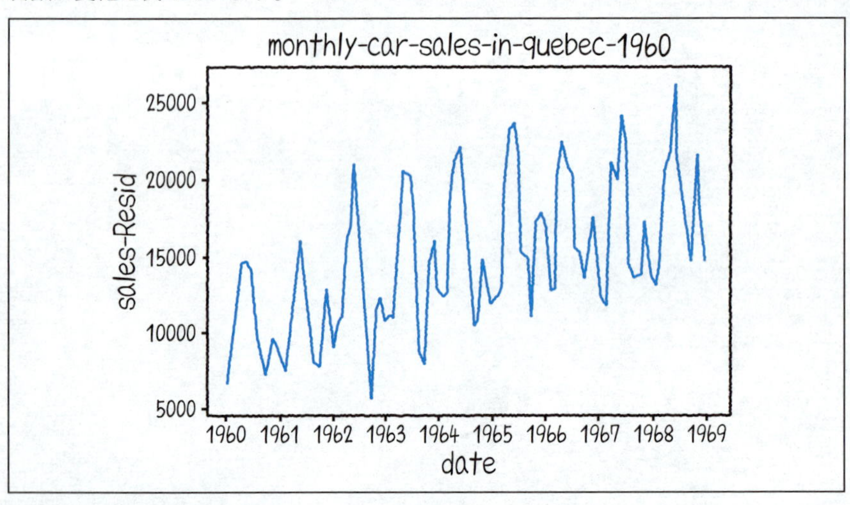

図 10.1：車の販売台数の変化（1960 年代、カナダ・ケベック州）

出典「Monthly car sales in Quebec 1960-1968」より引用

URL https://datamarket.com/data/set/22n4/monthly-car-sales-in-quebec-1960-1968#!ds=22n4&display=line

問題

次のデータのうち、**折れ線**グラフを用いると良いものはどれでしょう。

1. 月別の売上高。
2. 動物の人気投票の結果。
3. あるテストの生徒全員分の点数。
4. 上記のすべて。

ヒント

折れ線グラフを用いると良いものとは、時間や距離など連続的な量とそれに依存するデータの組み合わせです。

解答例

1. 月別の売上高。

10.1.2 棒グラフ

項目を横軸に並べ、その項目が取る値を図形の長さで縦に表したグラフを**棒グラフ**と呼びます。

棒グラフは、**2つ以上の項目が持つ値を比較する際に適している**視覚化の方法です。例えば、選挙における候補者別の得票数を視覚化したい場合は棒グラフを用いると良いでしょう。

あるデータの可視化に棒グラフが適している時、円グラフによる可視化も有効な場合があります。図 10.2 の棒グラフは国別の人口の比較を表しています。

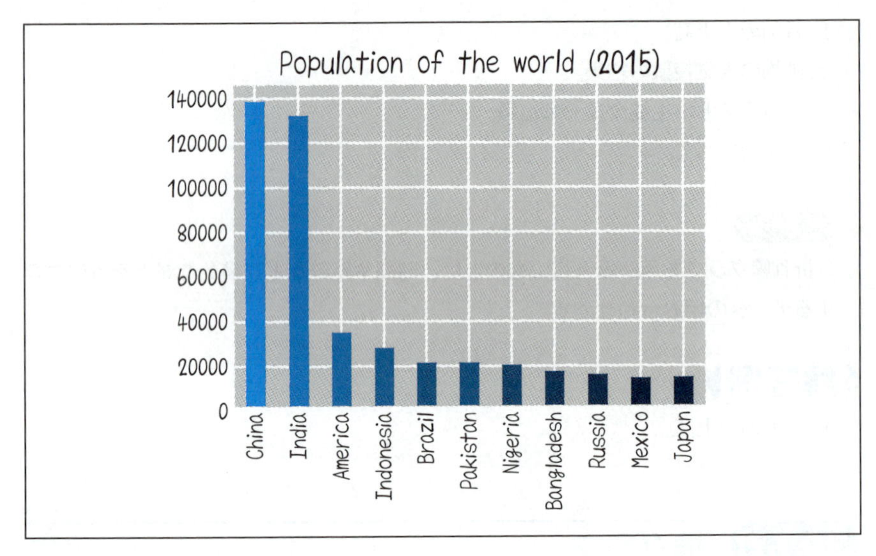

図 10.2：国別の人口の比較

問題

次のデータのうち、**棒グラフ**を用いると良いものはどれでしょう。

1. 月別の売上高を表す時系列データ。
2. 動物の人気投票の結果。
3. マラソンコースのスタート地点からゴールまでの標高を表す高低差。
4. 上記のすべて。

ヒント

棒グラフは、2つ以上の項目を比較する際に有効な視覚化の方法です。

解答例

2. 動物の人気投票の結果。

10.1.3 ヒストグラム

データを、階級ごとに分けてから階級内の度数（同じ階級に含まれるデータの個数）

を高さで表したグラフを**ヒストグラム**と呼びます。

ヒストグラムは**度数分布図**とも呼びます。ヒストグラムは、**1次元のデータ（ある製品の長さを何回も測定したデータなど）の分布を可視化する際に最も適している**可視化の方法です。

図 10.3 のヒストグラムは日本人男性（成人）の身長の分布を表しています。

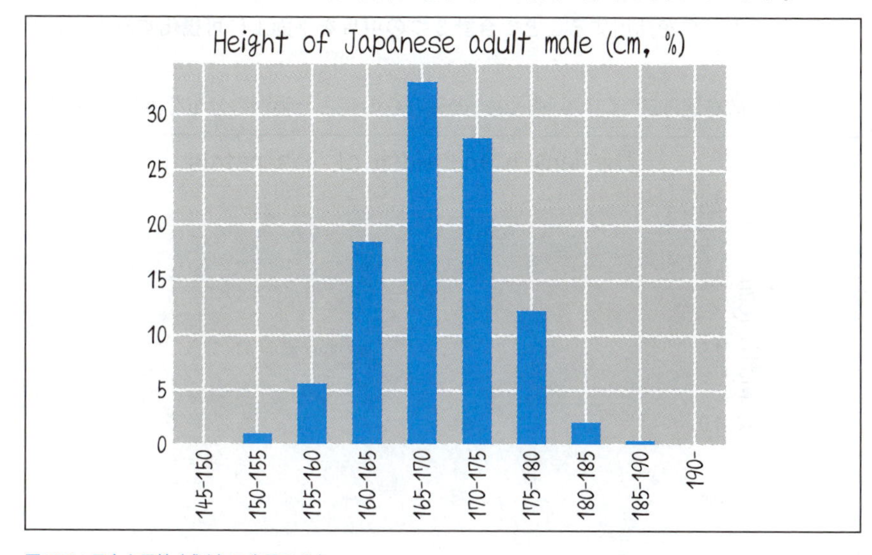

図 10.3：日本人男性（成人）の身長の分布

問題

次のデータのうち、**ヒストグラム**を用いると良いものはどれでしょう。

1. 動物の人気投票の結果。
2. あるテストの生徒全員分の点数。
3. マラソンコースのスタート地点からゴールまでの標高。
4. 上記のすべて。

ヒント

ヒストグラムは、1次元のデータの分布を可視化する際に最も適しています。

解答例

2. あるテストの生徒全員分の点数。

10.1.4 散布図

あるデータの２つの項目を平面上のｘ軸とｙ軸にそれぞれ対応させ、点を打ったグラフを**散布図**と言います。

点の色や大きさを活用することで**合計３つの項目を平面上に可視化**することもできます。

図10.4の散布図は、アイリス（あやめ）の花びらの長さと幅別の分布を表しています。

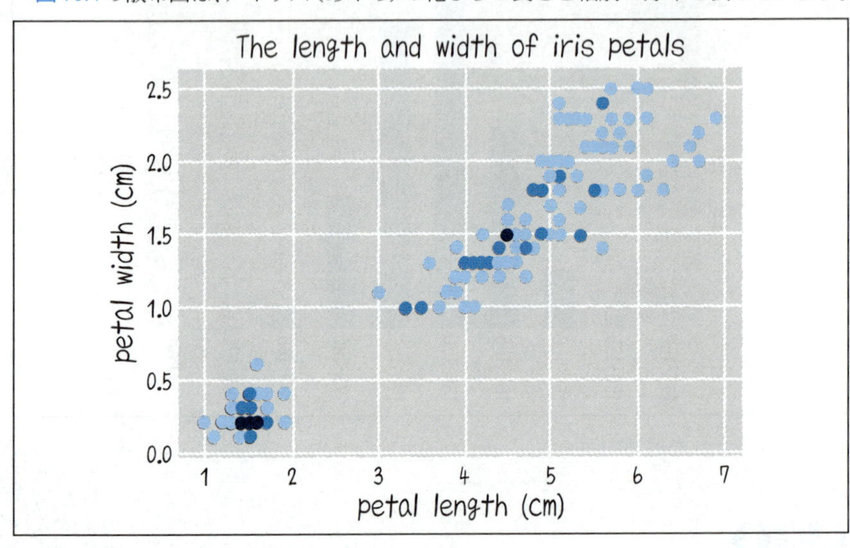

図 10.4：アイリスの花の長さと幅別の分布

問題

次のデータのうち、**散布図**を用いると良いものはどれでしょう。

1. 走り幅跳びでの助走の距離と幅跳びの飛距離。
2. 1日の脂質の平均摂取量と血圧の値。
3. 最高気温とその日に売れたかき氷の数。
4. 上記のすべて。

ヒント

あるデータの２つの項目を平面上のｘ軸とｙ軸にそれぞれ対応させ、点を打ったグラフを散布図と言います。

解答例

4. 上記のすべて。

10.1.5 円グラフ

円形の図形に、全体にしめる割合に応じて中心からの角度を割り当てるグラフを**円グラフ**と言います。

円グラフは、**ある項目の割合を全体と比較したい時に最も適している**可視化の方法です。あるデータの可視化に円グラフが適している時、棒グラフによる可視化も有効な場合があります。

図 10.5 のグラフは、好きな果物は何かというアンケート結果を示しています。

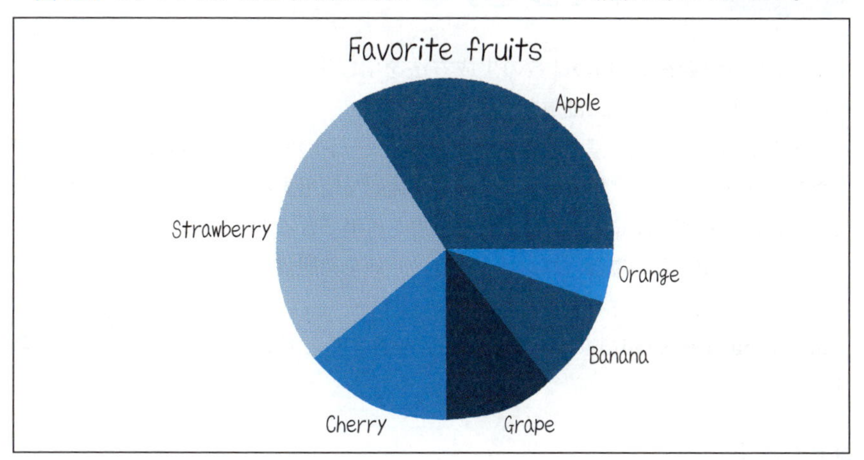

図 10.5：アンケート結果

問題

次のデータのうち、**円グラフ**を用いると良いものはどれでしょう。

1. ある製品の国別のシェア。
2. ある製品の月別販売個数。
3. 最高気温とその日に売れたかき氷の数。

4. 上記のすべて。

ヒント

円グラフは、ある項目の割合を全体と比較したい時に最も適している可視化の方法です。

解答例

1. ある製品の国別のシェア。

10.2 乱数の生成

10.2.1 シードを設定する

この節では様々な種類の乱数の生成方法を学びます。コンピュータは「シード(seed)」というものを元に乱数を生成します。

シードとは乱数生成の基となる初期値です。シードの値を固定することでつねに**同じ乱数列**を生成することができます。同じ乱数列を使用することによって、同じ条件であれば乱数を用いていても同様の計算結果を再現できるようになります。

シードを設定しない場合、コンピュータの時刻を初期値として使用するため実行ごとに異なる乱数が出力されます。

`numpy.random.seed()` にシード（整数）を渡すことで数値を設定することができます。

問題

シードを設定する / しないことの変化を確認してください。

リスト 10.1 のコードを実行して結果を出力してください。

In
```
import numpy as np


# 初期化せず適当な乱数が一致するかを確認します
# X、Yにそれぞれ5つの乱数を格納します
X = np.random.randn(5)
```

```
Y = np.random.randn(5)
# X、Y の値を出力します
print(" シードを設定しない場合 ")
print("X:",X)
print("Y:",Y)

# シードを設定してください
np.random.seed(0)
# 乱数列を変数に代入します
x = np.random.randn(5)
# 同じシードを与えて初期化してください
np.random.seed(0)
# 再び乱数列を作り別の変数に代入します
y = np.random.randn(5)
# x、y の値を出力し、一致するか確認します
print(" シードを設定した場合 ")
print("x:",x)
print("y:",y)
# 何も書き込まずに出力してください
```

リスト 10.1：問題

ヒント

np.random.seed() にシード（整数）を渡すことで数値を設定することができます。

解答例

Out

```
シードを設定しない場合
X: [-1.05645152  1.01360078  0.41959289 -0.3357276  -0.39779698]
Y: [-0.89117927 -0.68139104 -1.05897887  1.3074623   1.23857217]
シードを設定した場合
x: [1.76405235 0.40015721 0.97873798 2.2408932  1.86755799]
y: [1.76405235 0.40015721 0.97873798 2.2408932  1.86755799]
```

リスト 10.2：解答例

10.2.2 正規分布に従う乱数を生成する

`numpy.random.randn()` で生成した数値をプロットしたヒストグラムは**正規分布**と呼ばれる式のグラフに近い形をしています。

`numpy.random.randn()` に整数を渡すと、**正規分布**に従う乱数を渡した値の数だけ返します。

問題

シードの値を 0 に設定してください（リスト 10.3）。

正規分布に従う乱数を 10,000 個生成し、変数 x に代入してください。

In
```
import numpy as np
import matplotlib.pyplot as plt
%matplotlib inline

# シードの値を 0 に設定してください

# 正規分布に従う乱数を 10,000 個生成し、x に代入してください
x = 

# 可視化します
plt.hist(x, bins='auto')
plt.show()
```

リスト 10.3：問題

ヒント

`np.random.randn()` に整数を渡すと、正規分布に従う乱数を渡した値の数だけ返します。

解答例

In
```
(…略…)
# シードの値を 0 に設定してください
```

```
np.random.seed(0)
# 正規分布に従う乱数を 10,000 個生成し、x に代入してください
x = np.random.randn(10000)
(…略…)
```

Out

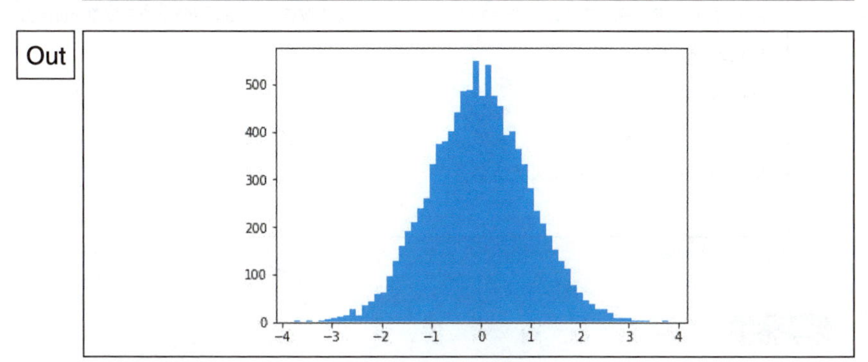

リスト 10.4：解答例

10.2.3 二項分布に従う乱数を生成する

numpy.random.binomial() はある試行が成功であるか失敗であるかのいずれかを返します。例えば、コインを投げた時は必ず表か裏しか出ません。

そして、失敗も成功も確率は 0.5 です。**numpy.random.binomial()** に整数 **n** と 0 以上 1 以下の実数 **p** を渡すと、渡した整数 **n** の回数だけ成功率 **p** の試行を行い、成功する回数を返します。第 3 引数に **size= 整数値**を渡すと、**n** 回試行した時の成功数を指定した整数値分だけ返します。

例えば、100 回コインを投げた場合、表が出る回数を出力したい時は、

```
numpy.random.binomial(100,0.5)
```

と記述します。

問題

0.5 の確率で成功する試行を 100 回行った時の成功数を 10,000 回分求めて**変数 nums に代入**してください（リスト 10.5）。

nums の成功数から、成功率の平均を出力してください。

```
In
import numpy as np

# シードを設定します
np.random.seed(0)
# 0.5の確率で成功する試行を100回行った時の成功数を10,000回分求めて変数nums↵
に代入してください
nums = 

# 成功率の平均を出力してください
```

リスト10.5：問題

ヒント

・**np.random.binomial()**に整数を渡すと、正規分布に従う乱数を渡した値の数だけ返します。

・**size=整数値**を渡すと、**n**回試行した時の成功数を指定した整数値分だけ返します。

解答例

```
In
(…略…)
# 0.5の確率で成功する試行を100回行った時の成功数を10,000回分求めて変数nums↵
に代入してください
nums = np.random.binomial(100, 0.5, size=10000)

# 成功率の平均を出力してください
print(nums.mean()/100)
```

```
Out
0.49832
```

リスト10.6：解答例

10.2.4 リストからランダムに選択する

以下のようにして**numpy.random.choice()**にリスト型のデータ**x**と整数値**n**を

渡すと、**渡したリスト型のデータの中からランダムに選んだ結果を渡した整数値の数**だけ返します。

```
numpy.random.choice(x, n)
```

問題

リスト x の中からランダムに 5 個選んだ結果を**変数 y に代入**してください（リスト 10.7）。

In
```
import numpy as np

x = ['Apple', 'Orange', 'Banana', 'Pineapple', 'Kiwifruit',
'Strawberry']

# シードを設定します
np.random.seed(0)
# xの中からランダムに5個選んでyに代入してください
y =

print(y)
```
リスト 10.7：問題

ヒント

np.random.choice() にリスト型のデータと整数値を渡すと、渡したリスト型のデータの中から**ランダムに選んだ結果を渡した整数値の数**だけ返します。

解答例

In
```
(…略…)
# xの中からランダムに5個選んでyに代入してください
y = np.random.choice(x, 5)
(…略…)
```

Out
```
['Kiwifruit' 'Strawberry' 'Apple' 'Pineapple' 'Pineapple']
```
リスト 10.8：解答例

10.3 時系列データ

10.3.1 datetime型

時系列データを扱う際、**時を表す方法が必要**です。Pythonには日付や時刻を扱うための**datetime**というデータ型が用意されています。**datetime.datetime(年, 月, 日, 時, 分, 秒, ミリ秒)**を指定すると、指定したデータを持つ**datetime**オブジェクトを返します。順番に値を渡さなくても、**day = 日**などと指定することで年や月を指定しないで済みます。

問題

1992年10月22日を表す**datetime**オブジェクトを作成し、**x**に代入してください（リスト10.9）。

In

```
import datetime as dt


# 1992年10月22日を表すdatetimeオブジェクトを作成してxに代入してください
x =


# 出力します
print(x)
```

リスト10.9：問題

dt.datetime(年, 月, 日)とすることで指定の日を表す**datetime**オブジェクトを作ることができます。

解答例

In
```
(…略…)
# 1992年10月22日を表すdatetimeオブジェクトを作成してxに代入してください
x = dt.datetime(1992, 10, 22)
(…略…)
```

Out
```
1992-10-22 00:00:00
```

リスト10.10：解答例

10.3.2 timedelta型

datetime.timedelta型は時間の長さを表すデータ型です。**datetime.timedelta(日, 秒)**の順で指定することで指定した時間を表す**timedelta**オブジェクトを返します。**hours=4**、**minutes=10**などのように指定することで時間や分単位の指定ができます。

問題

1時間半を表す**timedelta**オブジェクトを作成し、**x**に代入してください（リスト10.11）。

In
```
import datetime as dt

# 1時間半を表すtimedeltaオブジェクトを作成し、xに代入してください
x = 

# 出力します
print(x)
```

リスト10.11：問題

dt.timedelta(日, 秒)の順で指定することで指定した時間を表す**timedelta**

オブジェクトを返します。**hours=4**、**minutes=10** などのように指定することで時間や分単位の指定ができます。

解答例

In
```
(…略…)
# 1時間半を表す timedelta オブジェクトを作成し、x に代入してください
x = dt.timedelta(hours=1, minutes=30)
(…略…)
```

Out
```
1:30:00
```

リスト 10.12：解答例

10.3.3 datetime 型と timedelta 型の演算

datetime オブジェクトと **timedelta** オブジェクト同士を足したり引いたりすることができます。**timedelta** 型は整数倍したり、**timedelta** 型同士で演算したりすることもできます。

問題

1992 年 10 月 22 日を表す **datetime** オブジェクトを作成し、**x に代入**してください（リスト 10.13）。**x** から 1 日後を表す **datetime** オブジェクトを **y に代入**してください。

In
```
import datetime as dt



# 1992年10月22日を表す datetime オブジェクトを作成して x に代入してください
x = 

# x から 1 日後を表す datetime オブジェクトを y に代入してください
y = 

# 出力します
```

```
print(y)
```

リスト 10.13：問題

ヒント

- **datetime** オブジェクトと **timedelta** オブジェクト同士を足したり引いたりすることができます。
- **dt.timedelta(1)** によって 1 日分の **timedelta** オブジェクトを作成できます。

解答例

In

```
(…略…)
# 1992 年 10 月 22 日を表す datetime オブジェクトを作成して x に代入してください
x = dt.datetime(1992, 10, 22)

# x から 1 日後を表す datetime オブジェクトを y に代入してください
y = x + dt.timedelta(1)
(…略…)
```

Out

```
1992-10-23 00:00:00
```

リスト 10.14：解答例

10.3.4 時を表す文字列から datetime オブジェクトを作成する

datetime を使うと、フォーマットを指定して文字列から **datetime** オブジェクトを生成することができます。例えば、文字列 **s** が **" 年 - 月 - 日 時 - 分 - 秒 "** の形式の 場 合、**datetime.datetime.strptime(s, "%Y-%m-%d %H-%M-%S")** と す る と **datetime** オブジェクトを生成して返します。

問題

1992 年 10 月 22 日を表す文字列を **" 年 - 月 - 日 "** の形式で **s に代入**してください（リスト 10.15）。**s** を変換して、1992 年 10 月 22 日を表す **datetime** オブジェクトを **x に代入**してください。

In

```
import datetime as dt

# 1992年10月22日を表す文字列を"年-月-日"の形式でsに代入してください
s = 
# sを変換して、1992年10月22日を表すdatetimeオブジェクトをxに代入してくだ
さい
x = 

# 出力します
print(x)
```

リスト10.15：問題

ヒント

例えば、文字列sが"年-月-日 時-分-秒"の形式の場合、**dt.datetime.strptime(s, "%Y-%m-%d-%H-%M-%S")**とすると**datetime**オブジェクトを生成して返します。

解答例

In

```
(…略…)
# 1992年10月22日を表す文字列を"年-月-日"の形式でsに代入してください
s = "1992-10-22"
# sを変換して、1992年10月22日を表すdatetimeオブジェクトをxに代入してくだ
さい
x = dt.datetime.strptime(s, "%Y-%m-%d")
(…略…)
```

Out

```
1992-10-22 00:00:00
```

リスト10.16：解答例

10.4 データの操作

10.4.1 文字列型から数値型へ型変換する

この節では、**データの整形**について学びます。複数のソースから得たデータを結合したり、データの利用方法について吟味したりするといったデータの整形の詳しい内容は後に第14章「DataFrameを用いたデータクレンジング」で学びますので、ここでは基本的な内容を学びます。

ファイルなどから読み取った数値を計算するためには、読み取ったデータの型がint型やfloat型でなければなりせん。数字のみの文字列を`int()`や`float()`に渡すとそれらを数値型に変換することができます。

問題

数字の文字列が入っている**変数 x、y** を **int()** を用いて変換し数値的な和を **z に代入**して出力してください（リスト10.17）。

In

```
# 文字列型を代入します
x = '64'
y = '16'

# x、y を int() を用いて変換し数値的な和を z に代入してください
z =

# z の値を出力します
print(z)
```

リスト10.17：問題

ヒント

数字のみの文字列を`int()`や`float()`に渡すとそれらを数値型に変換することができます。

解答例

In

```
(…略…)
# x、y を int() を用いて変換し数値的な和を z に代入してください
z = int(x) + int(y)
(…略…)
```

Out

```
80
```

リスト 10.18：解答例

10.4.2 等間隔の数列を生成する①

リストの要素に順番をつけたい時や偶数列 (0, 2, 4, …) がほしい時などは、**numpy.arange()** を使うのが便利です。**numpy.arange(始まりの値 , 終わりの値 , 間隔の値)** とすると、**始まりから終わりの直前までの数値を指定した間隔**で返します。

例えば 0 から 4 までの偶数列が欲しい時は **np.arange(0, 5, 2)** などとします、終わりの値は**直前までの値**となるため **np.arange(0, 4, 2)** としてしまうと 0 から 2 までの偶数列になってしまうことに注意しましょう。

問題

np.arange() を用いて **x に 0 から 10 までの偶数列を代入**してください（リスト 10.19）。

In

```
import numpy as np

# x に 0 から 10 までの偶数列を代入してください。終わりの値は 12 でも正解です
x = 

# 出力します
print(x)
```

リスト 10.19：問題

ヒント

- **np.arange()** に始まり、終わり、間隔の値を渡すと始まりから終わりの直前までの数値を指定した間隔で返します。
- 終わりの直前までの数値を指定することに注意しましょう。

解答例

In
```
(…略…)
# xに0から10までの偶数列を代入してください。終わりの値は12でも正解です
x = np.arange(0, 11, 2)
(…略…)
```

Out
```
[ 0  2  4  6  8 10]
```

リスト 10.20：解答例

10.4.3 等間隔の数列を生成する②

指定の範囲を任意の個数に分割したい時は、**numpy.linspace()** を使うのが便利です。

numpy.linspace() に初め、終わり、分割したい個数の数値を渡すと、**指定した個数に分割する点**を返します。

例えば、0から15の範囲を等間隔に分ける4点**0**、**5**、**10**、**15**を出力させたい場合には **np.linspace(0, 15, 4)** とします。

問題

np.linspace() を用いて **0から10まで**の範囲を等間隔に分ける**5点**を**x**に代入してください（リスト 10.21）。

In
```
import numpy as np

# 0から10までの範囲を等間隔に分ける5点をxに代入してください
x =
```

```
# 出力します
print(x)
```

リスト 10.21：問題

ヒント

numpy.linspace() に初め、終わり、分割したい個数の数値を順に渡すと、指定した個数に分割する点を返します。

np.linspace(0, 15, 4)

解答例

In

```
(…略…)
# 0 から 10 までの範囲を等間隔に分ける 5 点を x に代入してください
x = np.linspace(0, 10, 5)
(…略…)
```

Out

```
[ 0.   2.5  5.   7.5 10. ]
```

リスト 10.22：解答例

添削問題

matplotlib から用いたヒストグラムの作成に挑戦しましょう。

問題

0 から 1 の一様乱数、正規分布に従う乱数、二項分布に従う乱数をそれぞれ 10,000 個生成して、ヒストグラムで形状を確認してみましょう。各ヒストグラムの **bins** は **50** を指定してください。

In

```
import matplotlib.pyplot as plt
import numpy as np

np.random.seed(100)
```

```
# 一様乱数を 10,000 個生成して、random_number_1 に代入してください

# 正規分布に従う乱数を 10,000 個生成して、random_number_2 に代入してください

# 二項分布に従う乱数を 10,000 個生成して、random_number_3 に代入してください。↵
成功確率は 0.5 としてください


plt.figure(figsize=(5,5))
# 一様乱数をヒストグラムで表示させてください。bins は 50 に指定してください

plt.title('uniform_distribution')
plt.grid(True)
plt.show()

plt.figure(figsize=(5,5))
# 正規分布に従う乱数をヒストグラムで表示させてください。bins は 50 に指定して
ください
plt.title('normal_distribution')
plt.grid(True)
plt.show()

plt.figure(figsize=(5,5))
# 二項分布に従う乱数をヒストグラムで表示させてください。bins は 50 に指定してく↵
ださい

plt.title('binomial_distribution')
plt.grid(True)
plt.show()
```

リスト 10.23：問題

一様乱数、正規分布に従う乱数、二項分布に従う乱数は、それぞれ、**np.random.rand(100)**、**np.random.randn(100)**、**np.random.binomial(100)**

で生成することができます。

解答例

In

```
(…略…)
# 一様乱数を 10,000 個生成して、random_number_1 に代入してください
random_number_1 = np.random.rand(10000)
# 正規分布に従う乱数を 10,000 個生成して、random_number_2 に代入してください
random_number_2 = np.random.randn(10000)
# 二項分布に従う乱数を 10,000 個生成して、random_number_3 に代入してください。⏎
 成功確率は 0.5 としてください
random_number_3 = np.random.binomial(100, 0.5, size=(10000))
(…略…)
plt.figure(figsize=(5,5))
# 一様乱数をヒストグラムで表示させてください。bins は 50 に指定してください
plt.hist(random_number_1, bins=50)
(…略…)
# 正規分布に従う乱数をヒストグラムで表示します
plt.hist(random_number_2, bins=50)
(…略…)
# 二項分布に従う乱数をヒストグラムで表示させてください。bins は 50 に指定してく⏎
ださい
plt.hist(random_number_3, bins=50)
(…略…)
```

Out

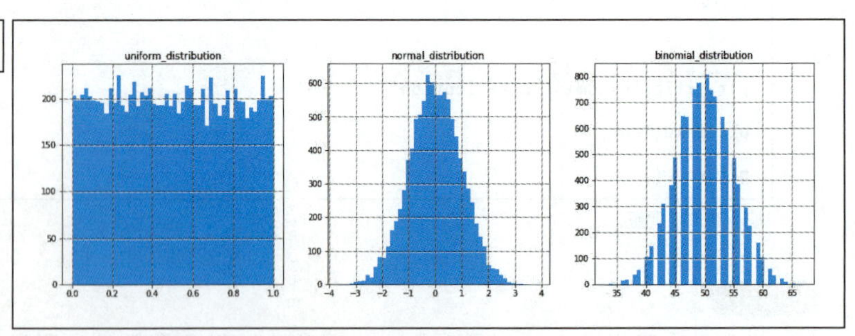

リスト 10.24：解答例（横に並べている）

第 11 章

matplotlib の使い方

11.1 1種類のデータを可視化する

11.1.1 グラフにデータをプロットする

データ分析を行う上でデータを視覚化することはとても有効な手段の１つです。

matplotlibというライブラリはデータを視覚化するための機能が豊富に揃っています。**matplotlib.pyplot.plot(x軸に対応するデータ, y軸に対応するデータ)**を用いることでグラフのx軸（横軸）とy軸（縦軸）にデータを簡単に対応させてグラフを作成することができます。

その後、**matplotlib.pyplot.show()**を使うことで画面上に表示されます。それでは、早速使ってみましょう。

問題

始めに**matplotlib.pyplot**を**plt**として**import**してください（リスト11.1）。

plt.plot()を用いて**x軸に変数x、y軸に変数yのデータを対応させて**ください。

In

```
# matplotlib.pyplotをpltとしてimportしてください
import
import numpy as np
%matplotlib inline


# np.pi は円周率を表します
x = np.linspace(0, 2*np.pi)
y = np.sin(x)


# データx、yをグラフにプロットし、表示してください



plt.show()
```

リスト11.1：問題

- **plt.plot(x軸に対応するデータ, y軸に対応するデータ)** でグラフを作成します。
- Jupyter Notebookでは **%matplotlib inline** と記述することで可視化された出力結果を見ることができます（Jupyter Notebookのみで動きます）。
- **plt.pyplot.show()** で表示します。

解答例

In

```
# matplotlib.pyplotをpltとしてimportしてください
import matplotlib.pyplot as plt
(…略…)
# データx、yをグラフにプロットし、表示してください
plt.plot(x,y)
(…略…)
```

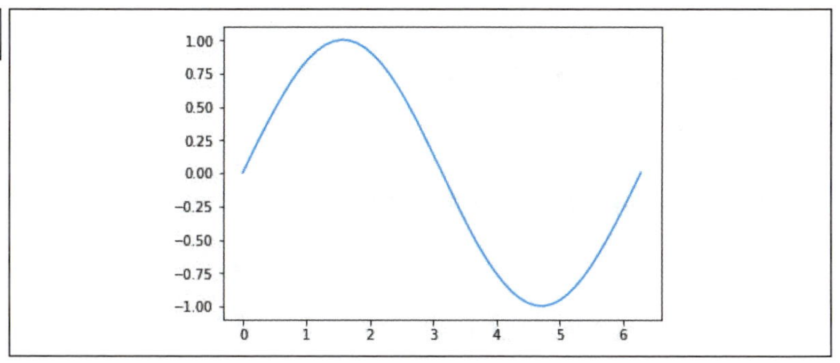

リスト11.2：解答例

11.1.2 グラフの表示範囲を設定する

matplotlib.pyplot を用いてグラフを作成する際、**グラフの表示範囲は自動で設定**されます。

それぞれに軸に割り当てたデータ（リスト）の **min()** 及び **max()** が表示範囲の最小値と最大値になるため、**データのすべての部分が自動で可視化**されます。

しかし、グラフの一部だけを表示させたい場合もあります。この場合は、

```
matplotlib.pyplot.xlim([0,10])
```

などで、グラフの表示範囲を指定できます。ここで用いた **xlim** は x 軸の範囲を指定する関数です。

問題

plt.plot() を用いて x 軸に変数 x、y 軸に変数 y のデータを対応させてください（リスト 11.3）。ただし、**y 軸の表示範囲を [0,1]** にしてください。

In

```
# matplotlib.pyplot を plt として import します
import matplotlib.pyplot as plt
import numpy as np

%matplotlib inline

# np.pi は円周率を表します
x = np.linspace(0, 2*np.pi)
y = np.sin(x)

# y 軸の表示範囲を [0,1] に指定してください



# データ x、y をグラフにプロットし、表示します
plt.plot(x, y)
plt.show()
```

リスト 11.3：問題

ヒント

y 軸の表示範囲は **plot.ylim(" 範囲 ")** で指定することができます。

解答例

In

```
(…略…)
# y 軸の表示範囲を [0,1] に指定してください
plt.ylim([0, 1])
(…略…)
```

Out

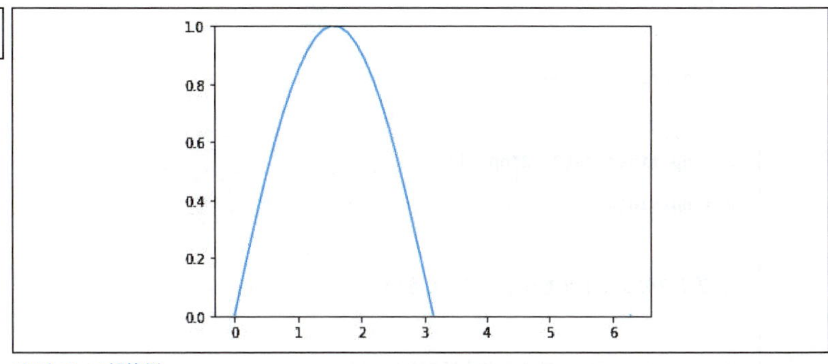

リスト 11.4：解答例

11.1.3 グラフの要素に名前を設定する

見やすいグラフにはタイトルがついていたり、それぞれの軸が何を表しているのかが示されたりしています。

matplotlib.pyplot が持つメソッドを用いることで、**グラフの様々な要素に名前を設定**することができます。

例えば、グラフのタイトルは、

```
matplotlib.pyplot.title(" タイトル ")
```

で、グラフの x 軸の名前は、

```
matplotlib.pyplot.xlabel("x 軸の名前 ")
```

で設定することができます。

問題

グラフのタイトルを "y=sin(x)(0< y< 1)" と設定してください（リスト 11.5）。
グラフの x 軸に "x-axis"、y 軸に "y-axis" と名前を設定してください。

In

```
# matplotlib.pyplot を plt として import します
import matplotlib.pyplot as plt
import numpy as np

%matplotlib inline


x = np.linspace(0, 2*np.pi)
y = np.sin(x)


# グラフのタイトルを設定してください


# グラフの x 軸と y 軸に名前を設定してください




# y 軸の表示範囲を [0,1] に指定します
plt.ylim([0, 1])
# データ x、y をグラフにプロットし、表示します
plt.plot(x, y)
plt.show()
```

リスト 11.5：問題

ヒント

- **plt.title(" タイトル ")** でタイトルを設定する。
- **plt.xlabel("x 軸の名前 ")** で x 軸の名前を設定する。
- **plt.ylabel("y 軸の名前 ")** で y 軸の名前を設定する。

解答例

In

```
(…略…)
# グラフのタイトルを設定してください
plt.title("y=sin(x)( 0< y< 1)")
# グラフの x 軸と y 軸に名前を設定してください
plt.xlabel("x-axis")
plt.ylabel("y-axis")
(…略…)
```

Out

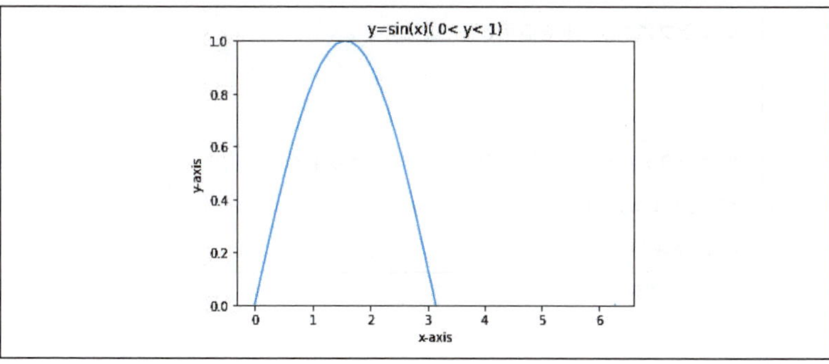

リスト 11.6：解答例

11.1.4 グラフにグリッドを表示する

見やすいグラフには、**グリッド（格子）**が描かれています。

matplotlib.pyplot.grid(True) とすることでグリッドが表されます。デフォルトでは、グリッドが表示されないようになっています。

問題

グラフにグリッドを表示させてください（リスト 11.7）。

In

```
# matplotlib.pyplot を plt として import します
import matplotlib.pyplot as plt
import numpy as np
```

```
%matplotlib inline

x = np.linspace(0, 2*np.pi)
y = np.sin(x)

# グラフのタイトルを設定します
plt.title("y=sin(x)")
# グラフのx軸とy軸に名前を設定します
plt.xlabel("x-axis")
plt.ylabel("y-axis")
# グラフにグリッドを表示してください



# データx、yをグラフにプロットし、表示します
plt.plot(x, y)
plt.show()
```

リスト 11.7：問題

plt.grid(True) でグリッドを表示します。

解答例

In

```
(…略…)
# グラフにグリッドを表示してください
plt.grid(True)
(…略…)
```

Out

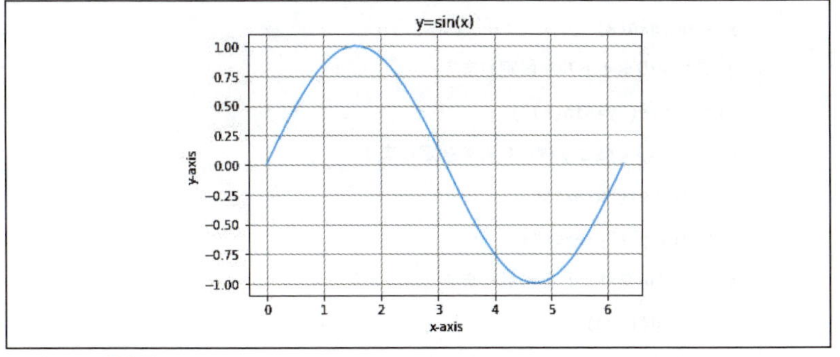

リスト 11.8：解答例

11.1.5 グラフの軸に目盛りを設定する

matplotlib を用いてグラフを作成した際、**x 軸と y 軸に自動で目盛りが付きます。**

たいていの場合、それぞれの軸のきりの良い値の箇所で目盛りが付けられますが、データの種類によっては都合が悪い時もあります。

そこで、x 軸に挿入する目盛りは、

matplotlib.pyplot.xticks(目盛りを挿入する位置 , 挿入する目盛り)

で設定することができます。

問題

グラフの x 軸に目盛りを設定してください（リスト 11.9）。

目盛りを挿入する位置は **positions** に入っています。目盛りは **labels** に入っています。

In

```
# matplotlib.pyplot を plt として import します
import matplotlib.pyplot as plt
import numpy as np

%matplotlib inline

x = np.linspace(0, 2*np.pi)
```

```
y = np.sin(x)
# グラフのタイトルを設定します
plt.title("y=sin(x)")
# グラフのx軸とy軸に名前を設定します
plt.xlabel("x-axis")
plt.ylabel("y-axis")
# グラフにグリッドを表示します
plt.grid(True)
# positionsとlabelsを設定します
positions = [0, np.pi/2, np.pi, np.pi*3/2, np.pi*2]
labels = ["0° ", "90° ", "180° ", "270° ", "360° "]
# グラフのx軸に目盛りを設定してください



# データx、yをグラフにプロットし、表示します
plt.plot(x,y)
plt.show()
```

リスト 11.9：問題

plt.xticks(目盛りを挿入する位置, 挿入する目盛り) で設定します。

解答例

In

```
(…略…)
# グラフのx軸に目盛りを設定してください
plt.xticks(positions, labels)
(…略…)
```

Out

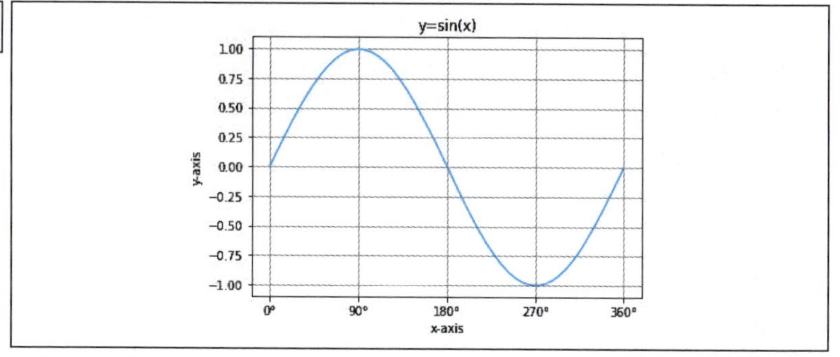

リスト 11.10：解答例

11.2 複数のデータを可視化する①

11.2.1 1つのグラフに2種類のデータをプロットする

1つのグラフに複数のデータを表示させたい時があります。この場合、**2つのデータがグラフ上で区別できなければなりません。**

```
matplotlib.pyplot.plot(x, y, color="色指定")
```

上記の記述でデータがグラフ上に**プロットされる時の色を指定**することができます。

また、1回の実行で `matplotlib.pyplot.plot()` に異なる変数を複数回渡すごとに、プロットがグラフ上に反映されます。

プロットの色は **HTML カラーコード**で指定できます。

HTML カラーコードとは、**#0000ff** のような、# の後の16進数（0～9＋A～F）6桁の英数字で色を表したものです。

例えば赤は **#AA0000** と表すことができます。

また、以下の文字でも指定することができます。

ATTENTION：色について

本書は2色のため、黒と青以外の色を再現できません。その他の色はサンプルで色指定を変えて確認してください。

- **"b"**：青
- **"g"**：緑
- **"r"**：赤
- **"c"**：シアン
- **"m"**：マゼンタ
- **"y"**：黄色
- **"k"**：黒
- **"w"**：白

問題

plt.plot() を用いて **x** 軸に変数 **x**、**y** 軸に変数 **y1** のデータを対応させてください。その際、**黒でプロット**してください（リスト 11.11）。

plt.plot() を用いて **x** 軸に変数 **x**、**y** 軸に変数 **y2** のデータを対応させてください。その際、**青でプロット**してください。

色の指定は**黒**は **'k'**、**青**は **'b'** を用いてください。

In

```
# matplotlib.pyplot を plt として import します
import matplotlib.pyplot as plt
import numpy as np

%matplotlib inline

x = np.linspace(0, 2*np.pi)
y1 = np.sin(x)
y2 = np.cos(x)
labels = ["90° ", "180° ", "270° ", "360° "]
positions = [np.pi/2, np.pi, np.pi*3/2, np.pi*2]
# グラフのタイトルを設定します
plt.title("graphs of trigonometric functions")
# グラフの x 軸と y 軸に名前を設定します
plt.xlabel("x-axis")
plt.ylabel("y-axis")
# グラフにグリッドを表示します
plt.grid(True)
```

```
# グラフの x 軸にラベルを設定します
plt.xticks(positions, labels)
# データ x、y1 をグラフにプロットし、黒で表示してください



# データ x、y2 をグラフにプロットし、青で表示してください



plt.show()
```

リスト 11.11：問題

ヒント

- plt.plot(x, y, color="色") で色を指定してプロットできます。異なるデータで複数行書くとそれぞれが同じグラフにプロットされます。
- 黒は "k"、青は "b" で指定できます。

解答例

In

```
(…略…)
# データ x、y1 をグラフにプロットし、黒で表示してください
plt.plot(x, y1, color="k")

# データ x、y2 をグラフにプロットし、青で表示してください
plt.plot(x, y2, color="b")
(…略…)
```

Out

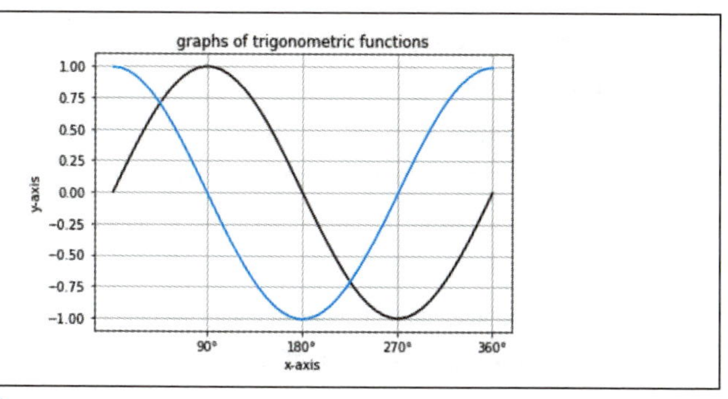

リスト 11.12：解答例

ATTENTION：色について

青や黒以外の色を指定した場合は、PCでコードを実行して確認してください。

11.2.2 系列ラベルを設定する

1つのグラフ内に複数の系列のデータを表示し色で区別することができても、それぞれの系列が何を表しているのかがわからなければ複数の系列のデータを1つのグラフにまとめた意味がありません。

そこで、**matplotlib.pyplot.legend(["ラベル名1", "ラベル名2", ...])** でグラフ内の系列ラベルを設定することができます。

問題

plt.plot() を用いてx軸に変数 **x**、y軸に変数 **y1** のデータを対応させてください。その際、**"y=sin(x)"** とラベルを付けて黒でプロットしてください（リスト11.13）。

plt.plot() を用いてx軸に変数 **x**、y軸に変数 **y2** のデータを対応させてください。その際、**"y=cos(x)"** とラベルを付けて青でプロットしてください。

plt.legend() を用いて、系列ラベルを設定してください。

In

```
# matplotlib.pyplotをpltとしてimportします
import matplotlib.pyplot as plt
import numpy as np

%matplotlib inline

x = np.linspace(0, 2*np.pi)
y1 = np.sin(x)
y2 = np.cos(x)
labels = ["90° ", "180° ", "270° ", "360° "]
positions = [np.pi/2, np.pi, np.pi*3/2, np.pi*2]
# グラフのタイトルを設定します
plt.title("graphs of trigonometric functions")
# グラフのx軸とy軸に名前を設定します
```

```
plt.xlabel("x-axis")
plt.ylabel("y-axis")
# グラフにグリッドを表示します
plt.grid(True)
# グラフの x 軸にラベルを設定します
plt.xticks(positions, labels)
# データ x、y1 をグラフにプロットし、"y=sin(x)" とラベルを付けて黒で表示してく⏎
ださい


# データ x、y2 をグラフにプロットし、"y=cos(x)" とラベルを付けて青で表示してく⏎
ださい


# 系列ラベルを設定してください



plt.show()
```

リスト 11.13：問題

matplotlib.pyplot.legend([" ラベル名 1", " ラベル名 2", ...]) でラベルを設定することができます。

解答例

In

```
(…略…)
# データ x、y1 をグラフにプロットし、"y=sin(x)" とラベルを付けて黒で表示してく⏎
ださい
plt.plot(x, y1, color="k", label="y=sin(x)")
# データ x、y2 をグラフにプロットし、"y=cos(x)" とラベルを付けて青で表示してく⏎
ださい
plt.plot(x, y2, color="b", label="y=cos(x)")
# 系列ラベルを設定してください
plt.legend(["y=sin(x)", "y=cos(x)"])
(…略…)
```

Out

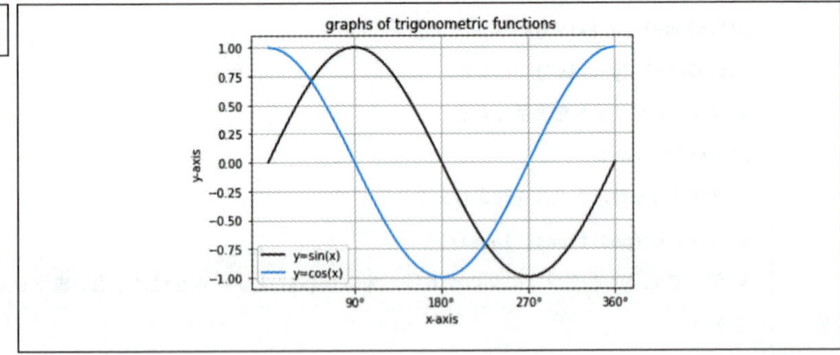

リスト 11.14：解答例

11.3 複数のデータを可視化する②

11.3.1 図の大きさを設定する

この節では**複数のグラフを作成し、それらを編集する方法**を学びます。

matplotlib は図という領域内にグラフを描画します。まずは**図の大きさを指定する方法**を見ていきましょう。

`matplotlib.pyplot.figure()` を活用することで図が表示される領域内のすべてを操作できます。

`matplotlib.pyplot.figure(figsize=(横の大きさ , 縦の大きさ))` で図の大きさを指定できます。大きさを指定する時の単位は、**インチ**（1 インチ = 2.54cm）です。

問題

図が表示される領域の大きさが**4 インチ× 4 インチになるように設定**してください（リスト 11.15）。

In

```
# matplotlib.pyplotをpltとしてimportします
import matplotlib.pyplot as plt
import numpy as np

%matplotlib inline
```

```
x = np.linspace(0, 2*np.pi)
y = np.sin(x)

# 図の大きさを設定してください



# データx、yをグラフにプロットし、表示します
plt.plot(x, y)
plt.show()
```

リスト 11.15：問題

ヒント

plt.figure(figsize=(横の大きさ, 縦の大きさ)) で図の大きさを指定できます。単位はインチです。

解答例

In

```
(…略…)
# 図の大きさを設定してください
plt.figure(figsize=(4, 4))
(…略…)
```

Out

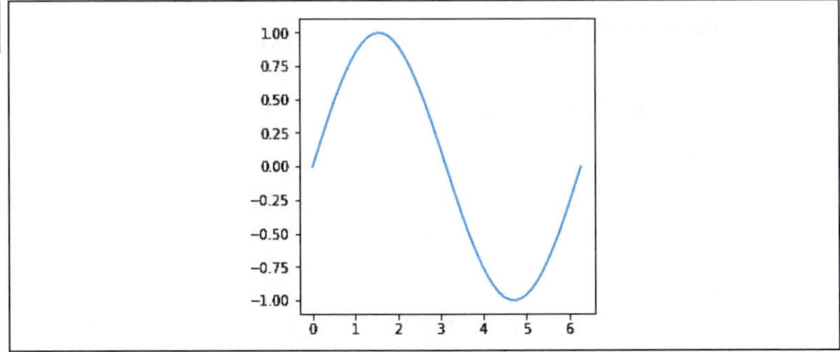

リスト 11.16：解答例

11.3.2 サブプロットを作成する

matplotlibでは、**図よりも小さいサブプロットという単位でグラフを描画する領域を操作**します。

サブプロットを作成する際、**図を分割するレイアウト及びその中での当該サブプロットの位置を指定**します。

例えば、図の大きさを4インチ×4インチとし、図を2×3のレイアウトに分割した時の上から2行目、左から2列目に挿入したい場合は次のように指定します。

```
fig = matplotlib.pyplot.figure(4, 4)
fig.add_subplot(2, 3, 5)
```

問題

2×3のレイアウトの図の上から2行目、左から2列目にグラフを挿入してください（リスト11.17）。用意された**変数fig**を用いてサブプロットを作成し、**変数axに代入**してください。

In

```
# matplotlib.pyplotをpltとしてimportします
import matplotlib.pyplot as plt
import numpy as np

%matplotlib inline

x = np.linspace(0, 2*np.pi)
y = np.sin(x)

# Figureオブジェクトを作成します
fig = plt.figure(figsize=(9, 6))
# 2×3のレイアウトの上から2行目、左から2列目にサブプロットオブジェクトを作↵
ってください
ax = 

# データx、yをグラフにプロットし、表示します
```

```
ax.plot(x,y)

# グラフがどこに追加されるか確認するため空白部分をサブプロットで埋めます
axi = []
for i in range(6):
    if i==4:
        continue
    fig.add_subplot(2, 3, i+1)
plt.show()
```
リスト 11.17：問題

ヒント

・図を「サブプロットの縦の数」×「サブプロットの横の数」に分割して左上からの位置を指定します。
・上から2行目、左から2列目は左上から数えて5番目です。

解答例

In

```
(…略…)
# 2×3のレイアウトの上から2行目、左から2列目にサブプロットオブジェクトを作⏎
ってください
ax = fig.add_subplot(2, 3, 5)
(…略…)
```

Out

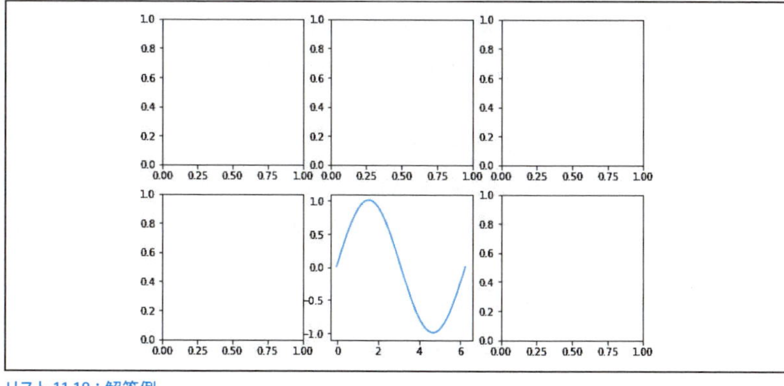

リスト 11.18：解答例

11.3.3 サブプロットのまわりの余白を調整する

図の中にサブプロットを隣り合わせに配置した場合、軸の名前やタイトルを設定することでサブプロット同士が干渉することがあります。このような場合、**サブプロットの周りの余白を調整することでサブプロット同士の干渉を防ぐことができます。**

matplotlib.pyplot.subplots_adjust(wspace=横間隔を空ける割合, hspace=縦間隔を空ける割合)

上記の記述で**サブプロット間の余白を設定**することができます。

問題

2×3のレイアウトになっている図内のサブプロット間を、**縦横ともに1の割合**で空けてください（リスト11.19)。

In

```
# matplotlib.pyplotをpltとしてimportします
import matplotlib.pyplot as plt
import numpy as np

%matplotlib inline

x = np.linspace(0, 2*np.pi)
y = np.sin(x)
labels = ["90° ", "180° ", "270° ", "360° "]
positions = [np.pi/2, np.pi, np.pi*3/2, np.pi*2]

# Figureオブジェクトを作成します
fig = plt.figure(figsize=(9, 6))
# 2×3のレイアウトの上から2行目、左から2列目にサブプロットオブジェクトaxを⏎
作成します
ax = fig.add_subplot(2, 3, 5)
# 図内のサブプロット間を、縦横ともに1の割合で空けてください
```

```
# データx、yをグラフにプロットし、表示します
ax.plot(x, y)
#空白部分をサブプロットで埋めます
axi = []
for i in range(6):
    if i==4:
        continue
    fig.add_subplot(2, 3, i+1)
plt.show()
```

リスト 11.19：問題

ヒント

plt.subplots_adjust(wspace=横間隔を空ける割合, hspace=縦間隔を空ける割合) でサブプロット間の余白を設定することができます。

解答例

In

```
(…略…)
# 図内のサブプロット間を、縦横ともに1の割合で空けてください
plt.subplots_adjust(wspace=1, hspace=1)
(…略…)
```

Out

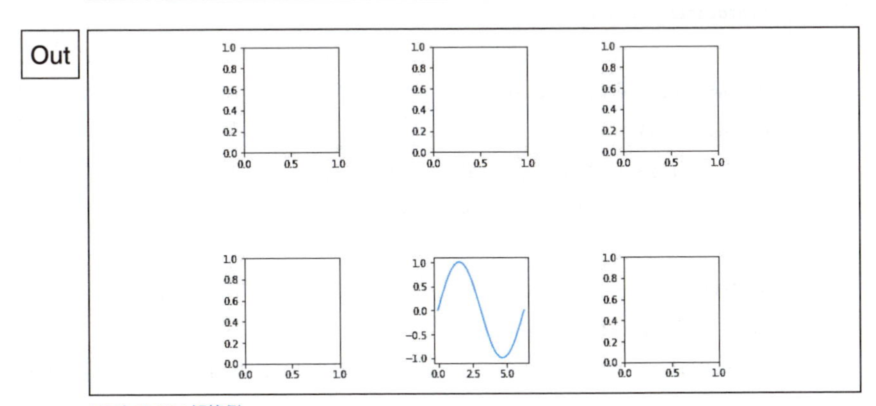

リスト 11.20：解答例

11.3.4 サブプロット内のグラフの表示範囲を設定する

図の中にグラフを描写する時、**グラフの表示範囲を設定することができます**。設定する時はx軸、y軸のそれぞれについて設定することができます。以下がサブプロット内のグラフの表示範囲の設定方法です。**ax**をサブプロットオブジェクトとします。

・x軸の表示範囲を設定する：**ax.set_xlim(範囲)**
・y軸の表示範囲を設定する：**ax.set_ylim(範囲)**

例えばx軸の表示範囲を0から1とする場合は以下のように設定します。

```
ax.set_xlim([0, 1])
```

問題

サブプロット**ax**が用意されています（リスト11.21）。
axのグラフの**y軸の表示範囲を**[0, 1]に設定してください。

In

```
# matplotlib.pyplotをpltとしてimportします
import matplotlib.pyplot as plt
import numpy as np

%matplotlib inline


x = np.linspace(0, 2*np.pi)
y = np.sin(x)
labels = ["90° ", "180° ", "270° ", "360° "]
positions = [np.pi/2, np.pi, np.pi*3/2, np.pi*2]


# Figureオブジェクトを作成します
fig = plt.figure(figsize=(9, 6))
# 2×3のレイアウトの上から2行目、左から2列目にサブプロットオブジェクトaxを↵
作成します
ax = fig.add_subplot(2, 3, 5)
```

```
# 図内のサブプロット間を、縦横ともに 1 の割合で空けます
plt.subplots_adjust(wspace=1, hspace=1)
# サブプロット ax のグラフの y 軸の表示範囲を [0,1] に設定してください



# データ x、y をグラフにプロットし、表示します
ax.plot(x,y)
#空白部分をサブプロットで埋めます
axi = []
for i in range(6):
    if i==4:
        continue
    fig.add_subplot(2, 3, i+1)
plt.show()
```

リスト 11.21：問題

ヒント

例えば、サブプロット ax の x 軸の表示範囲を 0 から 1 とする時は、**ax.set_xlim([0, 1])** とします。y 軸に関しても同様です。

解答例

In

```
(…略…)
# サブプロット ax のグラフの y 軸の表示範囲を [0,1] に設定してください
ax.set_ylim([0, 1])
(…略…)
```

Out

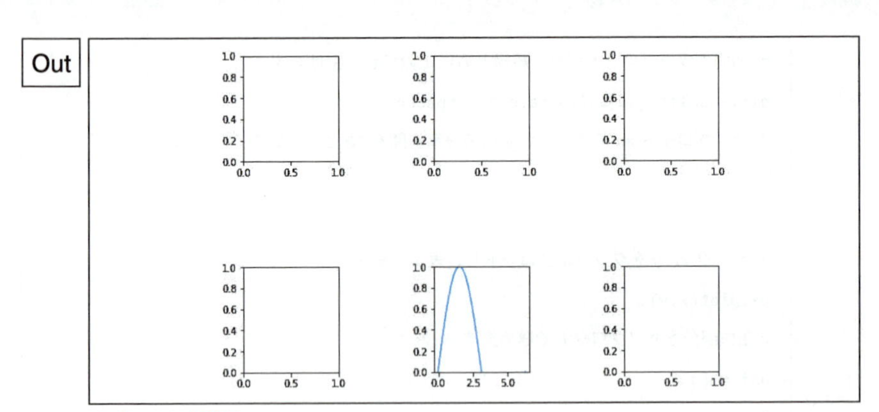

リスト 11.22：解答例

11.3.5 サブプロット内のグラフの要素に名前を設定する

図の中に表示した複数のサブプロットのそれぞれが持っているグラフについて、**タイトルやラベルといった要素を設定することができます。**

各サブプロットについて、11.1.3 項で行ったようにグラフの要素に名前を設定していきます。しかし、それぞれのサブプロットについて要素に名前を設定する場合、11.1.3 項で行った方法とは少し違うので注意が必要です。

以下がサブプロット内のグラフの要素の名前の設定方法です。**ax** をサブプロットオブジェクトとします。

- グラフのタイトルを設定する：**ax.set_title(" タイトル ")**
- x 軸の名前を設定する：**ax.set_xlabel("x 軸の名前 ")**
- y 軸の名前を設定する：**ax.set_ylabel("y 軸の名前 ")**

問題

サブプロット **ax** が用意されています（リスト 11.23）。

ax のグラフのタイトルを **"y=sin(x)"** に設定してください。

ax のグラフの x 軸の名前を **"x-axis"**、y 軸の名前を **"y-axis"** に設定してください。

In

```
# matplotlib.pyplot を plt として import します
import matplotlib.pyplot as plt
import numpy as np
```

```
%matplotlib inline

x = np.linspace(0, 2*np.pi)
y = np.sin(x)
labels = ["90° ", "180° ", "270° ", "360° "]
positions = [np.pi/2, np.pi, np.pi*3/2, np.pi*2]

# Figure オブジェクトを作成します
fig = plt.figure(figsize=(9, 6))
# 2 × 3 のレイアウトの上から 2 行目、左から 2 列目にサブプロットオブジェクト ax を↵
作成します
ax = fig.add_subplot(2, 3, 5)
# 図内のサブプロット間を、縦横ともに 1.0 の割合で空けます
plt.subplots_adjust(wspace=1.0, hspace=1.0)
# サブプロット ax のグラフのタイトルを設定してください


# サブプロット ax のグラフの x 軸、y 軸に名前を設定してください




# データ x、y をグラフにプロットし、表示します
ax.plot(x,y)

# 空白部分をサブプロットで埋めます
axi = []
for i in range(6):
    if i==4:
        continue
    fig.add_subplot(2, 3, i+1)
plt.show()
```

リスト 11.23：問題

ヒント

- 11.1.3 項で行った設定方法とは少し違います。
- グラフのタイトルを設定する：**ax.set_title(" タイトル ")**
- x 軸の名前を設定する：**ax.set_xlabel("x 軸の名前 ")**
- y 軸の名前を設定する：**ax.set_ylabel("y 軸の名前 ")**

解答例

In

```
(…略…)
# サブプロット ax のグラフのタイトルを設定してください
ax.set_title("y=sin(x)")

# サブプロット ax のグラフの x 軸、y 軸に名前を設定してください
ax.set_xlabel("x-axis")
ax.set_ylabel("y-axis")
(…略…)
```

Out

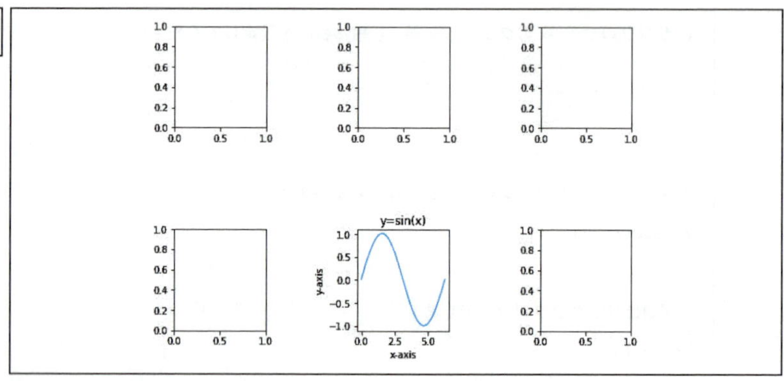

リスト 11.24：解答例

11.3.6 サブプロット内のグラフにグリッドを表示する

本章の 11.1.4 項でグラフにグリッドを表示させたように、サブプロットごとにグリッドを表示させることができます。

サブプロット **ax** のグラフにグリッドを表示させるには、**ax.grid(True)** とします。

問題

サブプロット **ax** が用意されています（リスト 11.25）。
ax のグラフにグリッドを表示させてください。

In

```
# matplotlib.pyplot を plt として import します
import matplotlib.pyplot as plt
import numpy as np

%matplotlib inline

x = np.linspace(0, 2*np.pi)
y = np.sin(x)

# Figure オブジェクトを作成します
fig = plt.figure(figsize=(9, 6))
# 2 × 3 のレイアウトの上から 2 行目、左から 2 列目にサブプロットオブジェクト ax を⏎
作成します
ax = fig.add_subplot(2, 3, 5)
# 図内のサブプロット間を、縦横ともに 1.0 の割合で空けます
plt.subplots_adjust(wspace=1.0, hspace=1.0)
# サブプロット ax のグラフにグリッドを設定してください



# サブプロット ax のグラフのタイトルを設定します
ax.set_title("y=sin(x)")
# サブプロット ax のグラフの x 軸、y 軸に名前を設定します
ax.set_xlabel("x-axis")
ax.set_ylabel("y-axis")
# データ x、y をグラフにプロットし、表示します
ax.plot(x,y)
# 空白部分をサブプロットで埋めます
axi = []
```

```
for i in range(6):
    if i==4:
        continue
    fig.add_subplot(2, 3, i+1)
plt.show()
```

リスト 11.25：問題

ヒント

サブプロット ax のグラフにグリッドを表示させるには、**ax.grid(True)** とします。

解答例

In

```
(…略…)
# サブプロット ax のグラフにグリッドを設定してください
ax.grid(True)
(…略…)
```

Out

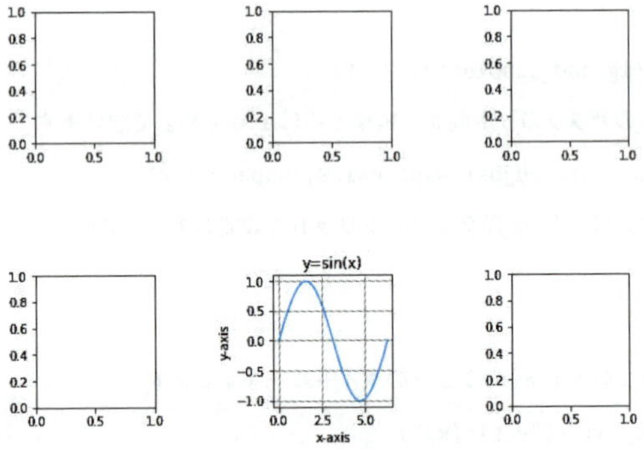

リスト 11.26：解答例

11.3.7 サブプロット内のグラフの軸に目盛りを設定する

本章の 11.1.5 項で行ったように、サブプロットに対しても軸の目盛りを設定することができます。

ただし、11.1.5 項で設定した方法とは少し違うので注意が必要です。

サブプロット **ax** の x 軸に挿入する目盛りの位置は、

ax.set_xticks(" 挿入位置のリスト ")

で設定できます。挿入するラベルは、

ax.set_xticklabels(" 目盛りのリスト ")

で指定できます。

問題

サブプロット **ax** が用意されています（リスト 11.27)。

ax の x 軸に目盛りを設定してください。目盛りの挿入位置は **positions**、目盛りは **labels** に入っています。

In

```
# matplotlib.pyplot を plt として import します
import matplotlib.pyplot as plt
import numpy as np

%matplotlib inline

x = np.linspace(0, 2*np.pi)
y = np.sin(x)
positions = [0, np.pi/2, np.pi, np.pi*3/2, np.pi*2]
labels = ["0° ", "90° ", "180° ", "270° ", "360° "]

# Figure オブジェクトを作成します
fig = plt.figure(figsize=(9, 6))
# 2 × 3 のレイアウトの上から 2 行目、左から 2 列目にサブプロットオブジェクト ax を↵
作成します
ax = fig.add_subplot(2, 3, 5)
# 図内のサブプロット間を、縦横ともに 1 の割合で空けます
plt.subplots_adjust(wspace=1, hspace=1)
```

```
# サブプロット ax のグラフにグリッドを表示します
ax.grid(True)
# サブプロット ax のグラフのタイトルを設定します
ax.set_title("y=sin(x)")
# サブプロット ax のグラフの x 軸、y 軸に名前を設定します
ax.set_xlabel("x-axis")
ax.set_ylabel("y-axis")
# サブプロット ax のグラフの x 軸に目盛りを設定してください




# データ x、y をグラフにプロットし、表示します
ax.plot(x,y)
#空白部分をサブプロットで埋めます
axi = []
for i in range(6):
    if i==4:
        continue
    fig.add_subplot(2, 3, i+1)
plt.show()
```

リスト 11.27：問題

ヒント

サブプロット ax の x 軸に挿入する目盛りの位置は、**ax.set_xticks("** 挿入位置のリスト **")** で設定できます。挿入する目盛りは **ax.set_xticklabels("** 目盛りのリスト **")** で指定できます。

解答例

In

```
(…略…)
# サブプロット ax のグラフの x 軸に目盛りを設定してください
ax.set_xticks(positions)
ax.set_xticklabels(labels)
```

```
(…略…)
```

Out

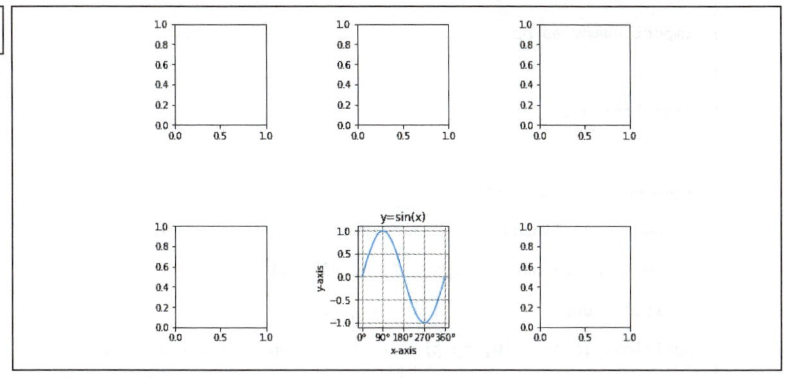

リスト 11.28：解答例

添削問題

サブプロットのオブジェクトを増やすことで複数のグラフを同時に表示させることができます。mathplotlibを用いた複数のグラフの出力に挑戦しましょう。

問題

- 3×2のグラフレイアウトを作成し、上段には左から $y=x^1$、$y=x^2$、$y=x^3$、下段には左から $y=\sin(x)$、$y=\cos(x)$、$y=\tan(x)$ のグラフをプロットしてください。
- それぞれのサブプロットには適切なタイトルを付けてください。また、グリッドを表示させてください。
- 上段には **`_upper`** の付いた変数を、下段には **`_lower`** の付いた変数を用いてください。
- $y=\tan(x)$ だけ範囲が違うので **`_tan`** の付いた変数を代わりに使ってください。

ヒント

- x^2、x^3 にはPythonの演算子を用います。
- $\sin(x)$、$\cos(x)$、$\tan(x)$ はすべてnumpyモジュールの中にあります。
- グラフのタイトルで x^2 や x^3 を表示させるには以下のようにします。

```
ax.set_title("$x^2$")
```

In

```
# matplotlib.pyplotをpltとしてimportします
import matplotlib.pyplot as plt
import numpy as np

%matplotlib inline

x_upper = np.linspace(0, 5)
x_lower = np.linspace(0, 2 * np.pi)
x_tan = np.linspace(-np.pi / 2, np.pi / 2)
positions_upper = [i for i in range(5)]
positions_lower = [0, np.pi / 2, np.pi, np.pi * 3 / 2, np.pi * 2]
positions_tan = [-np.pi / 2, 0, np.pi / 2]
labels_upper = [i for i in range(5)]
labels_lower = ["0° ", "90° ", "180° ", "270° ", "360° "]
labels_tan = ["-90° ", "0° ", "90° "]

# Figureオブジェクトを作成します
fig = plt.figure(figsize=(9, 6))

# 3×2のレイアウトを持つ複数の関数のグラフをプロットしてください



plt.show()
```

リスト11.29：問題

解答例

In

```
(…略…)
# 3×2のレイアウトを持つ複数の関数のグラフをプロットしてください
# サブプロット同士が重ならないように設定します
plt.subplots_adjust(wspace=0.4, hspace=0.4)

# 上段のサブプロットを作成します
```

```
for i in range(3):
    y_upper = x_upper ** (i + 1)
    ax = fig.add_subplot(2, 3, i + 1)
    # サブプロット ax のグラフにグリッドを表示します
    ax.grid(True)
    # サブプロット ax のグラフのタイトルを設定します
    ax.set_title("$y=x^%i$" % (i + 1))
    # サブプロット ax のグラフの x 軸、y 軸に名前を設定します
    ax.set_xlabel("x-axis")
    ax.set_ylabel("y-axis")
    # サブプロット ax のグラフの x 軸にラベルを設定します
    ax.set_xticks(positions_upper)
    ax.set_xticklabels(labels_upper)
    # データ x、y をグラフにプロットし、表示します
    ax.plot(x_upper, y_upper)

# 下段のサブプロットを作成します
# あらかじめリストに使う関数とタイトルを入れておくことで for 文による処理を可能↵
にします
y_lower_list = [np.sin(x_lower), np.cos(x_lower)]
title_list = ["$y=sin(x)$", "$y=cos(x)$"]
for i in range(2):
    y_lower = y_lower_list[i]
    ax = fig.add_subplot(2, 3, i + 4)
    # サブプロット ax のグラフにグリッドを表示します
    ax.grid(True)
    # サブプロット ax のグラフのタイトルを設定します
    ax.set_title(title_list[i])
    # サブプロット ax のグラフの x 軸、y 軸に名前を設定します
    ax.set_xlabel("x-axis")
    ax.set_ylabel("y-axis")
    # サブプロット ax のグラフの x 軸にラベルを設定します
    ax.set_xticks(positions_lower)
    ax.set_xticklabels(labels_lower)
```

```
    # データx、yをグラフにプロットし、表示します
    ax.plot(x_lower, y_lower)

# y=tan(x)のグラフのプロット
ax = fig.add_subplot(2, 3, 6)
# サブプロットaxのグラフにグリッドを表示します
ax.grid(True)
# サブプロットaxのグラフのタイトルを設定します
ax.set_title("$y=tan(x)$")
# サブプロットaxのグラフのx軸、y軸に名前を設定します
ax.set_xlabel("x-axis")
ax.set_ylabel("y-axis")
# サブプロットaxのグラフのx軸にラベルを設定します
ax.set_xticks(positions_tan)
ax.set_xticklabels(labels_tan)
# サブプロットaxのグラフのyの範囲を設定します
ax.set_ylim(-1, 1)
# データx、yをグラフにプロットし、表示します
ax.plot(x_tan, np.tan(x_tan))

plt.show()
```

Out

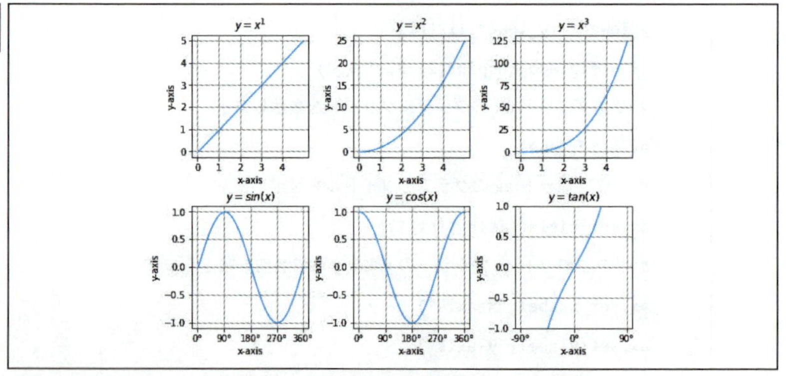

リスト11.30：解答例

第 12 章

様々なグラフを作る

12.1 折れ線グラフ

12.1.1 マーカーの種類と色を設定する

`matplotlib.pyplot.plot()` を用いることで**折れ線グラフを描画**することができます。

データとともに `marker="指定子"` を指定することで**マーカーの種類を設定すること**ができます。

また、`markerfacecolor="指定子"` を指定することで、第11章の11.2.1項「1つのグラフに2種類のデータをプロットする」で学んだものと同じように、**マーカーの色を設定する**ことができます。以下は指定できるマーカーの種類とその色の一部です。

マーカー

- **"o"**: 円
- **"s"**: 四角
- **"p"**: 五角形
- **"*"**: 星
- **"+"**: プラス
- **"D"**: ダイアモンド

色

- **"b"**: 青
- **"g"**: 緑
- **"r"**: 赤
- **"c"**: シアン
- **"m"**: マゼンタ
- **"y"**: 黄
- **"k"**: 黒
- **"w"**: 白

ATTENTION：色について

本書は2色のため、黒と青以外の色を再現できません。その他の色は実際のPCで色指定を変えて確認してください。

問題

黒の円マーカーを用いて折れ線グラフを作成してください（リスト12.1）。x軸に対応するデータは **days**、y軸に対応するデータは **weight** に入っています。

黒は **"k"** で指定してください。

In

```
import numpy as np
import matplotlib.pyplot as plt
%matplotlib inline


days = np.arange(1, 11)
```

```
weight = np.array([10, 14, 18, 20, 18, 16, 17, 18, 20, 17])
# 表示を設定します
plt.ylim([0, weight.max()+1])
plt.xlabel("days")
plt.ylabel("weight")

# 円マーカーを黒でプロットし折れ線グラフを作成してください
plt.plot(days, weight, marker= , markerfacecolor=  )

plt.show()
```

リスト 12.1：問題

ヒント

"marker="指定子"、markerfacecolor="色指定" でマーカーの種類と色を設定することができます。

解答例

In

```
(…略…)
# 円マーカーを黒でプロットし折れ線グラフを作成してください
plt.plot(days, weight, marker="o", markerfacecolor="k")
(…略…)
```

Out

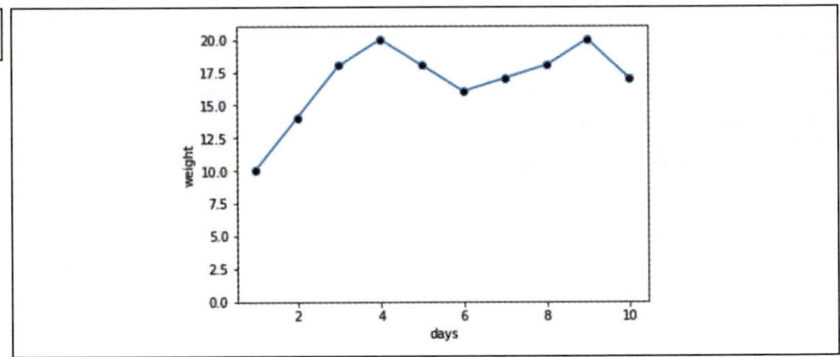

リスト 12.2：解答例

12.1.2 線のスタイルと色を設定する

matplotlib.pyplot.plot() にデータとともに **linestyle="指定子"** を指定することで**線のスタイルを設定する**ことができます。

また、**color="指定子"** を指定することで、第11章の11.2.1項「1つのグラフに2種類のデータをプロットする」で学んだものと同じように、線の色を設定することができます。以下は指定できる線の種類とその色の一部です。

線のスタイル

- **"-"**: 実線
- **"--"**: 破線
- **"-."**: 破線（点入り）
- **":"**: 点線

色

- **"b"**: 青
- **"g"**: 緑
- **"r"**: 赤
- **"c"**: シアン
- **"m"**: マゼンタ
- **"y"**: 黄
- **"k"**: 黒
- **"w"**: 白

ATTENTION：色について

本書は2色のため、黒と青以外の色を再現できません。その他の色は実際のPCで色指定を変えて確認してください。

問題

円マーカーを黒でプロットし、青の破線の折れ線グラフを作成してください（リスト12.3）。

x軸に対応するデータは変数**days**、y軸に対応するデータは変数**weight**に入っています。

In

```
import numpy as np
import matplotlib.pyplot as plt
%matplotlib inline


days = np.arange(1, 11)
weight = np.array([10, 14, 18, 20, 18, 16, 17, 18, 20, 17])
# 表示を設定します
plt.ylim([0, weight.max()+1])
plt.xlabel("days")
```

```
plt.ylabel("weight")

# 円マーカーを黒でプロットし、青の破線の折れ線グラフを作成してください
plt.plot(days, weight, linestyle=  , color=  , marker="o",⏎
markerfacecolor="k")

plt.show()
```

リスト 12.3：問題

ヒント

linestyle=" 指定子 **"**、**color="** 指定子 **"** で線の種類と色を設定することができます。

解答例

In

```
(…略…)
# 円マーカーを黒でプロットし、青の破線の折れ線グラフを作成してください
plt.plot(days, weight, linestyle="--", color="b", marker="o",⏎
markerfacecolor="k")
(…略…)
```

Out

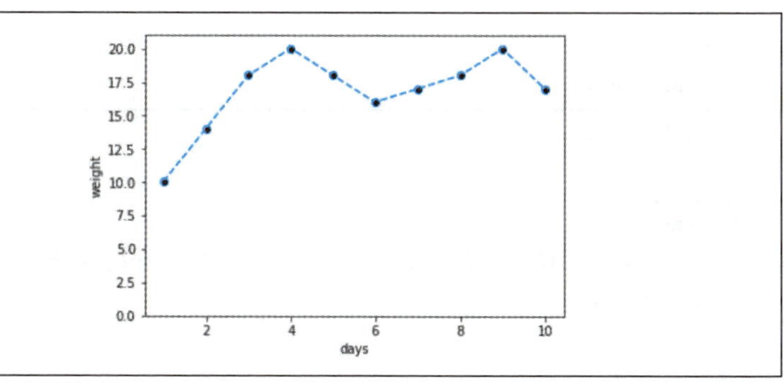

リスト 12.4：解答例

12.2 棒グラフ

12.2.1 棒グラフを作成する

横軸の値とこれに対応する縦軸のデータを **matplotlib.pyplot.bar()** に渡すことで棒グラフを作成できます。

問題

横軸に **x**、縦軸に **y** が対応する棒グラフを作成してください（リスト 12.5）。

In

```
import numpy as np
import matplotlib.pyplot as plt
%matplotlib inline

x = [1, 2, 3, 4, 5, 6]
y = [12, 41, 32, 36, 21, 17]

# 棒グラフを作成してください



plt.show()
```

リスト 12.5：問題

ヒント

横軸の値とその値に対応する縦軸のデータを **plt.bar()** に渡すことで棒グラフを作成できます。

解答例

In

```
(…略…)
# 棒グラフを作成してください
plt.bar(x, y)
```

```
(…略…)
```

Out

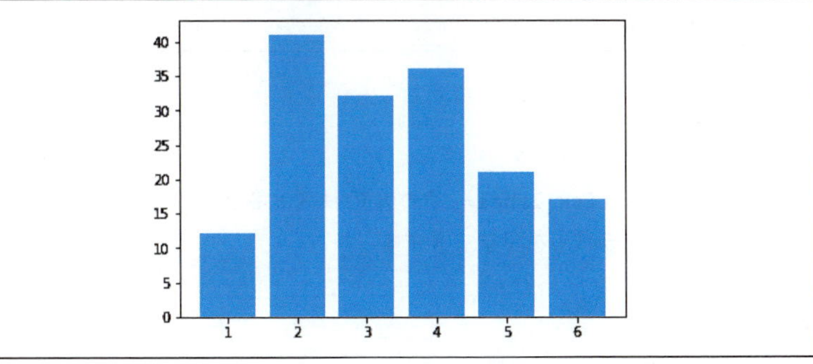

リスト 12.6：解答例

12.2.2 横軸にラベルを設定する

棒グラフの横軸にラベルを付ける方法は、折れ線グラフやその他のグラフで行う方法と異なります。

matplotlib.pyplot.bar() に **tick_label** としてラベルが入っているリストを渡すことでラベルを設定できます。

問題

横軸に **x**、縦軸に **y** のデータが対応する棒グラフを作成し、横軸にラベルを設定してください（リスト 12.7）。ラベルのリストは **labels** に入っています。

In

```
import numpy as np
import matplotlib.pyplot as plt
%matplotlib inline

x = [1, 2, 3, 4, 5, 6]
y = [12, 41, 32, 36, 21, 17]
labels = ["Apple", "Orange", "Banana", "Pineapple", "Kiwifruit",⏎
"Strawberry"]

# 棒グラフを作成し、横軸にラベルを設定してください
```

```
plt.bar(x, y, tick_label=  )


plt.show()
```

リスト 12.7：問題

ヒント

plt.bar() に **tick_label= ラベルのリスト名**としてラベルが入っているリストを渡すことでラベルを設定できます。

解答例

In

```
(…略…)
# 棒グラフを作成し、横軸にラベルを設定してください
plt.bar(x, y, tick_label= labels)
(…略…)
```

Out

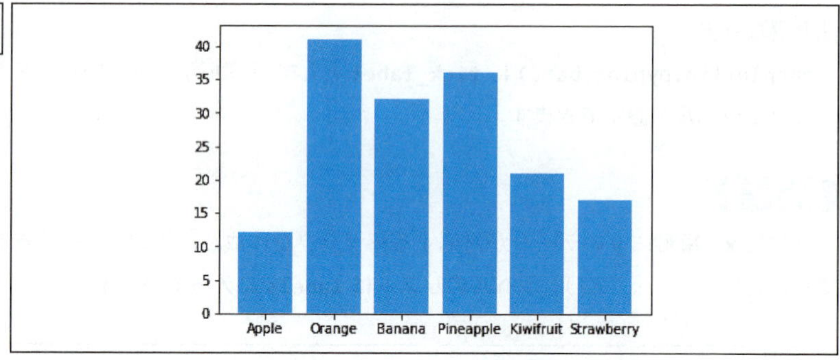

リスト 12.8：解答例

12.2.3 積み上げ棒グラフを作成する

2系統以上のデータを同じ項目に関して積み上げたグラフを**積み上げ棒グラフ**と呼びます。

matplotlib.pyplot.bar() の **bottom** にデータ列を渡すことで対応するインデックスにて**下側の余白を設定することができます。**

すなわち、2回目以降のプロットの時にそれまでの合算を **bottom** に渡すことで積

み上げ棒グラフを作成することができます。

また、**plt.legend(("y1", "y2"))** とすることで系統ラベルを指定することもできます。

問題

横軸に x、縦軸に y1、y2 のデータが対応する**積み上げ棒グラフ**を作成し、横軸にラベルを設定してください（リスト 12.9）。**ラベルは labels に入っています。**

In

```
import numpy as np
import matplotlib.pyplot as plt
%matplotlib inline

x = [1, 2, 3, 4, 5, 6]
y1 = [12, 41, 32, 36, 21, 17]
y2 = [43, 1, 6, 17, 17, 9]
labels = ["Apple", "Orange", "Banana", "Pineapple", "Kiwifruit",⏎
"Strawberry"]

# 積み上げ棒グラフを作成し、横軸にラベルを設定してください
plt.bar(x, y1, tick_label=labels)
plt.bar(x, , bottom=y1)

# このように系統ラベルを設定することもできます
plt.legend(("y1", "y2"))
plt.show()
```

リスト 12.9：問題

ヒント

plt.bar() の **bottom** にデータ列を渡すことで対応するインデックスにて下側の余白を設定することができます。

解答例

In
```
(…略…)
# 積み上げ棒グラフを作成し、横軸にラベルを設定してください
plt.bar(x, y1, tick_label=labels)
plt.bar(x, y2, bottom=y1)
(…略…)
```

Out

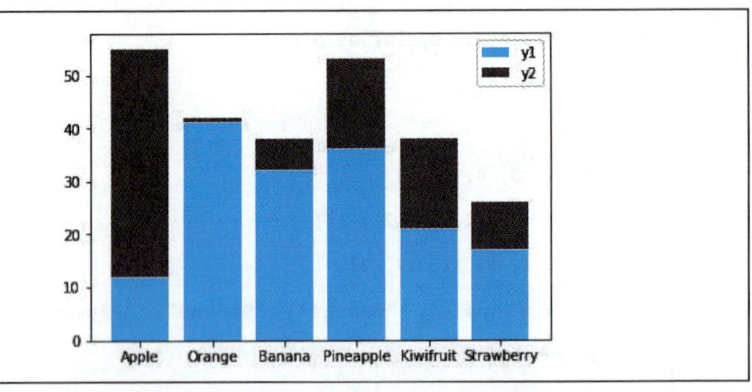

リスト 12.10：解答例

12.3 ヒストグラム

12.3.1 ヒストグラムを作成する

リスト型のデータ列を **matplotlib.pyplot.hist()** に渡すことでヒストグラムを作成することができます。

問題

matplotlib を用いて **data** に入っているデータのヒストグラムを作成してください（リスト 12.11）。

In
```
import numpy as np
import matplotlib.pyplot as plt
%matplotlib inline
```

```
np.random.seed(0)
data = np.random.randn(10000)

# data を用いてヒストグラムを作成してください



plt.show()
```

リスト 12.11：問題

ヒント

plt.hist() にリスト型のデータ列を渡すことでヒストグラムが作成可能です。

解答例

In

```
(…略…)
# data を用いてヒストグラムを作成してください
plt.hist(data)
(…略…)
```

Out

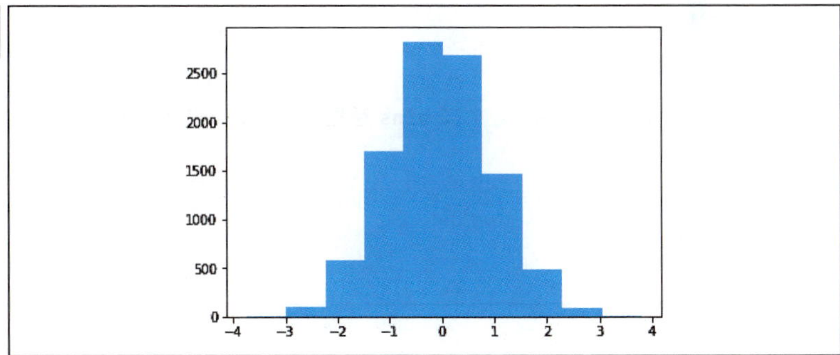

リスト 12.12：解答例

12.3.2 ビン数を設定する

ヒストグラムを作成する際、**データをいくつの階級に分けるか**が重要になります。

matplotlib.pyplot.hist() にデータを渡してヒストグラムを作成する際に、**bins** を指定することで**任意の数のサイズの等しい階級に分けることができます。** **bins="auto"** とすることで、ビン数が自動で設定されます。

問題

matplotlib とデータ列 **data** を用いてビン数 100 のヒストグラムを作成してください（リスト 12.13）。

In

```
import numpy as np
import matplotlib.pyplot as plt
%matplotlib inline

np.random.seed(0)
data = np.random.randn(10000)

# ビン数100のヒストグラムを作成してください
plt.hist(data, bins= )

plt.show()
```

リスト 12.13：問題

ヒント

plt.hist() にデータ列とともに **bins** を指定して渡すことでビン数が設定可能です。

解答例

In

```
(…略…)
# ビン数100のヒストグラムを作成してください
plt.hist(data, bins=100)
(…略…)
```

Out

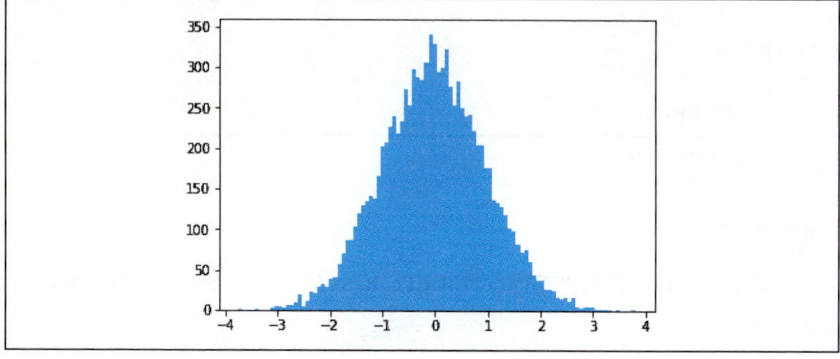

リスト 12.14：解答例

12.3.3 正規化を行う

ヒストグラムの分布を正規分布と仮定した時、合計値が 1 になるようにヒストグラムを操作することを**正規化**と呼びます。

ヒストグラムの正規化を行う時は **matplotlib.pyplot.hist()** にデータを渡す際に、

normed=True

とします。

問題

matplotlib とデータ列 **data** を用いて正規化されたビン数 100 のヒストグラムを作成してください（リスト 12.15）。

In

```
import numpy as np
import matplotlib.pyplot as plt
%matplotlib inline


np.random.seed(0)
data = np.random.randn(10000)


# 正規化されたビン数 100 のヒストグラムを作成してください
```

```
plt.show()
```

リスト 12.15：問題

ヒント

ヒストグラムの正規化を行う時は `plt.hist()` にデータを渡す際に `normed=True` とします。

解答例

In

```
(…略…)
# 正規化されたビン数100のヒストグラムを作成してください
plt.hist(data, bins=100, normed=True)
(…略…)
```

Out

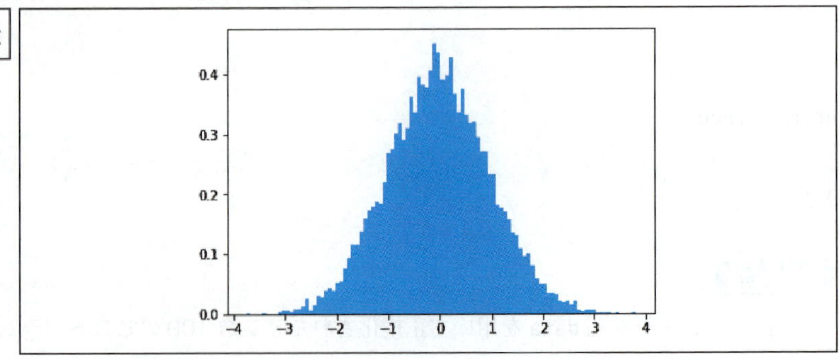

リスト 12.16：解答例

12.3.4 累積ヒストグラムを作成する

ヒストグラムの最低階級から、階級が上がるごとに数を積み上げていくヒストグラムを**累積ヒストグラム**と呼びます。

累積ヒストグラムは、`matplotlib.pyplot.hist()` に `cumulative=True` を指定することで作成することができます。

問題

matplotlibとデータ列**data**を用いて正規化されたビン数100の累積ヒストグラムを作成してください（リスト12.17）。

In

```
import numpy as np
import matplotlib.pyplot as plt
%matplotlib inline

np.random.seed(0)
data = np.random.randn(10000)

# 正規化されたビン数100の累積ヒストグラムを作成してください



plt.show()
```

リスト12.17：問題

ヒント

累積ヒストグラムは、**plt.hist()**に**cumulative=True**を指定することで作成することができます。

解答例

In

```
(…略…)
# 正規化されたビン数100の累積ヒストグラムを作成してください
plt.hist(data, bins=100, normed=True, cumulative=True)
(…略…)
```

Out

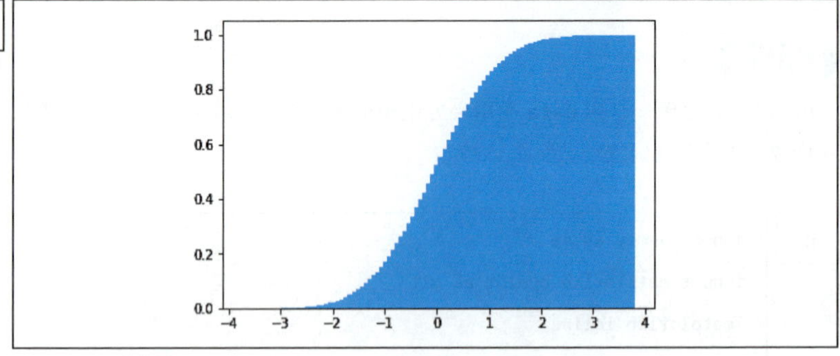

リスト 12.18：解答例

12.4 散布図

12.4.1 散布図を作成する

x 軸、y 軸に対応するデータをそれぞれ **matplotlib.pyplot.scatter()** に渡すことで散布図を作成することができます。

問題

リスト型の変数 **x**、**y** のデータを平面上の x 軸、y 軸にそれぞれ対応させた散布図を作成してください（リスト 12.19）。

In

```
import numpy as np
import matplotlib.pyplot as plt
%matplotlib inline

np.random.seed(0)
x = np.random.choice(np.arange(100), 100)
y = np.random.choice(np.arange(100), 100)

# 散布図を作成してください
```

```
plt.show()
```

リスト 12.19：問題

ヒント

x 軸、y 軸に対応するデータを **plt.scatter()** に渡すことで散布図を作成することができます。

解答例

In

```
(…略…)
# 散布図を作成してください
plt.scatter(x, y)
(…略…)
```

Out

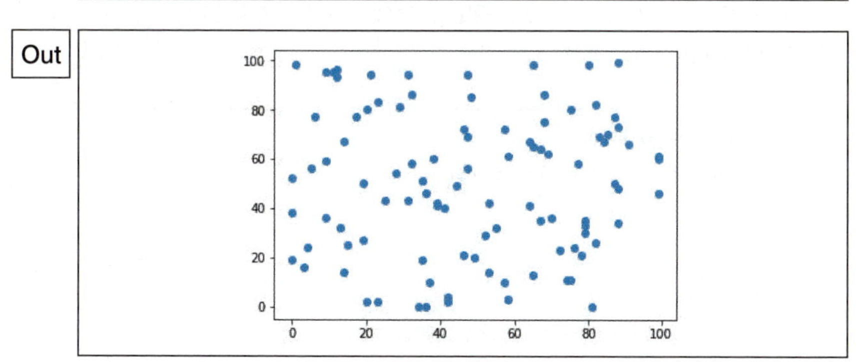

リスト 12.20：解答例

12.4.2 マーカーの種類と色を設定する

データとともに **marker="指定子"** を指定することでマーカーの種類を設定することができます。また、**color="指定子"** を指定することで、これまで学んできた色指定と同様に、マーカーの色を設定することができます。以下は指定できるマーカーの種類とその色の一部です。

マーカー

- **"o"**: 円
- **"s"**: 四角
- **"p"**: 五角形
- **"*"**: 星
- **"+"**: プラス
- **"D"**: ダイアモンド

色

- **"b"**: 青
- **"g"**: 緑
- **"r"**: 赤
- **"c"**: シアン
- **"m"**: マゼンタ
- **"y"**: 黄
- **"k"**: 黒
- **"w"**: 白

ATTENTION：色について

本書は2色のため、黒と青以外の色を再現できません。その他の色は実際のPCで色指定を変えて確認してください。

問題

リスト型の変数**x**、**y**のデータを平面上のx軸、y軸にそれぞれ対応させた散布図を作成してください（リスト12.21）。

マーカーの種類を四角、色を黒に設定してプロットしてください。

黒は "k" で指定してください。

In

```
import numpy as np
import matplotlib.pyplot as plt
%matplotlib inline


np.random.seed(0)
x = np.random.choice(np.arange(100), 100)
y = np.random.choice(np.arange(100), 100)


# マーカーの種類を四角、色を黒に設定して散布図を作成してください
plt.scatter(x, y, marker= , color= )
plt.show()
```

リスト12.21：問題

ヒント

- データとともに**marker=" 指定子 "**を指定することでマーカーの種類を設定することができます。
- **color=" 指定子 "**を指定することでマーカーの色を設定することができます。

解答例

In

```
(…略…)
# マーカーの種類を四角、色を黒に設定して散布図を作成してください
plt.scatter(x, y, marker="s", color="k")
(…略…)
```

Out

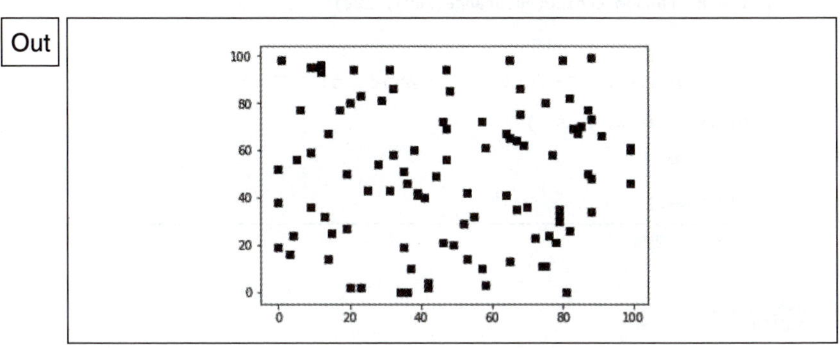

リスト 12.22：解答例

12.4.3 値に応じてマーカーの大きさを設定する

matplotlib.pyplot.scatter() を用いてプロットする際、**マーカー自体にデータを持たせることができます。**

matplotlib.pyplot.scatter() に x 軸、y 軸に対応するデータとともに、順番が対応するリスト型のデータを **s=** **データ**として渡すと**データの値に応じてマーカーの大きさが設定されます。**

このように、散布図には x 軸、y 軸、マーカー自身の 3 つの要素を含ませることができます。

問題

変数 **x**、**y** の値をプロットした上で **z** の値に応じてマーカーの大きさを設定してください（リスト 12.23）。

In

```
import numpy as np
import matplotlib.pyplot as plt
%matplotlib inline

np.random.seed(0)
x = np.random.choice(np.arange(100), 100)
y = np.random.choice(np.arange(100), 100)
z = np.random.choice(np.arange(100), 100)

# zの値に応じて、マーカーの大きさが変わるようにプロットしてください
plt.scatter(x, y, s= )

plt.show()
```

リスト 12.23：問題

ヒント

plt.scatter() に **s=** データを渡すとデータの値に応じてマーカーの大きさが設定されます。

解答例

In

```
(…略…)
# zの値に応じて、マーカーの大きさが変わるようにプロットしてください
plt.scatter(x, y, s=z)
(…略…)
```

Out

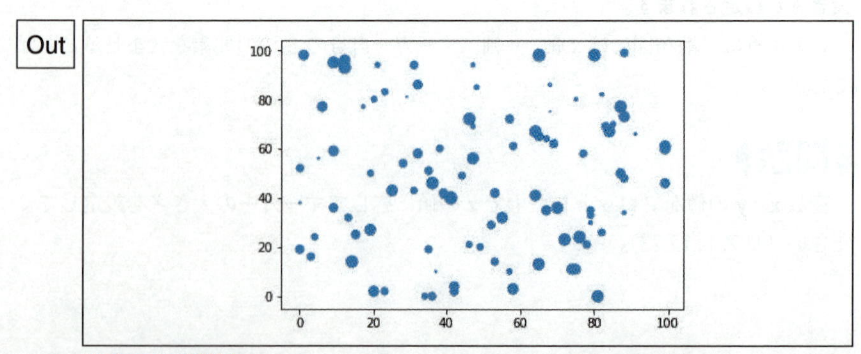

リスト 12.24：解答例

12.4.4 値に応じてマーカーの濃さを設定する

値に応じてマーカーの大きさを変えると、見た目がうるさくなる時があります。その場合は、値に応じてマーカーの色の濃さを変えることがおすすめです。**matplotlib.pyplot.scatter()** に x 軸、y 軸に対応するデータとともに **c=** **濃さに対応するデータ**（リストなど）を渡すと、**対応するデータを表すマーカーの濃さが渡したデータの大きさに応じて設定されます。cmap=" 色系統 "** を指定することで色の系統を設定できます。以下は使用できる色系統のうちの一部です。

色系統指定子

- **"Reds"**: 赤
- **"Blues"**: 青
- **"Greens"**: 緑
- **"Purples"**: 紫

問題

変数 **x**、**y** の値をプロットした上で **z** の値に応じてマーカーの濃さを青系統で設定してください（リスト 12.25）。

In

```
import numpy as np
import matplotlib.pyplot as plt
%matplotlib inline

np.random.seed(0)
x = np.random.choice(np.arange(100), 100)
y = np.random.choice(np.arange(100), 100)
z = np.random.choice(np.arange(100), 100)

# z の値に応じて、マーカーの濃さが青系統で変わるようにプロットしてください
plt.scatter(x, y, c= , cmap="")

plt.show()
```

リスト 12.25：問題

ヒント

・**plt.scatter()** にx軸、y軸に対応するデータとともに **c= 濃さに対応するデータ**（リストなど）を渡すと、対応するデータを表すマーカーの濃さが渡したデータの大きさに応じて設定されます。**cmap=" 色系統 "** を指定することで色の系統を設定できます。

・色系統を青に指定するには **"Blues"** を指定します。

解答例

In

```
(…略…)
# zの値に応じて、マーカーの濃さが青系統で変わるようにプロットしてください
plt.scatter(x, y, c=z, cmap="Blues")
(…略…)
```

Out

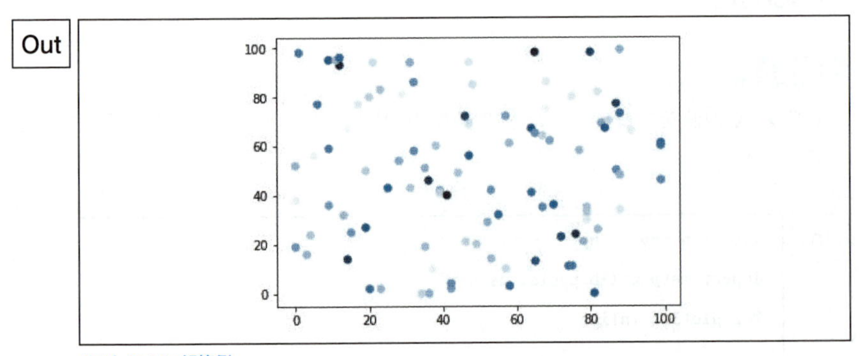

リスト12.26：解答例

12.4.5 カラーバーを表示する

値の大小に応じてマーカーを着色するだけでは、値の目安がわかりません。そこで、濃さが表すだいたいの値がわかるようにカラーバーを表示すると良いです。**matplotlib.pyplot.colorbar()** でカラーバーを表示することができます。

問題

変数 **x**、**y** の値をプロットした上で **z** の値に応じてマーカーの濃さを青系統で設定

してください（リスト 12.27）。カラーバーを表示してください。

In

```
import numpy as np
import matplotlib.pyplot as plt
%matplotlib inline

np.random.seed(0)
x = np.random.choice(np.arange(100), 100)
y = np.random.choice(np.arange(100), 100)
z = np.random.choice(np.arange(100), 100)

# z の値に応じて、マーカーの濃さが青系統で変わるようにプロットしてください

# カラーバーを表示してください



plt.show()
```

リスト 12.27：問題

plt.colorbar() でカラーバーを表示することができます。

解答例

In

```
(…略…)
# z の値に応じて、マーカーの濃さが青系統で変わるようにプロットしてください
plt.scatter(x, y, c=z, cmap="Blues")
# カラーバーを表示してください
plt.colorbar()
(…略…)
```

Out

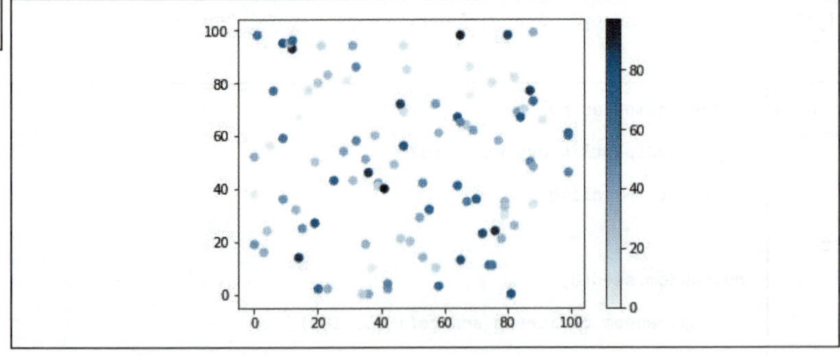

リスト 12.28：解答例

12.5 円グラフ

12.5.1 円グラフを作成する

リスト型のデータを **matplotlib.pyplot.pie()** に渡すことで**円グラフ**を作成することができます。グラフを真円にするには、**matplotlib.pyplot.axis("equal")** が必要です。**このコードがないと楕円になってしまいます。**

問題

変数 **data** を円グラフで可視化してください（リスト 12.29）。

In

```
import matplotlib.pyplot as plt
%matplotlib inline

data = [60, 20, 10, 5, 3, 2]

# data を円グラフとして可視化してください



# 円グラフを楕円から真円にしてください

```

```
plt.show()
```

リスト 12.29：問題

ヒント

リスト型のデータを **plt.pie()** に渡すことで円グラフを作成することができます。グラフを真円にするには、**plt.axis("equal")** が必要です。

解答例

In

```
(…略…)
# data を円グラフとして可視化してください
plt.pie(data)

# 円グラフを楕円から真円にしてください
plt.axis("equal")
(…略…)
```

Out

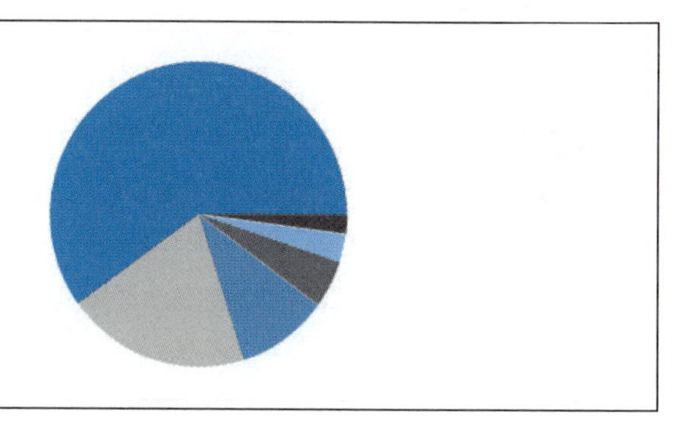

リスト 12.30：解答例

12.5.2 円グラフにラベルを設定する

matplotlib.pyplot.pie(渡されたデータ , labels= ラベル用のリスト) のように **pie()** のパラメータ **labels** に、表示させたい円グラフのラベルのリストを渡すことで、**円グラフにラベルを付与することができます。**

問題

変数 **data** を円グラフで可視化してください（リスト 12.31）。
labels に含まれるラベルを設定してください。

In

```
import matplotlib.pyplot as plt
%matplotlib inline

data = [60, 20, 10, 5, 3, 2]
labels = ["Apple", "Orange", "Banana", "Pineapple", "Kiwifruit", "Strawberry"]

# data に labels のラベルを付け、円グラフで可視化してください



plt.axis("equal")
plt.show()
```

リスト 12.31：問題

ヒント

plt.pie() のパラメータで **labels=付与したいリスト形式のラベル**とすることで、円グラフにラベルを付与することが可能です。

解答例

In

```
(…略…)
# data に labels のラベルを付け、円グラフで可視化してください
plt.pie(data, labels=labels)
(…略…)
```

Out

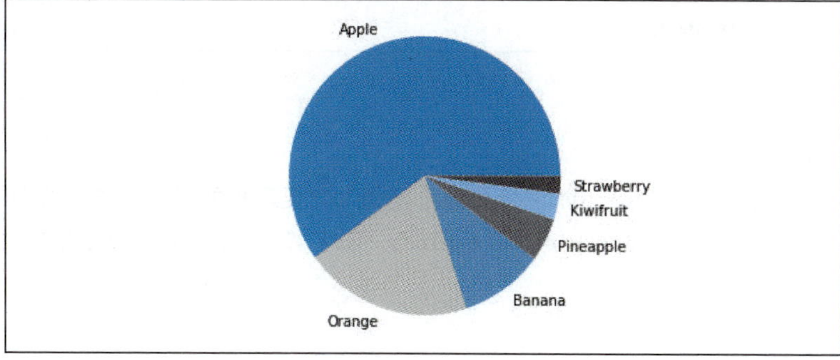

リスト 12.32：解答例

12.5.3 特定の要素を目立たせる

円グラフの特徴的な要素だけを切り離して目立たせたい場合があります。「目立たせ度合い（0から1の値）」を渡した要素と同じ順番に並べたリストを**matplotlib.pyplot.pie()**に**explode**として渡すことで**任意の要素を目立たせることができます。**

問題

変数**data**を円グラフで可視化してください（リスト 12.33）。

labelsに含まれるラベルを設定してください。

explodeに入っている「目立たせ度合い」を適用してください。

In

```
import matplotlib.pyplot as plt
%matplotlib inline

data = [60, 20, 10, 5, 3, 2]
labels = ["Apple", "Orange", "Banana", "Pineapple", "Kiwifruit",⏎
"Strawberry"]
explode = [0, 0, 0.1, 0, 0, 0]

# dataにlabelsのラベルを付けて、Bananaを目立たせた円グラフで可視化してくだ⏎
さい

plt.axis("equal")
```

```
plt.show()
```

リスト 12.33：問題

ヒント

「目立たせ度合い（0から1の値）」を渡した要素と同じ順番に並べたリストを**matplotlib.pyplot.pie()**に**explode**として渡すことで任意の要素を目立たせることができます。

解答例

In

```
(…略…)
# dataにlabelsのラベルをつけて、Bananaを目立たせた円グラフで可視化してくだ⏎
さい
plt.pie(data, labels=labels, explode=explode)
(…略…)
```

Out

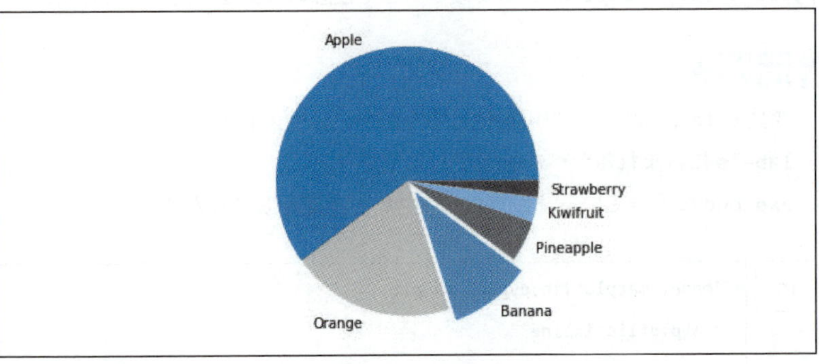

リスト 12.34：解答例

12.6 3Dグラフ

12.6.1 3D Axesを作成する

この節では3Dグラフの描画について学びます。

3Dグラフを描画するためには、3D描画機能を持ったサブプロットを作成する必

要があります。サブプロットを作成する際に、

matplotlib.figure().add_subplot(1,1,1,projection="3d")

のように **projection="3d"** と指定することで、**3D 描画機能を持ったサブプロットを作成することができます。**

問題

用意された変数 **fig** を用いて 3D 描画機能を持ったサブプロット **ax** を作成してください。ただし、図は分割しないでください（リスト 12.35）。

In

```
import numpy as np
import matplotlib.pyplot as plt
# 3D 描画を行うために必要なライブラリです
from mpl_toolkits.mplot3d import Axes3D
%matplotlib inline

t = np.linspace(-2*np.pi, 2*np.pi)
X, Y = np.meshgrid(t, t)
R = np.sqrt(X**2 + Y**2)
Z = np.sin(R)

# Figure オブジェクトを作成します
fig = plt.figure(figsize=(6,6))
# サブプロット ax を作成してください
ax =

# プロットして表示します
ax.plot_surface(X, Y, Z)
plt.show()
```

リスト 12.35：問題

3D 描画可能なサブプロットは **add_subplot()** に渡す引数 **projection="3d"** を

指定することで作成できます。

解答例

In

```
(…略…)
# サブプロット ax を作成してください
ax  = fig.add_subplot(1, 1, 1, projection="3d" )
(…略…)
```

Out

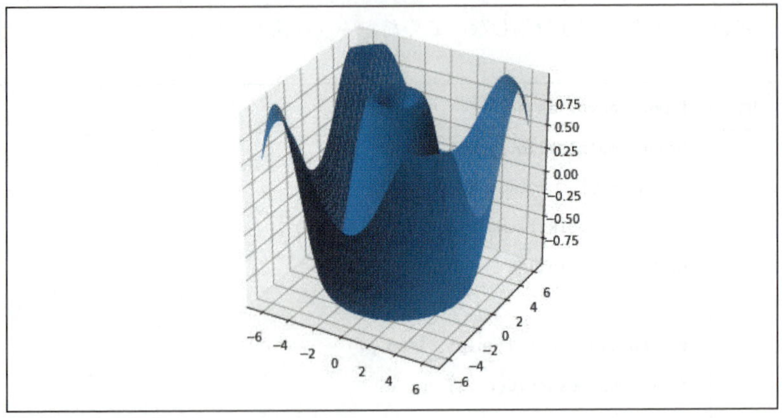

リスト 12.36：解答例

12.6.2 曲面を作成する

離散的なデータを可視化する時は、値を補足して滑らかなグラフを作成したい時があります。

サブプロット **ax** が用意されている場合、**ax.plot_surface(X,Y,Z)** のように x 軸、y 軸、z 軸に対応するデータを渡すことで**曲面を描画することができます。**

描画されたものを **matplotlib.pyplot.show()** を用いて画面に出力できます。

問題

変数 **X**、**Y**、**Z** のデータをそれぞれ x 軸、y 軸、z 軸に対応させて曲面を可視化してください（リスト 12.37）。

In

```
import numpy as np
import matplotlib.pyplot as plt
# 3D描画を行うために必要なライブラリです
from mpl_toolkits.mplot3d import Axes3D
%matplotlib inline

x = y = np.linspace(-5, 5)
X, Y = np.meshgrid(x, y)
Z = np.exp(-(X**2 + Y**2)/2) / (2*np.pi)

# Figureオブジェクトを作成します
fig = plt.figure(figsize=(6, 6))
# サブプロットaxを作成します
ax  = fig.add_subplot(1, 1, 1, projection="3d")
# 曲面を描画して表示してください


plt.show()
```

リスト12.37：問題

ヒント

サブプロット**ax**を用いて、**ax.plot_surface()**にデータを渡すことで曲面の描画が可能です。

解答例

In

```
(…略…)
# 曲面を描画して表示してください
ax.plot_surface(X, Y, Z)
(…略…)
```

Out

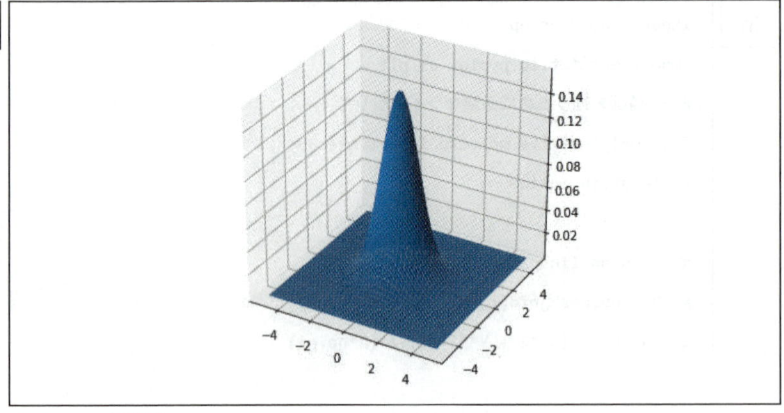

リスト 12.38：解答例

12.6.3 3D ヒストグラムを作成する

データセットの2つの要素の関係性を見出すために各要素をそれぞれx軸とy軸に対応させ、z軸方向に積み上げていく視覚化の方法が有効な場合があります。**bar3d(xpos, ypos, zpos, dx, dy, dz)** のようにx軸、y軸、z軸の位置と変化量に対応するデータを渡すことで、**3次元のヒストグラムまたは棒グラフを作成することができます。**

問題

3D ヒストグラムを作成してください。x軸、y軸、z軸に対応するデータはそれぞれ **xpos**、**ypos**、**zpos** に、**x**、**y**、**z** の増加量は **dx**、**dy**、**dz** に入っています（リスト 12.39）。

In

```
import matplotlib.pyplot as plt
import numpy as np
# 3D 描画を行うために必要なライブラリです
from mpl_toolkits.mplot3d import Axes3D
%matplotlib inline


# Figure オブジェクトを作成します
fig = plt.figure(figsize=(5, 5))
```

```
# サブプロット ax1 を作成します
ax = fig.add_subplot(111, projection="3d")

# x、y、z の位置を決めます
xpos = [i for i in range(10)]
ypos = [i for i in range(10)]
zpos = np.zeros(10)

# x、y、z の増加量を決めます
dx = np.ones(10)
dy = np.ones(10)
dz = [i for i in range(10)]

# 3D ヒストグラムを作成してください



plt.show()
```

リスト 12.39：問題

ヒント

サブプロット ax を用いて、**ax.bar3d()** に軸の情報とデータを渡すことで 3D ヒストグラムが作成可能です。

解答例

In

```
(…略…)
# 3D ヒストグラムを作成してください
ax.bar3d(xpos, ypos, zpos, dx, dy, dz)
(…略…)
```

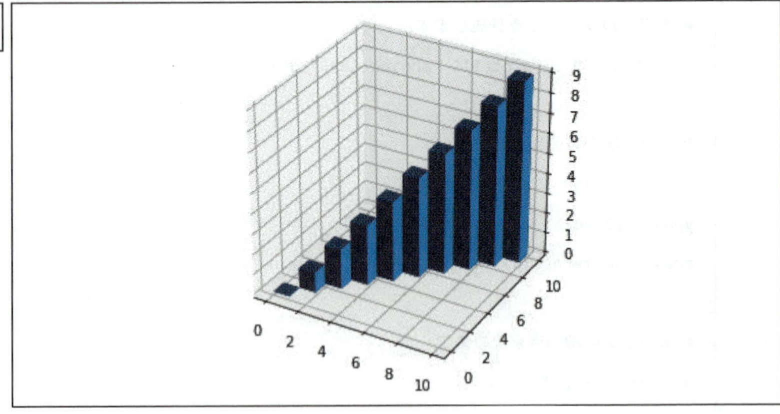

リスト 12.40：解答例

12.6.4 3D 散布図を作成する

互いに関係を持っている（または持っていると思われる）3 種類のデータを持っている時、それらを 3 次元空間上にプロットすることで**傾向を視覚的に予想することができます。`scatter3D()`** に x 軸、y 軸、z 軸データに対応するデータを渡すことで、**3 次元の散布図を作成することができます。**

ただし、渡すデータは 1 次元でなければならないため、**`np.ravel()`** を用いてデータを変換しなければならない場合があります。

問題

- **`X`**、**`Y`**、**`Z`** について、あらかじめ **`np.ravel()`** を用いてデータが 1 次元に変換され、**`x`**、**`y`**、**`z`** に入っています（リスト 12.41）。
- 3D 散布図を作成してください。x 軸、y 軸、z 軸に対応するデータはそれぞれ **`x`**、**`y`**、**`z`** です。

In

```
import numpy as np
import matplotlib.pyplot as plt
# 3D 描画を行うために必要なライブラリです
from mpl_toolkits.mplot3d import Axes3D
np.random.seed(0)
%matplotlib inline
```

```
X = np.random.randn(1000)
Y = np.random.randn(1000)
Z = np.random.randn(1000)

# Figure オブジェクトを作成します
fig = plt.figure(figsize=(6, 6))
# サブプロット ax を作成します
ax  = fig.add_subplot(1, 1, 1, projection="3d")
# X、Y、Z を 1 次元に変換します
x = np.ravel(X)
y = np.ravel(Y)
z = np.ravel(Z)
# 3D 散布図を作成してください


plt.show()
```

リスト 12.41：問題

ヒント

サブプロットaxを用いて、**ax.scatter3D()**にデータを渡すことで3D散布図が作成可能です。

解答例

In

```
(…略…)
# 3D 散布図を作成してください
ax.scatter3D(x, y, z)
(…略…)
```

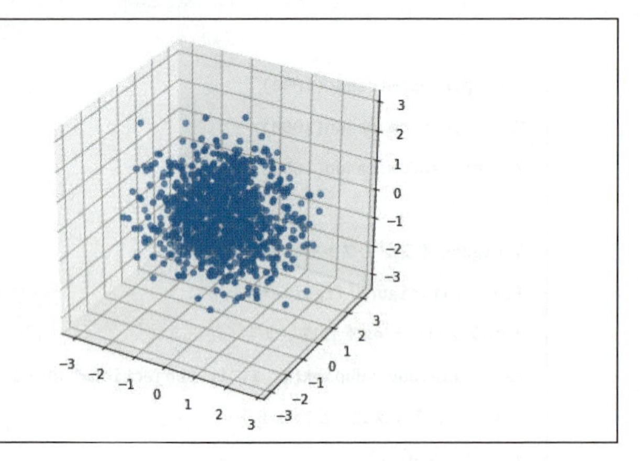

リスト 12.42：解答例

12.6.5 3D グラフにカラーマップを適用する

色が単調な3D グラフを表示すると、凹凸が多い部分が見えにくい場合があります。**matplotlib** には、**グラフの点がとる座標に応じて表示する色を変える機能**があります。

matplotlib から **cm** を **import** して、プロットする際にデータとともに **cmap=cm.coolwarm** を引数として渡すことで、**第3引数の値についてカラーマップを適用することができます。**

問題

Z の値についてカラーマップを適用してください（リスト 12.43）。

In

```
import numpy as np
import matplotlib.pyplot as plt
# カラーマップを表示するためのライブラリです
from matplotlib import cm
# 3D 描画を行うために必要なライブラリです
from mpl_toolkits.mplot3d import Axes3D
%matplotlib inline


t = np.linspace(-2*np.pi, 2*np.pi)
X, Y = np.meshgrid(t, t)
```

```
R = np.sqrt(X**2 + Y**2)
Z = np.sin(R)

# Figure オブジェクトを作成します
fig = plt.figure(figsize=(6, 6))
# サブプロット ax を作成します
ax  = fig.add_subplot(1,1,1, projection="3d")
# 以下を一部変更して、Z の値についてカラーマップを適用してください
ax.plot_surface(X, Y, Z, cmap= )


plt.show()
```

リスト 12.43：問題

ヒント

プロット時に `cmap=cm.coolwarm` を引数として渡すことでカラーマップが適用可能です。

解答例

In

```
(…略…)
# 以下を一部変更して、Z の値についてカラーマップを適用してください
ax.plot_surface(X, Y, Z, cmap=cm.coolwarm)
(…略…)
```

Out

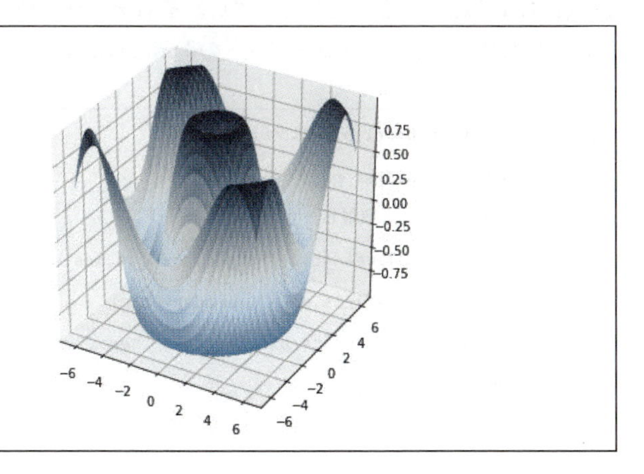

リスト 12.44：解答例

添削問題

この添削問題では、セトサ（setosa）、バーシクル（versicolor）、バージニカ（virginica）という 3 種類のあやめの 4 個の計測値（がく片長「Sepal Length」、がく片幅「Sepal Width」、花びら長「Petal Length」、花びら幅「Petal Width」と種「Species」からなる）を用います。

データを取得するには以下のコードが必要になります。

```
import pandas as pd
# url 元から iris データを取得
df_iris = pd.read_csv("http://archive.ics.uci.edu/ml/machine-learning-databases/iris/iris.data", header=None)
df_iris.columns = ["sepal length", "sepal width", "petal length", "petal width", "class"]
```

df_iris は 150 行 5 列からなるデータとなっており、0 行目から 50 行目はセトサ、51 行目から 100 行目まではバーシクル、101 行目から 150 行目まではバージニカとなっています。

問題

iris データを読み込み、変数 **x**、**y** の値をそれぞれ **sepal length**、**sepal width** としてプロットしてください（リスト 12.45）。この作業を、**setosa**、**versicolor**、**virginica** ごとに行ってください。プロットの色は **setosa** は黒、**versicolor** は青、**virginica** は緑に対応させてください。それぞれへのラベル付けもしてください。図の体裁もリスト中のコメントアウトの指示にしたがって整えてください。

In

```
import matplotlib.pyplot as plt
import pandas as pd
# iris データを取得します
df_iris = pd.read_csv("http://archive.ics.uci.edu/ml/machine-learning-↵
databases/iris/iris.data", header=None)
df_iris.columns = ["sepal length", "sepal width", "petal length", "petal↵
width", "class"]
```

```
fig = plt.figure(figsize=(10,10))
# setosa の sepal length - sepal width の関係図を描いてください
# ラベルを setosa、色は black を指定してください


# versicolor の sepal length - sepal width の関係図を描いてください
# ラベルを versicolor、色は blue を指定してください


# virginica の sepal length - sepal width の関係図を描いてください
# ラベルを virginica、色は green を指定してください


# x 軸名を sepal length にしてください


# y 軸名を sepal width にしてください


# 図を表示します
plt.legend(loc="best")
plt.grid(True)
plt.show()
```

リスト 12.45：問題

ヒント

例えば、setosa の **sepal length** と **sepal width** のデータを抜き出す際は、それぞれ **df_iris.iloc[:50,0]**、**df_iris.iloc[:50,1]** のように書けば抜き出すことが可能です。

解答例

In

```
(…略…)
# setosa の sepal length - sepal width の関係図を描いてください
# ラベルを setosa、色は black を指定してください
plt.scatter(df_iris.iloc[:50,0], df_iris.iloc[:50,1], label="setosa",⏎
color="k")
# versicolor の sepal length - sepal width の関係図を描いてください
# ラベルを versicolor、色は blue を指定してください
```

```
plt.scatter(df_iris.iloc[50:100,0], df_iris.iloc[50:100,1],↵
label="versicolor", color="b")
# virginica の sepal length - sepal width の関係図を描いてください
# ラベルを virginica、色は green を指定してください
plt.scatter(df_iris.iloc[100:150,0], df_iris.iloc[100:150,1],↵
label="virginica", color="g")
# x 軸名を sepal length にしてください
plt.xlabel("sepal length")
# y 軸名を sepal width にしてください
plt.ylabel("sepal width")
(…略…)
```

Out

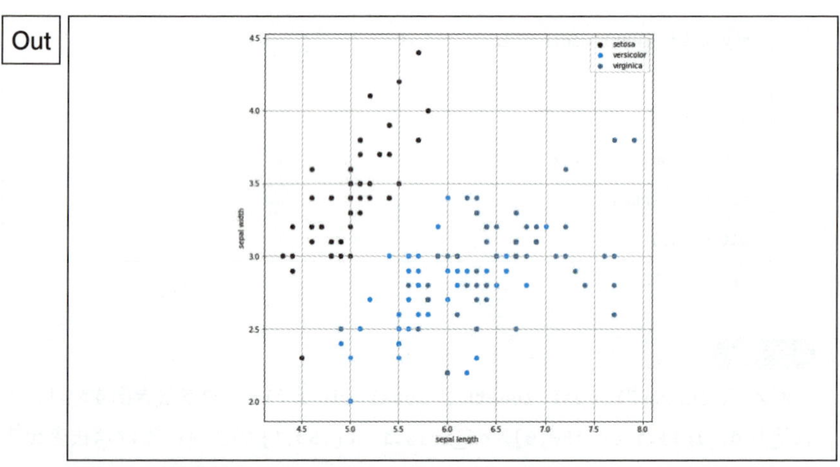

リスト 12.46：解答例

総合添削問題

この総合添削問題では、モンテカルロ法による円周率の推定を行います。

まずモンテカルロ法について説明します。モンテカルロ法とは、「乱数を用いて何らかの値を見積もる方法」のことを指します。乱数を用いるため、解を正しく出力することもあれば、逆に、望ましい出力が得られないこともあります。モンテカルロ法を用いた例で代表的なものの 1 つに、円周率の近似値を計算するアルゴリズムがあります。

1 × 1 の正方形内にランダムに点を打ちます。原点（図 12.1 左下の頂点）から距離が 1 以下なら 1 ポイント追加し、1 より大きいなら 0 ポイントが追加されます。以上の操作を N 回（何回繰り返すかは自分で設定する）繰り返します。総獲得ポイントを X とする時、 $\frac{4X}{N}$ が円周率の近似値となるため、モンテカルロ法により円周率が推定できることがわかります。

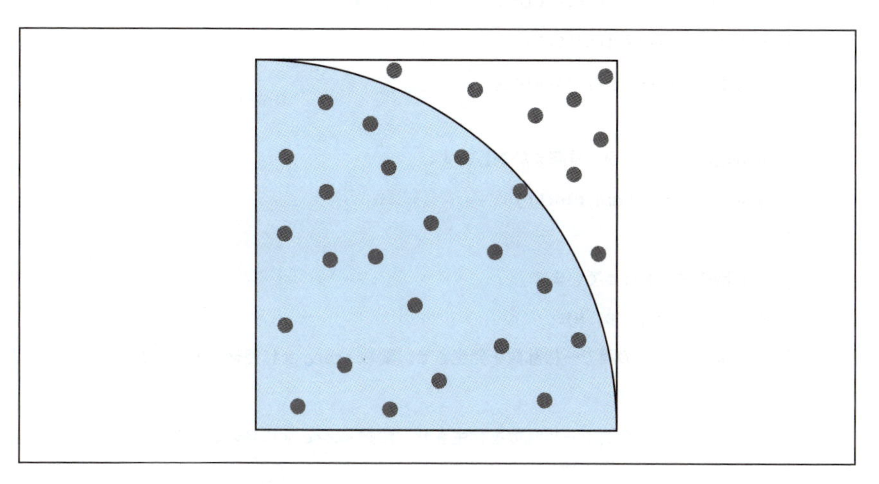

図 12.1：モンテカルロ法による円周率の推定

問題

モンテカルロ法による円周率の推定を行うため、リスト 12.47 のコードを完成させてください。

リスト 12.47 のコードにおける **N** の値を適宜変化させ、推定された円周率がどのように変化するか見てみましょう。

In

```
import matplotlib.pyplot as plt
import numpy as np
import math
import time
%matplotlib inline


np.random.seed(100)
X = 0 # 的に当たった回数です
```

```
# 試行回数Nを指定してください


# 四分円の境界の方程式[y=√(1-x^2) (0<=x<=1)]を描画しています
circle_x = np.arange(0, 1, 0.001)
circle_y = np.sqrt(1- circle_x * circle_x)
plt.figure(figsize=(5,5))
plt.plot(circle_x, circle_y)

# N回の試行にかかる時間を計測します
start_time = time.clock()

# N回の試行を行っています
for i in range(0, N):
    # 0から1の間で一様乱数を発生させ、変数score_xに格納してください

    # 0から1の間で一様乱数を発生させ、変数score_yに格納してください

    # 点が円の中に入った場合と入らなかった場合について条件分岐してください

    # 円内に入ったものは黒で表示させ、外れたものは青で表示させてください

    # 円内に入ったならば、上で定義した変数Xに1ポイント加算してください




# piの近似値をここで計算してください

# モンテカルロ法の実行時間を計算しています
end_time = time.clock()
time = end_time - start_time

# 円周率の結果を表示してください
```

```
print("実行時間:%f" % (time))


# 結果を表示します
plt.grid(True)
plt.xlabel('X')
plt.ylabel('Y')
plt.show()
```

リスト 12.47：問題

ヒント

- 点の座標を **(score_x, score_y)** と定義しているため、三平方の定理より $x^2+y^2<1$ が成り立てば円の中に入っていることになります。
- π の座標は、$\frac{4X}{N}$ で算出することができます。

解答例

In

```
(…略…)
# 試行回数Nを指定してください
N = 1000
# 四分円の境界の方程式[y=√(1-x^2) (0<=x<=1)]を描画しています
(…略…)
    # 0から1の間で一様乱数を発生させ、変数score_xに格納してください
    score_x = np.random.rand()
    # 0から1の間で一様乱数を発生させ、変数score_yに格納してください
    score_y = np.random.rand()
    # 点が円の中に入った場合と入らなかった場合について条件分岐してください
    if score_x * score_x + score_y * score_y < 1:
        # 円内に入ったものは黒で表示させ、外れたものは青で表示させてください
        plt.scatter(score_x, score_y, marker='o', color='k')
        # 円内に入ったならば、上で定義した変数Xに1ポイント加算してください
        X = X + 1
    else:
```

```
        plt.scatter(score_x, score_y, marker='o', color='b')

# piの近似値をここで計算してください
pi = 4*float(X)/float(N)

# モンテカルロ法の実行時間を計算しています
end_time = time.clock()
time = end_time - start_time

# 円周率の結果を表示してください
print("円周率:%.6f"% pi)
print("実行時間:%f" % (time))
(…略…)
```

Out

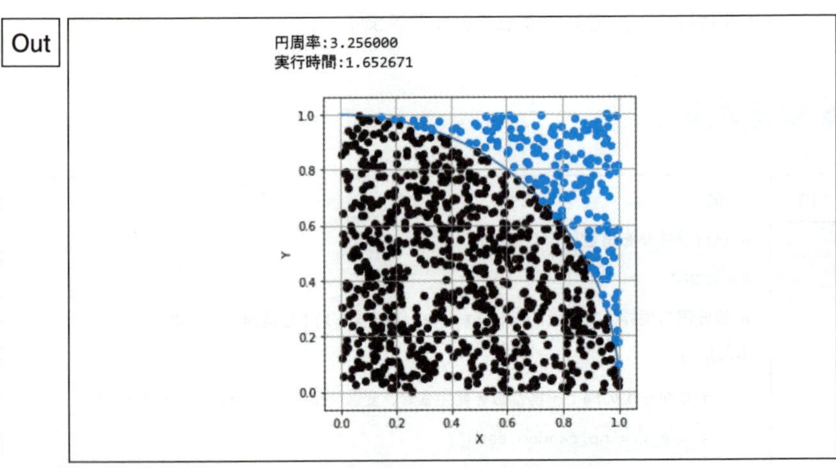

リスト 12.48：解答例

解説

この問題では、乱数の生成方法、1データごとのグラフへのプロット方法、モンテカルロ法のアルゴリズムの3つが理解できていればつまずくことなく実装することができます。乱数の生成やグラフへのプロット方法について確認したい方は、章を遡って知識を確実なものにしましょう。

第 13 章

lambda や map などの便利な Python 記法

13.1 lambda 式の基礎

13.1.1 無名関数の作成

Python で関数を作成する際には、リスト 13.1 として関数を定義しますが、リスト 13.2 の**無名関数**（**lambda 式**）を用いることでコードを簡素化できます。

In
```
# 例 : x^2 を出力する関数 pow1(x) です
def pow1(x):
    return x ** 2
```
リスト 13.1：関数の定義の例

In
```
# pow1(x) と同じ働きを持つ無名関数 pow2 です
pow2 = lambda x: x ** 2
```
リスト 13.2：無名関数の例①

このように lambda 式を用いることで、式を **pow2** という**変数**に格納できます。

lambda 式の構造は、

```
lambda( 引数 ):( 返り値 )
```

となっており、上記の **pow2** では引数 **x** を **x**2** にして返すことを意味しています。

lambda 式に引数を渡して実際に計算する場合は、リスト 13.3 のようにすればよく、**def** によって作成された関数と同様に使えます。

In
```
# pow2 に引数 a を渡して、計算結果を b に格納します
b = pow2(a)
```
リスト 13.3：無名関数の例②

問題

引数 **a** に対する以下の関数を作成し、**a = 4** の際の返り値をそれぞれ出力してください（リスト 13.4）。

- **def** を用いて $2a^2-3a+1$ を出力する関数 **func1**
- **lambda** を用いて $2a^2-3a+1$ を出力する関数 **func2**

In

```
# 代入する引数 a です
a = 4


# def を用いて func1 を作成してください




# lambda を用いて func2 を作成してください



# 返り値の出力です
print(func1(a))
print(func2(a))
```

リスト 13.4：問題

```
def function(引数):
    return 返り値

function = lambda 引数: 返り値
```

解答例

In

```
(…略…)
# def を用いて func1 を作成してください
def func1(x):
    return 2 * x**2 - 3*x + 1

# lambda を用いて func2 を作成してください
func2 = lambda x: 2 * x**2 - 3*x + 1
(…略…)
```

Out

```
21
21
```

リスト 13.5：解答例

13.1.2 lambda による計算

lambda 式で多変数の関数を作成したい時には、リスト 13.6 のように記述します。

In

```
# 例： 2つの引数を足し合わせる関数 add1 です
add1 = lambda x, y: x + y
```

リスト 13.6：lambda による計算例①

lambda 式は前項の「無名関数の作成」のように変数に格納できますが、変数に格納せずとも利用することができます。

例えばリスト 13.6 の **add1** のような lambda 式に 2 つの引数 **3**、**5** を代入した結果が直接欲しければ、リスト 13.7 のように記述することで値が得られます。

In

```
print((lambda x, y: x + y)(3, 5))
```

Out

```
8
```

リスト 13.7：lambda による計算例②

このままでは全く意味がない上にむしろ手間が増えただけのように思えます。しかし、lambda 式を用いることで、**def** で関数を定義するよりも簡単・簡潔に関数を定義できます。

問題

引数 (x、y、z) に対するリスト 13.8 の関数を作成し、(x、y、z) = (5、6、2) の際の返り値をそれぞれ出力してください。

- **def** を用いて $xy+z$ を出力する関数 **func3**
- **lambda** を用いて $xy+z$ を出力する関数 **func4**

In

```
# 代入する引数x、y、zです
x = 5
y = 6
z = 2


# defを用いてfunc3を作成してください




# lambdaを用いてfunc4を作成してください



# 出力します
print(func3(x, y, z))
print(func4(x, y, z))
```

リスト 13.8：問題

ヒント

lambda 引数1, 引数2, 引数3, … : 返り値

解答例

In

```
(…略…)
# defを用いてfunc3を作成してください
def func3(x, y, z):
    return x*y + z

# lambdaを用いてfunc4を作成してください
func4 = lambda x, y, z: x*y + z
(…略…)
```

Out

```
32
32
```

リスト 13.9：解答例

13.1.3 ifを用いたlambda

lambdaは**def**による関数と異なり、返り値の部分には式のみ入れることができます。

例えば**def**による関数では、リスト13.10のような処理が可能でしたが、これを**lambda**で表現することはできません。

In
```
# "hello."と出力する関数です
def say_hello():
    print("hello.")
```
リスト13.10：ifを用いたlambdaの例①

ただし、**if**を用いた条件分岐に関しては三項演算子という手法を用いることで、**lambda**でも作成することができます。

例えばリスト13.11の関数を**lambda**で表現するとリスト13.12のように記述できます。

In
```
# 引数が3未満ならば2を掛け、3以上ならば3で割って5で足す関数です
def lower_three1(x):
    if x < 3:
        return x * 2
    else:
        return x/3 + 5
```
リスト13.11：ifを用いたlambdaの例②

In
```
# lower_three1と同じ関数
lower_three2 = lambda x: x * 2 if x < 3 else x/3 + 5
```
リスト13.12：ifを用いたlambdaの例③

三項演算子の表記は以下のようになっています。

```
条件を満たす時の処理 if 条件 else 条件を満たさない時の処理
```

このように、lambda式を用いることで、様々な場面でコードの節約をすることが

できます。

問題

lambda を用いてリスト 13.13 の関数を作成し、引数 a に対する返り値を出力してください（リストでは引数 **a1**、**a2** の 2 つを用意）。

- a が 10 以上 30 未満ならば $a^2-40a+350$ の計算した値を、それ以外なら 50 を返す関数 **func5**

In

```
# 代入する引数a1、a2です
a1 = 13
a2 = 32

# lambdaを用いてfunc5を作成してください



# 返り値を出力します
print(func5(a1))
print(func5(a2))
```

リスト 13.13：問題

ヒント

以下の三項演算子を使います。

```
func = lambda 引数 : 条件を満たす時の処理 if 条件 else 条件を満たさない時の処理
```

解答例

In

```
(…略…)
# lambdaを用いてfunc5を作成してください
func5 = lambda x: x**2 - 40*x + 350 if x >= 10 and x < 30 else 50
(…略…)
```

Out
```
-1
50
```
リスト 13.14：解答例

13.2 便利な記法

13.2.1 list の分割（split）

文字列を空白やスラッシュなどで切り分けたい時には、**split()** 関数を使います。

例えばリスト 13.15 のように英文を空白で区切って単語の list にすることができます。

In
```
# 切り分けたい文字列です
test_sentence = "this is a test sentence."
# split で list にします
test_sentence.split(" ")
```

Out
```
['this', 'is', 'a', 'test', 'sentence.']
```
リスト 13.15：split () 関数の例

split() 関数の使い方は、

切り分けたい文字列.split(" 区切る記号 ", 区切る回数)

となっており、区切る回数を指定することで先頭から何回区切るかを指定することができます。

問題

"My name is ○○ " という構造を持っている文字列 **self_data** を切り分け、" ○○ " の部分を抜き出して出力してください（リスト 13.16）。

In

```
# 自己紹介文が入っている文字列self_dataです
self_data = "My name is Yamada"


# self_dataを切り分けて、listを作成してください



# "氏名"の部分を出力してください

```

リスト 13.16：問題

ヒント

・空白で切り分ける必要があるため、**split()** 関数を使います。
・**split()** 関数で切り分けられた文字列は **list** で返されます。

解答例

In

```
(…略…)
# self_dataを切り分けて、listを作成してください
word_list = self_data.split(" ")

# "氏名"の部分を出力してください
print(word_list[3])
```

Out

```
Yamada
```

リスト 13.17：解答例

13.2.2 listの分割（re.split）

標準の **split()** 関数では一度に複数の記号で切り分けることができません。一度に複数の記号で文字列を切り分ける際には re モジュールの **re.split()** 関数を用います（リスト 13.18）。

In

```
# reモジュールをimportします
```

```
import re
# 切り分けたい文字列です
test_sentence = "this,is a.test,sentence"
# ","と" "と"."で切り分け、listにします
re.split("[, .]", test_sentence)
```

Out

```
['this', 'is', 'a', 'test', 'sentence']
```

リスト 13.18：re.split() 関数の例

re.split の使い方は、

re.split("[区切る記号]", 区切りたい文字列)

となっており、[区切る記号] の部分に複数指定することで、一度に複数の記号で切り分けることができます。

問題

" 年 / 月 / 日 _ 時 : 分 " という構造を持っている文字列 **time_data** を切り分け、**" 月 "** の部分と **" 時 "** の部分を抜き出して出力してください（リスト 13.19）。

In

```
import re
# 時間データが入っている文字列time_dataです
time_data = "2017/4/1_22:15"

# time_dataを切り分けて、listを作成してください



# "月"と"時"の部分を出力してください

```

リスト 13.19：問題

ヒント

- **"/"** と **"_"** と **":"** で切り分ける必要があるため、**re.split()** 関数を使います。
- **re.split** で切り分けられた文字列は **list** で返されます。

解答例

In

```
(…略…)
# time_data を切り分けて、list を作成してください
time_list = re.split("[/_:]",time_data)

# "月"と"時"の部分を出力してください
print(time_list[1])
print(time_list[3])
```

Out

```
4
22
```

リスト 13.20：解答例

13.2.3 高階関数（map）

Python の関数の中には、他の関数を引数とする関数があります。そのような関数を**高階関数**と呼びます。**list** の各要素に関数を適用したい場合は、**map()** 関数を用います。

例えば **a = [1, -2, 3, -4, 5]** という配列の各要素の絶対値を取るには **for** ループを用いて、リスト 13.21 のように記述できますが、**map()** 関数を用いることでリスト 13.22 のように簡潔に書くことができます。

In

```
# for ループで関数を適用します
a = [1, -2, 3, -4, 5]
new = []
for x in a:
    new.append(abs(x))
print(new)
```

Out

```
[1, 2, 3, 4, 5]
```

リスト 13.21：map() 関数の例①

In

```
# map で関数を適用します
a = [1, -2, 3, -4, 5]
list(map(abs, a))
```

Out

```
[1, 2, 3, 4, 5]
```

リスト 13.22：map() 関数の例②

map の使い方は、

```
# イテレータ ( 計算の方法を格納 ) を返す 計算はしない
map(適用したい関数, 配列)

# list に格納する方法
list(map(関数, 配列))
```

となります。

ここで、イテレータとは複数の要素を順番に取り出す機能を持ったクラスを指します。

この要素を順番に取り出す機能を使うことで **for** ループを用いる場合より実行時間を短くすることができるので、膨大な要素を持つ配列に関数を適用させたい場合は **map()** 関数を用いるようにしましょう。

問題

"年 / 月 / 日 _ 時 : 分" という構造を持っている文字列を要素に持つ配列 **time_list** を切り分け、**"時"** の部分を整数として配列にまとめ、出力してください（リスト 13.23）。

In

```
import re
# 配列 time_list
time_list = [
    "2006/11/26_2:40",
    "2009/1/16_23:35",
    "2014/5/4_14:26",
    "2017/8/9_7:5",
    "2017/4/1_22:15"
```

```
]
# 文字列から " 時 " を取り出す関数を作成してください



# 上で作った関数を用いて各要素の " 時 " を取り出し、配列にしてください



# 出力してください
```

リスト 13.23：問題

ヒント

・文字列から " 時 " を切り分ける関数は 13.2.2 項「list の分割（re.split）」を参考にしてください。

```
list(map(関数, 配列))
```

・切り分けただけではデータ型は文字列になってしまうので、**int()** を用いて型を変更しましょう。

解答例

In

```
(…略…)
# 文字列から " 時 " を取り出す関数を作成してください
get_hour = lambda x: int(re.split("[/_:]",x)[3]) # int() で string 型を
int 型に替える

# 上で作った関数を用いて各要素の " 時 " を取り出し、配列にしてください
hour_list = list(map(get_hour, time_list))

# 出力してください
print(hour_list)
```

Out

```
[2, 23, 14, 7, 22]
```

リスト 13.24：解答例

13.2.4 filter

listの各要素から条件を満たす要素だけを取り出したい時は**filter()**関数を用います。

例えば**a = [1, -2, 3, -4, 5]**という配列から正の要素を取り出すには**for**ループを用いてリスト13.25と書けますが、**filter()**関数を用いることでリスト13.26のように書くことができます。

In

```
# forループでフィルタリングします
a = [1, -2, 3, -4, 5]
new = []
for x in a:
    if x > 0:
        new.append(x)
```

リスト13.25：filter() 関数の例①

In

```
# filterでフィルタリングします
a = [1, -2, 3, -4, 5]
print(list(filter(lambda x: x>0, a)))
```

Out

```
[1, 3, 5]
```

リスト13.26：filter() 関数の例②

filter()関数の使い方は、以下のようになります。

```
# イテレータ
filter(条件となる関数, 配列)

# listに格納
list(filter(関数, 配列))
```

ここで（条件となる関数）というのは、**lambda x: x>0**のように入力に対して**True/False**を返す関数のことを言います。

問題

time_list 内の " 月 " の部分が 1 以上 6 以下となっている要素を抜き出し、配列にして出力してください（リスト 13.27）。

In

```
import re
# time_list..." 年 / 月 / 日 _ 時 : 分 "
time_list = [
    "2006/11/26_2:40",
    "2009/1/16_23:35",
    "2014/5/4_14:26",
    "2017/8/9_7:5",
    "2017/4/1_22:15"
]
# 文字列の " 月 " が条件を満たす時に True を返す関数を作成してください



# 上で作った関数を用いて条件を満たす要素を抜き出し、配列にしてください



# 出力してください
```

リスト 13.27：問題

ヒント

" 月 " は **re.split()** 関数によって取得してください。

解答例

In

```
(…略…)
# 文字列の " 月 " が条件を満たす時に True を返す関数を作成してください
is_first_half = lambda x: int(re.split("[/_:]", x)[1]) - 7 < 0

# 上で作った関数を用いて条件を満たす要素を抜き出し、配列にしてください
```

```
first_half_list = list(filter(is_first_half, time_list))


# 出力してください
print(first_half_list)
```

Out
```
['2009/1/16_23:35', '2014/5/4_14:26', '2017/4/1_22:15']
```

リスト 13.28：解答例

13.2.5 sorted

list をソートするには **sort()** 関数がありますが、より複雑な条件でソートをしたい時には **sorted()** 関数を使います。

例えば要素数 2 の配列を要素に持つ配列（入れ子の配列）について各要素中の第 2 要素が昇順になるようにソートをかけたければリスト 13.29 のようにします。

In
```
# 入れ子の配列です
nest_list = [
    [0, 9],
    [1, 8],
    [2, 7],
    [3, 6],
    [4, 5]
]
# 第 2 要素をキーとしてソートします
print(sorted(nest_list, key=lambda x: x[1]))
```

Out
```
[[4, 5], [3, 6], [2, 7], [1, 8], [0, 9]]
```

リスト 13.29：sorted() 関数の例

sorted() 関数の使い方は、以下のようになります。

```
# キーを設定してソート
sorted(ソートしたい配列, key=キーとなる関数, reverse=True または False)
```

ここでの「キーとなる関数」とは「何を昇順にソートするか」のことで、**lambda x: x[n]** とすることで第 **n** 要素を昇順にソートすることができます。

reverse を **True** にすることで降順にソートできます（省略時は False です）。

問題

"時" の部分が昇順になるように **time_data** をソートし、出力してください（リスト 13.30）。

time_data は **time_list** を **[年, 月, 日, 時, 分]** に分割した配列です。

In

```
# time_data...[年, 月, 日, 時, 分]
time_data = [
    [2006, 11, 26,  2, 40],
    [2009,  1, 16, 23, 35],
    [2014,  5,  4, 14, 26],
    [2017,  8,  9,  7,  5],
    [2017,  4,  1, 22, 15]
]
# "時"をキーとしてソートし、配列にしてください



# 出力してください
```

リスト 13.30：問題

ヒント

ソートには **sorted()** 関数を使いましょう。

```
ソートされた配列 = sorted(ソートしたい配列, key=lambda)
```

解答例

In

```
(…略…)
# "時"をキーとしてソートし、配列にしてください
sort_by_time = sorted(time_data, key=lambda x: x[3])
```

```
# 出力してください
print(sort_by_time)
```

Out

```
[[2006, 11, 26, 2, 40], [2017, 8, 9, 7, 5], [2014, 5, 4, 14, 26], [2017,⏎
4, 1, 22, 15], [2009, 1, 16, 23, 35]]
```

リスト 13.31：解答例

13.3 リスト内包表記

13.3.1 リストの生成

高階関数（map）では **map** を用いた配列の生成方法を紹介しましたが、**map** は本来イテレータの作成に特化しており、**list()** 関数で配列にする時点で計算時間が増えてしまいます。

そのため **map** と同様の手法で単純に配列を生成したいのであれば **for** ループの**リスト内包表記**を用います。

例えば **a = [1, -2, 3, -4, 5]** という配列の各要素の絶対値を取るにはリスト 13.32 と書くことができます。

In

```
# リスト内包表記で各要素の絶対値を取ります
a = [1, -2, 3, -4, 5]
print([abs(x) for x in a])
```

Out

```
[1, 2, 3, 4, 5]
```

リスト 13.32：リストの生成例①

リスト内包表記によって、リスト 13.33 とした場合よりも括弧の数を見て簡潔に書けていると言えます。

In

```
# map で list を作成します
a = [1, -2, 3, -4, 5]
```

```
print(list(map(abs, a)))
```

Out

```
[1, 2, 3, 4, 5]
```

リスト 13.33：リストの生成例②

リスト内包表記による配列の作成方法は以下のようになります。

[適用したい関数(要素) for 要素 in 適用する元の配列]

イテレータを作成する際は **map**、直接配列が欲しい時はリスト内包表記と、使い分けると良いでしょう。

問題

計測時間（分）を要素に持つ配列 **minute_data** について、経過時間を **[時 , 分]** に換算した配列を作成し、出力してください（リスト 13.34）。

例えば **minute_data = [75, 120, 14]** なら、**[[1, 15], [2, 0], [0, 14]]** という配列を作成します。

In

```
# minute_data、単位は分です
minute_data = [30, 155, 180, 74, 11, 60, 82]

# 分を [ 時 , 分 ] に換算する関数を作成してください



# リスト内包表記を用いて所定の配列を作成してください



# 出力してください

```

リスト 13.34：問題

ヒント

- 換算する関数の返り値は配列にしましょう。
- 75 分は 60 で割ると 1 余り 15。よって 75 分は 1 時間 15 分。これを **lambda**

で表現します。

解答例

In
```
(…略…)
# 分を [ 時 , 分 ] に換算する関数を作成してください
h_m_split = lambda x: [x // 60, x % 60]

# リスト内包表記を用いて所定の配列を作成してください
h_m_data = [h_m_split(x) for x in minute_data]


# 出力してください
print(h_m_data)
```

Out
```
[[0, 30], [2, 35], [3, 0], [1, 14], [0, 11], [1, 0], [1, 22]]
```

リスト 13.35：解答例

13.3.2 if 文を用いたループ

リスト内包表記の中に条件分岐をさせることで、**filter()** 関数と同様の操作をすることができます。

例えば **a = [1, -2, 3, -4, 5]** という配列から正の要素を取り出すには、リスト 13.36 のように書きます。

In
```
# リスト内包表記フィルタリング ( 後置 if)
a = [1, -2, 3, -4, 5]
print([x for x in a if x > 0])
```

Out
```
[1, 3, 5]
```

リスト 13.36：if 文を用いたループの例

後置 **if** の使い方は、以下のようになります。

[適用したい関数(要素) for 要素 in フィルタリングしたい配列 if 条件]

単に条件を満たす要素を取り出したいだけであれば、(**適用したい関数(要素)**)の部分を単に**(要素)**と書きます。

この書き方は**ifを用いたlambda**で紹介した**三項演算子**とは別物なので、注意しましょう。

三項演算子を用いると、条件を満たさない要素についても何かしらの処理をするのに対し、**if**を後置することで条件を満たさない要素を無視することができます。

問題

minute_dataを**[時, 分]**に換算した際に**[時, 0]**となります。つまり分の端数が出ない要素を抜き出して配列にして、出力してください。

例えば**minute_data = [75, 120, 14]**なら、**[120]**という配列を作成します（リスト13.37）。

In

```
# minute_data、単位は分です
minute_data = [30, 155, 180, 74, 11, 60, 82]


# リスト内包表記を用いて所定の配列を作成してください



# 出力してください

```

リスト13.37：問題

ヒント

60で割った余りが0となる数でフィルタリングします。

解答例

In

```
(…略…)
# リスト内包表記を用いて所定の配列を作成してください
just_hour_data = [x for x in minute_data if x % 60 == 0 ]
```

```
# 出力してください
print(just_hour_data)
```

Out

```
[180, 60]
```

リスト 13.38：解答例

13.3.3 複数配列の同時ループ

複数の配列を同時にループさせたい時は **zip()** 関数を用います。

例えば **a =[1, -2, 3, -4, 5]**、**b = [9, 8, -7, -6, -5]** という配列を同時にループさせるには、リスト 13.39 のように書きます。

In

```
# zip を用いた同時ループです
a = [1, -2, 3, -4, 5]
b = [9, 8, -7, -6, -5]
for x, y in zip(a, b):
    print(x, y)
```

Out

```
1 9
-2 8
3 -7
-4 -6
5 -5
```

リスト 13.39：複数配列の同時ループの例①

リスト内包表記でも同様に **zip()** 関数を用いて複数の配列を同時に処理することができます（リスト 13.40）。

In

```
# リスト内包表記で同時に処理します
a = [1, -2, 3, -4, 5]
b = [9, 8, -7, -6, -5]
print([x**2 + y**2 for x, y in zip(a, b)])
```

Out
```
[82, 68, 58, 52, 50]
```
リスト 13.40：複数配列の同時ループの例②

問題

hour と **minute** の配列から、分換算した値の配列を作成して出力してください（リスト 13.41）。

13.3.1 項「リストの生成」の問題で行ったことと逆の操作をします。

In
```
# 時間データ hour、分データ minute
hour = [0, 2, 3, 1, 0, 1, 1]
minute = [30, 35, 0, 14, 11, 0, 22]

# 時、分を引数に、分に換算する関数を作成してください



# リスト内包表記を用いて所定の配列を作成してください



# 出力してください
```
リスト 13.41：問題

ヒント

・引数が2つの関数は、以下のように記述します。

```
lambda x, y:返り値
```

・分に換算するには、時 × 60 + 分を計算します。

解答例

In
```
(…略…)
# 時、分を引数に、分に換算する関数を作成してください
h_m_combine = lambda x, y: x*60 + y
```

```
# リスト内包表記を用いて所定の配列を作成してください
minute_data1 = [h_m_combine(x, y) for x, y in zip(hour, minute)]


# 出力してください
print(minute_data1)
```

Out

```
[30, 155, 180, 74, 11, 60, 82]
```

リスト 13.42：解答例

13.3.4 多重ループ

同時にループするには **zip()** 関数を用いましたが、ループ中にさらにループを入れるにはリスト 13.43 のように書きます。

In

```
a =[1, -2, 3]
b = [9, 8]
# 二重ループです
for x in a:
    for y in b:
        print(x, y)
```

Out

```
1 9
1 8
-2 9
-2 8
3 9
3 8
```

リスト 13.43：多重ループの例①

リスト内包表記ではリスト 13.44 のように書きます。**for** 文を単純に 2 回並べて書くことで二重ループになります。

In

```
# リスト内包表記で二重ループになります
print([[x, y] for x in a for y in b])
```

Out

```
[[1, 9], [1, 8], [-2, 9], [-2, 8], [3, 9], [3, 8]]
```

リスト 13.44：多重ループの例②

問題

二進数で3桁目を示す **fours_place** と2桁目を示す **twos_place**、1桁目を示す **ones_place** を用いて、十進数で0から7までの数を配列にして出力してください（リスト 13.45）。

例えば **fours_place = 1**、**twos_place = 0**、**ones_place = 1** ならば、これは二進数で **101** を意味するので十進数で **5** となります。

In

```
# 二進数の桁です
fours_place = [0, 1]
twos_place  = [0, 1]
ones_place  = [0, 1]

# リスト内包表記の多重ループを用いて0から7までの整数を計算し、配列にしてくだ↵
さい



# 出力してください

```

リスト 13.45：問題

ヒント

- 十進数なら、
  (3 桁目の数) * 102 + (2 桁目の数) * 10 + (1 桁目の数)**
  二進数なら、上記の *** 10**2** を *** 2**2** に、*** 10** を *** 2** にすれば良いでしょう。
- **fours_place** と **twos_place**、**ones_place** の三重ループを作成します。

解答例

In

```
(…略…)
# リスト内包表記の多重ループを用いて0から7までの整数を計算し、配列にしてくださ
さい
digit = [x*4 + y*2 + z for x in fours_place for y in twos_place for z in
ones_place]

# 出力してください
print(digit)
```

Out

```
[0, 1, 2, 3, 4, 5, 6, 7]
```

リスト 13.46：解答例

13.4 辞書オブジェクト

13.4.1 defaultdict

Pythonの辞書型のオブジェクトは新たな**key**を追加するために毎回その**key**の初期化が必要になるため、面倒です。

例えばリスト**lst**の要素を**key**、同じ値を持つ要素の出現回数を**value**として辞書に格納しようとすると、リスト13.47のようにせねばならず、条件分岐が必要になります。

In

```
# 辞書に要素の出現回数を記録します
d = {}
lst = ["foo", "bar", "pop", "pop", "foo", "popo"]
for key in lst:
    # dにkeyが存在するかしないかで場合分けをします
    if key in d:
        d[key] += 1
```

```
    else:
        d[key] = 1
print(d)
```

Out
```
{'foo': 2, 'pop': 2, 'popo': 1, 'bar': 1}
```

リスト 13.47：defaultdict の例①

そこで、collections モジュールの **defaultdict** クラスを用いることでこの問題を解決します。

defaultdict クラスは以下のように定義します。(**value** の型）の部分には **int** や **list** を入れます。

```
from collections import defaultdict

d = defaultdict(value の型 )
```

定義したオブジェクトは標準の辞書型オブジェクトと同様に使えます。**defaultdict** を用いてリスト 13.47 と同様の処理を書くとリスト 13.48 となり、条件分岐をせずとも要素の数え上げができていることがわかります。

In
```
from collections import defaultdict
# 辞書に要素の出現回数を記録します
d = defaultdict(int)
lst = ["foo", "bar", "pop", "pop", "foo", "popo"]
for key in lst:
    d[key] += 1
print(d)
```

Out
```
defaultdict(<class 'int'>, {'foo': 2, 'pop': 2, 'popo': 1, 'bar': 1})
```

リスト 13.48：defaultdict の例②

問題

リスト 13.49 の文字列 **description** に出現する文字を **key** とし、その出現回数を **value** とした辞書を作成してください。

辞書を **value** の降順にソートし、上位 10 要素を出力してください。

辞書は **defaultdict** によって定義してください。

In

```
from collections import defaultdict
# 文字列description
description = \
"Artificial intelligence (AI, also machine intelligence, MI) is " + \
"intelligence exhibited by machines, rather than " + \
"humans or other animals (natural intelligence, NI)."

# defaultdictを定義してください


# 文字の出現回数を記録してください


# ソートし、上位10要素を出力してください
```

リスト 13.49：問題

ヒント

- **defaultdict** の value は **int** 型です。
- 文字列は1文字ずつループしましょう（空白も含みます）。
- ソートをするために、**辞書.items()** で **(key, value)** の配列を取得します。
- ソートは **sorted()** 関数を用いると楽です。ここでは降順にソートするので **reverse** を **True** にしましょう。以下を用いて出力してください。

sorted(辞書.items(), key=lambdaで配列の第2要素を指定, reverse=True)

解答例

In

```
(…略…)
# defaultdictを定義してください
char_freq = defaultdict(int)

# 文字の出現回数を記録してください
for i in description:
```

```
        char_freq[i] += 1

# ソートし、上位10要素を出力してください
print(sorted(char_freq.items(), key=lambda x: x[1], reverse=True)[:10])
```

Out
```
[(' ', 20), ('e', 18), ('i', 17), ('n', 14), ('l', 12), ('a', 11), ('t', 10), ('c', 7), ('h', 7), ('r', 6)]
```

リスト 13.50：解答例

13.4.2 value 内の要素の追加

今度は、リスト 13.51 のように書き、list 型の **value** を持つ辞書を定義してみます。

In
```
from collections import defaultdict
defaultdict(list)
```

Out
```
defaultdict(list, {})
```

リスト 13.51：value 内の要素の追加の例①

value が list 型なので、**辞書 [key].append(要素)** とすることで value に要素を追加することができます。これも、標準の辞書型オブジェクトではリスト 13.52 のように一手間かかりますが、**defaultdict** ではこの条件分岐が不要になります。この特徴を生かすと、**key** によって **value** をまとめることができます。

In
```
# 辞書にvalueの要素を追加します
d ={}
price = [
    ("apple", 50),
    ("banana", 120),
    ("grape", 500),
    ("apple", 70),
    ("lemon", 150),
    ("grape", 1000)
```

```
]
for key, value in price:
    # keyの存在で条件分岐します
    if key in d:
        d[key].append(value)
    else:
        d[key] = [value]
print(d)
```

Out

```
{'apple': [50, 70], 'banana': [120], 'grape': [500, 1000], 'lemon':
[150]}
```

リスト 13.52：value内の要素の追加の例②

問題

defaultdictを用いてリスト13.52の例と同様の処理を行い、辞書を作成してください（リスト13.53）。作成した辞書の各**value**について平均値を取り、配列にして出力してください。

In

```
from collections import defaultdict
# まとめたいデータprice...(名前, 値段)です
price = [
    ("apple", 50),
    ("banana", 120),
    ("grape", 500),
    ("apple", 70),
    ("lemon", 150),
    ("grape", 1000)
]
# defaultdictを定義してください



# リスト13.52と同様にvalueの要素に値段を追加してください


```

```
# 各valueの平均値を計算し、配列にして出力してください
```

リスト 13.53：問題

ヒント

- **defaultdict** の **value** は list 型です。
- 基本は標準の辞書型と同様に追加すれば良いですが、こちらは条件分岐が不要です。
- 各 **value** は **int** が格納されている **list** なので、平均値をとるには、

```
sum(value) / len(value)
```

としましょう。

- 各 **value** の平均値の計算はリスト内包表記でまとめて行うと良いです。その際に（適用する元の配列）は辞書 **.values()** によって取得できます。

解答例

In

```
(…略…)
# defaultdictを定義してください
d = defaultdict(list)

# リスト13.52と同様にvalueの要素に値段を追加してください
for key, value in price:
        d[key].append(value)

# 各valueの平均値を計算し、配列にして出力してください
print([sum(x) / len(x) for x in d.values()])
```

Out

```
[60.0, 120.0, 750.0, 150.0]
```

リスト 13.54：解答例

13.4.3 Counter

collections モジュールには **defaultdict** クラス以外にもいくつかのデータ格納クラスがあります。

ここで紹介する **Counter** クラスは、**defaultdict** と同様に辞書型のオブジェクトと同様に使用することができますが、より**要素の数え上げ**に特化したクラスになっています。

Counter クラスを用いて defaultdict で説明した例題と同様に単語を **key**、出現回数を **value** とした辞書を作成するにはリスト 13.55 のようにするだけでよく、**for** ループを用いないので **defaultdict** よりも実行時間を短く簡潔に数え上げることができます。

In
```
# Counter を import します
from collections import Counter
# 辞書に要素の出現回数を記録します
lst = ["foo", "bar", "pop", "pop", "foo", "popo"]
d = Counter(lst)


print(d)
```

Out
```
Counter({'foo': 2, 'pop': 2, 'bar': 1, 'popo': 1})
```

リスト 13.55：Counter の例①

Counter クラスは、以下のように定義します。

```
from collections import Counter

d = Counter(数え上げたいデータ)
```

数え上げたいデータの部分には、例えば、単語を分解した配列や文字列、辞書などを書き込むことができます。

Counter クラスにはいくつかの数え上げを助ける関数が用意されています。

most_common() 関数は要素を頻度の降順にソートした配列を返します（リスト 13.56）。

In
```
# Counterに文字列を格納、文字の出現頻度を数え上げます
d = Counter("A Counter is a dict subclass for counting hashable↵
objects.")
# 最も多い5要素を並べます
print(d.most_common(5))
```

Out
```
[(' ', 17), ('s', 6), ('o', 4), ('t', 4), ('a', 4)]
```

リスト 13.56：Counterの例②

most_common() 関数の使い方は、以下のようになります。

> 辞書.most_common(取得する要素数)

取得する要素数=1 とすると最頻の要素を返し、取得する要素数に何も書き込まないことですべての要素をソートして返します。

問題

本節の「defaultdict」と同様に以下の文字列 **description** に出現する文字を **key** とし、その出現回数を **value** とした辞書を作成してください。

辞書を **value** の降順にソートし、上位10要素を出力してください。

辞書は **Counter** によって定義してください（リスト 13.57）。

In
```
from collections import Counter
# 文字列descriptionです
description = \
"Artificial intelligence (AI, also machine intelligence, MI) is " + \
"intelligence exhibited by machines, rather than " + \
"humans or other animals (natural intelligence, NI)."

# Counterを定義してください



# ソートし、上位10要素を出力してください

```

リスト 13.57：問題

ソートは most_common() 関数を用いましょう。

```
辞書.most_common(取得する要素数)
```

解答例

In
```
(…略…)
# Counterを定義してください
char_freq = Counter(description)

# ソートし、上位10要素を出力してください
print(char_freq.most_common(10))
```

Out
```
[(' ', 20), ('e', 18), ('i', 17), ('n', 14), ('l', 12), ('a', 11), ('t', 10), ('c', 7), ('h', 7), ('r', 6)]
```

リスト 13.58：解答例

添削問題

lamda 式や高階関数 map を使うことで、Python コードをシンプルに表現することができます。これらの便利な記法を使った添削問題に挑戦しましょう。

問題

- if と lamda を用いて計算してください（引数 a が 8 未満ならば、5 倍にし、8 以上ならば 2 で割る）
- time_list から " 月 " を取り出してください。
- リスト内表記を用いて体積を計算してください。
- 各 value の平均値の計算と price リストの中のフルーツ名を数え上げてください。

In
```
# if とlamdaを用いて計算してください（引数aが8未満ならば、5倍にし、8以上↵
ならば2で割る）
a = 8
basic =
```

```
print('計算結果')
print(basic(a))



import re
# 配列time_list
time_list = [
    "2018/1/23_19:40",
    "2016/5/7_5:25",
    "2018/8/21_10:50",
    "2017/8/9_7:5",
    "2015/4/1_22:15"
]
# 文字列から"月"を取り出す関数を作成してください
get_month =

# 各要素の"月"を取り出して配列にしてください
month_list =

# 出力してください
print()
print('月')
print(month_list)



# リスト内包表記を用いて体積を計算してください
length= [3, 1, 6, 2, 8, 2, 9]
side = [4, 1, 15, 18, 7, 2, 19]
height = [10, 15, 17, 13, 11, 19, 18]

# 体積を計算してください
volume =

# 出力してください
```

```
print()
print(' 体積 ')
print(volume)

#  各 value の平均値の計算と price リストの中のフルーツ名を数え上げてください
from collections import defaultdict
from collections import Counter

# まとめたいデータ price
price = [
    ("strawberry", 520),
    ("pear", 200),
    ("peach", 400),
    ("apple", 170),
    ("lemon", 150),
    ("grape", 1000),
    ("strawberry", 750),
    ("pear", 400),
    ("peach", 500),
    ("strawberry", 70),
    ("lemon", 300),
    ("strawberry", 700)
]
# defaultdict を定義してください
d =

# 上記の例と同様に value に値段と key にフルーツ名を追加してください
price_key_count = []
for key, value in price:



# 各 value の平均値を計算し、配列にして出力してください
print()
print('value の平均値 ')
```

```
print()


# 上記の price リストの中のフルーツ名を数え上げてください
key_count = 
print()
print(' フルーツ名 ')
print(key_count)
```

リスト 13.59：問題

ヒント

- lamda 式についてもう一度復習してみましょう。
- 文字列から月を取り出すには、**lambda x: int(re.split(" 正規表現 ",x)[月の列])** とします。
- **value** を取り出すには **.value()** を使います。
- 数える時は **Counter()** を使います。

解答例

In

```
# if と lamda を用いて計算してください（引数 a が 8 未満ならば、5 倍にし、8 以上⏎
ならば 2 で割る）
a = 8
basic = lambda x: x * 5 if x < 8 else x / 2
print(' 計算結果 ')
(…略…)

# 文字列から " 月 " を取り出す関数を作成してください
get_month = lambda x: int(re.split("[/_:]",x)[1])
# 各要素の " 月 " を取り出して配列にしてください
month_list = list(map(get_month, time_list))
(…略…)

# 体積を計算してください
volume = [x * y * z for x, y,z  in zip(length, side, height)]
(…略…)
```

```
# defaultdict を定義してください
d = defaultdict(list)

# 上記の例と同様に value に値段と key にフルーツ名を追加してください
price_key_count = []
for key, value in price:
        d[key].append(value)
        price_key_count.append(key)
(…略…)
# 各 value の平均値を計算し、配列にして出力してください
print()
print('value の平均値 ')
print([sum(x) / len(x) for x in d.values()])

# 上記の price リストの中のフルーツ名を数え上げてください
key_count = Counter(price_key_count)
print()
print(' フルーツ名 ')
print(key_count)
```

Out

```
計算結果
4.0

月
[1, 5, 8, 8, 4]

体積
[120, 15, 1530, 468, 616, 76, 3078]

value の平均値
[510.0, 300.0, 450.0, 170.0, 225.0, 1000.0]

フルーツ名
Counter({'strawberry': 4, 'pear': 2, 'peach': 2, 'lemon': 2, 'apple': 1, 'grape': 1})
```

リスト 13.60：解答例

第 14 章

DataFrame を用いたデータクレンジング

14.1 CSV

14.1.1 Pandasを用いたCSVの読み込み

ここではCSVと呼ばれるデータ形式を扱っていきます。CSVデータとは値をカンマ区切りで格納したデータであり、データ分析等において非常に扱いやすいので、一般的によく使われます。

Pandasを用いてCSVを読み込み、それをDataFrameにしてみましょう（リスト14.1）。ここではデータセットとしてワインのデータセットをオンラインでCSV形式で取得してみます。そのままでは数値が何を表しているのかわからないので、その情報を表すカラムを追加します。

In

```
import pandas as pd

df = pd.read_csv("http://archive.ics.uci.edu/ml/machine-learning-
databases/wine/wine.data", header=None)
# カラムにそれぞれの数値が何を表しているかを追加します
df.columns=["", "Alcohol", "Malic acid", "Ash", "Alcalinity of ash",
"Magnesium","Total phenols", "Flavanoids", "Nonflavanoid phenols",
"Proanthocyanins","Color intensity", "Hue", "OD280/OD315 of diluted
wines", "Proline"]
print(df)
```

Out

		Alcohol	Malic acid	Ash	Alcalinity of ash	Magnesium	Total phenols	Flavanoids	Nonflavanoid phenols	Proanthocyanins	Color intensity	Hue	OD280/OD315 of diluted wines	Proline
0	1	14.23	1.71	2.43	15.6	127	2.80	3.06	0.28	2.29	5.640000	1.04	3.92	1065
1	1	13.20	1.78	2.14	11.2	100	2.65	2.76	0.26	1.28	4.380000	1.05	3.40	1050
2	1	13.16	2.36	2.67	18.6	101	2.80	3.24	0.30	2.81	5.680000	1.03	3.17	1185
3	1	14.37	1.95	2.50	16.8	113	3.85	3.49	0.24	2.18	7.800000	0.86	3.45	1480
(…略…)														
175	3	13.27	4.28	2.26	20.0	120	1.59	0.69	0.43	1.35	10.200000	0.59	1.56	835
176	3	13.17	2.59	2.37	20.0	120	1.65	0.68	0.53	1.46	9.300000	0.60	1.62	840
177	3	14.13	4.10	2.74	24.5	96	2.05	0.76	0.56	1.35	9.200000	0.61	1.60	560

178 rows × 14 columns

リスト14.1：Pandasを用いたCSVの読み込みの例

問題

以下のサイトからオンラインでアヤメのデータをCSV形式で取得して、PandasのDataFrame形式で出力してください（リスト14.2）。カラムとして左の列から順に**"sepal length"**、**"sepal width"**、**"petal length"**、**"petal width"**、**"class"**を指定してください。

・アヤメのデータCSV形式
URL http://archive.ics.uci.edu/ml/machine-learning-databases/iris/iris.data

In
```
import pandas as pd
# ここに解答を記述してください
```

リスト14.2：問題

ヒント
最後の行にはDataFrameを格納した変数を入力してください。

解答例

In
```
(…略…)
# ここに解答を記述してください
df = pd.read_csv(
    "http://archive.ics.uci.edu/ml/machine-learning-databases/iris/iris.⏎
data", header=None)
df.columns = ["sepal length", "sepal width", "petal length", "petal⏎
width", "class"]
print(df)
```

Out

	sepal length	sepal width	petal length	petal width	class
0	5.1	3.5	1.4	0.2	Iris-setosa
1	4.9	3.0	1.4	0.2	Iris-setosa
2	4.7	3.2	1.3	0.2	Iris-setosa
3	4.6	3.1	1.5	0.2	Iris-setosa
(…略…)					
147	6.5	3.0	5.2	2.0	Iris-virginica

148	6.2	3.4	5.4	2.3	Iris-virginica
149	5.9	3.0	5.1	1.8	Iris-virginica

150 rows × 5 columns

リスト 14.3：解答例

14.1.2 CSV ライブラリを用いた CSV の作成

Python3 に標準で搭載されている CSV ライブラリを用いて CSV データを作成してみます。過去 10 回分のオリンピックについてのデータを表にしてみます（リスト 14.4）。

In

```
import csv

# with 文を用いて実行します
with open("csv0.csv", "w") as csvfile:
    # writer() メソッドには引数としてここでは csvfile と改行コード（¥n）を指定⏎
します
    writer = csv.writer(csvfile, lineterminator="¥n")
    # writerow（リスト）を用いて行を追加していきます
    writer.writerow(["city", "year", "season"])
    writer.writerow(["Nagano", 1998, "winter"])
    writer.writerow(["Sydney", 2000, "summer"])
    writer.writerow(["Salt Lake City", 2002, "winter"])
    writer.writerow(["Athens", 2004, "summer"])
    writer.writerow(["Torino", 2006, "winter"])
    writer.writerow(["Beijing", 2008, "summer"])
    writer.writerow(["Vancouver", 2010, "winter"])
    writer.writerow(["London", 2012, "summer"])
    writer.writerow(["Sochi", 2014, "winter"])
    writer.writerow(["Rio de Janeiro", 2016, "summer"])
```

リスト 14.4：CSV ライブラリによる CSV の作成の例

リスト 14.4 を実行すると csv0.csv という CSV データが同じディレクトリに作成さ

れていることがわかります（図 14.1）。

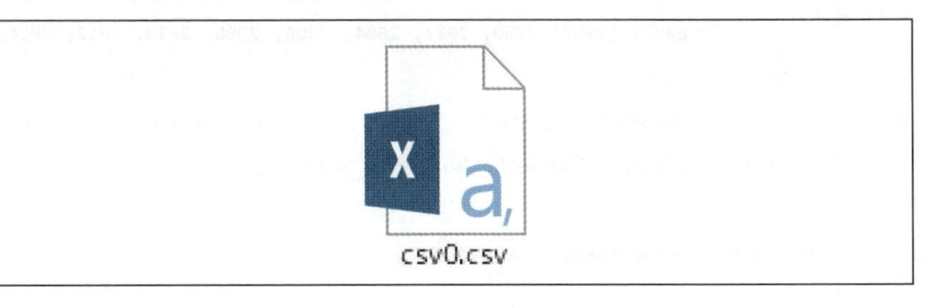

図 14.1：csv0.csv

問題

自分で CSV ファイルを自由に作成してください（リスト 14.5）。

In

```
import csv
# ここに解答を記述してください
```

リスト 14.5：問題

ヒント

行を追加するには **writerow(リスト)** を用います。

解答例

リスト 14.4 を参照して、自由に行を追加して、CSV ファイルを作成してください。

14.1.3 Pandas を用いた CSV の作成

なお、CSV ライブラリを用いず、**Pandas を用いて CSV データを作成**することもできます。PandasDataFrame 形式のものを CSV にする時はこの方法のほうが便利でしょう。DataFrame の例としてオリンピック開催の都市、年、季節をまとめて、それを CSV にしてみます（リスト 14.6）。

In

```
import pandas as pd

data = {"city": ["Nagano", "Sydney", "Salt Lake City", "Athens",
```

```
"Torino", "Beijing", "Vancouver", "London", "Sochi", "Rio de Janeiro"],
         "year": [1998, 2000, 2002, 2004, 2006, 2008, 2010, 2012, 2014,⏎
2016],
          "season": ["winter", "summer", "winter", "summer", "winter",⏎
"summer", "winter", "summer", "winter", "summer"]}

df = pd.DataFrame(data)

df.to_csv("csv1.csv")
```

リスト14.6：Pandasを用いたCSVの作成の例

リスト14.6を実行するとcsv1.csvというCSVデータが同じディレクトリに作成されます（図14.2）。

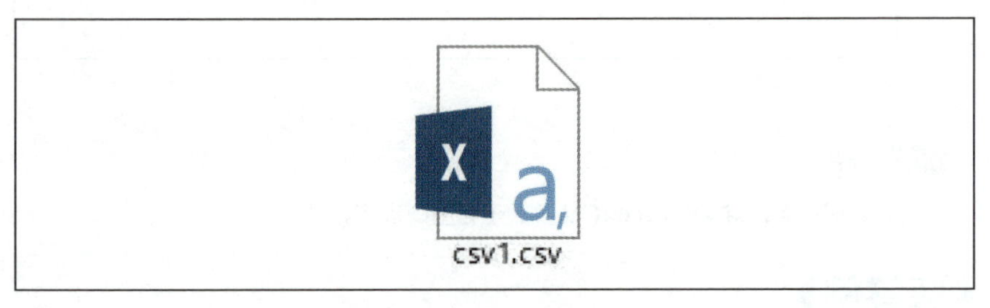

図14.2：csv1.csv

問題

リスト14.7のコード中のPandasのDataFrameを**"OSlist.csv"**というファイル名のCSV形式にして出力してください。

In

```
import pandas as pd

data = {"OS": ["Machintosh", "Windows", "Linux"],
        "release": [1984, 1985, 1991],
        "country": ["US", "US", ""]}
# ここに解答を記述してください
```

リスト14.7：問題

ヒント

to_csv("ファイル名") メソッドを用います。

解答例

In

```
(…略…)
        "country": ["US", "US", ""]}
# ここに解答を記述してください
df = pd.DataFrame(data)
df.to_csv("OSlist.csv")
```

リスト 14.8：解答例

14.2 DataFrame の復習

14.2.1 DataFrame の復習

DataFrame については第 9 章の 9.2 節「DataFrame の連結」で扱いました。ここでは簡単な問題を解いて復習してみましょう。

問題

attri_data_frame1 へ **attri_data_frame2** の行を追加し出力してください。ただし行を追加した後の DataFrame は ID の昇順になるようにし、行番号も昇順になるようにしてください（リスト 14.9）。

出力には **print()** 関数を使用せず DataFrame をそのまま記述してください。

In

```
import pandas as pd
from pandas import Series, DataFrame


attri_data1 = {"ID": ["100", "101", "102", "103", "104",
                      "106", "108", "110", "111", "113"],
               "city": ["Tokyo", "Osaka", "Kyoto", "Hokkaido",
                        "Tokyo", "Tokyo", "Osaka", "Kyoto",
```

```
                     "Hokkaido", "Tokyo"],
              "birth_year": [1990, 1989, 1992, 1997, 1982,
                             1991, 1988, 1990, 1995, 1981],
              "name": ["Hiroshi", "Akiko", "Yuki", "Satoru",
                       "Steeve", "Mituru", "Aoi", "Tarou",
                       "Suguru", "Mitsuo"]}
attri_data_frame1 = DataFrame(attri_data1)

attri_data2 = {"ID": ["107", "109"],
              "city": ["Sendai", "Nagoya"],
              "birth_year": [1994, 1988]}
attri_data_frame2 = DataFrame(attri_data2)
# ここに解答を記述してください
```

リスト 14.9：問題

ヒント

・行の追加には append(行を追加したい DataFrame が格納された変数) を用います。
・データの並べ替えには sort_values(by=" 列の名前 ") を用います。
・行番号を振り直すには reset_index(drop=True) を用います。

解答例

In

```
(…略…)
attri_data_frame2 = DataFrame(attri_data2)
# ここに解答を記述してください
attri_data_frame1.append(attri_data_frame2).sort_values(
    by="ID", ascending=True).reset_index(drop=True)
```

Out

	ID	birth_year	city	name
0	100	1990	Tokyo	Hiroshi
1	101	1989	Osaka	Akiko
2	102	1992	Kyoto	Yuki

3	103	1997	Hokkaido	Satoru
4	104	1982	Tokyo	Steeve
5	106	1991	Tokyo	Mituru
6	107	1994	Sendai	NaN
7	108	1988	Osaka	Aoi
8	109	1988	Nagoya	NaN
9	110	1990	Kyoto	Tarou
10	111	1995	Hokkaido	Suguru
11	113	1981	Tokyo	Mitsuo

リスト 14.10：解答例

14.3 欠損値

14.3.1 リストワイズ / ペアワイズ削除

本節では欠損値の扱いについて学びます。まずはランダムに表を作成し、わざと表の一部を欠損させてみます（リスト 14.11）。Out にあるような DataFrame が生成されます。

In

```
import numpy as np
from numpy import nan as NA
import pandas as pd

sample_data_frame = pd.DataFrame(np.random.rand(10,4))

# 一部のデータをわざと欠損させます
sample_data_frame.iloc[1,0] = NA
sample_data_frame.iloc[2,2] = NA
sample_data_frame.iloc[5:,3] = NA

sample_data_frame
```

Out

	0	1	2	3
0	0.917885	0.050981	0.329511	0.254695
1	NaN	0.279360	0.335873	0.318672
2	0.689523	0.501175	NaN	0.196496
3	0.393463	0.673085	0.693193	0.070588
4	0.135505	0.278042	0.712747	0.961646
5	0.983895	0.616582	0.699402	NaN
6	0.123490	0.608188	0.852908	NaN
7	0.461501	0.163794	0.798499	NaN
8	0.430429	0.067850	0.806232	NaN
9	0.688783	0.433320	0.569711	NaN

リスト 14.11：表の一部を欠損させた例

この時、データ欠損のある行（NaN を含む行）をまるごと消去することを**リストワイズ削除**と言います。

リスト 14.12 のように、**dropna()** メソッドを用いると、NaN のある行をすべて取り除いてくれます。

In

```
sample_data_frame.dropna()
```

	0	1	2	3
0	0.917885	0.050981	0.329511	0.254695
3	0.393463	0.673085	0.693193	0.070588
4	0.135505	0.278042	0.712747	0.961646

リスト 14.12：リストワイズ削除の例

また、利用可能なデータのみ用いるという方法もあります（リスト 14.13）。

欠損の少ない列（例：0 列目と 1 列目）だけを残すことを考えます。これを**ペアワイズ削除**と言います。

In

```
sample_data_frame[[0,1,2]].dropna()
```

Out

	0	1	2
0	0.917885	0.050981	0.329511
3	0.393463	0.673085	0.693193
4	0.135505	0.278042	0.712747

5	0.983895	0.616582	0.699402
6	0.123490	0.608188	0.852908
7	0.461501	0.163794	0.798499
8	0.430429	0.067850	0.806232
9	0.688783	0.433320	0.569711

リスト 14.13：ペアワイズ削除の例

問題

問題文中の DataFrame の第 0 列と第 2 列を残し、NaN を含む行を削除して出力してください（リスト 14.14）。

In

```
import numpy as np
from numpy import nan as NA
import pandas as pd
np.random.seed(0)

sample_data_frame = pd.DataFrame(np.random.rand(10, 4))

sample_data_frame.iloc[1, 0] = NA
sample_data_frame.iloc[2, 2] = NA
sample_data_frame.iloc[5:, 3] = NA

# ここに解答を記述してください
```

リスト 14.14：問題

ヒント

ペアワイズ削除の考え方を用います。最初に第 0 列と第 2 列を残し、その後で NaN を含む行を削除します。

解答例

In

```
(…略…)
sample_data_frame.iloc[5:, 3] = NA
```

```
# ここに解答を記述してください
sample_data_frame[[0, 2]].dropna()
```

Out

	0	2
0	0.548814	0.602763
3	0.568045	0.071036
4	0.020218	0.778157
5	0.978618	0.461479
6	0.118274	0.143353
7	0.521848	0.264556
8	0.456150	0.018790
9	0.612096	0.943748

リスト 14.15：解答例

14.3.2 欠損値の補完

前項では欠損値のある列や行を削除しましたが、ここでは代替するデータをNaNの部分に代入してみます（リスト 14.16）。

In

```
import numpy as np
from numpy import nan as NA
import pandas as pd

sample_data_frame = pd.DataFrame(np.random.rand(10,4))

# 一部のデータをわざと欠損させます
sample_data_frame.iloc[1,0] = NA
sample_data_frame.iloc[2,2] = NA
sample_data_frame.iloc[5:,3] = NA
```

リスト 14.16：欠損値の補完の例①

fillna() メソッドを用いると、引数として与えた数を **NaN** の部分に代入します。ここでは0で埋めてみます（リスト 14.17）。

In
```
sample_data_frame.fillna(0)
```

Out

	0	1	2	3
0	0.359508	0.437032	0.697631	0.060225
1	0.000000	0.670638	0.210383	0.128926
2	0.315428	0.363711	0.000000	0.438602
3	0.988374	0.102045	0.208877	0.161310
4	0.653108	0.253292	0.466311	0.244426
5	0.158970	0.110375	0.656330	0.000000
6	0.196582	0.368725	0.820993	0.000000
7	0.837945	0.096098	0.976459	0.000000
8	0.976761	0.604846	0.739264	0.000000
9	0.282807	0.120197	0.296140	0.000000

リスト 14.17：欠損値の補完の例②

method に **ffill** を指定することで前の値で埋めることができます（リスト 14.18）。

In
```
sample_data_frame.fillna(method="ffill")
```

Out

	0	1	2	3
0	0.359508	0.437032	0.697631	0.060225
1	0.359508	0.670638	0.210383	0.128926
2	0.315428	0.363711	0.210383	0.438602
3	0.988374	0.102045	0.208877	0.161310
4	0.653108	0.253292	0.466311	0.244426
5	0.158970	0.110375	0.656330	0.244426
6	0.196582	0.368725	0.820993	0.244426
7	0.837945	0.096098	0.976459	0.244426
8	0.976761	0.604846	0.739264	0.244426
9	0.282807	0.120197	0.296140	0.244426

リスト 14.18：欠損値の補完の例③

問題

問題文中の DataFrame の NaN の部分を前の値で埋めて出力してください（リスト 14.19）。

In
```
import numpy as np
from numpy import nan as NA
```

```
import pandas as pd
np.random.seed(0)

sample_data_frame = pd.DataFrame(np.random.rand(10, 4))

sample_data_frame.iloc[1, 0] = NA
sample_data_frame.iloc[6:, 2] = NA

# ここに解答を記述してください
```

リスト 14.19：問題

`fillna` で `method` を指定してください。

解答例

In

```
(…略…)
sample_data_frame.iloc[6:, 2] = NA

# ここに解答を記述してください
sample_data_frame.fillna(method="ffill")
```

Out

	0	1	2	3
0	0.548814	0.715189	0.602763	0.544883
1	0.548814	0.645894	0.437587	0.891773
2	0.963663	0.383442	0.791725	0.528895
3	0.568045	0.925597	0.071036	0.087129
4	0.020218	0.832620	0.778157	0.870012
5	0.978618	0.799159	0.461479	0.780529
6	0.118274	0.639921	0.461479	0.944669
7	0.521848	0.414662	0.461479	0.774234
8	0.456150	0.568434	0.461479	0.617635
9	0.612096	0.616934	0.461479	0.681820

リスト 14.20：解答例

14.3.3 欠損値の補完（平均値代入法）

欠損値をその列（または行）の平均値によって穴埋めをする方法を平均値代入法と言います（リスト 14.21）。

In

```
import numpy as np
from numpy import nan as NA
import pandas as pd


sample_data_frame = pd.DataFrame(np.random.rand(10, 4))


# 一部のデータをわざと欠損させます
sample_data_frame.iloc[1, 0] = NA
sample_data_frame.iloc[2, 2] = NA
sample_data_frame.iloc[5:, 3] = NA


#fillnaを用いてNaNの部分にその列の平均値を代入します
sample_data_frame.fillna(sample_data_frame.mean())
```

Out

	0	1	2	3
0	0.359508	0.437032	0.697631	0.060225
1	0.529943	0.670638	0.210383	0.128926
2	0.315428	0.363711	0.563599	0.438602
3	0.988374	0.102045	0.208877	0.161310
4	0.653108	0.253292	0.466311	0.244426
5	0.158970	0.110375	0.656330	0.206698
6	0.196582	0.368725	0.820993	0.206698
7	0.837945	0.096098	0.976459	0.206698
8	0.976761	0.604846	0.739264	0.206698
9	0.282807	0.120197	0.296140	0.206698

リスト 14.21：欠損値の補完の例

問題

問題文中の DataFrame の NaN の部分を列の平均値で埋めて出力してください（リスト 14.22）。

In

```
import numpy as np
from numpy import nan as NA
import pandas as pd
np.random.seed(0)

sample_data_frame = pd.DataFrame(np.random.rand(10, 4))

sample_data_frame.iloc[1, 0] = NA
sample_data_frame.iloc[6:, 2] = NA

# ここに解答を記述してください
```

リスト 14.22：問題

fillna() メソッドを用います。

解答例

In

```
(…略…)
sample_data_frame.iloc[6:, 2] = NA

# ここに解答を記述してください
sample_data_frame.fillna(sample_data_frame.mean())
```

Out

	0	1	2	3
0	0.548814	0.715189	0.602763	0.544883
1	0.531970	0.645894	0.437587	0.891773
2	0.963663	0.383442	0.791725	0.528895
3	0.568045	0.925597	0.071036	0.087129
4	0.020218	0.832620	0.778157	0.870012
5	0.978618	0.799159	0.461479	0.780529
6	0.118274	0.639921	0.523791	0.944669
7	0.521848	0.414662	0.523791	0.774234
8	0.456150	0.568434	0.523791	0.617635
9	0.612096	0.616934	0.523791	0.681820

リスト 14.23：解答例

14.4 データ集約

14.4.1 キーごとの統計量の算出

キーごとに統計量を算出します。14.1.1 項「Pandas を用いた CSV の読み込み」で用いたワインのデータセットをここでも利用して、列の平均値を算出してみましょう。リスト 14.24 のようになります。

In

```
import pandas as pd

df = pd.read_csv("http://archive.ics.uci.edu/ml/machine-learning-
databases/wine/wine.data", header=None)
df.columns=["", "Alcohol", "Malic acid", "Ash", "Alcalinity of ash",
"Magnesium","Total phenols", "Flavanoids", "Nonflavanoid phenols",
"Proanthocyanins","Color intensity", "Hue", "OD280/OD315 of diluted
wines", "Proline"]
print(df["Alcohol"].mean())
```

Out

```
13.000617977528083
```

リスト 14.24：キーごとの統計量の算出の例

問題

リスト 14.24 のワインのデータセットで **Magnesium** の平均値を出力してください（リスト 14.25）。

In

```
import pandas as pd

df = pd.read_csv(
    "http://archive.ics.uci.edu/ml/machine-learning-databases/wine/wine.
data", header=None)
df.columns = ["", "Alcohol", "Malic acid", "Ash", "Alcalinity of ash",
```

```
"Magnesium", "Total phenols", "Flavanoids",
                "Nonflavanoid phenols", "Proanthocyanins", "Color⏎
intensity", "Hue", "OD280/OD315 of diluted wines", "Proline"]

# ここに解答を記述してください
```

リスト 14.25：問題

ヒント

Magnesium の列を抽出し、**mean()** メソッドを使ってその平均値を求めてください。

解答例

In

```
(…略…)
intensity", "Hue", "OD280/OD315 of diluted wines", "Proline"]

# ここに解答を記述してください
print(df["Magnesium"].mean())
```

Out

```
99.74157303370787
```

リスト 14.26：解答例

14.4.2 重複データ

ここでは重複するデータがある場合にそのデータを削除する方法を学びます。重複のあるデータを作成してみます（リスト 14.27）。

In

```
import pandas as pd
from pandas import DataFrame

dupli_data = DataFrame({"col1":[1, 1, 2, 3, 4, 4, 6, 6]
                        ,"col2":["a", "b", "b", "b", "c", "c", "b", "b"]})
```

```
dupli_data
```

Out

	col1	col2
0	1	a
1	1	b
2	2	b
3	3	b
4	4	c
5	4	c
6	6	b
7	6	b

リスト 14.27：重複データの例①

duplicated() メソッドを用いると、重複のある行に **True** と表示してくれます。

出力結果は、今まで扱ってきた DataFrame 型とは違う Series 型となっており、見た目が異なっています（リスト 14.28）。

In
```
dupli_data.duplicated()
```

Out
```
0    False
1    False
2    False
3    False
4    False
5     True
6    False
7     True
dtype: bool
```

リスト 14.28：重複データの例②

dtype とは **"Data Type"** のことで、要素の型を示しています。

drop_duplicates() メソッドを用いると、重複したデータの削除後のデータを表示します（リスト 14.29）。

In
```
dupli_data.drop_duplicates()
```

Out

	col1	col2
0	1	a
1	1	b
2	2	b
3	3	b
4	4	c
6	6	b

リスト 14.29：重複データの例③

問題

リスト 14.30 中の DataFrame には重複したデータがあります。それを削除して新たな DataFrame を出力してください。

In

```
import pandas as pd
from pandas import DataFrame

dupli_data = DataFrame({"col1":[1, 1, 2, 3, 4, 4, 6,
                                6, 7, 7, 7, 8, 9, 9]
                       ,"col2":["a", "b", "b", "b", "c",
                                "c", "b", "b", "d", "d",
                                "c", "b", "c", "c"]})
# ここに解答を記述してください
```

リスト 14.30：問題

drop_duplicates() メソッドを用いてください。

解答例

In

```
(…略…)
                                "d", "d", "c", "b", "c", "c"]})
# ここに解答を記述してください
dupli_data.drop_duplicates()
```

Out

	col1	col2
0	1	a
1	1	b
2	2	b
3	3	b
4	4	c
6	6	b
8	7	d
10	7	c
11	8	b
12	9	c

リスト 14.31：解答例

14.4.3 マッピング

マッピングとは共通のキーとなるデータに対して、テーブルからそのキーに対応するデータを持ってくる処理です。言葉の説明だけでは実体が掴みづらいので実際の操作を通して学んでいきましょう（リスト 14.32）。

In

```
import pandas as pd
from pandas import DataFrame

attri_data1 = {"ID": ["100", "101", "102", "103", "104",
                      "106", "108", "110", "111", "113"]
               ,"city": ["Tokyo", "Osaka", "Kyoto", "Hokkaido",
                         "Tokyo", "Tokyo", "Osaka", "Kyoto",
                         "Hokkaido", "Tokyo"]
               ,"birth_year" :[1990, 1989, 1992, 1997, 1982,
                               1991, 1988, 1990, 1995, 1981]
               ,"name" :["Hiroshi", "Akiko", "Yuki", "Satoru",
                         "Steeve", "Mituru", "Aoi", "Tarou",
                         "Suguru", "Mitsuo"]}
attri_data_frame1 = DataFrame(attri_data1)


attri_data_frame1
```

Out

	ID	birth_year	city	name
0	100	1990	Tokyo	Hiroshi
1	101	1989	Osaka	Akiko
2	102	1992	Kyoto	Yuki
3	103	1997	Hokkaido	Satoru
4	104	1982	Tokyo	Steeve
5	106	1991	Tokyo	Mituru
6	108	1988	Osaka	Aoi
7	110	1990	Kyoto	Tarou
8	111	1995	Hokkaido	Suguru
9	113	1981	Tokyo	Mitsuo

リスト 14.32：マッピングの例①

それではここで新しい辞書を作成します（リスト 14.33）。

In

```
city_map ={"Tokyo":"Kanto"
          ,"Hokkaido":"Hokkaido"
          ,"Osaka":"Kansai"
          ,"Kyoto":"Kansai"}
city_map
```

Out

```
{'Tokyo': 'Kanto',
 'Hokkaido': 'Hokkaido',
 'Osaka': 'Kansai',
 'Kyoto': 'Kansai'}
```

リスト 14.33：マッピングの例②

始めに用意した **attri_data_frame1** の **city** カラムをベースとして、上の参照データに対応する地域名データを持ってきて、新しいカラムを追加していきます。これが**マッピング処理**です。Excel に詳しい方であれば **vlookup** のような処理と言えばわかりやすいかと思います。リスト 14.34 の Out が出力結果です。**region** カラムに地方名が追加されているのがわかります。

In

```
# 新しいカラムとして region を追加します。対応するデータがない場合は NaN となり⏎
ます
attri_data_frame1["region"] = attri_data_frame1["city"].map(city_map)
```

```
attri_data_frame1
```

Out

	ID	birth_year	city	name	region
0	100	1990	Tokyo	Hiroshi	Kanto
1	101	1989	Osaka	Akiko	Kansai
2	102	1992	Kyoto	Yuki	Kansai
3	103	1997	Hokkaido	Satoru	Hokkaido
4	104	1982	Tokyo	Steeve	Kanto
5	106	1991	Tokyo	Mituru	Kanto
6	108	1988	Osaka	Aoi	Kansai
7	110	1990	Kyoto	Tarou	Kansai
8	111	1995	Hokkaido	Suguru	Hokkaido
9	113	1981	Tokyo	Mitsuo	Kanto

リスト 14.34：マッピングの例③

問題

リスト 14.35 中の DataFrame で **city** が **Tokyo**、**Hokkaido** のものを **east**、**Osaka**、**Kyoto** のものを **west** となるようにして、新しい列を追加し、その結果を出力してください。カラム名は **WE** にしてください。

In

```
import pandas as pd
from pandas import DataFrame

attri_data1 = {"ID": ["100", "101", "102", "103", "104",
                      "106", "108", "110", "111", "113"]
              ,"city": ["Tokyo", "Osaka", "Kyoto", "Hokkaido",
                        "Tokyo", "Tokyo", "Osaka", "Kyoto",
                        "Hokkaido", "Tokyo"]
              ,"birth_year" :[1990, 1989, 1992, 1997, 1982,
                              1991, 1988, 1990, 1995, 1981]
              ,"name" :["Hiroshi", "Akiko", "Yuki", "Satoru",
                        "Steeve", "Mituru", "Aoi", "Tarou",
                        "Suguru", "Mitsuo"]}
attri_data_frame1 = DateFrame(attri_date1)


# ここに解答を記述してください
```

リスト 14.35：問題

map を例のように用いてください。

解答例

In

```
(…略…)
# ここに解答を記述してください
WE_map = {"Tokyo":"east"
          ,"Hokkaido":"east"
          ,"Osaka":"west"
          ,"Kyoto":"west"}

attri_data_frame1["WE"] = attri_data_frame1["city"].map(WE_map)

attri_data_frame1
```

Out

	ID	birth_year	city	name	WE
0	100	1990	Tokyo	Hiroshi	east
1	101	1989	Osaka	Akiko	west
2	102	1992	Kyoto	Yuki	west
3	103	1997	Hokkaido	Satoru	east
4	104	1982	Tokyo	Steeve	east
5	106	1991	Tokyo	Mituru	east
6	108	1988	Osaka	Aoi	west
7	110	1990	Kyoto	Tarou	west
8	111	1995	Hokkaido	Suguru	east
9	113	1981	Tokyo	Mitsuo	east

リスト 14.36：解答例

14.4.4 ビン分割

ビン分割とは、ある離散的な範囲にデータを分割して集計したい場合に用いる便利な機能です。

あらかじめビン分割したリストを用意して **pandas** の **cut()** 関数を使って、処理します。マッピングと同じ DataFrame を用いてみましょう（リスト 14.37）。

In

```
import pandas as pd
from pandas import DataFrame

attri_data1 = {"ID": ["100", "101", "102", "103", "104", "106", "108",
"110", "111", "113"]
            ,"city": ["Tokyo", "Osaka", "Kyoto", "Hokkaido", "Tokyo",
"Tokyo", "Osaka", "Kyoto", "Hokkaido", "Tokyo"]
        ,"birth_year" :[1990, 1989, 1992, 1997, 1982, 1991, 1988, 1990,
1995, 1981]
            ,"name" :["Hiroshi", "Akiko", "Yuki", "Satoru", "Steeve",
"Mituru", "Aoi", "Tarou", "Suguru", "Mitsuo"]}
attri_data_frame1 = DataFrame(attri_data1)
```

リスト 14.37：ビン分割の例①

分割の粒度をリストで指定して、ビン分割を実施します。ここでは **birth_year** に着目したいと思います（リスト 14.37）。

出力結果はリスト 14.38 の Out のようになります。**"()"** はその値を含まず、**"[]"** はその値を含むことを意味します。例えば **(1985, 1990]** の場合、1985 年は含まず，1990 年は含まれます。

In

```
# 分割の粒度リストを作成します
birth_year_bins = [1980, 1985, 1990, 1995, 2000]
# ビン分割を実施します
birth_year_cut_data = pd.cut(attri_data_frame1.birth_year,birth_year_
bins)
birth_year_cut_data
```

Out

```
0    (1985, 1990]
1    (1985, 1990]
2    (1990, 1995]
```

```
3    (1995, 2000]
4    (1980, 1985]
5    (1990, 1995]
6    (1985, 1990]
7    (1985, 1990]
8    (1990, 1995]
9    (1980, 1985]
Name: birth_year, dtype: category
Categories (4, interval[int64]): [(1980, 1985] < (1985, 1990] < (1990,⏎
1995] < (1995, 2000]]
```

リスト 14.38：ビン分割の例②

それぞれのビンの数を集計したい場合は、**value_counts()** メソッドを使います（リスト 14.39）。

In

```
pd.value_counts(birth_year_cut_data)
```

Out

```
(1985, 1990]    4
(1990, 1995]    3
(1980, 1985]    2
(1995, 2000]    1
Name: birth_year, dtype: int64
```

リスト 14.39：ビン分割の例③

それぞれのビンに名前を付けることも可能です（リスト 14.40）。

In

```
group_names = ["first1980", "second1980", "first1990", "second1990"]
birth_year_cut_data = pd.cut(attri_data_frame1.birth_year,birth_year_⏎
bins,labels = group_names)
pd.value_counts(birth_year_cut_data)
```

Out

```
second1980    4
first1990     3
first1980     2
```

```
second1990    1
Name: birth_year, dtype: int64
```

リスト 14.40：ビン分割の例④

あらかじめ分割数を指定して分割することも可能です。これを用いればほぼ同じサイズのビンを作成することができます。**cut()**関数の第2引数に分割数を渡します（リスト 14.41）。

In

```
pd.cut(attri_data_frame1.birth_year,2)
```

Out

```
0      (1989.0, 1997.0]
1    (1980.984, 1989.0]
2      (1989.0, 1997.0]
3      (1989.0, 1997.0]
4    (1980.984, 1989.0]
5      (1989.0, 1997.0]
6    (1980.984, 1989.0]
7      (1989.0, 1997.0]
8      (1989.0, 1997.0]
9    (1980.984, 1989.0]
Name: birth_year, dtype: category
Categories (2, interval[float64]): [(1980.984, 1989.0] < (1989.0,
1997.0]]
```

リスト 14.41：ビン分割の例⑤

問題

リスト 14.42 中の DataFrame を ID で 2 つにビン分割して出力してください。

In

```
import pandas as pd
from pandas import DataFrame

attri_data1 = {"ID":[100,101,102,103,104,106,108,110,111,113]
        ,"city":["Tokyo","Osaka","Kyoto","Hokkaido","Tokyo","Tokyo","Osa
ka","Kyoto","Hokkaido","Tokyo"]
```

```
        ,"birth_year":[1990,1989,1992,1997,1982,1991,1988,1990,1995,1981
]
        ,"name":["Hiroshi","Akiko","Yuki","Satoru","Steeve","Mituru","Ao
i","Tarou","Suguru","Mitsuo"]}
attri_data_frame1 = DataFrame(attri_data1)

# ここに解答を記述してください
```

リスト 14.42：問題

cut() 関数の第 2 引数に分割数を渡します。

解答例

In

```
(…略…)
attri_data_frame1 = DataFrame(attri_data1)

# ここに解答を記述してください
pd.cut(attri_data_frame1.ID, 2)
```

Out

```
0    (99.987, 106.5]
1    (99.987, 106.5]
2    (99.987, 106.5]
3    (99.987, 106.5]
4    (99.987, 106.5]
5    (99.987, 106.5]
6     (106.5, 113.0]
7     (106.5, 113.0]
8     (106.5, 113.0]
9     (106.5, 113.0]
Name: ID, dtype: category
Categories (2, interval[float64]): [(99.987, 106.5] < (106.5, 113.0]]
```

リスト 14.43：解答例

添削問題

ワインのデータセットを使いながら、データクレンジングの基本について復習してください。

問題

リスト 14.44 のコメントアウトの下にコードを書いてください。

In

```
import pandas as pd
import numpy as np
from numpy import nan as NA
df = pd.read_csv("http://archive.ics.uci.edu/ml/machine-learning-
databases/wine/wine.data", header=None)
# カラムにそれぞれの数値が何を表しているかを追加します
df.columns=["", "Alcohol", "Malic acid", "Ash", "Alcalinity of ash",
"Magnesium",
                "Total phenols", "Flavanoids", "Nonflavanoid phenols",
"Proanthocyanins",
               "Color intensity", "Hue", "OD280/OD315 of diluted wines",
"Proline"]

# 変数 df の上から 10 行を変数 df_ten に代入し、表示してください
df_ten =
print(df_ten)

# データの一部を欠損させてください
df_ten.iloc[1,0] =
df_ten.iloc[2,3] =
df_ten.iloc[4,8] =
df_ten.iloc[7,3] =
print(df_ten)

# fillna を用いて NaN の部分にその列の平均値を代入してください
df_ten.fillna()
```

```
print(df_ten)

# "Alcohol" 列の平均を出力してください
print(df_ten)

# 重複している行を削除してください
df_ten.append(df_ten.loc[3])
df_ten.append(df_ten.loc[6])
df_ten.append(df_ten.loc[9])
df_ten =
print(df_ten)

# Alcohol 列の分割の粒度リストを作成してください
alcohol_bins = [0,5,10,15,20,25]
alcoholr_cut_data =

# ビン数を集計して出力してください
print()
```

リスト 14.44：問題

ヒント

この章で学んだことを確認しましょう。欠損値の補完は 14.3.3 項で触れた平均値代入法で処理し、重複データは 14.4.2 項で触れました。ビン分割の粒度は 14.4.4 項で確認しましょう。

解答例

In

```
(…略…)
# 変数 df の上から 10 行を変数 df_ten に代入し、表示してください
df_ten = df.head(10)
print(df_ten)

# データの一部を欠損させてください
df_ten.iloc[1,0] = NA
df_ten.iloc[2,3] = NA
```

```
df_ten.iloc[4,8] = NA
df_ten.iloc[7,3] = NA
print(df_ten)

# fillna() メソッドを用いて NaN の部分にその列の平均値を代入してください
df_ten.fillna(df_ten.mean())
print(df_ten)

# "Alcohol" 列の平均を出力してください
print(df_ten["Alcohol"].mean())

# 重複している行を削除してください
df_ten.append(df_ten.loc[3])
df_ten.append(df_ten.loc[6])
df_ten.append(df_ten.loc[9])
df_ten = df_ten.drop_duplicates()
print(df_ten)

# Alcohol 列の分割の粒度リストを作成してください
alcohol_bins = [0,5,10,15,20,25]
alcoholr_cut_data = pd.cut(df_ten["Alcohol"],alcohol_bins)

# ビン数を集計して出力してください
print(pd.value_counts(alcoholr_cut_data))
```

Out

```
     Alcohol Malic acid  Ash  Alcalinity of ash Magnesium Total phenols ¥
0 1    14.23       1.71 2.43               15.6       127          2.80
1 1    13.20       1.78 2.14               11.2       100          2.65
2 1    13.16       2.36 2.67               18.6       101          2.80
3 1    14.37       1.95 2.50               16.8       113          3.85
4 1    13.24       2.59 2.87               21.0       118          2.80
5 1    14.20       1.76 2.45               15.2       112          3.27
6 1    14.39       1.87 2.45               14.6        96          2.50
7 1    14.06       2.15 2.61               17.6       121          2.60
```

```
8 1   14.83       1.64 2.17                14.0        97          2.80
9 1   13.86       1.35 2.27                16.0        98          2.98
 Flavanoids Nonflavanoid phenols Proanthocyanins Color intensity  Hue ¥
0       3.06                 0.28            2.29            5.64 1.04
1       2.76                 0.26            1.28            4.38 1.05
2       3.24                 0.30            2.81            5.68 1.03
3       3.49                 0.24            2.18            7.80 0.86
4       2.69                 0.39            1.82            4.32 1.04
5       3.39                 0.34            1.97            6.75 1.05
6       2.52                 0.30            1.98            5.25 1.02
7       2.51                 0.31            1.25            5.05 1.06
8       2.98                 0.29            1.98            5.20 1.08
9       3.15                 0.22            1.85            7.22 1.01
   OD280/OD315 of diluted wines         Proline
0                          3.92            1065
1                          3.40            1050
2                          3.17            1185
3                          3.45            1480
4                          2.93             735
5                          2.85            1450
6                          3.58            1290
7                          3.58            1295
8                          2.85            1045
9                          3.55            1045
(…略…)
13.953999999999999
        Alcohol  Malic acid   Ash  Alcalinity of ash  Magnesium  ¥
0  1.0    14.23        1.71  2.43               15.6        127
1  NaN    13.20        1.78  2.14               11.2        100
2  1.0    13.16        2.36   NaN               18.6        101
3  1.0    14.37        1.95  2.50               16.8        113
4  1.0    13.24        2.59  2.87               21.0        118
5  1.0    14.20        1.76  2.45               15.2        112
6  1.0    14.39        1.87  2.45               14.6         96
```

```
7  1.0    14.06          2.15   NaN            17.6         121
8  1.0    14.83          1.64  2.17            14.0          97
9  1.0    13.86          1.35  2.27            16.0          98

   Total phenols  Flavanoids  Nonflavanoid phenols  Proanthocyanins  ¥
0           2.80        3.06                  0.28             2.29
1           2.65        2.76                  0.26             1.28
2           2.80        3.24                  0.30             2.81
3           3.85        3.49                  0.24             2.18
4           2.80        2.69                   NaN             1.82
5           3.27        3.39                  0.34             1.97
6           2.50        2.52                  0.30             1.98
7           2.60        2.51                  0.31             1.25
8           2.80        2.98                  0.29             1.98
9           2.98        3.15                  0.22             1.85

   Color intensity   Hue  OD280/OD315 of diluted wines  Proline
0             5.64  1.04                          3.92     1065
1             4.38  1.05                          3.40     1050
2             5.68  1.03                          3.17     1185
3             7.80  0.86                          3.45     1480
4             4.32  1.04                          2.93      735
5             6.75  1.05                          2.85     1450
6             5.25  1.02                          3.58     1290
7             5.05  1.06                          3.58     1295
8             5.20  1.08                          2.85     1045
9             7.22  1.01                          3.55     1045
(10, 15]    10
(20, 25]     0
(15, 20]     0
(5, 10]      0
(0, 5]       0
Name: Alcohol, dtype: int64
```

リスト 14.45：解答例

ATTENTION：エラー "Try using .loc[row_indexer,col_indexer] = value instead" について

リスト 14.45 を実行して、

```
C:¥Users¥（ユーザー名）¥AppData¥Local¥Continuum¥anaconda3¥envs¥
ten¥lib¥site-
packages¥pandas¥core¥indexing.py:537: SettingWithCopyWarning:
A value is trying to be set on a copy of a slice from a
DataFrame.
Try using .loc[row_indexer,col_indexer] = value instead
See the caveats in the documentation: http://pandas.
pydata.org/pandas-
docs/stable/indexing.html#indexing-view-versus-copy
  self.obj[item] = s
```

というエラーが表示された場合、**df.reset_index()** メソッドを利用して、一旦データリセットの **index** をリセットするとエラーを回避できます（ダウンロードサンプルの回避例を参照）。

・【Python@Pandas】エラー "Try using .loc[row_indexer,col_indexer] = value instead" の回避策について

参考 https://qiita.com/ringCurrent/items/05228a4859c435724928

第 15 章

OpenCV の利用と画像データの前処理

ATTENTION：Jupyter Notebook で matplotlib の画像を表示する場合

Jupyter Notebook で matplotlib の画像を表示する場合、
以下のコマンドの実行が必要です。

```
%matplotlib inline
```

これはマジックコマンドと言われる記述方法で、Jupyter Notebook 上にグラフを描画する際に必要なスクリプトです。Jupyter Notebook を使わない場合（Aidemy で提供されている仮想環境を使う場合）は、この記述は不要となります。

ATTENTION：第 15 章のサンプルを実行する前に

第 15 章を開始する前にリスト 15.1 のコードを実行してください。

In

```
import matplotlib.pyplot as plt
import cv2
import numpy as np
import time
%matplotlib inline
def aidemy_imshow(name, img):
    b,g,r = cv2.split(img)
    img = cv2.merge([r,g,b])
    plt.imshow(img)
    plt.show()

cv2.imshow = aidemy_imshow
```

リスト 15.1：第 15 章で事前に必要な実行コード

15.1 画像データの基礎

15.1.1 RGB データ

画像データはコンピュータ上では数字で管理されています。その管理方法について説明します。

まず、画像は**ピクセル**と呼ばれる小さな粒の集まりで表現されています。ピクセルの形状は主に四角形です。そして、それぞれのピクセルの色を変えることによって画像を表現しています。

カラーの画像は Red、Green、Blue（しばしば頭文字をとって **RGB** と表現されます）の 3 色で表現されています。そして、この 3 色の明るさ（濃さ）が、多くの場合、0 ～ 255（8bit）の数値で表されています。数値が大きいほど明るくなります。例えば、ただの赤は (255, 0, 0) と表されます。紫色は (255, 0, 255) となります。(0, 0, 0) は黒を、(255, 255, 255) は白を表します。

特殊な場合ですが、モノクロ画像の場合は単に明るさ（0 ～ 255）のみでピクセルの情報が与えられます。カラーの画像にくらべてデータ量が 3 分の 1 ですみます。

後に扱う OpenCV で、1 つのピクセルを表すための要素の数を**チャンネル数**と呼びます。例えば RGB の画像はチャンネル数が 3、モノクロ画像はチャンネル数が 1 です。

問題

RGB データではある色の明るさについての情報が与えられます。どの色の情報が与えられるか答えてください。

1. 赤
2. 緑
3. 青
4. 上記のすべて

ヒント

RGB が何を意味しているのかを考えてみてください。

解答例

4. 上記のすべて

15.1.2 画像データのフォーマット

画像データにはいくつかの種類があります。代表的なものを表 15.1 に紹介します。

表 15.1：画像データとその特徴

	PNG （ピング）	JPG （ジェイペグ）	PDF （ピーディーエフ）	GIF （ジフ）
特徴	可逆圧縮が可能	多くの色を再現できる	画質がよく、拡大しても荒くならない	表現できる色は少ないが、その分容量が小さい
	多くの色を再現できる	容量を小さく圧縮できる（ただし質が落ちる）	容量が大きい	アニメーションを表現できる

可逆圧縮とは、圧縮した画像を元に戻す際に完全に元通りに戻せることを言います。非可逆圧縮は、完全には元通りにできません。

問題

アニメーションの表現に適している画像フォーマットを選択してください。

1. PNG
2. JPG
3. PDF
4. GIF

ヒント

表現できる色は少ないです。

解答例

4. GIF

15.1.3 透過データ

画像の背景を透明にすることを透過と言います。透過させる方法は、ソフトウェアを使ったり、画像の作成段階で透過させたりといろいろあります。15.2 節で紹介する OpenCV でも可能ですが、ここでは扱いません。透過処理は表示するプログラムがどのように色を扱うかにもよります。例えば、BMP は画像としては透過処理をサポートしていませんが、BMP で作られているアイコン画像は透過しているように見える時があります。これはアイコンを表示するプログラムが特定の位置の色を透過色として扱っているためです。画像として透過をサポートしているのは GIF と PNG です。

問題

透過処理が不可能な画像フォーマットを選択してください。

1. JPG
2. PDF
3. GIF
4. 上記のすべて

比較的容量が小さく圧縮できるものです。

解答例

1. JPG

15.2 OpenCVの基礎

15.2.1 画像の読み込み・表示

OpenCVは、画像を扱うのに便利なライブラリです。まずは画像を読み込んで、出力します（リスト15.2）。

In

```
# 事前に「cleansing_data」フォルダを実行ファイルと同じディレクトリに作成して⏎
本書の第15章のサンプル「sample.jpg」を入れてください
# importです
import numpy as np
import cv2

# 画像を読み込みます
#「cleansing_data」フォルダにsample.jpgが存在する時のコードです
img = cv2.imread("cleansing_data/sample.jpg")

# sampleはウィンドウの名前です
cv2.imshow("sample", img)
```

Out

リスト 15.2：画像の読み込み・表示の例

問題

「cleansing_data」フォルダ内の画像 sample.jpg を出力してください（リスト 15.3）。

ウィンドウ名は **"sample"** としてください。

In

```
import numpy as np
import cv2
# ここに解答を記述してください
```

リスト 15.3：問題

ヒント

- **cv2.imread(" ファイル名 ")** で画像を読み込むことができます。
- **cv2.imshow(" ウィンドウ名 ", 画像データ)** で画像の出力ができます。

解答例

In

```
(…略…)
# ここに解答を記述してください

# OpenCV を用いて画像を読み込みます
img = cv2.imread("cleansing_data/sample.jpg")

# 画像を出力します
cv2.imshow("sample", img)
```

Out

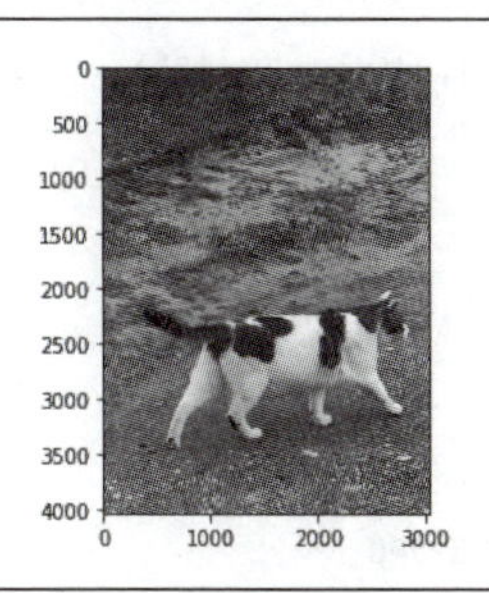

リスト 15.4：解答例

15.2.2 画像の作成・保存

次は自分で画像を作ってみます。**cv2** で画像を処理する際は RGB の順番ではなく、BGR の順番になることに注意しましょう。

画像は **[B, G, R]** の値を指定して作ります。ここでは赤色の画像を作成します（リスト 15.5）。

for _ in range の **_** は、**for** 文で繰り返す際に、**_** にあたる変数を **for** 文の中で使わない場合に使用します。1 つ目の **for** で横に 512 枚の画像、2 つ目の **for** でさらに縦に 512 枚の画像を作成する多重ループになっています。

In

```
import numpy as np
import cv2

# 画像のサイズを決めます
img_size = (512, 512)

# 画像の情報を持つ行列を作ります
# ここでは赤い画像なので、各要素が [0, 0, 255] の 512 × 512 の行列を作ることを
考えます
# 行列が転置されることに注意しましょう
# 画像データの各要素は、0~255 の値しかとりません。このことを明示するために
dtype オプションでデータの型を定めます

my_img = np.array([[[0, 0, 255] for _ in range(img_size[1])] for _ in
```

```
range(img_size[0])], dtype="uint8")

# 表示します
cv2.imshow("sample", my_img)

# 保存します
# ファイル名は my_img.jpg
cv2.imwrite("my_red_img.jpg", my_img)
```

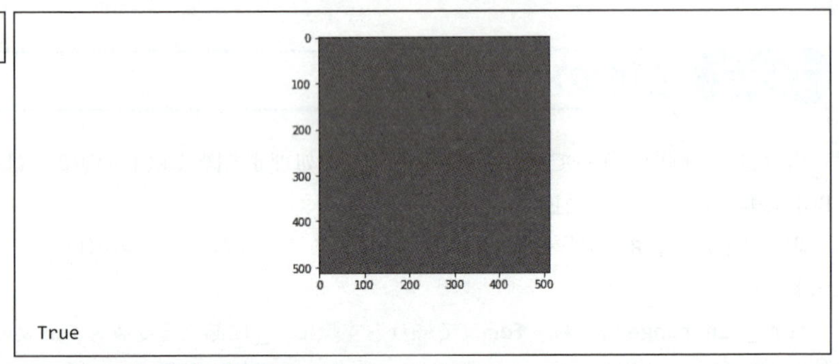


```
True
```

リスト 15.5：画像の作成・保存の例

ATTENTION：リスト 15.5 の出力結果について

本書は 2 色刷りなので、グレーの表示になっています。本来は赤色です。

問題

サイズが 512 × 512 の緑色の画像を作り、表示してください（リスト 15.6）。
画像の出力は **cv2.imshow()** 関数を用いてください。

In

```
import numpy as np
import cv2

# 画像のサイズを決めます
img_size = (512, 512)

# サイズが 512 × 512 の緑色の画像を作ってください
```

リスト 15.6：問題

各要素が **[0, 255, 0]** の、512 × 512 の **np.array** を作ってください。

解答例

In

```
(…略…)
# サイズが 512 × 512 の緑色の画像を作ってください
img = np.array([[[0, 255, 0] for _ in range(img_size[1])] for _ in⏎
range(img_size[0])], dtype="uint8")

cv2.imshow("sample", img)
```

Out

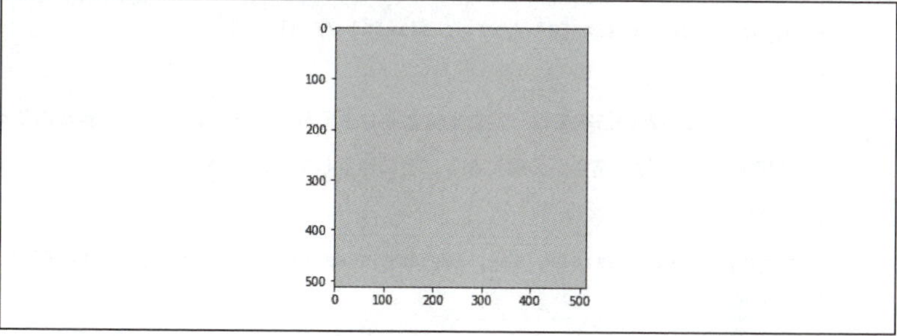

リスト 15.7：解答例

ATTENTION：リスト 15.6、リスト 15.7 の出力結果について

本書は 2 色刷りなので、グレーの表示になっています。本来は緑色です。

15.2.3 トリミングとリサイズ

続いて、画像のトリミング（MEMO 参照）とリサイズ（MEMO 参照）をします（リスト 15.8）。

MEMO：トリミング

トリミングとは、画像の一部を取り出す操作のことです。

MEMO：リサイズ

リサイズとは、画像のサイズを変える（拡大、縮小）ことです。

In

```
import numpy as np
import cv2

img = cv2.imread("cleansing_data/sample.jpg")
size = img.shape

# 画像を表す行列の一部を取り出してくれば、それがトリミングとなります
# n 等分したい時はサイズの商を取りますが、小数点以下切り捨てをしましょう

my_img = img[: size[0] // 2, : size[1] // 3]

# ここではもとの倍率を保ったまま幅と高さをそれぞれ 2 倍にします。新たにサイズを⏎
指定する際、(幅、高さ) の順になることに注意してください

my_img = cv2.resize(my_img, (my_img.shape[1] * 2, my_img.shape[0] * 2))

cv2.imshow("sample", my_img)
```

Out

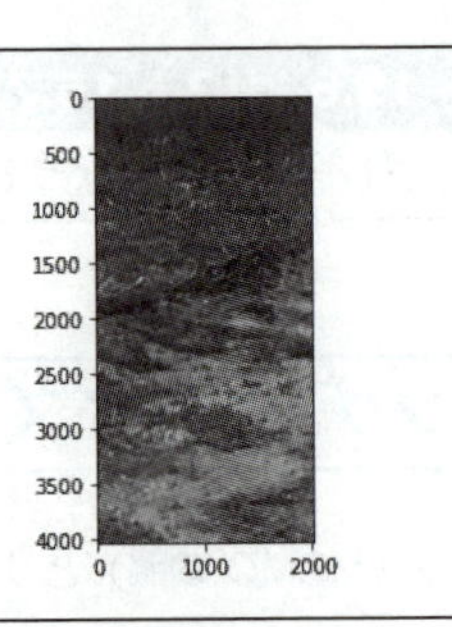

リスト 15.8：トリミングとリサイズの例

リサイズの応用として、画像を縮小して画素数を落としてから元のサイズに戻すことで画像にモザイクをかけることができます。

問題

sample.jpg の幅、高さをそれぞれ 1/3 にリサイズしてください（リスト 15.9）。

In

```
import numpy as np
import cv2

img = cv2.imread("cleansing_data/sample.jpg")

# ここに解答を記述してください



cv2.imshow("sample", my_img)
```

リスト 15.9：問題

cv2.resize() 関数を使います。

解答例

In

```
(…略…)
# ここに解答を記述してください
my_img = cv2.resize(img, (img.shape[1] // 3, img.shape[0] // 3))
(…略…)
```

Out

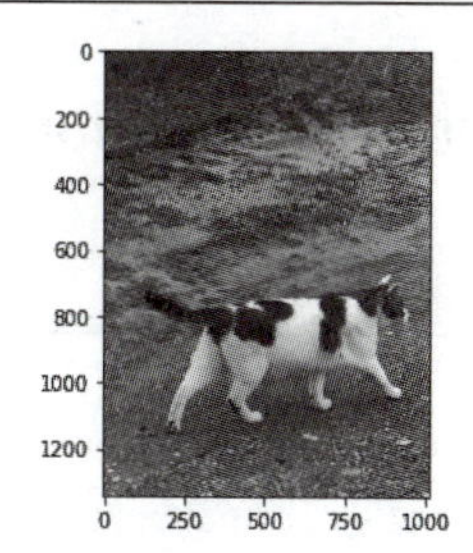

リスト 15.10：解答例

15.2.4 回転・反転

回転する時は **cv2.warpAffine()** 関数を使います。この関数では**アフィン変換**という変換を行っています。その際に必要となる行列は **cv2.getRotationMatrix2D** で入手することができます（リスト 15.11）。

また、反転は **cv2.flip(画像 , 対象とする軸)** 関数を用いることで可能です。

In

```
import numpy as np
import cv2

img = cv2.imread("cleansing_data/sample.jpg")

# warpAffine() 関数を用いるのに必要な行列を作ります
# 第 1 引数が回転の中心（ここでは画像の中心）です
# 第 2 引数は回転角度（ここでは 180 度）です
# 第 3 引数は倍率（ここでは 2 倍に拡大）です

mat = cv2.getRotationMatrix2D(tuple(np.array(img.shape[:2]) / 2), 180,⏎
2.0)

# アフィン変換をします
# 第 1 引数が変換したい画像です
# 第 2 引数が上で生成した行列（mat）です
# 第 3 引数がサイズです

my_img = cv2.warpAffine(img, mat, img.shape[:2])

cv2.imshow("sample", my_img)
```

Out

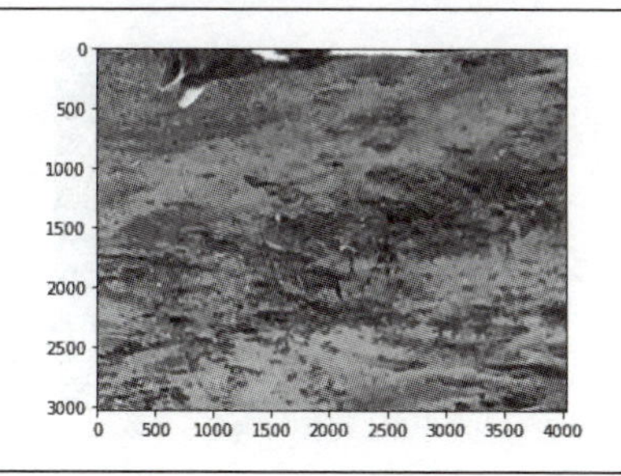

リスト 15.11：回転・反転の例

問題

cv2.flip() 関数を用いて画像を x 軸中心に反転させてください（リスト 15.12）。

In

```
import numpy as np
import cv2

img = cv2.imread("cleansing_data/sample.jpg")

# ここに解答を記述してください




cv2.imshow("sample", my_img)
```

リスト 15.12：問題

ヒント

cv2.flip() 関数は引数が 0 の時 x 軸中心に、正の時 y 軸中心に、負の時両方の軸を中心に反転します。

解答例

In

```
(…略…)
# ここに解答を記述してください
my_img = cv2.flip(img, 0)
(…略…)
```

リスト 15.13：解答例

15.2.5 色調変換・色反転

画像は RGB で構成されていると説明しました。この RGB を別のものにします。ここでは Lab 色空間というものに変換します（リスト 15.14)。

Lab 色空間は、人間の視覚に近似するように設計されている点で優れています。

In

```
import numpy as np
import cv2

img = cv2.imread("cleansing_data/sample.jpg")

# 色空間の変換です
my_img = cv2.cvtColor(img, cv2.COLOR_RGB2LAB)

cv2.imshow("sample", my_img)
```

Out

リスト 15.14：色調変換・色反転の例

cv2.cvtColor() 関数の第2引数を **COLOR_RGB2GRAY** にすることで、モノクロ画像に変換することもできます。

また、画像の色を反転させることをネガポジ反転と言います。**OpenCV** でネガポジ反転を行う際は、以下のように記述します。

```
img = cv2.bitwise_not(img)
```

cv2.bitwise() 関数は 8bit で表現されている各画素のビットを操作することができます。**not** は各ビットを反転させます。

問題

sample.jpg の色を反転してください（リスト 15.15）。

bitwise_not の仕組みを理解するために、**for** 文を用いて自力で **bitwise_not** と同じ処理を実装してみましょう。

In

```
import numpy as np
import cv2

img = cv2.imread("cleansing_data/sample.jpg")

# ここに解答を記述してください




cv2.imshow("sample", img)
```

リスト 15.15：問題

ヒント

- RGB の値は 0~255 で構成されているので、ある値 x を 255-x に置き換えることで変換できます。
- OpenCV で読み込まれた画像データは 3 次元の numpy 配列となっており、

```
img[i][j][k]=x
```

のようにすると、**(i, j)** 座標の、**k** が指定する **RGB** いずれかの値を **x** に書き換えることができます。

・**for** 文と、**len(img[i])** のように長さを取得する **len()** 関数を利用してそれぞれの画素に順番にアクセスし、それぞれの画素値を指定しましょう。

解答例

In

```
(…略…)
# ここに解答を記述してください
for i in range(len(img)):
    for j in range(len(img[i])):
        for k in range(len(img[i][j])):
            img[i][j][k] = 255 - img[i][j][k]
(…略…)
```

Out

リスト 15.16：解答例

15.3 OpenCV の利用

15.3.1 閾値処理（2 値化）

画像の容量を小さくするために、一定以上明るいもの、あるいは一定以上暗いものを全て同じ値にしてしまうことを閾値処理と言います。**cv2.threshold()** 関数を使うことで実現可能です。

引数を用いることで様々な閾値処理を行うことができます（リスト 15.17）。

In

```
import numpy as np
import cv2

img = cv2.imread("cleansing_data/sample.jpg")

# 第1引数が処理する画像です
# 第2引数が閾値です
# 第3引数が最大値(maxvalueとする)です
# 第4引数はTHRESH_BINARY、THRESH_BINARY_INV、THRESH_TOZERO、THRESH_TRUNC、⏎
THRESH_TOZERO_INVのいずれかとなります。解説は以下の通りです

#THRESH_BINARY      : 閾値を超えるピクセルはmaxValueに、それ以外のピクセルは⏎
0になります
#THRESH_BINARY_INV : 閾値を超えるピクセルは0に、それ以外のピクセルは⏎
maxValueになります
#THRESH_TRUNC       : 閾値を超えるピクセルは閾値に、それ以外のピクセルは変更さ⏎
れません
#THRESH_TOZERO      : 閾値を超えるピクセルは変更されず、それ以外のピクセルは0⏎
になります
#THRESH_TOZERO_INV : 閾値を超えるピクセルは0に、それ以外のピクセルは変更さ⏎
れません

# ここでは閾値を75、最大値を255（ここでは使用されない）にして、THRESH_TOZERO⏎
を使います
# 閾値も返されるのでretvalで受け取ります
retval, my_img = cv2.threshold(img, 75, 255, cv2.THRESH_TOZERO)

cv2.imshow("sample", my_img)
```

Out

リスト 15.17：閾値処理の例

問題

閾値を **100** にし、それ以下を **0**、それ以上を **255** にしてください（リスト 15.18）。

In

```
import numpy as np
import cv2

img = cv2.imread("cleansing_data/sample.jpg")

# ここに解答を記述してください
```

リスト 15.18：問題

ヒント

- **THRESH_BINARY** を用います。
- **THRESH_BINARY** を用いると閾値より大きい値は **maxvalue** に、そうでないものは **0** になります。

解答例

In

```
(…略…)
# ここに解答を記述してください
retval, my_img = cv2.threshold(img, 100, 255, cv2.THRESH_BINARY)

cv2.imshow("sample", my_img)
```

Out

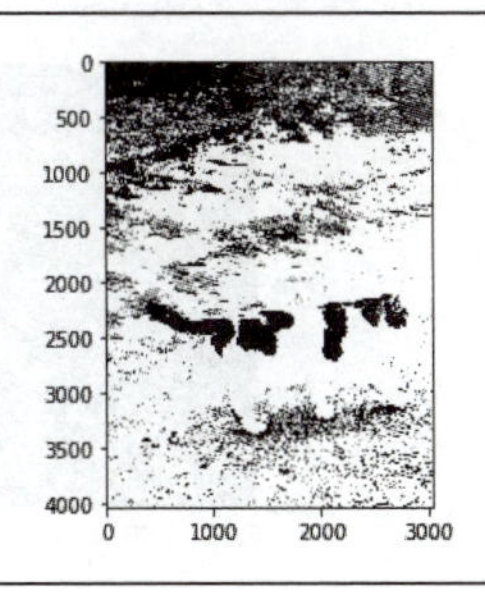

リスト 15.19：解答例

15.3.2 マスキング

画像の一部分のみを取り出します。白黒で、チャンネル数が 1 の画像を用意します。これを**マスク用の画像**と呼ぶことにします。ある画像の、マスク用画像の白い部分と同じ部分だけ抽出することができます（リスト 15.20）。

In

```
# 事前に「cleansing_data」フォルダに本書の第 15 章のサンプル「mask.png」を入⏎
れておいてください
import numpy as np
import cv2

img = cv2.imread("cleansing_data/sample.jpg")

# 第 2 引数に 0 を指定すると、チャンネル数が 1 の画像に変換して読み込みます
mask = cv2.imread("cleansing_data/mask.png", 0)

# 元の画像と同じサイズにします
mask = cv2.resize(mask, (img.shape[1], img.shape[0]))

# 第 3 引数でマスク用の画像を選びます
my_img = cv2.bitwise_and(img, img, mask = mask)

cv2.imshow("sample", my_img)
```

Out

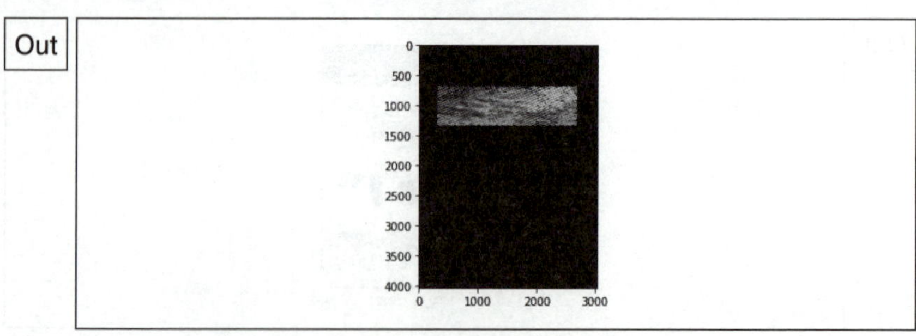

リスト 15.20：マスキングの例

ここで使うマスク画像は図 15.1 のようなものです。

図 15.1：マスク画像

問題

sample.jpg の画像から mask.png の黒い部分だけ取り出すようにしてください（リスト 15.21）。

In

```
import numpy as np
import cv2

img = cv2.imread("cleansing_data/sample.jpg")

mask = cv2.imread("cleansing_data/mask.png", 0)

mask = cv2.resize(mask, (img.shape[1], img.shape[0]))
```

```
# ここに解答を記述してください

retval, mask = 

my_img = 

cv2.imshow("sample", my_img)
```

リスト 15.21：問題

ヒント

- **cv2.threshold()** 関数で画像を反転してください。
- **cv2.bitwise_and()** 関数を用いてマスク処理をしてください。

解答例

In

```
(…略…)
# ここに解答を記述してください
retval, mask = cv2.threshold(mask, 0, 255, cv2.THRESH_BINARY_INV)

my_img = cv2.bitwise_and(img, img, mask = mask)

cv2.imshow("sample", my_img)
```

Out

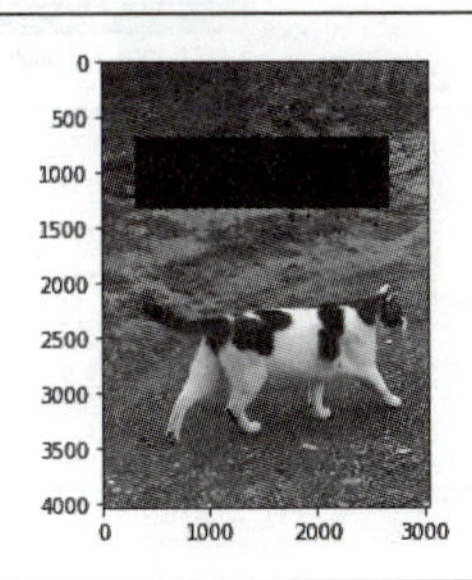

リスト 15.22：解答例

15.3.3 ぼかし

画像をぼかすために、あるピクセルの周りの $n \times n$ 個のピクセルとの平均を取ります。ぼかしは **GaussianBlur()** 関数を用います（リスト 15.23）。

In

```
import numpy as np
import cv2

img = cv2.imread("cleansing_data/sample.jpg")

# 第 1 引数は元の画像です
# 第 2 引数は n × n の n の値を指定します（n は奇数）
# 第 3 引数は x 軸方向の偏差（通常は 0 で良い）です
my_img = cv2.GaussianBlur(img, (5, 5), 0)

cv2.imshow("sample", my_img)
```

Out

リスト 15.23：ぼかしの例

問題

画像にぼかしを施してください（リスト 15.24）。

In

```
import numpy as np
import cv2

img = cv2.imread("cleansing_data/sample.jpg")
```

```
# ここに解答を記述してください



cv2.imshow("sample", my_img)
```
リスト 15.24：問題

`GaussianBlur()` 関数を用いましょう。

解答例

In
```
(…略…)
# ここに解答を記述してください
my_img = cv2.GaussianBlur(img, (21, 21), 0)
(…略…)
```

Out

リスト 15.25：解答例

15.3.4 ノイズの除去

ノイズの除去のためには `cv2.fastNlMeansDenoisingColored()` 関数を使います（リスト 15.26）。

In
```
import numpy as np
import cv2
```

```
img = cv2.imread("cleansing_data/sample.jpg")

my_img = cv2.fastNlMeansDenoisingColored(img)

cv2.imshow("sample", my_img)
```

Out

リスト 15.26：ノイズの除去の例

問題

ここで用いたノイズ処理のための関数の名前を答えてください。

1. **fastNlMeansNoisingColored()**
2. **fastNlMeansDenoisingColored()**
3. **fastNlMeansNoisingDeColored()**
4. **fastNlMeansDenoisingDeColored()**

ヒント

ノイズ処理は **Denoising** です。

解答例

2. **fastNlMeansDenoisingColored()**

15.3.5 膨張・収縮

膨張と収縮は主に 2 値画像で行われます。あるピクセルを中心とし、フィルタ内の最大値をその中心の値にすることを膨張、逆に最小値をその中心の値にすることを収縮と言います。フィルタは、中心のピクセルの上下左右4つを用いる方法と、自身を囲む8つを用いる方法の2通りが主です。膨張は **cv2.dilate()** 関数、収縮は **cv2.erode()** 関数を使います。**np.uint8** とはデータの型を表しています。**uint8** は8ビットで表された符号なしの整数を表しています（リスト 15.27）。

In

```
import numpy as np
import cv2
import matplotlib.pyplot as plt

img = cv2.imread("cleansing_data/sample.jpg")

# フィルタの定義です
filt = np.array([[0, 1, 0],
                 [1, 0, 1],
                 [0, 1, 0]], np.uint8)

# 膨張の処理です
my_img = cv2.dilate(img, filt)

cv2.imshow("sample", my_img)
```

Out

リスト 15.27：膨張の例

問題

説明で用いたものと同じフィルタで収縮してください（リスト 15.28）。

In

```
import numpy as np
```

```
import cv2

img = cv2.imread("cleansing_data/sample.jpg")

# ここに解答を記述してください



cv2.imshow("sample", my_img)


# 比較のため元の写真を表示します
cv2.imshow("original", img)
plt.show()
```

リスト 15.28：問題

ヒント

収縮は **cv2.erode()** 関数を用います。

解答例

In

```
(…略…)
import cv2
import matplotlib.pyplot as plt

img = cv2.imread("cleansing_data/sample.jpg")

# ここに解答を記述してください
filt = np.array([[0, 1, 0],
                 [1, 0, 1],
                 [0, 1, 0]], np.uint8)

# 収縮の処理です
my_img = cv2.erode(img, filt)
(…略…)
```

Out

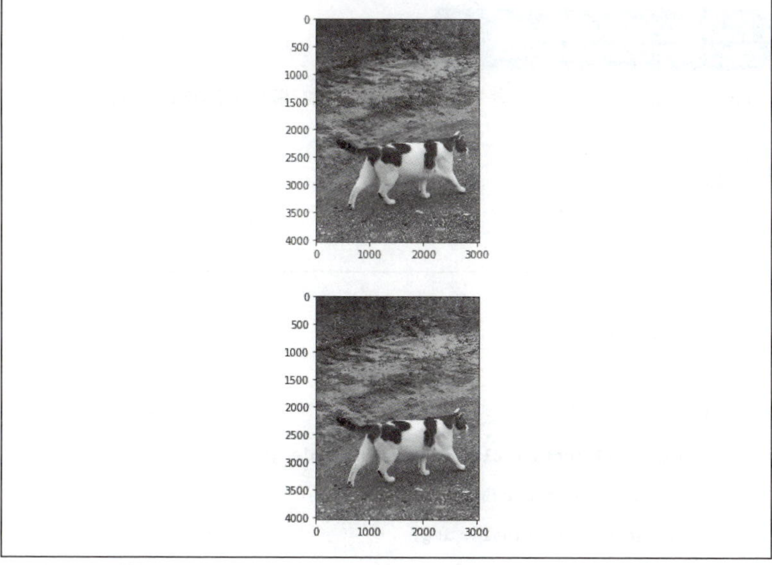

リスト 15.29：解答例

添削問題

OpenCVを使って処理できる画像処理の問題を解いてみましょう。

問題

リスト15.30のコメントアウトの処理を行ってください。

In

```
import cv2
import numpy as np



img = cv2.imread("cleansing_data/sample.jpg")
# オリジナルの画像を指定します
cv2.imshow('Original', img)

# ぼかし処理を作成してください（第2引数は77,77を指定してください）
blur_img =
cv2.imshow('Blur', blur_img)

# 画像の色を反転させてください
bit_img =
cv2.imshow('Bit', bit_img)

# 閾値処理をしてください（閾値を90にし、それ以下を変更なし，それ以上を0にし⏎
てください）
retval, thre_img =
cv2.imshow('THRESH', thre_img)
```

リスト15.30：問題

この章で学んだことを復習しましょう。

解答例

In

```
(…略…)
# ぼかし処理を作成してください(第2引数は77,77を指定してください)
blur_img = cv2.GaussianBlur(img, (77,77), 0)
cv2.imshow('Blur', blur_img)

# 画像の色を反転させてください
bit_img = cv2.bitwise_not(img)
cv2.imshow('Bit', bit_img)

# 閾値処理をしてください(閾値を90にし、それ以下を変更なし、それ以上を0にし⏎
てください)
retval, thre_img = cv2.threshold(img, 90, 255, cv2.THRESH_TOZERO)
cv2.imshow('THRESH', thre_img)
```

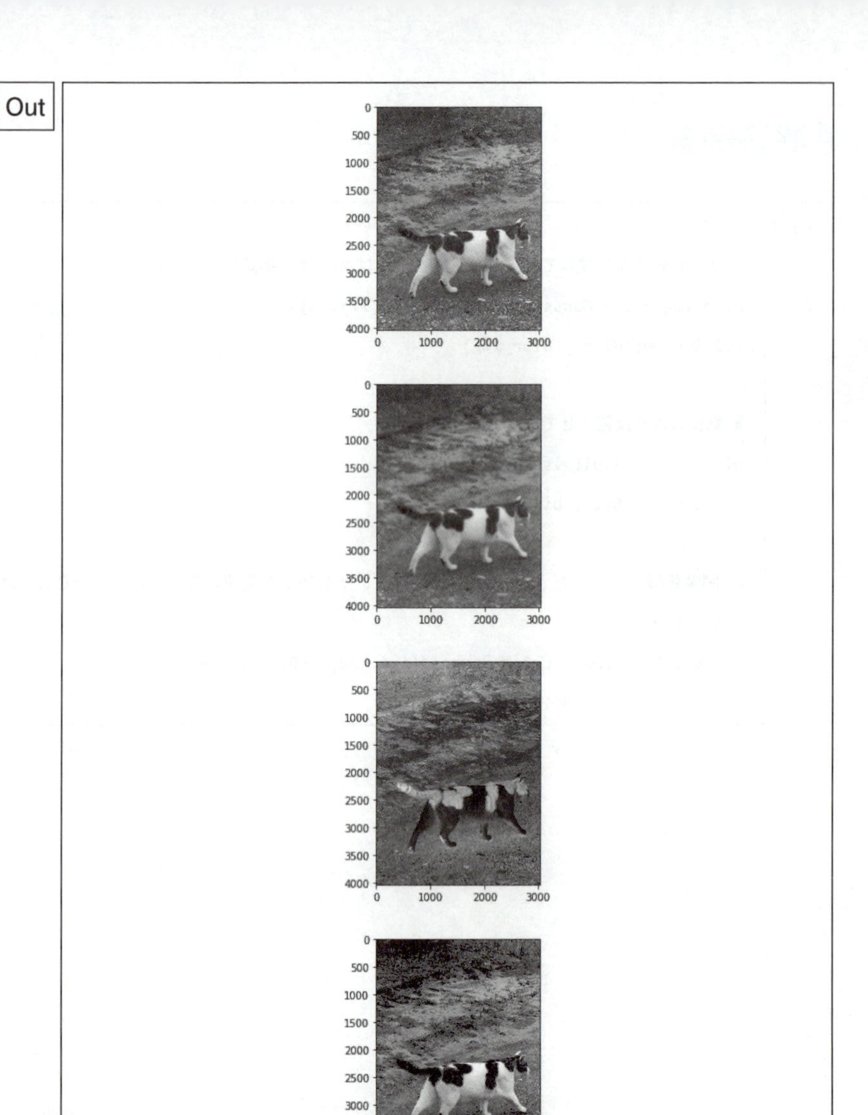
Out
0
500
1000
1500
2000
2500
3000
3500
4000
0
1000
2000
3000
0
500
1000
1500
2000
2500
3000
3500
4000
0
1000
2000
3000
0
500
1000
1500
2000
2500
3000
3500
4000
0
1000
2000
3000
0
500
1000
1500
2000
2500
3000
3500
4000
0
1000
2000
3000

リスト 5.31：解答例

総合添削問題

機械学習における画像認識では、画像データとその画像に紐づけられたラベルの組み合わせが大量に必要となります。しかしながら、機械学習の入力とするには十分な数の画像とラベルの組み合わせを用意することは、様々なコストがかかるため困難なことがあります。

そこで、データの個数を十分な量に増やす際に行われるテクニックとして、**画像の水増し**があります。

画像の水増しといっても、ただ単にデータをコピーして量を増やすだけでは意味がありません。

そこで、例えば画像を反転したり、ずらしたりして新たなデータを作り出します。ここでは、主に本章で学んだ様々な関数を駆使して画像を水増しする関数を作成してください。

問題

画像を受け取ったら5つの方法で加工した画像データを作成し、まとめて配列にして返す **scratch_image()** 関数を作成してください（リスト15.32）。

構文

```
def scratch_image(img, flip=True, thr=True, filt=True, resize=True,⏎
erode=True):
    flip は画像の左右反転
    thr  は閾値処理
    filt はぼかし
    resize はモザイク
    erode は収縮する or しないを指定している
    img の型は OpenCV の cv2.read() によって読み込まれた画像データの型。水増し⏎
    した画像データを配列にまとめて返します
```

加工の方法は重ね合わせを行います。たとえば **flip=True**、**thr=True**、**filt=False**、**resize=False**、**erode=False** ならば画像の反転と閾値処理を行うので以下のように、4枚の画像データが配列にまとめられて返されます。

1. オリジナルの画像

2. 左右反転した画像
3. 閾値処理を行った画像
4. 左右反転して閾値処理した画像

すべて **True** ならば $2^5=32$ 枚の画像データが返されます。作成した **scratch_image()** 関数を使って「cleansing_data」フォルダ内の画像データ（cat_sample.png）を水増しし、「scratch_images」フォルダに保存してください。各手法の仕様は以下のようにしてください。

1. 反転 : 左右で反転
2. 閾値処理 : 閾値 100、閾値より大きい値はそのまま、小さい値は 0 にする
3. ぼかし : 自分自身のまわりの 5 × 5 個のピクセルを用いる
4. モザイク : 解像度を 1/5 にする
5. 収縮 : 自身を囲む 8 ピクセルを用いる

In

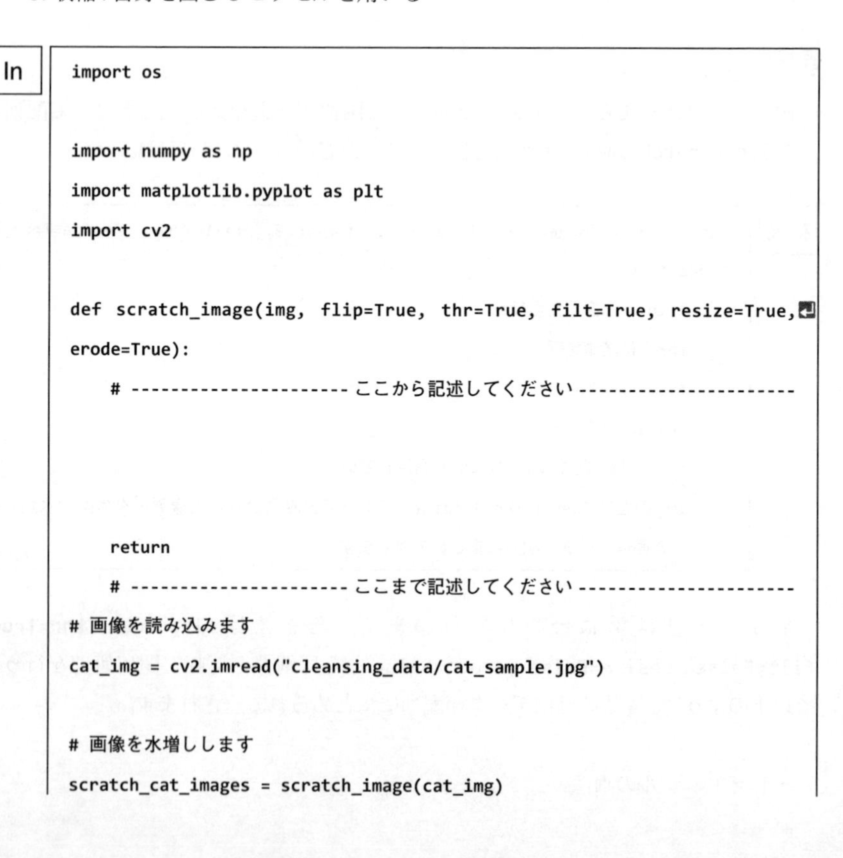

```
import os

import numpy as np
import matplotlib.pyplot as plt
import cv2

def scratch_image(img, flip=True, thr=True, filt=True, resize=True,
erode=True):
    # ---------------------- ここから記述してください ----------------------



    return
    # ---------------------- ここまで記述してください ----------------------
# 画像を読み込みます
cat_img = cv2.imread("cleansing_data/cat_sample.jpg")

# 画像を水増しします
scratch_cat_images = scratch_image(cat_img)
```

```
# 画像を保存するフォルダを作成します
if not os.path.exists("scratch_images"):
    os.mkdir("scratch_images")

for num, im in enumerate(scratch_cat_images):
     # まず保存先のディレクトリ "scratch_images/" を指定して番号を付けて保存し⏎
ます
    cv2.imwrite("scratch_images/" + str(num) + ".jpg" ,im)
```

リスト 15.32：問題

ヒント

- まずは本章を参考にして **cv2** のメソッドを記述します。その際に必要となるデータ（画像のサイズなど）も用意します。
- リスト内包表記を駆使することで、コードが簡略化できます。また、長い処理は **lambda** を駆使してまとめましょう。
- （発展）水増しに用いる関数を **lambda** で記述し、**np.array** に格納すると良いでしょう。

  例えば上下反転する関数は、

  ```
  lambda x: cv2.flip(x, 0)
  ```

  と書けます。これを配列 **arr** に入れることで、

  ```
  arr[0](image)
  ```

  と、**index** を指定するだけで **arr** 中の所定の関数を使うことができます。
- 発展させて、関数を格納した配列と **flip**、**thr**、**filt**、**resize**、**erode** を活用し、加工に使う関数を取得しましょう。

解答例

In

```
(…略…)
    # ---------------------- ここから記述してください ----------------------
```

```
    # 水増しの手法を配列にまとめます
    methods = [flip, thr, filt, resize, erode]
    # 画像のサイズを習得して、ぼかしに使うフィルタを作成します
    img_size = img.shape
    filter1 = np.ones((3, 3))
    # オリジナルの画像データを配列に格納します
    images = [img]
    # 水増し手法に用いる関数です
    scratch = np.array([
        lambda x: cv2.flip(x, 1),
        lambda x: cv2.threshold(x, 100, 255, cv2.THRESH_TOZERO)[1],
        lambda x: cv2.GaussianBlur(x, (5, 5), 0),
        lambda x: cv2.resize(cv2.resize(
                    x, (img_size[1] // 5, img_size[0] // 5)
                ),(img_size[1], img_size[0])),
        lambda x: cv2.erode(x, filter1)
    ])
    # 関数と画像を引数に、加工した画像を元と合わせて水増しする関数です
    doubling_images = lambda f, imag: np.r_[imag, [f(i) for i in imag]]
    # methods が True の関数で水増しします
    for func in scratch[methods]:
        images = doubling_images(func, images)

    return images
    # --------------------- ここまで記述してください ---------------------
(…略…)
```
リスト 15.33：解答例

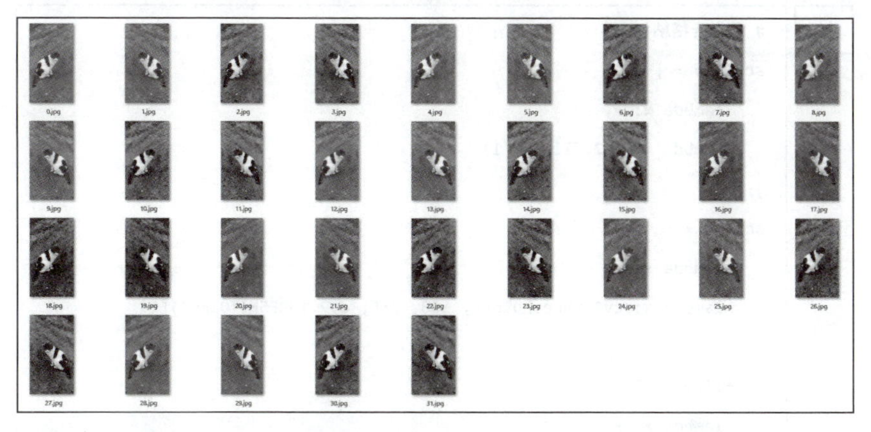

図 15.2：「scratch_images」フォルダに保存された画像

解説

ヒントの通り、加工のメソッドを **scratch** にまとめます。まとめなくても良いですが、可読性を考えて「まとめる」という処理を意識しました。

doubling_images() 関数では、加工前の画像データを格納した配列 **imag** と、メソッド **f()** を用いて **imag** を加工した **[f(i) for i in imag]** を連結しています。加工した画像は **imag** 中の画像データの数と同じ数できるので、これを連結することで画像データの枚数が倍になっていきます。

また、この関数をループして使うので、オリジナルの画像データもこの関数に合う形にするために、一度 **images = [img]** として配列に格納しています。

scratch[methods] とすることで、**np.array** のブールインデックス参照により **True** の要素を取り出し、**doubling_images()** 関数に引数として入れることを可能にしています。

なお、実際ディープラーニングで画像を水増しする場合、Keras では **ImageDataGenerator()** 関数が用意されており、パラーターを指定するだけで水増しできます。ここでは演習のために OpenCV で実装しましたが、実際に画像の水増しをする場合、この関数を使うのがよいでしょう（22.1.1 項参照）。

リスト内包表記を使う

可読性が非常に悪いのでおすすめしませんが、リスト内包表記を使うことで水増し段階を 1 行で書くことができます（リスト 15.34）。

In

```
# 関数を格納します
sc_flip = [
    lambda x: x,
    lambda x: cv2.flip(x, 1)
]
sc_thr = [
    lambda x: x,
    lambda x: cv2.threshold(x, 100, 255, cv2.THRESH_TOZERO)[1]
]
sc_filter = [
    lambda x: x,
    lambda x: cv2.GaussianBlur(x, (5, 5), 0)
]
sc_mosaic = [
    lambda x: x,
    lambda x: cv2.resize(cv2.resize(
                x, (img_size[1] // 5, img_size[0] // 5)
            ),(img_size[1], img_size[0]))
]
sc_erode = [
    lambda x: x,
    lambda x: cv2.erode(x, filter1)
]
# 水増し段階を1行で書けます
[e(d(c(b(a(img))))) for a in sc_flip for b in sc_thr for c in sc_filter↵
for d in sc_mosaic for e in sc_erode]
```

リスト 15.34：リスト内包表記の例

その他、**scratch_images** の第３引数に **exp=True/False** を追加し、

- **True** ならば処理は変わらず
- **False** ならば加工を重ね合わせない（つまり、反転した後に閾値処理をしたりしない。**method** が **True** の部分の加工をする。最大６枚に水増し）

という関数を作成するとより実践的です。なお別解（リスト 15.34）の実行前にリスト 15.33 を実行している場合、すでに保存されている「scratch_images」ディレクトリの名前は、例えば「scratch_images1」などのように変更しておいてください。

別解

In

```
import sys
import os
(…略…)
    # --------------------- ここから記述してください ---------------------
    # 水増しの手法を配列にまとめます
    methods = [flip, thr, filt, resize, erode]
    # 画像のサイズを習得して、ぼかしに使うフィルタを作成します
    img_size = img.shape
    filter1 = np.ones((3, 3))
    # 水増しの手法に用いる関数です
    scratch = np.array([
        lambda x: cv2.flip(x, 1),
        lambda x: cv2.threshold(x, 100, 255, cv2.THRESH_TOZERO)[1],
        lambda x: cv2.GaussianBlur(x, (5, 5), 0),
        lambda x: cv2.resize(cv2.resize(
                        x, (img_size[1] // 5, img_size[0] // 5)
                    ),(img_size[1], img_size[0])),
        lambda x: cv2.erode(x, filter1)
    ])
    act_scratch = scratch[methods]

    # メソッドを準備します
    act_num = np.sum([methods])
    form = "0" + str(act_num) + "b"
    cf = np.array([list(format(i, form)) for i in range(2**act_num)])

    # 画像変換処理を実行します
    images = []
```

```
    for i in range(2**act_num):
        im = img
        for func in act_scratch[cf[i]=="1"]:  # boolインデックスを参照します
            im = func(im)
        images.append(im)

    return images
    # ---------------------- ここまで記述してください ----------------------
(…略…)
```

リスト 15.35：解答例

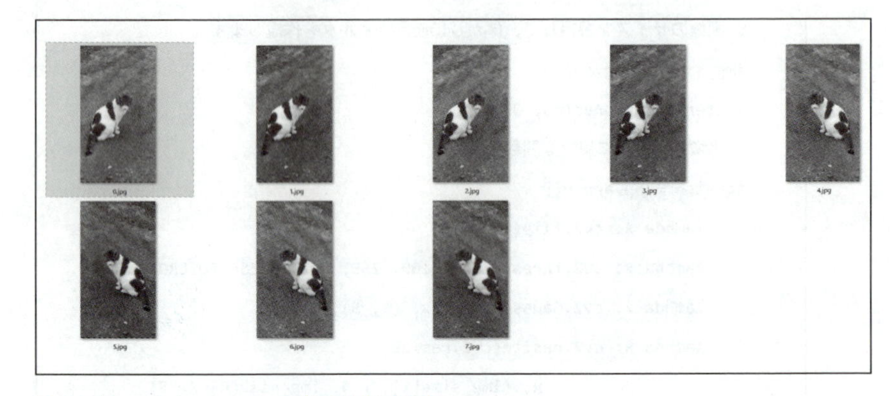

図 15.3：「scratch_images」フォルダに保存された画像

第16章

教師あり学習（分類）の基礎

16.1 教師あり学習（分類）を知る

16.1.1 「分類」とは

1.2 節「機械学習の各手法」でも述べたように、機械学習は主に 3 つの分野に分かれます。

教師あり学習

1 つは**教師あり学習**と呼ばれるものです。

蓄積されたデータを元に新しいデータや未来のデータの予測、あるいは分類を行うことを指します。

株価の予測や画像識別などが当てはまります。

教師なし学習

教師なし学習と呼ばれる分野も存在します。

蓄積されたデータの構造や関係性を見出すことを指します。

小売店の顧客の傾向分析などで用いられています。

強化学習

最後に**強化学習**です。

（学習形態は教師なし学習に近いのですが）報酬や環境などを設定することで学習時に収益の最大化を図るような行動を学習をする手法です。

囲碁などの対戦型 AI に用いられていることが多いです。

ここでは教師あり学習について学びを深めます。

教師あり学習は 2 つの手法に大別されます。

1 つ目は**回帰**です。既存のデータから関係性を読み取り、その関係性を元にデータの予測を行う手法です。

予測される値は株価や宝石の時価などの連続値になります。

これから学ぶのは**分類**です。こちらもデータの予測を行うのが主目的ですが、予測される値はデータのカテゴリであり、離散値となります。

問題

次のうち機械学習の「分類」として扱われる事例はどれでしょうか。選択してください。

1. 株価の予測
2. 商品の購買客層の調査
3. 対戦型ゲームのAI
4. 上記のすべて

ヒント

- 教師あり学習はデータとラベルの関係性からデータのラベルを予測します。
- 回帰は主に数値を、分類はデータがどこに属するかを予測します。
- 教師なし学習はデータの構造やデータ同士の関連性を調べます。
- 強化学習は学習時に自身が達成する目標を定め、そのために必要な行動を最適化していきます。

解答例

2. 商品の購買客層の調査

16.1.2 二項分類と多項分類

分類の問題は大まかに**二項分類**と**多項分類**の問題に分けられます。

二項分類（二値分類、2クラス分類）

分類するカテゴリ（クラスと言います）が2つの分類問題のことです。どちらか一方のグループに「属している / いない」のみで識別できます。また、直線でクラス間を区別できる場合は**線形分類**と言い、そうでない場合は**非線形分類**と言います。

多項分類（多クラス分類）

クラスが3つ以上の分類問題のことです。これはどれか1つのグループに「属している／いない」だけでは識別ができない上、単に直線では区別できない場合が多いです。

問題

図 16.1 の散布図の青と灰色のデータを教師データとして学習し、どちらに属するかを分類する問題は何と言うでしょうか。

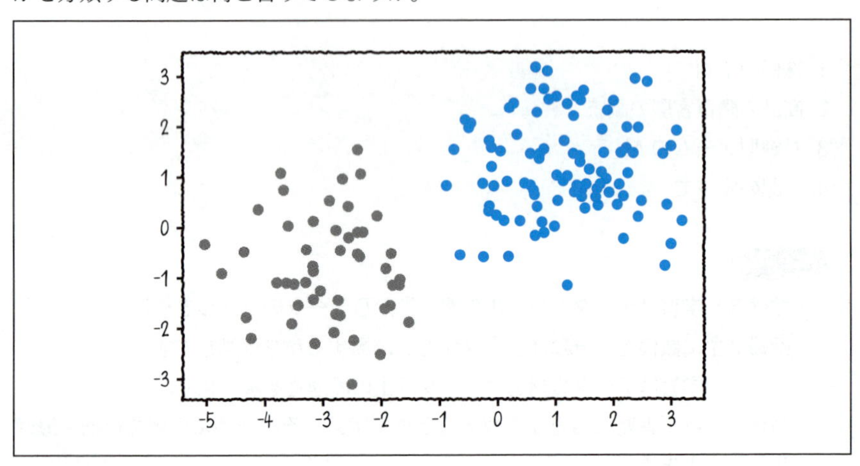

図 16.1：散布図

1. 二項分類（線形）
2. 二項分類（非線形）
3. 多クラス分類

ヒント

クラス数、直線で識別できるかどうかに注目しましょう。

解答例

1. 二項分類（線形）

16.1.3 分類の流れ

機械学習は以下に示すような一連の流れがあります。

1. データの前処理

・データの整形、操作

2. モデルの選択

・分類器の選択

3. モデルの学習

・チューニングをするハイパーパラメータの選択

・パラメータのチューニング

4. モデルによる予測（推論）

・未知のデータを使ってモデルの精度検証

・Web サービスなどに組み込み、AI モデルを実運用

ここで扱う「教師あり学習（分類）」モデルでは、「2. モデルの選択」の部分で様々な「分類モデル」を選択することになります。

問題

次の文章を機械学習の流れに沿って並べ替えた時の順番を以下の選択肢から選んでください。

a. モデルによる予測
b. モデルの選択
c. データの前処理
d. モデルの学習

1. a → d → b → c
2. a → b → c → d
3. c → b → d → a
4. b → c → d → a

ヒント

・モデルは学習を行ったのちに予測を行います。

・データの前処理はモデル選択より前に行います。

解答例

3. c → b → d → a

16.1.4 データを用意する

様々な分類の手法について実際にコードを動かして学ぶ際に、分類ができそうなデータを用意する必要があります。

実用レベルでは実際に測定された何かしらの値を入手するところから始めますが、ここではその部分は省き、架空の分類用データを自分で作成してしまいましょう。

分類に適したデータを作成するには、scikit-learn.datasets モジュールの **make_classification()** 関数を使います（リスト 16.1）。リスト 16.1 の引数にある **xx** は仮においています。

In

```
# モジュールを import します
from sklearn.datasets import make_classification
# データ X、ラベル y を生成します
X, y = make_classification(n_samples=xx, n_classes=xx, n_features=xx,⏎
n_redundant=xx, random_state=xx)
```

リスト 16.1：分類に適したデータの作成例

上記関数の各引数は以下の通りです。

- **n_samples**
  用意するデータの個数
- **n_classes**
  クラス数。指定しないと値は 2 になる
- **n_features**
  データの特徴量の個数
- **n_redundant**
  分類に不要な特徴量（余分な特徴量）の個数
- **random_state**
  乱数のシード（乱数のパターンを決定する要素）

他にも引数はありますが、この章ではこれらを定義したデータを作成していきます。

また、データがどのクラスに属しているかを示すラベル (y) が用意されますが、基本的に整数値によってラベルを用意します。例えば二項分類であれば各データのラベルは 0 または 1 になります。

問題

特徴量2、不要な特徴量はない二項分類用データXとそのラベルyを50個作成してください（リスト16.2）。

その際の乱数のシードは0としてください。

y=0となるXの座標を青、**y=1**となるXの座標を赤くプロットします。

In
```
# モジュールを import します
from sklearn.datasets import make_classification
# プロット用モジュールです
import matplotlib.pyplot as plt
import matplotlib
%matplotlib inline

# データX、ラベルyを生成します
# ここに解答を記述してください



# データの色付け、プロットの処理です
plt.scatter(X[:, 0], X[:, 1], c=y, marker=".",
            cmap=matplotlib.cm.get_cmap(name="bwr"), alpha=0.7)
plt.grid(True)
plt.show()
```
リスト16.2：問題

ヒント

・**make_classification()**関数は**X**と**y**を同時に返します。

・二項分類のためクラス数は**2**です。

解答例

In
```
(…略…)
# データX、ラベルyを生成します
# ここに解答を記述してください
```

```
X, y = make_classification(n_samples=50, n_features=2, n_redundant=0,⏎
random_state=0)
(…略…)
```

Out

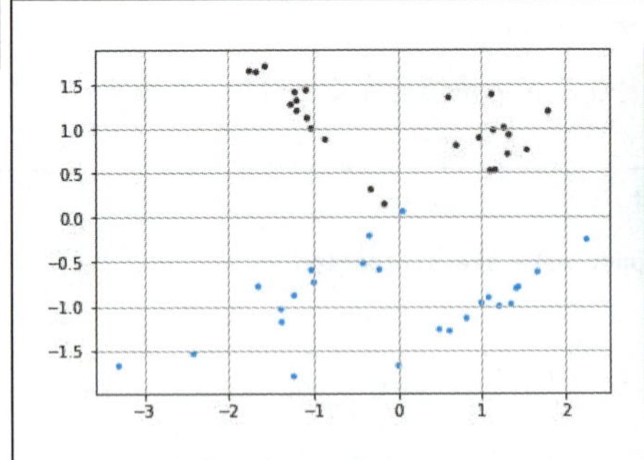

ATTENTION：色について

本書は2色のため、黒と青以外の色を再現できません。その他の色はサンプルで色指定を変えて確認してください。

リスト 16.3：解答例

16.1.5 学習と予測

機械学習において、学習方法は複数存在します。

学習方法のことを**モデル**と呼ぶことにします（厳密には学習方法ではなく教師データから学習を行い、ラベルを予測するまでの一連の流れの概形のことを指します）。

また、機械学習によってデータの分類ができるプログラムのことを**分類器**と呼ぶことにしましょう。

機械学習のモデルをすべて自分で実装するのは大変ですが、Python には機械学習に特化したライブラリがたくさん存在します。

その中でも scikit-learn は機械学習のモデルがあらかじめ用意されたライブラリです。

さて、まずは架空のモデル Classifier を例にした使い方を見てみましょう（リスト 16.4）。

In

```
# モジュールを import します
# モデルごとに別のモジュールを参照します
from sklearn.linear_model import LogisticRegression
from sklearn.svm import LinearSVC, SVC
from sklearn.tree import DecisionTreeClassifier
```

```
from sklearn.ensemble import RandomForestClassifier
from sklearn.neighbors import KNeighborsClassifier

# モデルを構築します
model = Classifier()    ―― 分類として仮においています
# モデルを学習します
model.fit(train_X, train_y)
# モデルによるデータ予測をします
model.predict(test_X)

# モデルの正解率
# 正解率は (モデルの予測した分類と実際の分類が一致したデータの数) ÷ (データ⏎
の総数) で算出されます
model.score(test_X, test_y)
```

リスト 16.4：架空のモデル Classifier を例にした使い方

実際の機械学習のコードを書く際には、**Classifier()** の部分を実際のモデルと差し替えることになります。

scikit-learn を利用することによって、以上のようにかなりシンプルに機械学習を実践できるのが魅力です。

問題

データ **train_X**、**train_y** を使ってモデルに学習させてみましょう（リスト16.5）。

また、データに対して予測もしてみましょう。

データ **test_X** に対する予測結果を出力してください。

In

```
from sklearn.linear_model import LogisticRegression
from sklearn.model_selection import train_test_split
from sklearn.datasets import make_classification

# データを生成します
X, y = make_classification(n_samples=100, n_features=2, n_redundant=0,⏎
random_state=42)
```

```
# データを学習に使う分と評価の分に分けます
train_X, test_X, train_y, test_y = train_test_split(X, y,↵
random_state=42)

# モデルを構築します
model = LogisticRegression(random_state=42)

# train_X と train_y を使ってモデルに学習させます
# ここにコードを記述してください


# test_X に対するモデルの分類予測結果です
# ここにコードを記述してください

```

リスト 16.5：問題

ヒント

・fit() メソッドと predict() メソッドを使います。
・予測結果は直接出力しても変数に代入してから出力してもかまいません。

解答例

In

```
(…略…)
# train_X と train_y を使ってモデルに学習させます
# ここにコードを記述してください
model.fit(train_X, train_y)
# test_X に対するモデルの分類予測結果です
# ここにコードを記述してください
pred_y = model.predict(test_X)
print(pred_y)
```

Out

```
[0 1 1 0 1 0 0 0 1 1 1 0 1 0 0 1 1 1 0 0 0 0 0 1 0 1]
```

リスト 16.6：解答例

16.2 主な手法の紹介

16.2.1 ロジスティック回帰

特徴

まずは図 16.2 を見てください。

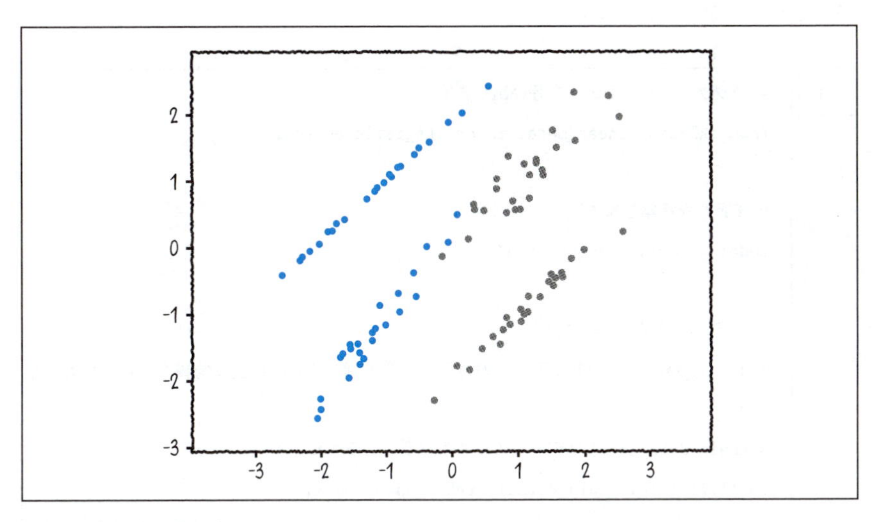

図 16.2：線形分離可能なデータ

灰色と青で色分けされた点がグラフ上に描画されていますね。このグラフ、よく見るとグラフの中央付近で灰色と青が分かれています。

中央付近に灰色と青を区別する直線を引くことができそうです。

このように直線でデータのカテゴリのグループに分けることができるデータを線形分離可能なデータと呼びます。

ロジスティック回帰は線形分離可能なデータの境界線を学習によって見つけてデータの分類を行う手法です。

特徴としては境界線が直線になることです。そのことから、二項分類に用いられます。また、データがクラスに分類される確率も計算することが可能です。

これらの特徴から主に「天気予報の降水確率」など、分類される確率を知りたい時に用いられます。

欠点としては教師データが線形分離可能でないと分類ができないということです。

また、教師データから学習した境界線はクラスの端にあるデータのすぐそばを通るようになるため、一般化した境界線になりにくい（汎化能力が低い）ことも欠点です。

実装

ロジスティック回帰モデルはscikit-learnライブラリのlinear_modelサブモジュール内に **LogisticRegression()** として定義されています。

ロジスティック回帰モデルを使って学習する場合、リスト16.7のようなコードを書いてモデルを呼び出します。

In

```
# パッケージからモデルを呼び出します
from sklearn.linear_model import LogisticRegression

# モデルを構築します
model = LogisticRegression()

# モデルに学習させます
# train_data_detail はデータのカテゴリを予測するために使う情報をまとめたもの⏎
です
# train_data_label はデータの属するクラスのラベルです
model.fit(train_data_detail, train_data_label)

# モデルに予測させます
model.predict(data_detail)

# モデルの予測結果の正解率です
model.score(data_detail, data_true_label)
```

リスト16.7：モデルの呼び出しの例

ここでは座標によって属するクラスを識別しているため、グラフでモデルがどのような境界線を学習したのか見ることができます。

境界線は直線なので、$y = ax+b$ の形で表現されます、以下の **Xi**、**Y** はその直線を求めている過程になります。

グラフの視覚化には matplotlib ライブラリを使います（リスト 16.8）。

In

```
# パッケージを import します
import numpy as np
import matplotlib
import matplotlib.pyplot as plt
# ページ上で直接グラフが見られるようにします
%matplotlib inline

# 生成したデータをプロットします
plt.scatter(X[:, 0], X[:, 1], c=y, marker=".",
            cmap=matplotlib.cm.get_cmap(name="bwr"), alpha=0.7)

# 学習させて導出した識別境界線をプロットします
# model.coef_ はデータの各要素の重み（傾き）を
# model.intercept_ はデータの要素全部に対する補正（切片）を表します
Xi = np.linspace(-10, 10)
Y = -model.coef_[0][0] / model.coef_[0][1] * \
    Xi - model.intercept_ / model.coef_[0][1]
plt.plot(Xi, Y)

# グラフのスケールを調整します
plt.xlim(min(X[:, 0]) - 0.5, max(X[:, 0]) + 0.5)
plt.ylim(min(X[:, 1]) - 0.5, max(X[:, 1]) + 0.5)
plt.axes().set_aspect("equal", "datalim")
# グラフにタイトルを設定します
plt.title("classification data using LogisticRegression")
# x 軸、y 軸それぞれに名前を設定します
plt.xlabel("x-axis")
plt.ylabel("y-axis")
plt.show()
```

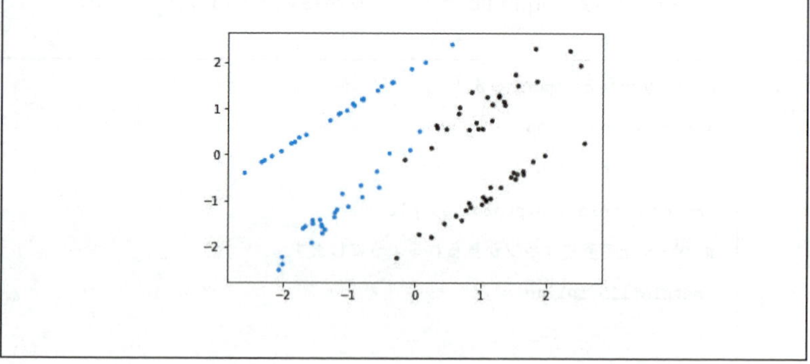

リスト 16.8：ロジスティック回帰の例（エラーが表示されますが、例なので問題ありません）

問題

ロジスティック回帰を用いてデータの分類を予測して、変数 **pred_y** に代入してください（リスト 16.9)。

In

```
# パッケージを import します
import numpy as np
import matplotlib
import matplotlib.pyplot as plt
from sklearn.linear_model import LogisticRegression
from sklearn.model_selection import train_test_split
from sklearn.datasets import make_classification
# ページ上で直接グラフが見られるようにします
%matplotlib inline

# データを生成します
X, y = make_classification(n_samples=100, n_features=2,
                           n_redundant=0, random_state=42)
train_X, test_X, train_y, test_y = train_test_split(X, y,↵
random_state=42)

# 以下にコードを記述してください
# モデルを構築してください
```

```
# train_X と train_y を使ってモデルに学習させてください


# test_X に対するモデルの分類予測結果を出してください



# コードの編集はここまでです
# 生成したデータをプロットします
plt.scatter(X[:, 0], X[:, 1], c=y, marker=".",
            cmap=matplotlib.cm.get_cmap(name="bwr"), alpha=0.7)

# 学習して導出した識別境界線をプロットします
Xi = np.linspace(-10, 10)
Y = -model.coef_[0][0] / model.coef_[0][1] * \
    Xi - model.intercept_ / model.coef_[0][1]
plt.plot(Xi, Y)

# グラフのスケールを調整します
plt.xlim(min(X[:, 0]) - 0.5, max(X[:, 0]) + 0.5)
plt.ylim(min(X[:, 1]) - 0.5, max(X[:, 1]) + 0.5)
plt.axes().set_aspect("equal", "datalim")
# グラフにタイトルを設定します
plt.title("classification data using LogisticRegression")
# x 軸、y 軸それぞれに名前を設定します
plt.xlabel("x-axis")
plt.ylabel("y-axis")
plt.show()
```
リスト 16.9：問題

ヒント

- モデルの構築と学習が終わった後にグラフの生成を行います。
- 境界線のコードは本文の説明を参考にしてください。

解答例

In

```
(…略…)
# 以下にコードを記述してください
# モデルを構築してください
model = LogisticRegression()

# train_X と train_y を使ってモデルに学習させてください
model.fit(train_X, train_y)

# test_X に対するモデルの分類予測結果を出してください
pred_y = model.predict(test_X)
# コードの編集はここまでです
(…略…)
```

Out

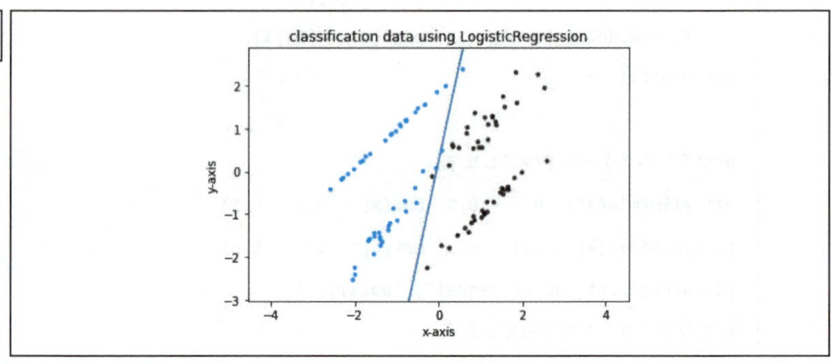

リスト 16.10：解答例

16.2.2 線形 SVM

特徴

SVM（サポートベクターマシン）はロジスティック回帰と同じくデータの境界線を見つけることでデータの分類を行う手法です。

その最大の特徴は**サポートベクター**と呼ばれるベクトルです。

サポートベクターはクラスごとの境界線に最も近いデータと境界線の距離のことを指します（厳密には距離を表すベクトルのことです）。

このサポートベクターの距離の合計を最大化することによって境界線を決定する手法がSVMです（図16.3）。

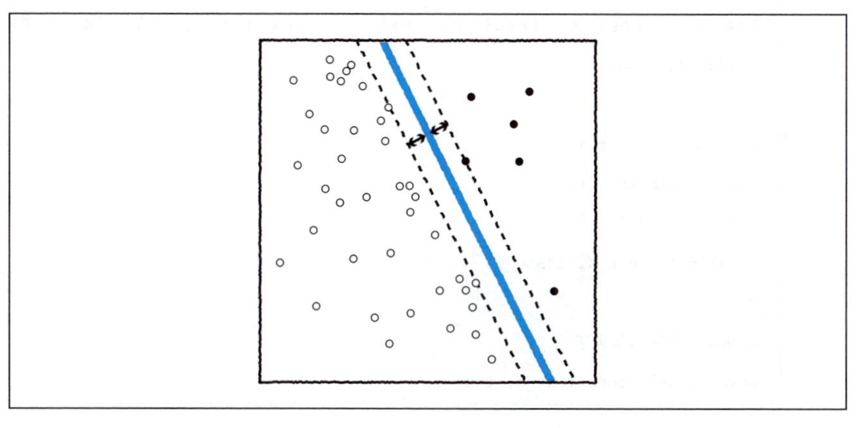

図16.3：SVM

SVMは分類する境界線が2クラス間の最も離れた場所に引かれるためロジスティック回帰と比べて一般化されやすく、データの分類予測が向上する傾向が見られます。また、境界線の決定にはサポートベクターのみを考えれば良いため、筋道が立ちやすいのも特徴です。

欠点としてデータ量が増えると計算量が増えてしまうため、他の手法に比べ学習や予測が遅くなる傾向があるという点が挙げられます。また、ロジスティック回帰と同様に、入力データが線形分離可能（つまりまっすぐ境界面を引ける状態）でない限り正しく分類が行えません。

実装

scikit-learnのsvmサブモジュールにある**LinearSVC()**を用います（リスト16.11）。

In

```
from sklearn.svm import LinearSVC
from sklearn.datasets import make_classification
from sklearn.model_selection import train_test_split

# データを生成します
```

```
X, y = make_classification(n_samples=100, n_features=2,
                           n_redundant=0, random_state=42)

# データを教師データと予測したいデータに分割します
train_X, test_X, train_y, test_y = train_test_split(X, y,⏎
random_state=42)

# モデルを構築します
model = LinearSVC()
# モデルを学習します
model.fit(train_X, train_y)

# 正解率を出力します
print(model.score(test_X, test_y))
```

Out

```
1.0
```

リスト16.11：線形SVMの例①

ロジスティック回帰と同じくSVMも境界線を出力することができます（リスト6.12）。

In

```
import matplotlib
import matplotlib.pyplot as plt
import numpy as np
%matplotlib inline

# 生成したデータをプロットします
plt.scatter(X[:, 0], X[:, 1], c=y, marker=".",
            cmap=matplotlib.cm.get_cmap(name="bwr"), alpha=0.7)
# 学習させて導出した識別境界線をプロットします
Xi = np.linspace(-10, 10)
Y = -model.coef_[0][0] / model.coef_[0][1] * \
    Xi - model.intercept_ / model.coef_[0][1]
# グラフに描画します
```

```
plt.plot(Xi, Y)
# グラフのスケールを調整します
plt.xlim(min(X[:, 0]) - 0.5, max(X[:, 0]) + 0.5)
plt.ylim(min(X[:, 1]) - 0.5, max(X[:, 1]) + 0.5)
plt.axes().set_aspect("equal", "datalim")
# グラフにタイトルを設定します
plt.title("classification data using LinearSVC")
# x軸、y軸それぞれに名前を設定します
plt.xlabel("x-axis")
plt.ylabel("y-axis")
plt.show()
```

Out

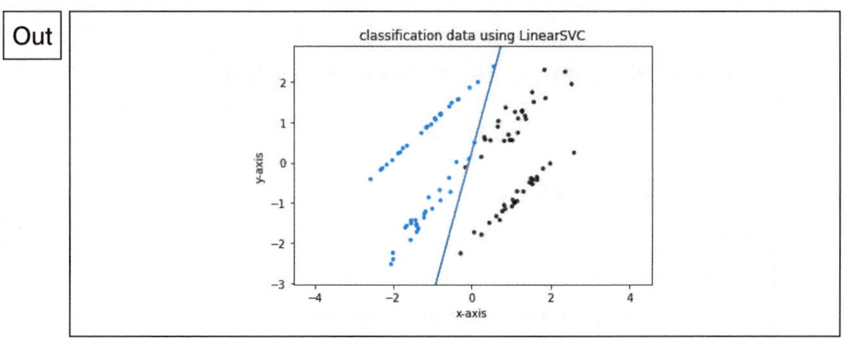

リスト16.12：線形SVMの例②

問題

線形SVMを用いてデータの分類を学習し、**test_X**と**test_y**を用いてモデルの正解率を出力してください（リスト16.13）。

In

```
# パッケージをimportします
import numpy as np
import matplotlib
import matplotlib.pyplot as plt
from sklearn.svm import LinearSVC
from sklearn.model_selection import train_test_split
from sklearn.datasets import make_classification
%matplotlib inline
```

```
# データを生成します
X, y = make_classification(n_samples=100, n_features=2,
                           n_redundant=0, random_state=42)
train_X, test_X, train_y, test_y = train_test_split(X, y,⏎
random_state=42)

# 以下にコードを記述してください
# モデルを構築してください


# train_X と train_y を使ってモデルに学習させてください


# test_X と test_y を用いたモデルの正解率を出力してください



# コードの編集はここまでです
# 生成したデータをプロットします
plt.scatter(X[:, 0], X[:, 1], c=y, marker=".",
            cmap=matplotlib.cm.get_cmap(name="bwr"), alpha=0.7)

# 学習して導出した識別境界線をプロットします
Xi = np.linspace(-10, 10)
Y = -model.coef_[0][0] / model.coef_[0][1] * Xi - model.intercept_ /
model.coef_[0][1]
plt.plot(Xi, Y)

# グラフのスケールを調整します
plt.xlim(min(X[:, 0]) - 0.5, max(X[:, 0]) + 0.5)
plt.ylim(min(X[:, 1]) - 0.5, max(X[:, 1]) + 0.5)
plt.axes().set_aspect("equal", "datalim")
# グラフにタイトルを設定します
plt.title("classification data using LinearSVC")
# x 軸、y 軸それぞれに名前を設定します
```

```
plt.xlabel("x-axis")
plt.ylabel("y-axis")
plt.show()
```

リスト 16.13：問題

ヒント

・正解率を調べるには **score()** メソッドを用います。
・正解率は **test_X** と **test_y** に対するものです。**train_X** と **train_y** に対する正解率を算出しないので、出力される正解率が 100% でもグラフでは誤分類されているものが生じる可能性があります。

解答例

In

```
(…略…)
# モデルを構築してください
model = LinearSVC()

# train_X と train_y を使ってモデルに学習させてください
model.fit(train_X, train_y)

# test_X と test_y を用いたモデルの正解率を出力してください
print(model.score(test_X, test_y))
(…略…)
```

Out

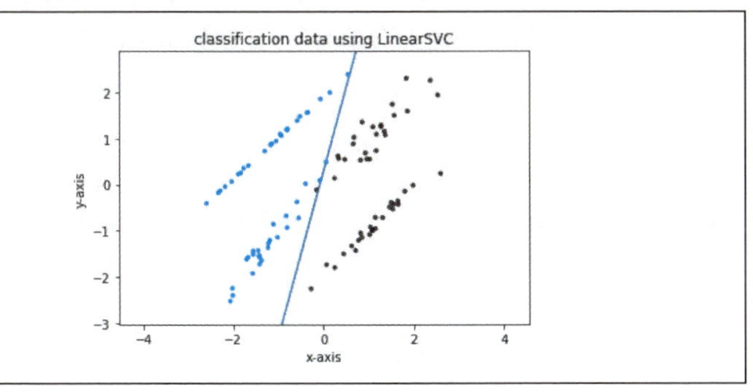

リスト 16.14：解答例

16.2.3 非線形 SVM

特徴

前項の線形 SVM は筋道が立てやすく、一般性も高い優秀なモデルですが、入力データが線形分離でない限り使えないという欠点を持っていました。非線形 SVM は線形 SVM の欠点を取り除くため開発されたモデルです（図 16.4）。

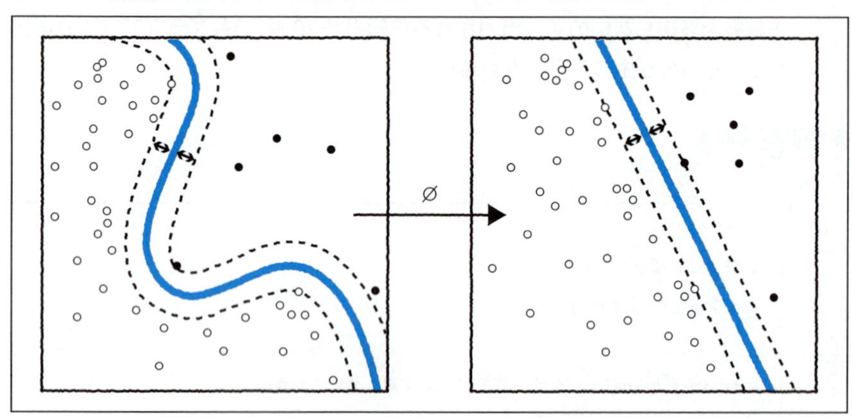

図 16.4：非線形 SVM

図 16.4 のように、カーネル関数と呼ばれる変換式に従って数学的処理を行いデータを操作することで、入力データが線形分離可能な状態となる場合があります。そのような処理を行い、SVM を用いるモデルが非線形 SVM です。

カーネル関数による操作は複雑なのですが、その操作の計算を行わずとも、データの操作後の内積が求められれば分類を行うことが可能なので、**カーネルトリック**とも呼ばれます。

実装

scikit-learn の svm サブモジュールにある **SVC()** を使います（リスト 16.15）。

In

```
import matplotlib
from sklearn.svm import SVC
from sklearn.datasets import make_gaussian_quantiles
import matplotlib.pyplot as plt
```

```
%matplotlib inline

# データを生成します
# ここのデータは線形分離可能でないため、他のデータを用意します
data, label = make_gaussian_quantiles(n_samples=1000, n_classes=2, n_features=2, random_state=42)

# モデルを構築します
# 線形分離可能でないデータの分類には LinearSVC ではなく SVC を使います
model = SVC()
# モデルを学習します
model.fit(data,label)

# 正解率を算出します
print(model.score(data,label))
```

Out

```
0.991
```

リスト 16.15：非線形 SVM の例

問題

非線形 SVM を用いてデータの分類を学習し、**test_X** と **test_y** を用いてモデルの正解率を出力してください（リスト 16.16）。

また線形 SVM でも正解率を出力し、両者の値を比較してください。

In

```
from sklearn.svm import LinearSVC
from sklearn.svm import SVC
from sklearn.model_selection import train_test_split
from sklearn.datasets import make_gaussian_quantiles

# データを生成します
X, y = make_gaussian_quantiles(
    n_samples=1000, n_classes=2, n_features=2, random_state=42)
train_X, test_X, train_y, test_y = train_test_split(X, y, random_state=42)
```

```
# 以下にコードを記述してください
# モデルを構築してください



# train_X と train_y を使ってモデルに学習させてください


# コードの編集はここまでです
# 正解率を算出します
print(" 非線形 SVM: {}".format(model1.score(test_X, test_y)))
print(" 線形 SVM: {}".format(model2.score(test_X, test_y)))
```

リスト 16.16：問題

ヒント

・線形 SVM と非線形 SVM は同じモジュールですが違う名前のモデルです。混同しないように注意しましょう。
・値の比較は正解率を並べるだけで良いです。比較結果を算出する必要はありません。

解答例

In

```
(…略…)
# 以下にコードを記述してください
# モデルを構築してください
model1 = SVC()
model2 = LinearSVC()

# train_X と train_y を使ってモデルに学習させてください
model1.fit(train_X, train_y)
model2.fit(train_X, train_y)
# コードの編集はここまでです
(…略…)
```

Out

```
非線形 SVM: 0.976
線形 SVM: 0.528
```

リスト 16.17：解答例

16.2.4 決定木

特徴

決定木はこれまで紹介したロジスティック回帰やSVMとは違い、データの要素（説明変数）の1つ1つに着目し、その要素内でのある値を境にデータを分割していくことでデータの属するクラスを決定しようとする手法です。

決定木では説明変数の1つ1つが目的変数にどのくらいの影響を与えているのかを見ることができます。分割を繰り返すことで枝分かれしていきますが、先に分割される変数ほど影響力が大きいと捉えることができます。

欠点は線形分離可能なデータは苦手であること（例えば2次元データでは境界線が斜めに引けない）と、学習が教師データに寄り過ぎる（汎化されない）ことです。

実装

scikit-learnのtreeサブモジュールにある**DecisionTreeClassifier()**を用います（リスト16.18）。

In

```
from sklearn.datasets import make_classification
from sklearn.model_selection import train_test_split

X, y = make_classification(n_samples=100, n_features=2, n_redundant=0,⏎
random_state=42)

# 学習データとテストデータに分けます
train_X, test_X, train_y, test_y = train_test_split(X, y, random_⏎
state=42)

# モデルを読み込みます
from sklearn.tree import DecisionTreeClassifier
```

```
# モデルを構築します
model = DecisionTreeClassifier()
# モデルに学習させます
model.fit(train_X, train_y)

# 正解率を算出します
print(model.score(test_X, test_y))
```

Out
```
0.96
```

リスト 16.18：決定木の例

問題

決定木を用いてデータの分類を学習し、**test_X** と **test_y** を用いてモデルの正解率を出力してください（リスト 16.19）。

In
```
# きのこデータを取得します
# 必要なパッケージを import します
import requests
import zipfile
from io import StringIO
import io
import pandas as pd
# データの前処理に必要なパッケージを import します
from sklearn.model_selection import train_test_split
from sklearn import preprocessing

# url を指定します
mush_data_url = "http://archive.ics.uci.edu/ml/machine-learning-⏎
databases/mushroom/agaricus-lepiota.data"
s = requests.get(mush_data_url).content

# データ形式を変換します
mush_data = pd.read_csv(io.StringIO(s.decode("utf-8")), header=None)
```

```
# データに名前を付けます(データを扱いやすくするため)
mush_data.columns = ["classes", "cap_shape", "cap_surface",
                     "cap_color", "odor", "bruises",
                     "gill_attachment", "gill_spacing",
                     "gill_size", "gill_color", "stalk_shape",
                     "stalk_root", "stalk_surface_above_ring",
                     "stalk_surface_below_ring",
                     "stalk_color_above_ring",
                     "stalk_color_below_ring",
                     "veil_type", "veil_color","ring_number",
                     "ring_type", "spore_print_color",
                     "population", "habitat"]
# カテゴリー変数(色の種類など数字の大小が決められないもの)をダミー特徴量(yes⏎
か no)として変換します
mush_data_dummy = pd.get_dummies(
    mush_data[["gill_color", "gill_attachment", "odor", "cap_color"]])
# 目的変数:flg(フラグ)を立てます
mush_data_dummy["flg"] = mush_data["classes"].map(
    lambda x: 1 if x == "p" else 0)

# 説明変数と目的変数を指定します
X = mush_data_dummy.drop("flg", axis=1)
Y = mush_data_dummy["flg"]

# 学習データとテストデータに分けます
train_X, test_X, train_y, test_y = train_test_split(X,Y, random_⏎
state=42)

# 以下にコードを記述してください
# モデルを読み込んでください



# モデルを構築してください
```

```
# モデルに学習させてください



# コードの編集は以上です

# 正解率を算出します
print(model.score(test_X, test_y))
```

リスト 16.19：問題

ヒント

データが複雑になりますがモデルの構築や学習の流れは変わりません。

解答例

In

```
(…略…)
# 以下にコードを記述してください
# モデルを読み込んでください
from sklearn.tree import DecisionTreeClassifier

# モデルを構築してください
model = DecisionTreeClassifier()
# モデルに学習させてください
model.fit(train_X, train_y)
(…略…)
```

Out

```
0.9094042343673068
```

リスト 16.20：解答例

16.2.5 ランダムフォレスト

特徴

ランダムフォレストは、前述の決定木の簡易版を複数作り、分類の結果を多数決で決める手法です。

複数の簡易分類器を1つの分類器にまとめて学習させる、**アンサンブル学習**と呼ばれる学習の種類の一手法でもあります。

決定木では使用する説明変数はすべて使用していたのに対し、ランダムフォレストの1つ1つの決定木はランダムに決められた少数の説明変数だけを用いてデータの属するクラスを決定しようとします。

その上で複数の簡易決定木から出力されるクラスのうちで最も多かったクラスを結果として出力します。

ランダムフォレストの特徴は決定木と同じように、線形分離可能でない複雑な識別範囲を持つデータ集合の分類が可能な点に加え、複数の分類器を通して多数決により結果を出力するため、外れ値によって予測結果が左右されにくいことが挙げられます。

欠点としては決定木と同じように説明変数の数に対してデータの数が少ないと二分木の分割ができず、予測の精度が下がってしまう点が挙げられます。

実装

scikit-learn の ensemble サブモジュールにある **RandomForestClassifier()** を用います（リスト 16.21）。

In

```
from sklearn.datasets import make_classification
from sklearn.model_selection import train_test_split

X, y = make_classification(n_samples=100, n_features=2, n_redundant=0,⏎
random_state=42)

# 学習データとテストデータに分けます
train_X, test_X, train_y, test_y = train_test_split(X, y, random_⏎
state=42)

```

16

教師あり学習（分類）の基礎

```
# モデルを読み込みます
from sklearn.ensemble import RandomForestClassifier

# モデルを構築します
model = RandomForestClassifier()
# モデルを学習します
model.fit(train_X, train_y)

# 正解率を算出します
print(model.score(test_X, test_y))
```

Out

```
0.96
```

リスト 16.21：ランダムフォレストの例

問題

ランダムフォレストを用いてデータの分類を学習し、**test_X** と **test_y** を用いてモデルの正解率を出力してください（リスト 16.22）。

また決定木でも正解率を出力し、両者の値を比較してください。

In

```
# きのこデータを取得します
# 必要なパッケージを import します
import requests
import zipfile
from io import StringIO
import io
import pandas as pd
# データの前処理に必要なパッケージを import します
from sklearn.model_selection import train_test_split
from sklearn import preprocessing

# url を指定します
mush_data_url = "http://archive.ics.uci.edu/ml/machine-learning-⏎
databases/mushroom/agaricus-lepiota.data"
s = requests.get(mush_data_url).content
```

```
# データの形式を変換します
mush_data = pd.read_csv(io.StringIO(s.decode("utf-8")), header=None)

# データに名前を付けます（データを扱いやすくするため）
mush_data.columns = ["classes", "cap_shape", "cap_surface",
                     "cap_color", "odor", "bruises",
                     "gill_attachment", "gill_spacing",
                     "gill_size", "gill_color", "stalk_shape",
                     "stalk_root", "stalk_surface_above_ring",
                     "stalk_surface_below_ring",
                     "stalk_color_above_ring",
                     "stalk_color_below_ring",
                     "veil_type", "veil_color", "ring_number",
                     "ring_type", "spore_print_color",
                     "population", "habitat"]

# カテゴリ変数（色の種類など数字の大小が決められないもの）をダミー特徴量（yes⏎
か no）として変換します
mush_data_dummy = pd.get_dummies(
    mush_data[["gill_color", "gill_attachment", "odor", "cap_color"]])
# 目的変数：flg（フラグ）を立てます
mush_data_dummy["flg"] = mush_data["classes"].map(
    lambda x: 1 if x == "p" else 0)

# 説明変数と目的変数を指定します
X = mush_data_dummy.drop("flg", axis=1)
Y = mush_data_dummy["flg"]

# 学習データとテストデータに分けます
train_X, test_X, train_y, test_y = train_test_split(X,Y, random_⏎
state=42)

# 以下にコードを記述してください
```

```
# モデルを読み込んでください


# モデルを構築してください


# モデルに学習させてください


# 正解率を算出してください

```

リスト 16.22：問題

ヒント

`sklearn.ensemble` にある `RandomForestClassifier()` を用います。

解答例

In

```
(…略…)
# 以下にコードを記述してください
# モデルを読み込んでください
from sklearn.ensemble import RandomForestClassifier
from sklearn.tree import DecisionTreeClassifier

# モデルを構築してください
model1 = RandomForestClassifier()
model2 = DecisionTreeClassifier()

# モデルに学習させてください
model1.fit(train_X, train_y)
model2.fit(train_X, train_y)

# 正解率を算出してください
print(model1.score(test_X, test_y))
print(model2.score(test_X, test_y))
```

Out

```
0.9094042343673068
0.9094042343673068
```

リスト 16.23：解答例

16.2.6 k-NN

特徴

k-NN は **k 近傍法**とも呼ばれ、予測をするデータと類似したデータをいくつか見つけ、多数決により分類結果を決める手法です。

怠惰学習と呼ばれる学習の種類の一手法であり、**学習コスト（学習にかかる計算量）が 0 であること**が特徴です。

これまで紹介してきた手法とは違い、k-NN は教師データから学習するわけではなく、**予測時に教師データを直接参照**してラベルを予測します。

結果の予測を行う際の手法は以下の通りです。

1. 教師データを予測に用いるデータとの類似度で並べ直す。
2. 分類器に設定された k 個分のデータを類似度の高い順に参照する。
3. 参照された教師データが属するクラスのなかで最も多かったものを予測結果として出力する。

k-NN の特徴としては、前述の通り学習コストが 0 であること、アルゴリズムとしては比較的単純なものなのですが、高い予測精度が出やすいこと、複雑な形の境界線も表現しやすいことが挙げられます。

欠点としては分類器に指定する自然数 k の個数を増やし過ぎると識別範囲の平均化が進み予測精度が下がってしまう点や、予測時に毎回計算を行うため教師データや予測データの量が増えると計算量が増えてしまい、低速なアルゴリズムとなってしまう点が挙げられます。図 16.5 は、k の数の違いによる分類過程の様子の違いを表しています。灰色の点は **k=3 の時では水色の点のほうが周りに多いため水色の点だと予測されますが、k=7 の時では紺色の点のほうが多いため紺色の点ではないかという予測**に変わります。

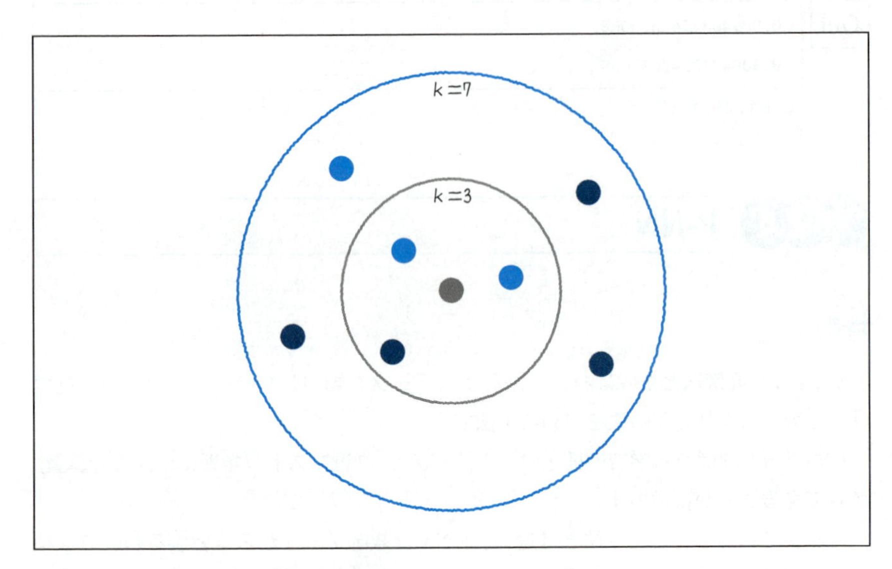

図 16.5：*k* の数の違いによる分類過程の様子の違い

実装

scikit-learn のサブモジュール neighbors にある **KNeighborsClassifier()** を使います（リスト 16.24）。

In

```
from sklearn.datasets import make_classification
from sklearn.model_selection import train_test_split

X, y = make_classification(n_samples=100, n_features=2, n_redundant=0,⏎
random_state=42)

# 学習データとテストデータに分けます
train_X, test_X, train_y, test_y = train_test_split(X, y, random_⏎
state=42)

# モデルを読み込みます
from sklearn.neighbors import KNeighborsClassifier
```

```
# モデルを構築します
model = KNeighborsClassifier()
# モデルに学習させます
model.fit(train_X, train_y)

# 正解率を算出します
print(model.score(test_X, test_y))
```

Out
```
1.0
```

リスト 16.24：k-NN の例

問題

k-NN を用いてデータの分類を学習し、**test_X** と **test_y** を用いてモデルの正解率を出力してください（リスト 16.25）。

In
```
# きのこデータを取得します
# 必要なパッケージを import します
import requests
import zipfile
from io import StringIO
import io
import pandas as pd
from sklearn.model_selection import train_test_split
from sklearn import preprocessing

# url を指定します
mush_data_url = "http://archive.ics.uci.edu/ml/machine-learning-⏎
databases/mushroom/agaricus-lepiota.data"
s = requests.get(mush_data_url).content

# データの形式を変換します
mush_data = pd.read_csv(io.StringIO(s.decode("utf-8")), header=None)

# データに名前を付けます(データを扱いやすくするため)
```

```
mush_data.columns = ["classes", "cap_shape", "cap_surface",
                     "cap_color", "odor", "bruises",
                     "gill_attachment", "gill_spacing",
                     "gill_size", "gill_color", "stalk_shape",
                     "stalk_root", "stalk_surface_above_ring",
                     "stalk_surface_below_ring",
                     "stalk_color_above_ring",
                     "stalk_color_below_ring",
                     "veil_type", "veil_color","ring_number",
                     "ring_type", "spore_print_color",
                     "population", "habitat"]

# 参考（カテゴリ変数をダミー特徴量として変換する方法）
mush_data_dummy = pd.get_dummies(
    mush_data[["gill_color", "gill_attachment", "odor", "cap_color"]])
# 目的変数：flag（フラグ）を立てます
mush_data_dummy["flg"] = mush_data["classes"].map(
    lambda x: 1 if x == "p" else 0)

# 説明変数と目的変数を指定します
X = mush_data_dummy.drop("flg", axis=1)
Y = mush_data_dummy["flg"]

# 学習データとテストデータに分けます
train_X, test_X, train_y, test_y = train_test_split(X,Y, random_↵
state=42)

# 以下にコードを記述してください
# モデルを読み込んでください


# モデルを構築してください

```

```
# モデルに学習させてください


# 正解率を表示してください
```

リスト 16.25：問題

sklearn.neighbors にある **KNeighborsClassifier()** を用います。

解答例

In

```
(…略…)
# 以下にコードを記述してください
# モデルを読み込んでください
from sklearn.neighbors import KNeighborsClassifier

# モデルを構築してください
model = KNeighborsClassifier()

# モデルに学習させてください
model.fit(train_X, train_y)

# 正解率を表示してください
print(model.score(test_X, test_y))
```

Out

```
0.9039881831610044
```

リスト 16.26：解答例

添削問題

ここまで scikit-learn を用いた機械学習の実装方法について触れてみました。ここで、データセットをランダムに作って、各方法の正解率を求めてみましょう。

問題

リスト16.27のコメントアウトになっている部分に沿って、コードを実装してください。

In

```
from sklearn.datasets import make_classification
from sklearn.model_selection import train_test_split
from sklearn.linear_model import LogisticRegression
from sklearn.svm import LinearSVC
from sklearn.svm import SVC
from sklearn.tree import DecisionTreeClassifier
from sklearn.ensemble import RandomForestClassifier

# データX, ラベルyを生成してください(samples=1000, features=2,random_
state=42)
X, y = make_classification()

# trainデータ、testデータを分割してください(テストサイズ=0.2,random_
state=42)
train_X, test_X, train_y, test_y = train_test_split()

# モデルを構築してください
model_list = {'ロジスティック回帰':,
              '線形SVM':,
              '非線形SVM':,
              '決定木':,
              'ランダムフォレスト':}

# for文を使用してモデルに学習させて、正解率を出力してください
for model_name, model in model_list.items():
    # モデルに学習させます
    model.fit(train_X,train_y)
    print(model_name)
    # 正解率を出力してください
```

```
    print(' 正解率： '+str())
    print()
```

リスト 16.27：問題

解答例

In

```
(…略…)
# データX, ラベルyを生成してください (samples=1000, features=2,random_⏎
state=42)
X, y = make_classification(n_samples=1000, n_features=2,
                           n_redundant=0, random_state=0)

# trainデータ、testデータを分割してください (テストサイズ=0.2,random_⏎
state=42)
train_X, test_X, train_y, test_y = train_test_split(
    X, y, test_size=0.2, random_state=42)

# モデルを構築してください
model_list = {'ロジスティック回帰':LogisticRegression(),
              '線形SVM':LinearSVC(),
              '非線形SVM':SVC(),
              '決定木':DecisionTreeClassifier(),
              'ランダムフォレスト':RandomForestClassifier()}

# for文を使用してモデルに学習させて、正解率を出力してください
for model_name, model in model_list.items():
    # モデルに学習させます
    model.fit(train_X,train_y)
    print(model_name)
    # 正解率を出力してください
    print(' 正解率： '+str(model.score(test_X,test_y)))
```

```
    print()
```

Out

```
ロジスティック回帰
正解率： 0.96


線形 SVM
正解率： 0.955


非線形 SVM
正解率： 0.97

決定木
正解率： 0.95


ランダムフォレスト
正解率： 0.97
```

リスト 16.28：解答例

第 17 章

ハイパーパラメータとチューニング（1）

17.1 ハイパーパラメータとチューニング

17.1.1 ハイパーパラメータとは

機械学習においても学習過程すべてを自動化することは難しく、人の手でモデルを調整しなければならない場合が存在します。

ハイパーパラメータとは**機械学習のモデルが持つパラメータの中で人が調整をしないといけないパラメータ**のことです。

ハイパーパラメータは選択した手法によって異なるため、モデルごとに説明をしていきます。

問題

ハイパーパラメータについて説明しているのは次の文章のうちどれでしょうか。

1. チューニングすることによって機械学習の精度を上げることができるたった1つのパラメータのこと。
2. モデルの学習によって得られるパラメータのこと。
3. 人間の手によって調整しなければならないパラメータのこと。
4. 調整を行わなくても良いパラメータのこと。

ヒント

ハイパーパラメータは人間の手で調整する必要があります。

解答例

3. 人間の手によって調整しなければならないパラメータのこと。

17.1.2 チューニングとは

ハイパーパラメータを調整することを**チューニング**と呼びます。

調整方法については直接値をモデルに入力すること以外にも、ハイパーパラメータの値の範囲を指定することで最適な値を探してもらう方法も存在します。

scikit-learnではモデルの構築時にパラメータに値を入力することでパラメータのチューニングが可能です。

パラメータを入力しなかった場合、モデルごとに定められているパラメータの初期値がそのまま値として指定されます。

コードとしてはリスト17.1のようなものとなります。

In
```
# 架空のモデルClassifierを例にしたチューニング方法です
model = Classifier(param1=1.0, param2=True, param3="linear")
```
リスト17.1：チューニングの例

問題

とあるモデル**Classifier**のパラメータ**param1**、**param2**、**param3**にそれぞれ**10**、**False**、**"set"**という値を入力することを考えます。

この条件を満たすコードは次のうちどれでしょうか。

1. `model = Classifier(param1=set, param2=False, param3=10)`
2. `model = Classifier(param1=10, param2=False, param3="set")`
3. `model = Classifier(param1=10, param2=False, param3=set)`
4. `model = Classifier(param1=False, param2="set", param3=10)`

ヒント

- **param1=10**となっているものを選びましょう。
- **"set"**は文字列です。

解答例

2. `model = Classifier(param1=10, param2=False, param3="set")`

17.2 ロジスティック回帰のハイパーパラメータ

17.2.1 パラメータC

ロジスティック回帰にはCというパラメータが存在します。このCはモデルが学習する識別境界線を教師データの分類間違いに対してどのくらい厳しくするのかという指標になります。

Cの値が大きいほどモデルは教師データを完全に分類できるような識別線を学習するようになります。

しかし教師データに対して過剰なほどの学習を行うために過学習に陥り、訓練データ以外のデータに予測を行うと正解率が下がる場合が多くなります。

Cの値を小さくすると教師データの分類の誤りに寛容になります。分類間違いを許容することで外れ値データに境界線が左右されにくくなり、より一般化された境界線を得やすくなります。

ただし、外れ値の少ないデータでは境界線がうまく識別できていないものになってしまう場合もあります。

また、極端に小さくてもうまく境界線が識別できません。

scikit-learnのロジスティック回帰モデルのCの初期値は1.0です。

問題

Cの値が変化することによってどのくらいモデルの正解率が変わるかをグラフで確認しましょう（リスト17.2）。ただし`random_state=42`としてください。

Cの値の候補が入っているリスト`C_list`を用いて教師用データの正解率とテスト用データの正解率をプロットしたグラフを`matplotlib`を用いてグラフ化してください。

In

```
import matplotlib.pyplot as plt
from sklearn.linear_model import LogisticRegression
from sklearn.datasets import make_classification
from sklearn import preprocessing
from sklearn.model_selection import train_test_split
%matplotlib inline

# データを生成します
X, y = make_classification(
      n_samples=1250, n_features=4, n_informative=2, n_redundant=2,↵
random_state=42)
train_X, test_X, train_y, test_y = train_test_split(X, y,↵
random_state=42)
```

```
# Cの値の範囲を設定します(ここでは1e-5,1e-4,1e-3,0.01,0.1,1,10,100,1000,10000)
C_list = [10 ** i for i in range(-5, 5)]

# グラフ描画用の空リストを用意します
train_accuracy = []
test_accuracy = []

# 以下にコードを記述してください
for C in C_list:

# コードの編集はここまでです



# グラフを準備します
# semilogx() は x のスケールを 10 の x 乗のスケールに変更します
plt.semilogx(C_list, train_accuracy, label="accuracy of train_data")
plt.semilogx(C_list, test_accuracy, label="accuracy of test_data")
plt.title("accuracy by changing C")
plt.xlabel("C")
plt.ylabel("accuracy")
plt.legend()
plt.show()
```

リスト 17.2：問題

ヒント

- **for** 文を使って **C_list** に納められている **C** の値を取り出し、モデルに学習させましょう（リスト 17.3）。
- ロジスティック回帰モデルの C の値を調整するにはモデルの構築時に次のように引数に **C** の値を渡します。

  ```
  model = LogisticRegression(C=1.0)
  ```
- 訓練データ、テスト用データそれぞれの正解率をそれぞれ **train_accuracy**、**test_accuracy** というリストに入れましょう。

解答例

In

```
(…略…)
# 以下にコードを記述してください
for C in C_list:
    model = LogisticRegression(C=C, random_state=42)
    model.fit(train_X, train_y)

    train_accuracy.append(model.score(train_X, train_y))
    test_accuracy.append(model.score(test_X, test_y))
# コードの編集はここまでです
(…略…)
```

Out

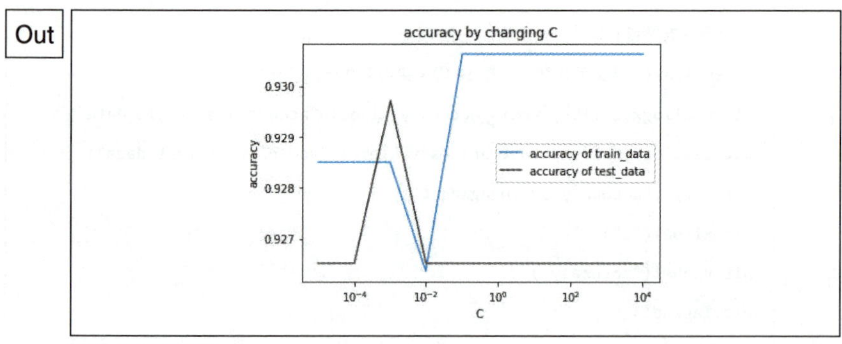

リスト 17.3：解答例

17.2.2 パラメータ penalty

先ほどの **C** が分類の誤りの許容度だったのに対し、**penalty** はモデルの複雑さに対するペナルティを表します。

penalty に入力できる値は 2 つ、L1 と L2 です。基本的には L2 を選べば大丈夫ですが、L1 を選ぶほうが欲しいデータが得られる場合もあります。

・L1

データの特徴量を削減することで識別境界線の一般化を図るペナルティです。

- L2

  データ全体の重みを減少させることで識別境界線の一般化を図るペナルティです。

問題

ペナルティについて正しい説明を選んでください。

1. L1 はデータ全体を概観してペナルティを決定する方法である。
2. L2 はデータの一部を見てモデルに対するペナルティを決定する方法である。
3. L1 と L2 に差はない。
4. ペナルティとは、モデルが複雑になり過ぎて一般化した問題を解決できなくなることを防ぐために与えられる。

ヒント

- L1 はデータの余分な特徴量を省き、主要な特徴だけでモデルに説明させようとするペナルティの手法です。
- L2 はデータ全体の重みを減らすことでデータ同士の関係性を弱くし、モデルを簡易化しようとするペナルティの手法です。

解答例

4. ペナルティとは、モデルが複雑になり過ぎて一般化した問題を解決できなくなることを防ぐために与えられる。

17.2.3 パラメータ multi_class

multi_class は多クラス分類を行う際にモデルがどういった動作を行うかということを決めるパラメータです。

ロジスティック回帰では **ovr**、**multinomial** の 2 つの値が用意されています。

- ovr

  クラスに対して「属する / 属さない」の 2 値で応えるような問題に適しています。

- multinomial

  各クラスに分類される確率も考慮され、「属する / 属さない」だけではなく「どれくらい属する可能性があるか」を扱う問題に適しています。

問題

multi_class について説明している文章のうち正しいのはどれでしょうか。

1. **ovr** は各ラベル同士の総当たりでラベルを決定する。
2. **multi_class** は多ラベルの分類を行う際にどのようにモデルが動作するかを示すパラメータである。
3. **multinomial** はラベルに関係なくデータが誤分類される確率を考える。
4. **multi_class** を適切に設定すると線形分離可能でないデータも分類可能になる。

ヒント

multi_class は多クラス分類を行う際の挙動を示しています。

解答例

2. **multi_class** は多ラベルの分類を行う際にどのようにモデルが動作するかを示すパラメータである。

17.2.4 パラメータ random_state

モデルは学習の際にデータをランダムな順番で処理していくのですが、**random_state** はその順番を制御するためのパラメータです。

ロジスティック回帰モデルの場合、データによっては処理順によって大きく境界線が変わる場合があります。

また、この **random_state** の値を固定することで同じデータでの学習結果を保存することができます。本書でも実行時に結果が変わらないように **random_state** の値は基本的に固定しています。

本書で用いているデータは **random_state** を変えても結果があまり変わりませんが、実際に用いる場合にはデータの再現性を考えて **random_state** の値を固定すると良いでしょう。

問題

random_state を固定する理由として正しいのは以下のうちどれでしょうか。

1. 学習の結果が変わらないようにするため。
2. データの予測時にランダムで値が変わるようにするため。
3. データの選び方をバラバラにするため。
4. 学習結果をランダムに入れ替えることでデータの難読化を行うため。

ヒント

random_state が決まるとアルゴリズム内で使われる乱数の値がすべて決まります。

解答例

1. 学習の結果が変わらないようにするため。

17.3 線形 SVM のハイパーパラメータ

17.3.1 パラメータ C

SVM にもロジスティック回帰と同様に分類の誤りの許容度を示す C がパラメータとして定義されています。使い方もロジスティック回帰と同様です。

SVM はロジスティック回帰に比べて C によるデータのラベルの予測値変動が激しいです。

SVM のアルゴリズムはロジスティック回帰に比べてより一般化された境界線を得るため、誤りの許容度が上下するとサポートベクターが変化し、ロジスティック回帰よりも正解率が上下することになります。

線形 SVM モデルでは C の初期値は 1.0 です。モジュールは LinearSVC を利用します。

問題

線形 SVM とロジスティック回帰での C の値の変動による正解率の変動の違いをグラフにしてみましょう（リスト 17.4）。

C の値の候補である **C_list** が渡されますので、線形 SVM とロジスティック回帰のモデルをそれぞれ構築し、サブプロットを用いて 2 つのグラフに出力してください。

1 つのグラフには教師データに対する正解率とテスト用データに対する正解率の 2

つのグラフが出力されるようにしてください。

In

```
import matplotlib.pyplot as plt
from sklearn.linear_model import LogisticRegression
from sklearn.svm import LinearSVC
from sklearn.datasets import make_classification
from sklearn import preprocessing
from sklearn.model_selection import train_test_split

# データを生成します
X, y = make_classification(
    n_samples=1250, n_features=4, n_informative=2, n_redundant=2,↵
random_state=42)
train_X, test_X, train_y, test_y = train_test_split(X, y, random_↵
state=42)

# Cの値の範囲を設定します(ここでは1e-5,1e-4,1e-3,0.01,0.1,1,10,100,1000,10000)
C_list = [10 ** i for i in range(-5, 5)]

# グラフ描画用の空リストを用意します
svm_train_accuracy = []
svm_test_accuracy = []
log_train_accuracy = []
log_test_accuracy = []

# 以下にコードを記述してください
for C in C_list:



# コードの編集はここまでです


# グラフを準備します
# semilogx() は x のスケールを 10 の x 乗のスケールに変更します
```

```
fig = plt.figure()
plt.subplots_adjust(wspace=0.4, hspace=0.4)
ax = fig.add_subplot(1, 1, 1)
ax.grid(True)
ax.set_title("SVM")
ax.set_xlabel("C")
ax.set_ylabel("accuracy")
ax.semilogx(C_list, svm_train_accuracy, label="accuracy of train_data")
ax.semilogx(C_list, svm_test_accuracy, label="accuracy of test_data")
ax.legend()
ax.plot()
plt.show()
fig2 =plt.figure()
ax2 = fig2.add_subplot(1, 1, 1)
ax2.grid(True)
ax2.set_title("LogisticRegression")
ax2.set_xlabel("C")
ax2.set_ylabel("accuracy")
ax2.semilogx(C_list, log_train_accuracy, label="accuracy of train_data")
ax2.semilogx(C_list, log_test_accuracy, label="accuracy of test_data")
ax2.legend()
ax2.plot()
plt.show()
```

リスト 17.4：問題

ヒント

・for 文を使って C_list の中身を取り出しましょう。
・C の値のチューニングの仕方は以下の通りです。

```
model = LinearSVC(C=1.0)
```

解答例

In

```
(…略…)
# 以下にコードを記述してください
```

```
for C in C_list:
    model1 = LinearSVC(C=C, random_state=42)
    model1.fit(train_X, train_y)
    svm_train_accuracy.append(model1.score(train_X, train_y))
    svm_test_accuracy.append(model1.score(test_X, test_y))

    model2 = LogisticRegression(C=C, random_state=42)
    model2.fit(train_X, train_y)
    log_train_accuracy.append(model2.score(train_X, train_y))
    log_test_accuracy.append(model2.score(test_X, test_y))

# コードの編集はここまでです
(…略…)
```

Out

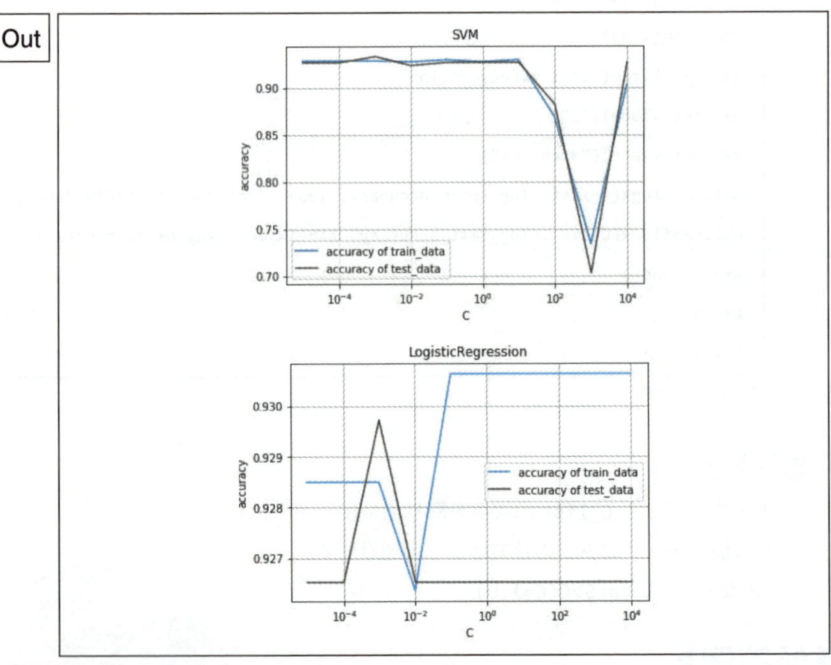

リスト 17.5：解答例

17.3.2 パラメータ penalty

ロジスティック回帰同様に線形SVMにも **penalty** のパラメータがあります。

設定できる値も同じく、**L1** と **L2** です。

問題

データの要素がA、B、C、Dの4種類であり、ラベルがDである時、次のペナルティに関する説明のうち正しいものを選んでください。

1. A、B、Cの間に相関性がない時ペナルティはL1を選ぶべきである。
2. L2ペナルティはデータ同士の依存性を高める。
3. B=2A、C=Aの関係がある時、L1ペナルティはBとCの重みを減らしAだけでモデルに説明させるように働く。
4. L2ペナルティはDに対してA、B、Cのいずれかが関連性が高い場合、その関連性を失わせる方向に働く。

ヒント

- L1ペナルティは主成分を抽出する働きがあります。
- L2ペナルティは特定の相関性を見ず、データ全体の関係性を用いてモデルを説明しようとします。

解答例

3. B=2A、C=Aの関係がある時、L1ペナルティはBとCの重みを減らしAだけでモデルに説明させるように働く。

17.3.3 パラメータ multi_class

multi_class は多項分類を行う際にモデルがどういった動作を行うかということを決めるパラメータです。

線形SVMでは **ovr**、**crammer_singer** の2つの値が用意されています。

基本的には **ovr** のほうが動作が軽く結果が良いです。

問題

multi_class に関する説明のうち正しいものを選択してください。

1. 多クラス分類を行う際に値が設定されていると正解率が向上する。
2. **ovr** と **crammer_singer** では **crammer_singer** のほうが正解率が良い。
3. Yes か No の二値分類ではこの値は無視される。
4. **LinearSVC** では意味のないパラメータである。

ヒント

- 線形 SVM では **multi_class** の初期値は **ovr** です。
- 二値分類の場合このパラメータを設定する必要はありません。

解答例

3. Yes か No の二値分類ではこの値は無視される。

17.3.4 パラメータ random_state

結果の固定に用いられる **random_state** ですが、SVM に関してはサポートベクターの決定にも関わります。

最終的に学習する境界線はほぼ同じになるものの、わずかながら差異が出ることに留意してください。

問題

random_state を固定する時に正しい文章を以下の選択肢から選んでください。

1. 数値を固定して結果を固定するのに使うため、数値の値はいくつでも良い。
2. モデルの学習時には **random_state** は特定の値にしなければならない。
3. **random_state** の値はそのまま乱数の値として用いられる。
4. **random_state** は調整の必要がない。

ヒント

- **random_state** は値が違うと差異が生じる場合があります。特にデータ同士が密集せず散らばっている場合はサポートベクターの選択が変わるため境界線に大きく影響します。

・**random_state** の値が同じ値であれば、同じ操作をする限りモデルは同じ予測結果を返します。

解答例

1. 数値を固定して結果を固定するのに使うため、数値の値はいくつでも良い。

17.4 非線形 SVM のハイパーパラメータ

17.4.1 パラメータ C

線形分離が可能でないデータを扱う場合、SVM の SVC というモジュールを使います。SVC でもロジティック回帰、SVM と同様にパラメータ **C** が存在します。

学習時に分類の誤りをどの程度許容するかを指定するパラメータです。非線形 SVM では **C** のことをソフトマージンのペナルティと呼びます。

問題

C の値が変化することによってどのくらいモデルの正解率が変わるかをグラフで確認しましょう（リスト 17.6）。

C の値の候補が入っているリスト **C_list** を用いて教師用データの正解率とテスト用データの正解率をプロットしたグラフを **matplotlib** を用いてグラフ化してください。

In

```
import matplotlib.pyplot as plt
from sklearn.svm import SVC
from sklearn.datasets import make_gaussian_quantiles
from sklearn import preprocessing
from sklearn.model_selection import train_test_split
%matplotlib inline


# データを生成します
```

```
X, y = make_gaussian_quantiles(n_samples=1250, n_features=2, random_
state=42)
train_X, test_X, train_y, test_y = train_test_split(X, y, random_
state=42)

# Cの値の範囲を設定します(ここでは1e-5,1e-4,1e-3,0.01,0.1,1,10,100,1000,10000)
C_list = [10 ** i for i in range(-5, 5)]

# グラフ描画用の空リストを用意します
train_accuracy = []
test_accuracy = []

# 以下にコードを記述してください
for C in C_list:



# コードの編集はここまでです

# グラフを準備します
# semilogx()はxのスケールを10のx乗のスケールに変更します
plt.semilogx(C_list, train_accuracy, label="accuracy of train_data")
plt.semilogx(C_list, test_accuracy, label="accuracy of test_data")
plt.title("accuracy with changing C")
plt.xlabel("C")
plt.ylabel("accuracy")
plt.legend()
plt.show()
```

リスト 17.6：問題

ヒント

- **for** 文を使って **C_list** に納められている **C** の値を取り出し、モデルに学習させましょう。
- 非線形 SVM の **C** の値を調整するには、モデルの構築時に次のように引数に **C** の値を渡します。

```
model = SVC(C=1.0, random_state=42)
```

・教師データ、テスト用データそれぞれの正解率をそれぞれ **train_accuracy**, **test_accuracy** というリストに入れましょう。

解答例

In

```
(…略…)
# 以下にコードを記述してください
for C in C_list:
    model = SVC(C=C)
    model.fit(train_X, train_y)

    train_accuracy.append(model.score(train_X, train_y))
    test_accuracy.append(model.score(test_X, test_y))
# コードの編集はここまでです
(…略…)
```

Out

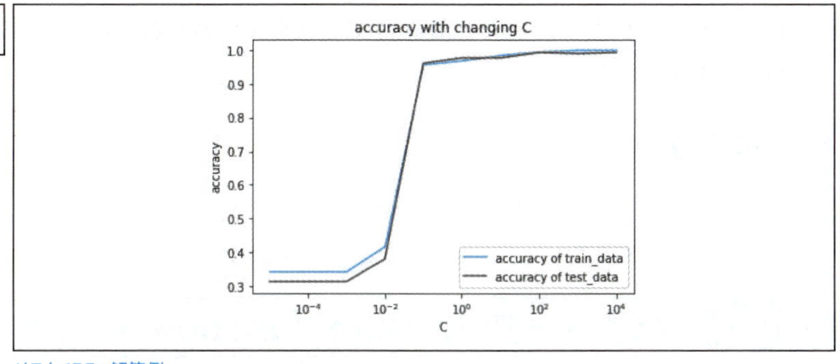

リスト 17.7：解答例

17.4.2 パラメータ kernel

パラメータ **kernel** は非線形 SVM の中でも特に重要なパラメータで、受け取ったデータを操作して分類しやすい形にするための関数を定義するパラメータです。

linear、**rbf**、**poly**、**sigmoid**、**precomputed** の 5 つを値としてとることができます。デフォルトは **rbf** です。

linear は線形 SVM であり、LinearSVC とほぼ同じです。特殊な理由がない限りは LinearSVC を使いましょう。

rbf、**poly** は立体投影のようなものです。**rbf** は他のものに比べ比較的高い正解率が出ることが多いので通常はデフォルトである **rbf** を使用します。

precomputed はデータが前処理によってすでに整形済みの場合に用います。

sigmoid はロジスティック回帰モデルと同じ処理を行います。

問題

kernel の値に関して、正しい説明はどれでしょうか。

1. **linear** は線形カーネルであり、**LinearSVC** よりも良いチューニングがされている。
2. **rbf** は比較的高い正解率を出すことができる。
3. **precomputed** はどのようなデータに対してでも用いることができる。
4. **sigmoid** はロジスティック回帰モデルそのものである。

ヒント

LinearSVC と **SVC(kernel="linear")** では特別に定義されている **LinearSVC** のほうが優れています。

解答例

2.**rbf** は比較的高い正解率を出すことができる。

17.4.3 パラメータ decision_function_shape

decision_function_shape は SVC における **multi_class** パラメータのようなものです。

ovo、**ovr** の 2 つの値が用意されています。

ovo はクラス同士のペアを作り、そのペアでの二項分類を行い多数決で属するクラスを決定するという考え方です。

ovr は 1 つのクラスとそれ以外という分類を行い多数決で属するクラスを決定します。

ovo のほうは計算量が多くデータの量の増大によっては動作が重くなることが考え

られます。

問題

decision_function_shape に関する次の説明のうち正しいのはどれでしょうか。

1. **ovr** は他のクラスとの 1 対 1 の分類器を作成し、総当たりでクラスを決定する方法である。
2. **ovo** は計算量が少なく実行速度も速くなる傾向がある。
3. **ovr** は線形分離可能なデータに強い。
4. **ovo** と **ovr** では **ovo** のほうがデータが増えた時の実行時間の増加量が大きい。

ヒント

- **ovo** は one vs one の略で各クラス同士の総当たりの分類器を作成し予測します。
- **ovr** は one vs rest の略で、各クラスのそれ自身とそれ以外を分類する分類器を作成し予測します。

解答例

4.**ovo** と **ovr** では **ovo** のほうがデータが増えた時の実行時間の増加量が大きい。

17.4.4 パラメータ random_state

データの処理順に関係するパラメータです。予測結果を再現するために、学習の段階では固定することを推奨します。

機械学習を実際に行う時には乱数を生成するための生成器を指定する方法があります。生成器を指定する場合のコードはリスト 17.8 の通りです。

In

```
import numpy as np
from sklearn.svm import SVC

# 乱数生成器を構築します
random_state = np.random.RandomState()

# 乱数生成器を random_state に指定した非線形 SVM モデルを構築します
```

```
model = SVC(random_state=random_state)
```

リスト 17.8：生成器を指定する例

問題

非線形 SVM モデルのパラメータ **random_state** に乱数生成器を渡してモデルに学習をさせてください（リスト 17.9）。

テスト用データに対する正解率を出力してください。

In

```
import numpy as np
from sklearn.svm import SVC
from sklearn.datasets import make_classification
from sklearn import preprocessing
from sklearn.model_selection import train_test_split
%matplotlib inline

# データを生成します
X, y = make_classification(
    n_samples=1250, n_features=4, n_informative=2, n_redundant=2,↵
random_state=42)
train_X, test_X, train_y, test_y = train_test_split(X, y, random_↵
state=42)

# 以下にコードを記述してください
# 乱数生成器を構築してください


# モデルを構築してください


# モデルに学習させてください


# テストデータに対する正解率を出力してください
```

リスト 17.9：問題

乱数生成器を構築する関数には忘れずに **np.random** を付けましょう。

解答例

In

```
(…略…)
# 以下にコードを記述してください
# 乱数生成器を構築してください
random_state = np.random.RandomState()

# モデルを構築してください
model = SVC(random_state=random_state)

# モデルに学習させてください
model.fit(train_X, train_y)

# テストデータに対する正解率を出力してください
print(model.score(test_X, test_y))
```

Out

```
0.9488817891373802
```

リスト 17.10：解答例

添削問題

ここまでハイパーパラメータの操作方法について触れてきました。実際に機械学習でモデルを作る時は、良さそうなパラメータをすべて試し、正解率の良いものを採択する時があります。ここでは、様々なKernelを使って機械学習の実践をしてみましょう。

問題

リスト 17.11 のコメントアウトになっている部分に沿って、コードを実装してください。

In

```
from sklearn.datasets import make_classification
from sklearn.model_selection import train_test_split
from sklearn.svm import SVC


# データを生成します
X, y = make_classification(
    n_samples=1250, n_features=4, n_informative=2, n_redundant=2, 
random_state=42)
train_X, test_X, train_y, test_y = train_test_split(X, y, random_
state=42)

kernel_list = ['linear','rbf','poly','sigmoid']

# 以下にコードを記述してください
# モデルを構築してください
for i in kernel_list:
    model = 
    # モデルに学習させてください

    # テストデータに対する正解率を出力してください
    print(i)
    print()
    print()
```

リスト 17.11：問題

ヒント

SVMのハイパーパラメータCは17.4.1項「パラメータC」の実装問題（リスト17.6）を確認してみましょう。SVCの引数も、17.4.1項で確認してください。

解答例

In

```
(…略…)
# 以下にコードを記述してください
```

```
# モデルを構築してください
for i in kernel_list:
    model = SVC(kernel= i ,random_state=42)
    # モデルに学習させてください
    model.fit(train_X, train_y)
    # テストデータに対する正解率を出力してください
    print(i)
    print(model.score(test_X, test_y))
    print()
```

Out

```
linear
0.9329073482428115


rbf
0.9488817891373802


poly
0.9361022364217252


sigmoid
0.9169329073482428
```

リスト 17.12：解答例

第 18 章

ハイパーパラメータとチューニング（2）

18.1 決定木のハイパーパラメータ

18.1.1 パラメータ max_depth

max_depthは学習時にモデルが学習する木の深さの最大値を表すパラメータです。

max_depthの値が設定されていない時、木は教師データをすべてバラバラに分割してしまうので、必要以上にデータの特徴を押さえ学習してしまいます。

max_depthを設定し木の高さを制限することを**決定木の枝刈り**と呼びます。

問題

決定木の**max_depth**の違いによる分類の正解率をグラフで表してみましょう（リスト 18.1）。

depth_listというリストが渡されますので、**max_depth**に**depth_list**内の値を順次代入しテスト用データの正解率を出し、**max_depth**との関係をプロットしたグラフを出力してください。

In

```
# モジュールを import します
import matplotlib.pyplot as plt
from sklearn.datasets import make_classification
from sklearn.tree import DecisionTreeClassifier
from sklearn.model_selection import train_test_split
%matplotlib inline

# データを生成します
X, y = make_classification(
      n_samples=1000, n_features=4, n_informative=3, n_redundant=0,↵
random_state=42)
train_X, test_X, train_y, test_y = train_test_split(X, y,↵
random_state=42)

# max_depth の値の範囲 (1 から 10) です
depth_list = [i for i in range(1, 11)]
```

```
# 正解率を格納する空リストを作成します
accuracy = []




# 以下にコードを記述してください
# max_depth を変えながらモデルを学習します



# コードの編集はここまでです
# グラフをプロットします
plt.plot(depth_list, accuracy)
plt.xlabel("max_depth")
plt.ylabel("accuracy")
plt.title("accuracy by changing max_depth")
plt.show()
```

リスト 18.1：問題

ヒント

- **for** 文を使って **depth_list** の要素を取り出します。
- **max_depth** のチューニングはモデル構築時に行います。以下のコードも参照してください。

```
model = DecisionTreeClassifier(max_depth=1, random_state=42)
```

解答例

In

```
(…略…)
# 以下にコードを記述してください
# max_depth を変えながらモデルを学習します
for max_depth in depth_list:
    model = DecisionTreeClassifier(max_depth=max_depth, random_state=42)
    model.fit(train_X, train_y)
    accuracy.append(model.score(test_X, test_y))
```

```
# コードの編集はここまでです
(…略…)
```

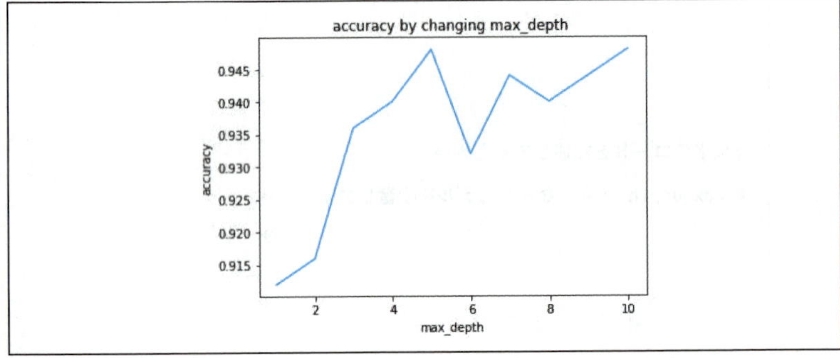

リスト 18.2：解答例

18.1.2 パラメータ random_state

`random_state` は学習結果の保持だけではなく、決定木の学習過程に直接関わるパラメータです。

決定木の分割は分割を行う時点でよくデータの分類を説明できる要素の値を見つけ、データの分割を行うのですが、そのような値の候補はたくさん存在するため、`random_state` による乱数の生成により、その候補を決めています。

問題

`random_state` は決定木においてどのようなパラメータでしょうか。次の選択肢から選んでください。

1. 決定木を分割する値を決定する。
2. 学習結果の保持を行う。
3. 学習に用いる乱数を生成するための値を設定する。
4. 上記のすべて。

決定木では学習結果の保持以外にも乱数を生成して決定するものがあります。

解答例

4. 上記のすべて。

18.2 ランダムフォレストのハイパーパラメータ

18.2.1 パラメータ n_estimators

ランダムフォレストの特徴として**複数の簡易決定木による多数決で結果が決定される**というものが挙げられますが、その簡易決定木の個数を決めるのがこの**n_estimators**というパラメータです。

問題

RandomForestの**n_estimators**の違いによる分類の正解率をグラフで表してみましょう（リスト18.3）。

n_estimators_listというリストが渡されますので、**n_estimators**に**n_estimators_list**内の値を順次代入しテスト用データの正解率を出し、**n_estimators**との関係をプロットしたグラフを出力してください。

In

```
# モジュールをimportします
import matplotlib.pyplot as plt
from sklearn.datasets import make_classification
from sklearn.ensemble import RandomForestClassifier
from sklearn.model_selection import train_test_split
%matplotlib inline

# データを生成します
X, y = make_classification(
    n_samples=1000, n_features=4, n_informative=3, n_redundant=0,↵
random_state=42)
train_X, test_X, train_y, test_y = train_test_split(X, y,↵
random_state=42)
```

18

ハイパーパラメータとチューニング(2)

```
# n_estimatorsの値の範囲(1から20)です
n_estimators_list = [i for i in range(1, 21)]

# 正解率を格納する空リストを作成します
accuracy = []

# 以下にコードを記述してください
# n_estimatorsを変えながらモデルを学習します
for n_estimators in n_estimators_list:




# コードの編集はここまでです
# グラフをプロットします
plt.plot(n_estimators_list, accuracy)
plt.title("accuracy by n_estimators increasement")
plt.xlabel("n_estimators")
plt.ylabel("accuracy")
plt.show()
```

リスト18.3：問題

ヒント

- **for**文を使って**n_estimators_list**の要素を取り出します。
- **n_estimators**のチューニングはモデル構築時に行います。以下のコードも参照してください。
  model = RandomForestClassifier(n_estimators=1, random_state=42)

解答例

In

```
(…略…)
# 以下にコードを記述してください
# n_estimatorsを変えながらモデルを学習します
```

```
for n_estimators in n_estimators_list:
    model = RandomForestClassifier(n_estimators=n_estimators,
random_state=42)
    model.fit(train_X, train_y)
    accuracy.append(model.score(test_X, test_y))
# コードの編集はここまでです
(…略…)
```

Out

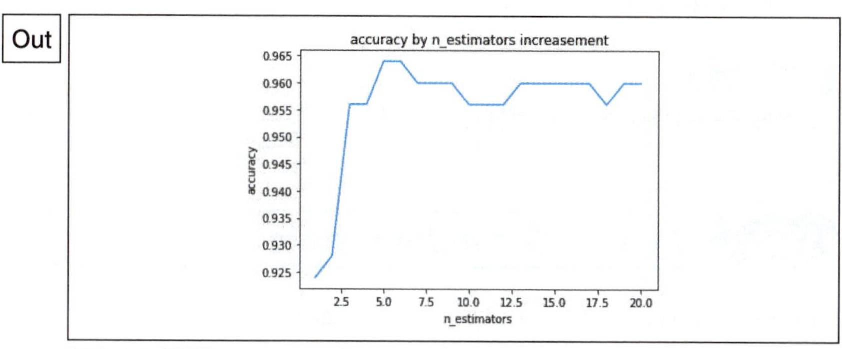

リスト 18.4：解答例

18.2.2 パラメータ max_depth

ランダムフォレストは簡易決定木を複数作るので決定木に関するパラメータを設定することが可能です。

max_depth は決定木に関するパラメータですが、ランダムフォレストにおいては**通常の決定木より小さな値を入力します。**

簡易決定木の分類の多数決というアルゴリズムであるため 1 つ 1 つの決定木に対して厳密な分類を行うより着目する要素を絞り俯瞰的に分析を行うことで学習の効率の良さと高い精度を保つことができます。

問題

なぜランダムフォレストでは決定木より **max_depth** を小さく設定するのでしょうか。以下の選択肢より選んでください。

1. ランダムフォレストが決定木ほど厳密なモデルではないため。

2. max_depth によって予測結果が変わることがないため。

3. 教師データに対する過剰な学習を防ぐため。

4. max_depth は多数決に寄与するパラメータであるため。

ヒント

- max_depth は決定木の過学習を防ぐためのパラメータです。
- ランダムフォレストは予測精度向上のため複数の決定木を作成して、その決定木の多数決で決めるモデルです。

解答例

3. 教師データに対する過剰な学習を防ぐため。

18.2.3 パラメータ random_state

random_state はランダムフォレストにおいても重要なパラメータです。

ランダムフォレストの名前の通り結果の固定のみならず、決定木のデータの分割や用いる要素の決定など多くの場面で乱数が寄与するこの手法では、このパラメータによって分析結果が大きく異なってきます。

問題

ランダムフォレストの random_state の違いによる分類の正解率をグラフで表してみましょう（リスト 18.5）。

r_seeds というリストが渡されますので、random_state に r_seeds 内の値を順次代入しテスト用データの正解率を出し、random_state との関係をプロットしたグラフを出力してください。

In

```
# モジュールを import します
import matplotlib.pyplot as plt
from sklearn.datasets import make_classification
from sklearn.ensemble import RandomForestClassifier
from sklearn.model_selection import train_test_split
%matplotlib inline
```

```
# データを生成します
X, y = make_classification(
    n_samples=1000, n_features=4, n_informative=3, n_redundant=0,⏎
random_state=42)
train_X, test_X, train_y, test_y = train_test_split(X, y,⏎
random_state=42)

# r_seeds の値の範囲 (0 から 99) を指定します
r_seeds = [i for i in range(100)]

# 正解率を格納する空リストを作成します
accuracy = []

# 以下にコードを記述してください
# random_state を変えながらモデルを学習します





# コードの編集はここまでです
# グラフのプロット
plt.plot(r_seeds, accuracy)
plt.xlabel("seed")
plt.ylabel("accuracy")
plt.title("accuracy by changing seed")
plt.show()
```

リスト 18.5：問題

ヒント

- for 文を使って r_seeds の要素を取り出します。
- random_state のチューニングはモデル構築時に行います。以下のコードも参照してください。

```
model = RandomForestClassifier(random_state=42)
```

解答例

In

```
(…略…)
# 以下にコードを記述してください
# random_state を変えながらモデルを学習します
for seed in r_seeds:
    model = RandomForestClassifier(random_state=seed)
    model.fit(train_X, train_y)
    accuracy.append(model.score(test_X, test_y))
# コードの編集はここまでです
(…略…)
```

Out

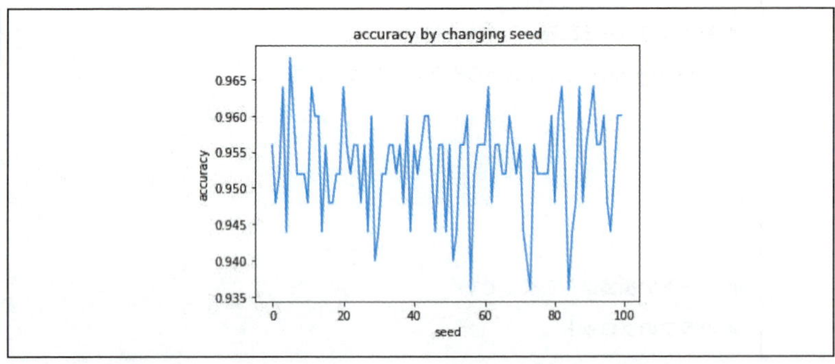

リスト 18.6：解答例

18.3 k-NN のハイパーパラメータ

18.3.1 パラメータ n_neighbors

n_neighbors は k-NN の *k* の値のことです。つまり、結果予測の際に使う類似データの個数を決めるパラメータです。

n_neighbors の数が多過ぎると類似データとして選ばれるデータの類似度に幅が出るため、分類範囲の狭いカテゴリがうまく分類されないということが起こります。

問題

k-NN の **n_neighbors** の違いによる分類の正解率をグラフで表してみましょう（リスト 18.7）。

k_list というリストが渡されますので、**n_neighbors** に **k_list** 内の値を順次代入しテスト用データの正解率を出し、**n_neighbors** との関係をプロットしたグラフを出力してください。

In

```
# モジュールを import します
import matplotlib.pyplot as plt
from sklearn.datasets import make_classification
from sklearn.neighbors import KNeighborsClassifier
from sklearn.model_selection import train_test_split
%matplotlib inline

# データを生成します
X, y = make_classification(
    n_samples=1000, n_features=4, n_informative=3, n_redundant=0,↵
random_state=42)
train_X, test_X, train_y, test_y = train_test_split(X, y,↵
random_state=42)

# n_neighbors の値の範囲 (1 から 10) を指定します
k_list = [i for i in range(1, 11)]

# 正解率を格納する空リストを作成します
accuracy = []

# 以下にコードを記述してください
# n_neighbors を変えながらモデルを学習します
for k in k_list:
```

```
# コードの編集はここまでです
# グラフをプロットします
plt.plot(k_list, accuracy)
plt.xlabel("n_neighbor")
plt.ylabel("accuracy")
plt.title("accuracy by changing n_neighbor")
plt.show()
```

リスト 18.7：問題

ヒント

・for 文を使って **k_list** の要素を取り出します。
・**n_neighbors** のチューニングはモデル構築時に行います。以下のコードも参照してください。
model = KNeighborsClassifier(n_neighbors=1)

解答例

In

```
(…略…)
# 以下にコードを書いてください
# n_neighbors を変えながらモデルを学習します
for k in k_list:
    model = KNeighborsClassifier(n_neighbors=k)
    model.fit(train_X, train_y)
    accuracy.append(model.score(test_X, test_y))
# コードの編集はここまでです
(…略…)
```

Out

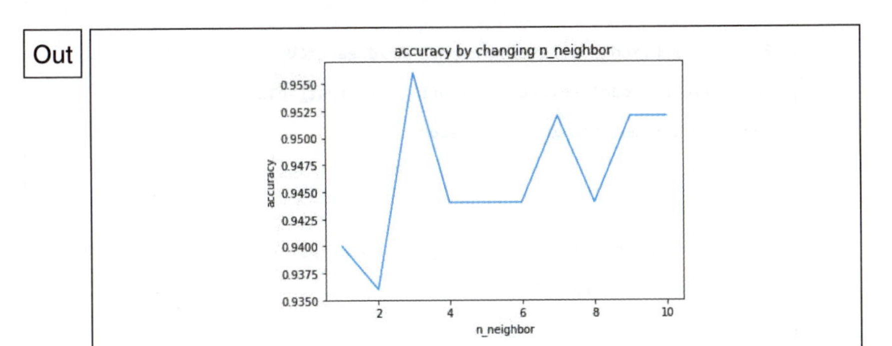

リスト 18.8：解答例

18.4 チューニングの自動化

これまで主要な手法の中でよく使われるパラメータを紹介してきました。

しかしこれらすべてのパラメータを、そのつど変えて結果を確認するのは時間と手間がかかります。そこで、パラメータの範囲を指定して一番結果の良かったパラメータセットをコンピュータ（計算機）に見つけてもらうという方法があります。

主な方法は２つ、**グリッドサーチ**と**ランダムサーチ**です。

18.4.1 グリッドサーチ

グリッドサーチは調整したいハイパーパラメータの値の候補を明示的に複数指定し、パラメータセットを作成し、その時のモデルの評価を繰り返すことでモデルとして最適なパラメータセットを作成するために用いられる方法です。

値の候補を明示的に指定するためパラメータの値に文字列や整数、True もしくは False といった数学的に連続ではない値をとるパラメータの探索に向いています。

ただしパラメータの候補を網羅するようにパラメータセットが作成されるため多数のパラメータを同時にチューニングするのには不向きです。

コードはリスト 18.9 のようになります。

プログラムの実行には時間がかかりますのでご注意ください。

In

```
import scipy.stats
from sklearn.datasets import load_digits
from sklearn.svm import SVC
```

```
from sklearn.model_selection import GridSearchCV
from sklearn.model_selection import train_test_split
from sklearn.metrics import f1_score

data = load_digits()
train_X, test_X, train_y, test_y = train_test_split(data.data, data.⏎
target, random_state=42)

# パラメータの値の候補を設定します
model_param_set_grid  =  {SVC():  {
        "kernel":   ["linear",  "poly",  "rbf", "sigmoid"],
        "C": [10 ** i for i in range(-5, 5)],
        "decision_function_shape": ["ovr", "ovo"],
        "random_state": [42]}}

max_score = 0
best_param = None

# グリッドサーチでパラメータサーチをします
for model, param in model_param_set_grid.items():
    clf = GridSearchCV(model, param)
    clf.fit(train_X, train_y)
    pred_y = clf.predict(test_X)
    score = f1_score(test_y, pred_y, average="micro")
    if max_score < score:
        max_score = score
        best_model = model.__class__.__name__
        best_param = clf.best_params_

print(" パラメータ :{}".format(best_param))
print(" ベストスコア :",max_score)
svm = SVC()
svm.fit(train_X, train_y)
print()
```

```
print('調整なし')
print(svm.score(test_X, test_y))
```

Out

```
パラメータ:{'C': 0.0001, 'decision_function_shape': 'ovr', 'kernel': 'poly', 'random_state': 42}
ベストスコア: 0.9888888888888889

調整なし
0.5222222222222223
```

リスト 18.9：グリッドサーチの例

問題

次のうちグリッドサーチの特徴として間違ったものを選択してください。

1. 値の候補を列挙し、パラメータサーチをする手法の 1 つ。
2. 候補となる値をすべてパラメータとして試し、一番学習精度の良いモデルを返す。
3. 実行に時間がかかる。
4. パラメータサーチとしては唯一の手法である。

ヒント

- 値の候補を逐次的に全探索するため実行に時間がかかります。
- パラメータサーチの目的はモデルの予測精度が高くなるようなパラメータを見つけることです。

解答例

4. パラメータサーチとしては唯一の手法である。

18.4.2 ランダムサーチ

グリッドサーチは値の候補を指定してその上でパラメータを調整しました。

ランダムサーチはパラメータが取りうる値の範囲を指定し、確率で決定されたパラメータセットを用いてモデルの評価を行うことを繰り返すことによって最適なパラメータセットを探す方法です。

値の範囲の指定はパラメータの確率関数を指定するというものになります。

パラメータの確率関数として scipy.stats モジュールの確率関数がよく用いられます。使い方を示したコードはリスト 18.10 の通りです。

In

```
import scipy.stats
from sklearn.datasets import load_digits
from sklearn.svm import SVC
from sklearn.model_selection import RandomizedSearchCV
from sklearn.model_selection import train_test_split
from sklearn.metrics import f1_score

data = load_digits()
train_X, test_X, train_y, test_y = train_test_split(data.data, data.⏎
target, random_state=42)

# パラメータの値の候補を設定します
model_param_set_random =  {SVC(): {
        "kernel": ["linear", "poly", "rbf", "sigmoid"],
        "C": scipy.stats.uniform(0.00001, 1000),
        "decision_function_shape": ["ovr", "ovo"],
        "random_state": scipy.stats.randint(0, 100)
    }}

max_score = 0
best_param = None

# ランダムサーチでパラメータサーチをします
for model, param in model_param_set_random.items():
    clf = RandomizedSearchCV(model, param)
    clf.fit(train_X, train_y)
    pred_y = clf.predict(test_X)
    score = f1_score(test_y, pred_y, average="micro")
    if max_score < score:
        max_score = score
        best_param = clf.best_params_

print("パラメータ:{}".format(best_param))
```

```
print(" ベストスコア :",max_score)

svm = SVC()

svm.fit(train_X, train_y)

print()

print(' 調整なし ')

print(svm.score(test_X, test_y))
```

Out

```
パラメータ :{'C': 564.3028124017055, 'decision_function_shape': 'ovr', 'kernel': 'poly', 'random_state': 4}
ベストスコア : 0.9888888888888889

調整なし
0.5222222222222223
```

リスト 18.10：ランダムサーチの例

問題

次のうちランダムサーチについて説明している文章はどれでしょうか。

1. データをランダムに学習し、モデルの精度を上げる方法。
2. パラメータの範囲を設定し、範囲内でランダムに値を選択することでモデルの予測精度を向上させる手法。
3. 使用するハイパーパラメータをランダムに決定しモデルの予測精度を向上させる方法。
4. モデルの予測結果をランダムに変更することで予測精度を上げる方法。

ヒント

パラメータサーチの目的はモデルの予測精度を向上させるようなハイパーパラメータの値を決定することにあります。

解答例

2. パラメータの範囲を設定し、範囲内でランダムに値を選択することでモデルの予測精度を向上させる手法。

添削問題

グリッドサーチやランダムサーチは時間こそかかりますが適切なパラメータを見つけると、正解率が大きく向上します。パラメータサーチに挑戦しましょう。

問題

次に示す値を用いてグリッドサーチによるパラメータサーチを行ってください。

- チューニングを行う手法はSVM、決定木、ランダムフォレストです。
- SVMは**SVC()**を用いて、kernelを**"linear"**、**"rbf"**、**"poly"**、**"sigmoid"**の中から、**C**を0.01、0.1、1.0、10、100の中から選んでパラメータを調整してください。**random_state**は固定して良いです。
- 決定木は**max_depth**を1から10の範囲の整数、**random_state**を0から100の範囲の整数でパラメータを調整してください。
- ランダムフォレストは**n_estimators**を10から100の範囲の整数、**max_depth**を1から10の範囲の整数、**random_state**を0から100の範囲の整数でパラメータを調整してください。

出力は各モデルの名前とその時の**test_X**、**test_y**に対する予測精度を、

・モデル名
・予測精度

となるようにしてください。

In

```
# 必要なモジュールをimportします
import requests
import io
import pandas as pd
from sklearn.svm import SVC
from sklearn.tree import DecisionTreeClassifier
from sklearn.ensemble import RandomForestClassifier
from sklearn.model_selection import GridSearchCV
from sklearn import preprocessing
from sklearn.model_selection import train_test_split
from sklearn.model_selection import RandomizedSearchCV


# 必要なデータの前処理を行います
```

```
vote_data_url = "https://archive.ics.uci.edu/ml/machine-learning-databases/voting-records/house-votes-84.data"
s = requests.get(vote_data_url).content
vote_data = pd.read_csv(io.StringIO(s.decode('utf-8')),header=None)
vote_data.columns = ['Class Name',
                     'handicapped-infants',
                     'water-project-cost-sharing',
                     'adoption-of-the-budget-resolution',
                     'physician-fee-freeze',
                     'el-salvador-aid',
                     'religious-groups-in-schools',
                     'anti-satellite-test-ban',
                     'aid-to-nicaraguan-contras',
                     'mx-missile',
                     'immigration',
                     'synfuels-corporation-cutback',
                     'education-spending',
                     'superfund-right-to-sue',
                     'crime',
                     'duty-free-exports',
                     'export-administration-act-south-africa']
label_encode = preprocessing.LabelEncoder()
vote_data_encode = vote_data.apply(lambda x: label_encode.fit_⏎
transform(x))
X = vote_data_encode.drop('Class Name', axis=1)
Y = vote_data_encode['Class Name']
train_X, test_X, train_y, test_y = train_test_split(X,Y,⏎
random_state=50)

# 以下にコードを記述してください
# for 文で処理をさせたいのでモデル名、モデルのオブジェクト、パラメータリストを⏎
すべてリストに入れます
```

リスト 18.11：問題

パラメータのリスト **params** は Python 標準の辞書型のキーをパラメータに、値を値の候補が入ったリストとして作り、それを **RandomizedSearchCV** に渡します。

解答例

In

```
(…略…)
# 以下にコードを記述してください
# for 文で処理をさせたいのでモデル名、モデルのオブジェクト、パラメータリストを⏎
すべてリストに入れます
models_name = ["SVM", "決定木", "ランダムフォレスト"]
models = [SVC(), DecisionTreeClassifier(), RandomForestClassifier()]
params = [{"C": [0.01, 0.1, 1.0, 10, 100],
           "kernel": ["linear", "rbf", "poly", "sigmoid"],
           "random_state": [42]},
          {"max_depth": [i for i in range(1, 10)],
           "random_state": [i for i in range(100)]},
          {"n_estimators": [i for i in range(10, 20)],
           "max_depth": [i for i in range(1, 10)],
           "random_state": [i for i in range(100)]}]

for name, model, param in zip(models_name, models, params):
    clf = RandomizedSearchCV(model, param)
    clf.fit(train_X, train_y)
    print(name)
    print(clf.score(test_X, test_y))
    print()
```

Out

```
SVM
0.9541284403669725

決定木
0.944954128440367

ランダムフォレスト
0.9357798165137615
```

リスト 18.12：解答例

総合添削問題

教師あり学習（分類）の総合添削問題はこれまでの手法の特性とハイパーパラメータのチューニングの重要性、そしてハイパーパラメータのサーチの方法を理解しているかを問う問題となっています。

使用するデータセットは手書きの数字の画像であり、判別しにくい数字もあることからパラメータサーチや手法選択がより重要になります。

問題

手書きの数字の認識・分類をするための学習器をより高い精度で作成したいと思います。

与えられるデータに対して手法を選び、ハイパーパラメータを調整して学習能力の高い学習器を作ってください（リスト 18.13）。

また、一番評価の高い手法の名前と、調整したパラメータ名とその値を出力してください。

問題文の条件を満たしている状態で、以下の事項を考慮して総合的に採点されます。

・評価値の高さ
・パラメータの調整方法
・プログラムの実行時間

In

```
# 必要なモジュールがあれば追記してください
from sklearn.datasets import load_digits
from sklearn.model_selection import train_test_split


data = load_digits()
```

```
train_X, test_X, train_y, test_y = train_test_split(
    data.data, data.target, random_state=42)

# 以下にコードを記述してください



print("学習モデル:{},\nパラメータ:{}".format(best_model, best_param))
# 最も成績の良いスコアを出力してください

```

リスト 18.13：問題

ヒント

- プログラムの実行時間を計測するにはプログラムの先頭に **%%time** と記述してください。これは、Jupyter Notebook 上でのみ実行できるマジックコマンドです。Aidemy などの実行環境では実行できないので注意してください。
- モデルの手法の名前をプログラムで取得するには **model_name = model.__class__.__name__** とします。
- グリッドサーチ、ランダムサーチの結果得られるパラメータセットを取得するには **best_params = clf.best_params_** とします。
- 最高評価を得たモデルが複数ある場合、そのうちの 1 つだけ出力すれば良いです。
- 採点時、モデルの評価には F 値という値を用います。
  - F 値は precision（精度）と recall（再現率）という 2 つの評価値の調和平均です。

$$\frac{2(\text{precision} \times \text{recall})}{\text{precision} + \text{recall}}$$

  - プログラムを作る際には **model.score(test_X, test_y)** でかまいませんが、自身で評価を確認したい場合はモデルに教師データを学習させたのち以下のようにします。

```
from sklearn.metrics import f1_score
# モデルにデータを予測させます
pred_y = clf.predict(test_X)
```

```
# モデルの F 値を計算します
score = f1_score(test_y, pred_y, average="micro")
```

・ここでのデータセットに関する情報は UCI Machine Learning Repository（英語版サイト）(URL https://archive.ics.uci.edu/ml/datasets/optical+recognition+of+handwritten+digits) を参照してください。
・本章でいくつかのパラメータを手法ごとに解説しましたが、他にも調整可能なパラメータが存在します。
scikit-learn のドキュメント（英語版サイト）(URL http://scikit-learn.org/stable/modules/classes.html) を参照してください。

解答例

In

```
# 必要なモジュールがあれば追記してください
import scipy.stats
from sklearn.datasets import load_digits
from sklearn.linear_model import LogisticRegression
from sklearn.svm import LinearSVC
from sklearn.svm import SVC
from sklearn.tree import DecisionTreeClassifier
from sklearn.ensemble import RandomForestClassifier
from sklearn.neighbors import KNeighborsClassifier
from sklearn.model_selection import GridSearchCV
from sklearn.model_selection import RandomizedSearchCV
from sklearn.model_selection import train_test_split
from sklearn.metrics import f1_score

data = load_digits()
train_X, test_X, train_y, test_y = train_test_split(
    data.data, data.target, random_state=42)

# 以下にコードを記述してください
# グリッドサーチ用にモデルとパラメータセットをまとめた辞書を用意します
# 辞書の key にはオブジェクトのインスタンスを指定することができます
```

```
model_param_set_grid = {
    LogisticRegression(): {
        "C": [10 ** i for i in range(-5, 5)],
        "random_state": [42]
    },
    LinearSVC(): {
        "C": [10 ** i for i in range(-5, 5)],
        "multi_class": ["ovr", "crammer_singer"],
        "random_state": [42]
    },
    SVC(): {
        "kernel": ["linear", "poly", "rbf", "sigmoid"],
        "C": [10 ** i for i in range(-5, 5)],
        "decision_function_shape": ["ovr", "ovo"],
        "random_state": [42]
    },
    DecisionTreeClassifier(): {
        "max_depth": [i for i in range(1, 20)],
    },
    RandomForestClassifier(): {
        "n_estimators": [i for i in range(10, 20)],
        "max_depth": [i for i in range(1, 10)],
    },
    KNeighborsClassifier(): {
        "n_neighbors": [i for i in range(1, 10)]
    }
}

# ランダムサーチ用にモデルとパラメータセットをまとめた辞書を用意します
model_param_set_random = {
    LogisticRegression(): {
        "C": scipy.stats.uniform(0.00001, 1000),
        "random_state": scipy.stats.randint(0, 100)
    },
```

```
    LinearSVC(): {
        "C": scipy.stats.uniform(0.00001, 1000),
        "multi_class": ["ovr", "crammer_singer"],
        "random_state": scipy.stats.randint(0, 100)
    },
    SVC(): {
        "kernel": ["linear", "poly", "rbf", "sigmoid"],
        "C": scipy.stats.uniform(0.00001, 1000),
        "decision_function_shape": ["ovr", "ovo"],
        "random_state": scipy.stats.randint(0, 100)
    },
    DecisionTreeClassifier(): {
        "max_depth": scipy.stats.randint(1, 20),
    },
    RandomForestClassifier(): {
        "n_estimators": scipy.stats.randint(10, 100),
        "max_depth": scipy.stats.randint(1, 20),
    },
    KNeighborsClassifier(): {
        "n_neighbors": scipy.stats.randint(1, 20)
    }
}

# スコア比較用に変数を用意します
max_score = 0
best_model = None
best_param = None

# グリッドサーチでパラメータサーチをします
for model, param in model_param_set_grid.items():
    clf = GridSearchCV(model, param)
    clf.fit(train_X, train_y)
    pred_y = clf.predict(test_X)
    score = f1_score(test_y, pred_y, average="micro")
```

```
    # 最高評価更新時にモデルやパラメータも更新します
    if max_score < score:
        max_score = score
        best_model = model.__class__.__name__
        best_param = clf.best_params_

# ランダムサーチでパラメータサーチをします
for model, param in model_param_set_random.items():
    clf = RandomizedSearchCV(model, param)
    clf.fit(train_X, train_y)
    pred_y = clf.predict(test_X)
    score = f1_score(test_y, pred_y, average="micro")
    # 最高評価更新時にモデルやパラメータも更新します
    if max_score < score:
        max_score = score
        best_model = model.__class__.__name__
        best_param = clf.best_params_

print("学習モデル:{},\nパラメータ:{}".format(best_model, best_param))
# 最も成績の良いスコアを出力してください
print("ベストスコア:",max_score)
```

Out

```
学習モデル:SVC,
パラメータ:{'C': 0.0001, 'decision_function_shape': 'ovr', 'kernel':
'poly', 'random_state': 42}
ベストスコア: 0.988888888889
```

リスト 18.14：解答例

第 19 章

深層学習の実践

19.1 深層学習の概要

19.1.1 深層学習を体験してみよう

この章を最後まで読み終えると**問題のような、手書き数字画像データから数字を判別できるコードを書けるようになります**。この章では、深層学習（ディープラーニング）のなかでも最も基本的なアルゴリズムである、**ディープニューラルネットワーク**を扱います。

また、ライブラリは**Keras**と**TensorFlow**を利用します。**TensorFlow**とは、Google社製のディープラーニング用ライブラリであり、最も人気のあるディープラーニングライブラリの1つです。**Keras**は、TensorFlowを扱いやすくするためのライブラリで、「ラッパー」と呼ばれています。

コードの各内容についてはこの後の各項で詳しく説明していきますが、まずは深層学習のコードを実行してみましょう。

問題

リスト19.1のコードをRUN（実行）して、エポック数が上がるにつれて**訓練データに対する正解率acc**と**テストデータに対する正解率val_acc**が上がっている様子を確認してみましょう。

In

```
import numpy as np
import matplotlib.pyplot as plt
from keras.datasets import mnist
from keras.layers import Activation, Dense, Dropout
from keras.models import Sequential, load_model
from keras import optimizers
from keras.utils.np_utils import to_categorical
%matplotlib inline


(X_train, y_train), (X_test, y_test) = mnist.load_data()


X_train = X_train.reshape(X_train.shape[0], 784)[:6000]
```

```
X_test = X_test.reshape(X_test.shape[0], 784)[:1000]
y_train = to_categorical(y_train)[:6000]
y_test = to_categorical(y_test)[:1000]

model = Sequential()
model.add(Dense(256, input_dim=784))
model.add(Activation("sigmoid"))
model.add(Dense(128))
model.add(Activation("sigmoid"))
model.add(Dropout(rate=0.5))
model.add(Dense(10))
model.add(Activation("softmax"))

sgd = optimizers.SGD(lr=0.1)
model.compile(optimizer=sgd, loss="categorical_crossentropy",
metrics=["accuracy"])

# epochs 数は 5 を指定します
history = model.fit(X_train, y_train, batch_size=500, epochs=5,
verbose=1, validation_data=(X_test, y_test))

# acc、val_acc のプロットです
plt.plot(history.history["acc"], label="acc", ls="-", marker="o")
plt.plot(history.history["val_acc"], label="val_acc", ls="-",
marker="x")
plt.ylabel("accuracy")
plt.xlabel("epoch")
plt.legend(loc="best")
plt.show()
```

リスト 19.1：問題

ヒント

エポック数とは学習データを何回繰り返し学習させるかを表します。

解答例

Out

```
Train on 6000 samples, validate on 1000 samples
Epoch 1/5
6000/6000 [==============================] - 0s 54us/step - loss: 2.3799
- acc: 0.1452 - val_loss: 2.0417 - val_acc: 0.4970
Epoch 2/5
6000/6000 [==============================] - 0s 29us/step - loss: 2.0739
- acc: 0.2833 - val_loss: 1.8270 - val_acc: 0.6390
Epoch 3/5
6000/6000 [==============================] - 0s 28us/step - loss: 1.8705
- acc: 0.3810 - val_loss: 1.6534 - val_acc: 0.6690
Epoch 4/5
6000/6000 [==============================] - 0s 35us/step - loss: 1.6753
- acc: 0.4820 - val_loss: 1.4909 - val_acc: 0.7110
Epoch 5/5
6000/6000 [==============================] - 0s 33us/step - loss: 1.5043
- acc: 0.5490 - val_loss: 1.3477 - val_acc: 0.7410
```

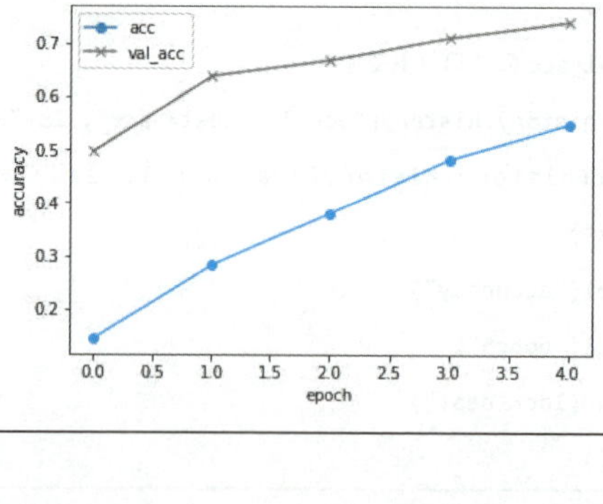

リスト 19.2：解答例

19.1.2 深層学習とは①

深層学習とは、動物の神経ネットワークを参考にした**ディープニューラルネットワ**

ークというモデルを使い、データの分類や回帰を行う手法です。また**深層学習は機械学習の一手法である**ことに注意しましょう。ディープニューラルネットワークの発想の起点は神経ネットワーク（図 19.1）にありますが、脳の神経ネットワークを再現する、ということは目標にしておらず、現在は純粋に精度を高めるような研究が盛んにされています。

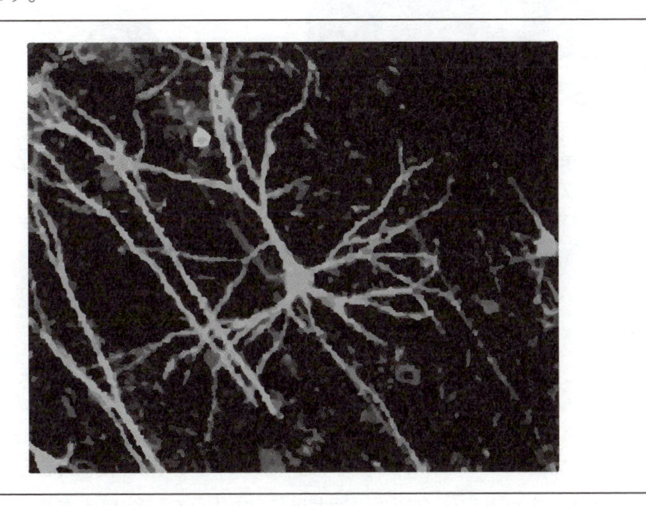

図 19.1：神経ネットワーク

出典「Wei-Chung Allen Lee et al」より引用

URL https://commons.wikimedia.org/wiki/File:GFPneuron.png

ここまで深層学習が注目されている理由は、従来手法において人手がかかる作業が自動化され、かつ精度が高いからです。

例えば、車の検出をするタスクを考えます。従来手法では、まず人間が車の検出に重要そうな特徴部分（タイヤやフロントガラスなど）をあらかじめ決めて、それを重点的に捉えられるようなモデルを考えます。しかし深層学習はそのような特徴を**自動**で見つけてしまいます（図 19.2）。

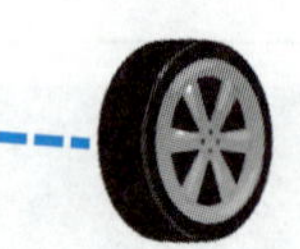

図 19.2：特徴を自動で見つける

問題

深層学習、ニューラルネットワークについて正しい記述を選択してください。

1. ディープニューラルネットワークは動物の脳を完全に再現したモデルである。
2. ニューラルネットワークでは、人間がプログラムに注目すべき特徴を指定する必要がある。
3. ニューラルネットワークが注目されている理由は、人間のように知能を持つからである。
4. 深層学習は、機械学習の一手法である。

ヒント

深層学習と機械学習の関係性をよく考えましょう。

解答例

4. 深層学習は、機械学習の一手法である。

19.1.3 深層学習とは②

近年、盛んに耳にするニューラルネットワークですが、発想自体は 1950 年代から存在しました。図 19.3 がニューラルネットワークの基本となるニューロンです。

x_1, x_2 が入力で w_1, w_2 が**重みパラメータ**です。$w_1 x_1 + w_2 x_2$ の値がある閾値 θ よりも高ければこのニューロンは発火して 1 を出力し、そうでなければ 0 を出力する、というモデルです。

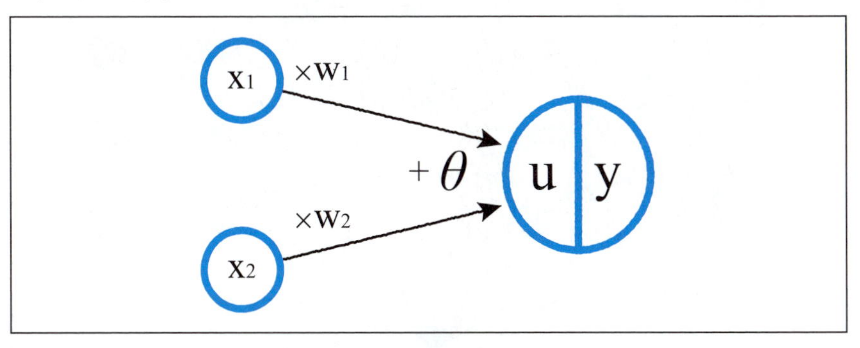

図 19.3：ニューロン

このニューロンですが、これだけではあまり複雑な問題を解くことができませんでした。しかし図 19.4 のように層を積み重ねることで複雑な問題を扱えるようになりました。

これが**ディープニューラルネットワーク**です。ディープと言われる所以は層が積み重なっており、深い構造をしているためです。

近年急激にディープニューラルネットワークが注目された理由は、層が深くてもうまく学習できるような手法が発見され、かつ学習できるような計算環境が整ったからです。

ニューラルネットワークは、入力 X（ベクトルや行列など）を受け取ると連鎖的に反応を起こし、最終的にある値 y（スカラーやベクトルなど）を出力します。

例えば画像認識では、画像のピクセルのデータを入力することで、カテゴリ（ネコ、イヌ、ライオン ...）に属する確率が得られます。

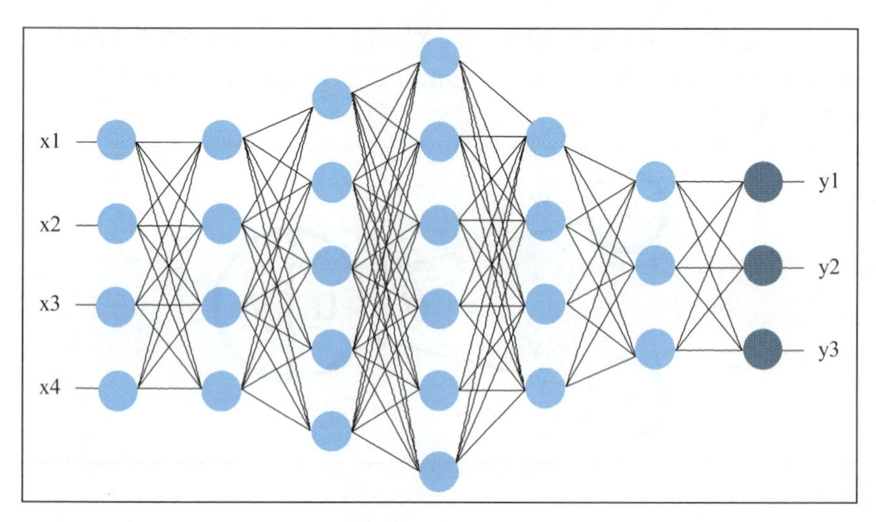

図 19.4：ニューロン

出典「neuraldesigner」より引用

URL https://www.neuraldesigner.com/

深層学習では、**各ニューロンの重みパラメータを機械的に調整する**ことで分類モデルや回帰モデルを作ります。

問題

次のうち、ニューラルネットワーク、深層学習についての正しい説明を選んでください。

1. ディープラーニングが急激に盛んになったのは、高性能な計算機の登場が理由の1つに挙げられる。
2. ディープニューラルネットワークはニューロンを積み重ねて作られている。
3. ディープラーニングでは、重みパラメータが学習される。
4. 上記のすべて。

ヒント

ディープラーニングが注目されているのは、計算環境が整い、ニューロンを積み重ねても重みパラメータをうまく学習できるようになったためです。

解答例

4．上記のすべて。

19.1.4 深層学習を用いた分類の流れ

1. ネットワークモデルを作る

いくつかのニューロンを束ねた層を図 19.5 のように重ねていくことで深いネットワークを構築します。

始めは、各ニューロンは入力に対してランダムに反応するので、出鱈目な値を出力します。

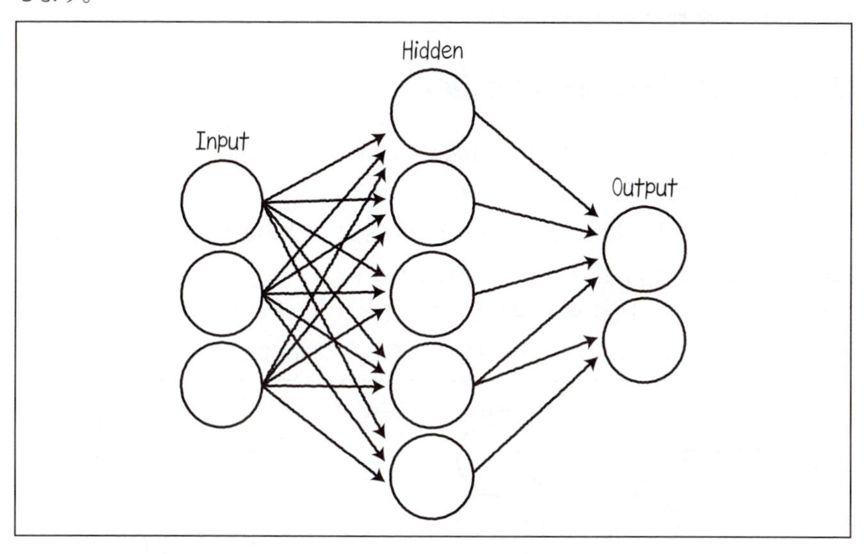

図 19.5：ネットワークモデルの作成

2. モデルに訓練用のデータを与え、学習を行う

モデルはXを入力として受け取り、yを出力します。この時、出力Yと正解データ（教師ラベル）Tの間の差 ΔE を小さくするように、**誤差逆伝播法**という方法で自動的に各ニューロンの重みを調整します。

多量の画像などの生データXと正解データTを与えることで繰り返し重みが調整

され、次第に求めたい出力が得られるようになります(図 19.6)。うまく学習が進むと、適切な予測値を返すモデルができます。

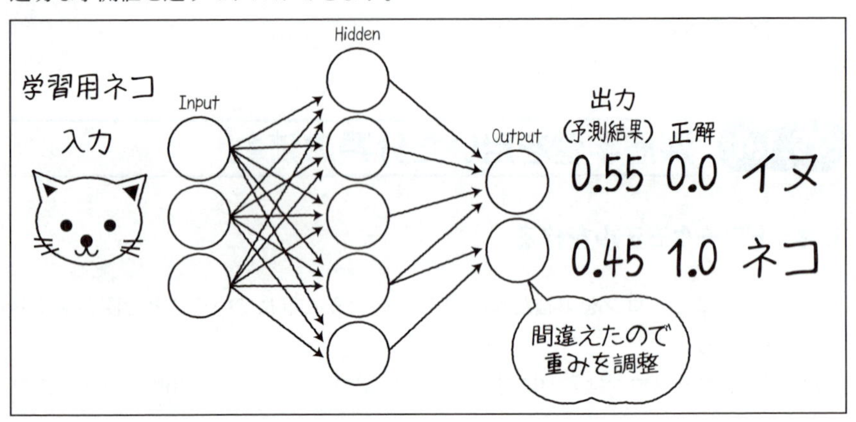

図 19.6：モデルに訓練用のデータを与えて学習させる

3. 分類したいデータをモデルに渡す

深層学習モデルの学習が完了し、学習済みモデルができあがりました。ここから、学習済みモデルを使った「推論フェーズ」を考えます。

推論フェーズでは、実際に学習済みモデルを使って、どのような画像なのか推論したいデータを、モデルに渡すことで、推論されます。

例えば、図 19.7 のように猫の画像を入力したところ、ネコの画像の確率が 95%と推論されました。この場合、この画像がネコであると判断できるのです。

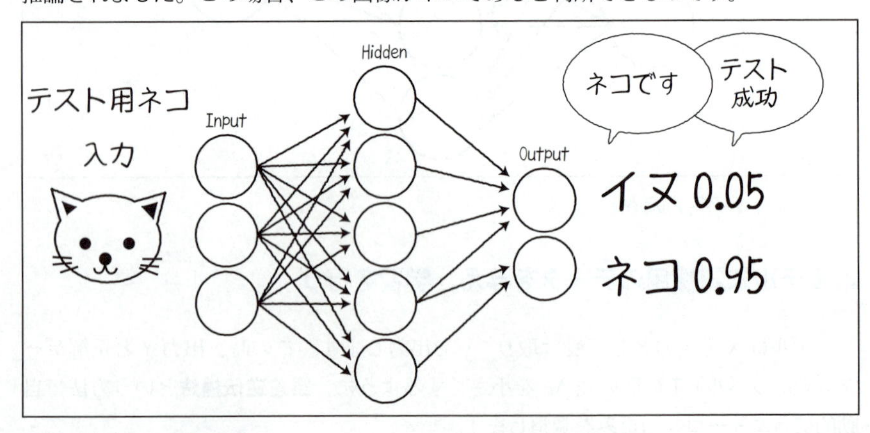

図 19.7：データをモデルに戻す

出典 OpenCV.jp
URL http://opencv.jp/

いくつかのデータを入力し、正解した確率でモデルの精度を計ります。
以上のような流れで、深層学習による分類ができます。
回帰問題の場合も同様で、Output のニューロン数を 1 つにして、そのニューロンの出力値がそのままそのモデルの出力になります。

問題

以下のうち、ニューラルネットワークモデルを用いた分類についての正しい説明を選んでください。

1. ニューラルネットワークモデルは分類モデルしか作ることができない。
2. ニューラルネットワークモデルは構築されてすぐ、入力に対して期待する反応を示す。
3. ニューラルネットワークモデルの各重みを自動的に更新する手法はない。
4. ニューラルネットワークモデルを使って様々な分類、回帰モデルを構築することができる。

ヒント

ニューラルネットワークモデルでは大量のデータの入力によって繰り返し重みが調整され、次第に求めたい出力が得られるようになります。

解答例

4. ニューラルネットワークモデルを使って様々な分類、回帰モデルを構築することができる。

19.2 手書き数字の分類

19.2.1 分類までの流れ

この節では、Keras という Python のライブラリを使って実際に以下のようなニューラルネットワークモデルを実装して、深層学習の入門として定番の手書き数字の分類を行います。流れとしては、以下の通りです。

1. データを用意。
2. ニューラルネットワークモデルの構築。
3. モデルにデータを与え学習させる。
4. モデルの分類精度を評価。

最後に実際に手書き数字の画像を渡して予測される値を見てみます（図 19.8）。

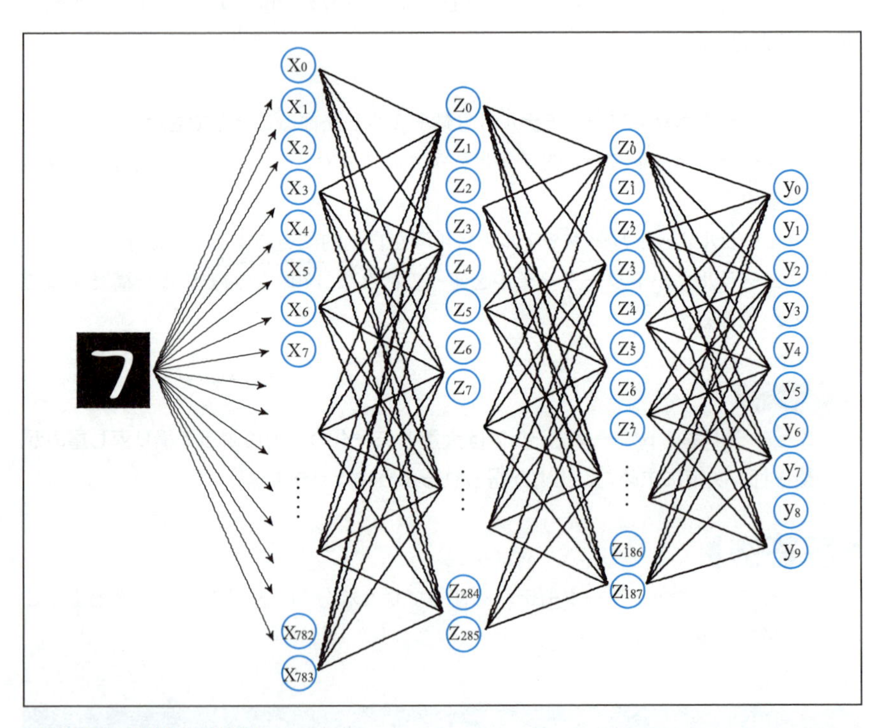

図 19.8：手書き数字の値を予測

問題

以下のうち、ここで行う分類において必要ない作業を選んでください。

1. データを用意する。

2. データを分類する上で注目すべき部分を抽出する方法を考え、実装する。
3. ネットワークモデルにデータを与え、学習を行う。
4. 上記のすべて。

ニューラルネットワークモデルを用います。前の項の内容を踏まえましょう。

解答例

2. データを分類する上で注目すべき部分を抽出する方法を考え、実装する。

19.2.2 ディープニューラルネットワーク

ここでは以下のような形のニューラルネットワークを作ります。

作成するニューラルネットワークは、すべてのニューロンが前の層のニューロンに結合している**全結合層**と呼ばれる層を2つ持っただけの、シンプルなネットワーク構造になっています。このようなある程度深さのあるニューラルネットワークを、**ディープニューラルネットワーク**と呼びます。

入力を請け負う層を**入力層**、出力をする層を**出力層**、入力層と出力層の間の層を**隠れ層**と言います。ここで紹介するモデルでは、入力には28 × 28のモノクロ画像を一次元配列に平坦化した784次元のベクトルを渡します。

出力は10次元のベクトルです。この縦に並んだベクトルの1つ1つの要素を**ノード**と呼び、その次元数のことを**ノード数**と呼びます。

手書き数字を0~9の連続値に分類するのではなく、0~9の10個のクラスに分類すると考えるのが自然であるため、出力ユニットの数を1でなく10にします。

正解が7の画像データに対する教師データtは図19.9のように、クラスラベルが7のところだけ値が1となり、それ以外の値が0となります。このようなデータのことを**one-hotベクトル**と言います。

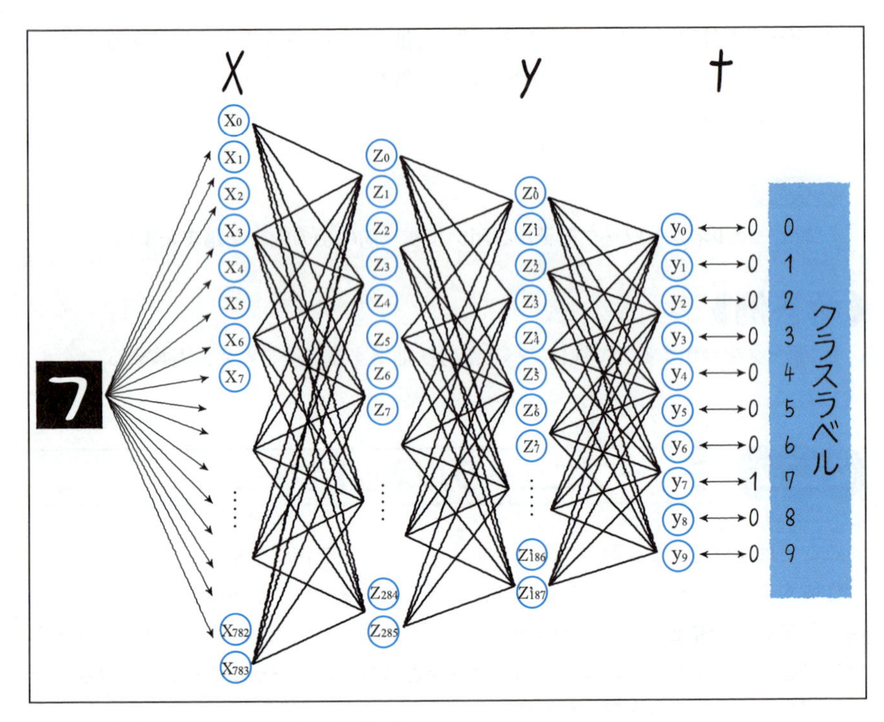

図 19.9：正解が 7 の画像データに対する教師データ t

問題

次のうち、説明文中のモデルの説明として間違ったものを選んでください。

1. 入力層のノード数は 784。
2. 出力層のノード数は 1。
3. 隠れ層の数は 1。

ヒント

手書き数字を 0~9 の連続値に分類するのではなく、0~9 の 10 個のクラスに分類すると考えるのが自然です。

解答例

2. 出力層のノード数は 1。

19.2.3 Kerasの導入

この節では、**Keras**というPythonのライブラリを使います。

KerasはTensorFlowのラッパーライブラリで、TensorFlowをそのまま使うよりも**直感的でより簡潔にコードを書くこと**ができます。

TensorFlowはGoogle社によって開発された、機械学習用のオープンソースソフトウェアライブラリです。

ラッパーというのは、もともとある他のシステムに対し、そのシステムを内包してより使いやすくしたもののことを言います。

問題

Kerasの説明として正しいものを1つ選んでください。

1.KerasはTensorFlowのラッパーライブラリである。
2.TensorFlowのコア部分はC++で実装されているので、KerasはPythonで使うことはできない。
3.Kerasは高水準なライブラリであるため、月々の使用料が発生する。
4.Kerasはオープンソースライブラリなので、著作権を気にせずに誰でも自由に使って良い。

ヒント

オープンソースライブラリでも、著作権は発生します。

解答例

1.KerasはTensorFlowのラッパーライブラリである。

19.2.4 データの用意

手書き数字のデータセットには**MNIST**というデータセットを用います。

MNISTには、膨大な数の手書き数字画像とそれぞれの画像に対し「0～9」で示された正解ラベルが含まれています。

MNISTは**Yann LeCun's website**（URL http://yann.lecun.com/exdb/mnist/）で公

開されていますが、Kerasでリスト19.3のコードを実行することで比較的簡単にローカル（読者のPC）にダウンロードできます。

In
```
from keras.datasets import mnist
(X_train, y_train), (X_test, y_test) = mnist.load_data()
```
リスト19.3：Kerasのimport

リスト19.3は、はじめて実行する際はネットからデータのダウンロードを行います。すでにローカルにダウンロードされた状態で実行すると、ローカルからデータの読み込みが行えます。

Xが大量の画像データ、**y**が大量の教師ラベルのデータを意味します。**train**はモデルの学習用のデータ、**test**はモデルの性能を評価する際に使うデータです。ただしtrainデータとtestデータには、データとして本質的な違いはありません。

問題

X_train、**y_train**、**X_test**、**y_test**はすべて**numpy.ndarray**型です。

X_train、**y_train**、**X_test**、**y_test**について、**それぞれの大きさを出力する**ようにリスト19.4を変更してください。

In
```
from keras.datasets import mnist

(X_train, y_train), (X_test, y_test) = mnist.load_data()

#---------------------------
# 次の1行を変更してください
print(X_train, y_train, X_test, y_test)
#---------------------------
```
リスト19.4：問題

numpy.ndarray型は以下で大きさが取得できます。

In
```
import numpy as np
A = np.array([[1,2], [3,4], [5,6]])
```

```
A.shape
# 出力結果
#(3, 2)
```

解答例

In

```
(…略…)
#--------------------------
# 次の 1 行を変更してください
print(X_train.shape, y_train.shape, X_test.shape, y_test.shape)
#--------------------------
```

Out

```
(60000, 28, 28) (60000,) (10000, 28, 28) (10000,)
```

リスト 19.5：解答例

19.2.5 モデルの生成

Keras では、まずモデルを管理するインスタンスを作り、**add()** メソッドで層を一層ずつ定義していきます（図 19.10）。

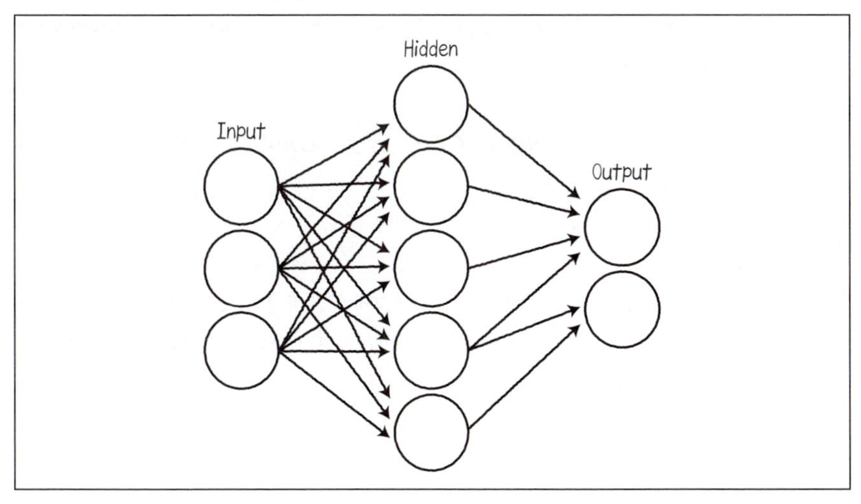

図 19.10：ネットワークモデルの作成（再掲）

まずインスタンスを作ります。

```
model = Sequential()
```

以下のように **add()** メソッドを用いてモデルの層を 1 層ずつ定義します。

ユニット数 128 の全結合層を定義しています。

```
model.add(Dense(128))
```

各全結合層の出力には、次のようにして**活性化関数**と呼ばれる関数を適用します。これは本来動物の神経の発火に相当するような仕組みです。シグモイド関数 **sigmoid** や ReLU 関数 **relu** などを設定できます。詳しくは第 20 章で扱います。

```
model.add(Activation("sigmoid"))
```

最後にコンパイルメソッド **compile()** を用いてどのような学習処理を行うのかを設定して、モデルの生成が終了します。

様々なパラメータがありますが詳しくは第 20 章で扱います。

```
model.compile(optimizer=sgd, loss="categorical_crossentropy",
metrics=["accuracy"])
```

始めはネットワークモデルの構築のイメージがよくわからないと思うので、次の問題を見て流れを理解してください。

問題

リスト 19.6 では、隠れ層 1 つのネットワークモデルを生成しています。空欄を埋めて、隠れ層を 2 つ持つ、図 19.11 のようなモデルが生成されるようにしてください。活性化関数には ReLU 関数 **relu** を用いてください。

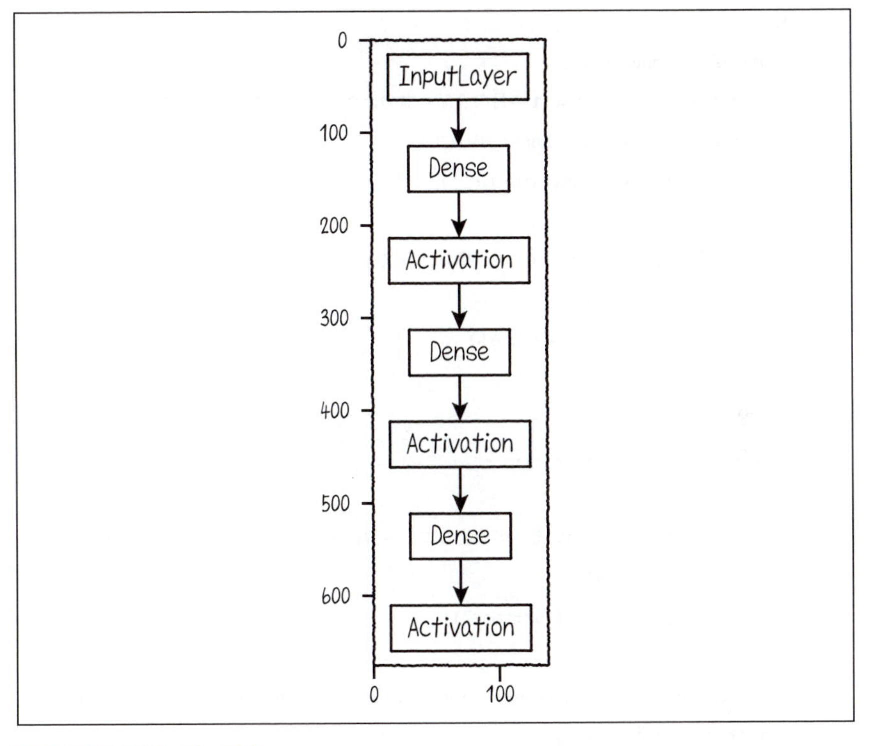

図 19.11：隠れ層を 2 つ持つモデル

In

```
from keras.datasets import mnist
from keras.models import Sequential
from keras.layers import Dense, Activation
from keras.utils.vis_utils import plot_model
from keras.utils.np_utils import to_categorical
import matplotlib.pyplot as plt
%matplotlib inline


(X_train, y_train), (X_test, y_test) = mnist.load_data()


X_train = X_train.reshape(X_train.shape[0], 784)[:6000]
X_test = X_test.reshape(X_test.shape[0], 784)[:1000]
y_train = to_categorical(y_train)[:6000]
y_test = to_categorical(y_test)[:1000]
```

```
model = Sequential()
# 入力ユニット数は 784、1 つ目の全結合層の出力ユニット数は 256 です
model.add(Dense(256, input_dim=784))
model.add(Activation("sigmoid"))

# 2 つ目の全結合層の出力ユニット数は 128 です
# ---------------------------
# ここにコードを記述してください



# ---------------------------

# 3 つ目の全結合層（出力層）の出力ユニット数は 10 です
model.add(Dense(10))
model.add(Activation("softmax"))

model.compile(optimizer="sgd", loss="categorical_crossentropy",
metrics=["accuracy"])

# モデル構造の出力を出力します
plot_model(model, "model125.png", show_layer_names=False)
# モデル構造を可視化します
image = plt.imread("model125.png")
plt.figure(dpi=150)
plt.imshow(image)
plt.show()
```

リスト 19.6：問題

以下の記述でモデルの構造を png 画像に出力しています。

```
plot_model(model, "model125.png", show_layer_names=False)
```

出力画像が図 19.11 と一致するように、モデルを定義してください。

解答例

In

```
from keras.datasets import mnist
(…中略…)
model.add(Activation("sigmoid"))


# 2つ目の全結合層の出力ユニット数は128です
# ---------------------------
# ここにコードを記述してください
model.add(Dense(128))
model.add(Activation("relu"))
# ---------------------------
(…略…)
```

Out

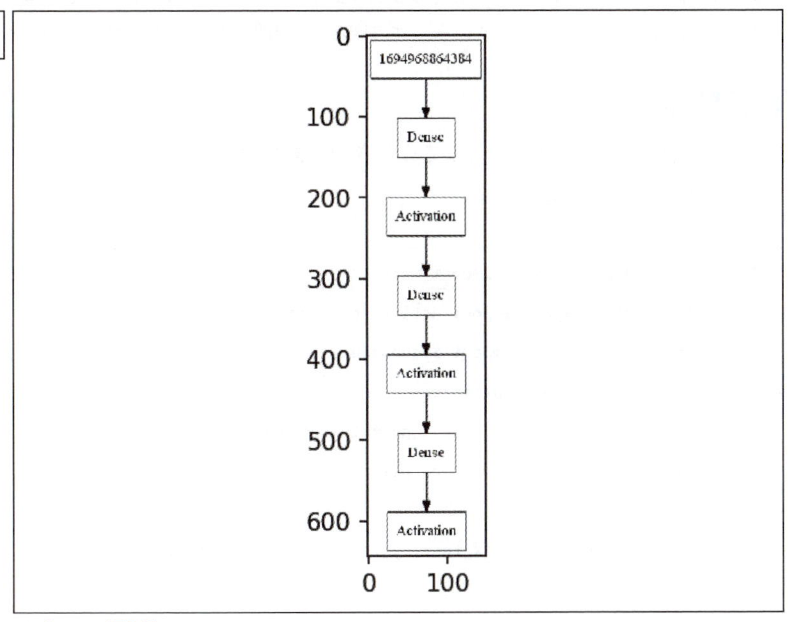

リスト 19.7：解答例

19.2.6 モデルの学習

モデルに訓練データを渡して学習を行います。以下のように **fit()** メソッドを使います。

```
model.fit(X_train, y_train, verbose=1, epochs=3)
```

X_train、**y_train** は、学習用の入力データと教師データです。

verbose は指定した数字によって学習の進捗度合いを表示するかしないかを指定でき、**verbose=1** と入力することで、学習等の進捗度合いを出力し **verbose=0** にすると進捗度合いを出力しません。

epochs で、同じデータセットを使って何回繰り返し学習を行うかを指定します。詳しくは、20.9 節「反復学習」で学びます。

fit() メソッドでは、学習用のデータ（トレーニングデータ）を順にモデルに入力し、**出力と教師データとの間の差が小さくなるよう少しずつ各ニューロンの重みを更新します。**

これによって誤差が減少していき、モデルの予測精度が向上します。

問題

空欄を埋めて実際に学習を行ってください。また徐々に正解率 **acc** が上がっていることを確認してください。

In

```
from keras.datasets import mnist
from keras.layers import Activation, Dense
from keras.models import Sequential
from keras import optimizers
from keras.utils.np_utils import to_categorical
import matplotlib.pyplot as plt

(X_train, y_train), (X_test, y_test) = mnist.load_data()

X_train = X_train.reshape(X_train.shape[0], 784)[:6000]
X_test = X_test.reshape(X_test.shape[0], 784)[:1000]
y_train = to_categorical(y_train)[:6000]
```

```
y_test = to_categorical(y_test)[:1000]

model = Sequential()
model.add(Dense(256, input_dim=784))
model.add(Activation("sigmoid"))
model.add(Dense(128))
model.add(Activation("sigmoid"))
model.add(Dense(10))
model.add(Activation("softmax"))

model.compile(optimizer="sgd", loss="categorical_crossentropy",
metrics=["accuracy"])
# ---------------------------
# ここにコードを記述してください
# ---------------------------
#acc、val_accのプロット
plt.plot(history.history["acc"], label="acc", ls="-", marker="o")
plt.ylabel("accuracy")
plt.xlabel("epoch")
plt.legend(loc="best")
plt.show()
```

リスト 19.8：問題

ヒント

model.fit(...) の出力 **acc** の後に正解率が表示されています。

解答例

In

```
(…略…)
model.compile(optimizer="sgd", loss="categorical_crossentropy",
metrics=["accuracy"])
# ---------------------------
# ここにコードを記述してください
history = model.fit(X_train, y_train, verbose=1, epochs=3)
```

```
# ---------------------------
# acc、val_acc のプロット
(…中略…)
```

Out

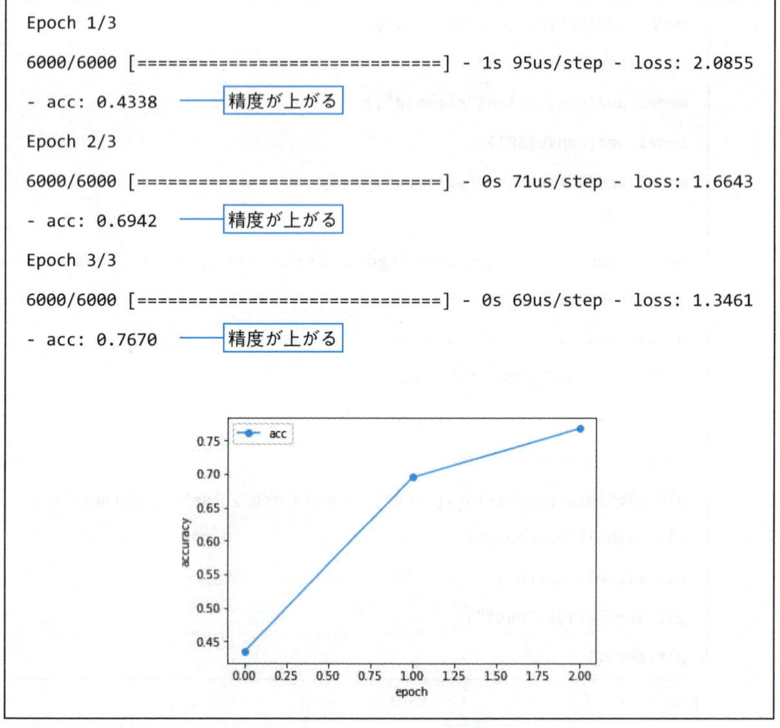

```
Epoch 1/3
6000/6000 [==============================] - 1s 95us/step - loss: 2.0855
- acc: 0.4338
Epoch 2/3
6000/6000 [==============================] - 0s 71us/step - loss: 1.6643
- acc: 0.6942
Epoch 3/3
6000/6000 [==============================] - 0s 69us/step - loss: 1.3461
- acc: 0.7670
```


リスト 19.9：解答例

19.2.7 モデルの評価

訓練データを用いて学習を行い、モデルのチューニングが無事に進みました。

しかし、モデルが訓練データのみに通用する手法を学習してしまっている可能性（過学習と言います）もあるため、これだけではモデルの性能を正しく評価することはできません。

そこで、ここでは**学習に用いなかったテストデータを用いてモデルに分類をさせ、モデルの評価**を行います。

モデルにテストデータを渡した時の分類の精度を、汎化精度と言います。

汎化精度の計算には以下のように **evaluate()** メソッドを使います。

```
score = model.evaluate(X_test, y_test, verbose=1)
```

X_test、**y_test** は評価用の入力データと教師データです。

evaluate() メソッドでは、損失関数の値と正解率が取得でき、上の例の場合両方とも **score** に格納されます。

テストデータは汎化精度の計算のためにあり、テストデータで学習を行うことは望ましくありません。

問題

リスト 19.10 の空欄を埋めて実際に汎化精度を計算してください。訓練データを用いた時の正解率とテストデータを用いた時の正解率が異なることを確認してください。**model.evaluate()** を用いて汎化精度の評価が行えます。

In

```
import numpy as np
import matplotlib.pyplot as plt
from keras.datasets import mnist
from keras.layers import Activation, Dense, Dropout
from keras.models import Sequential, load_model
from keras import optimizers
from keras.utils.np_utils import to_categorical

(X_train, y_train), (X_test, y_test) = mnist.load_data()

X_train = X_train.reshape(X_train.shape[0], 784)[:6000]
X_test = X_test.reshape(X_test.shape[0], 784)[:1000]
y_train = to_categorical(y_train)[:6000]
y_test = to_categorical(y_test)[:1000]

model = Sequential()
model.add(Dense(256, input_dim=784))
model.add(Activation("sigmoid"))
model.add(Dense(128))
```

```
model.add(Activation("sigmoid"))
model.add(Dense(10))
model.add(Activation("softmax"))

model.compile(optimizer="sgd", loss="categorical_crossentropy",
metrics=["accuracy"])

model.fit(X_train, y_train)

# ---------------------------
# ここにコードを記述してください
# ---------------------------
print("evaluate loss: {0[0]}\nevaluate acc: {0[1]}".format(score))
```

リスト 19.10：問題

解答例

In

```
(…略…)
model.fit(X_train, y_train)

# ---------------------------
# ここにコードを記述してください
score = model.evaluate(X_test, y_test, verbose=1)
# ---------------------------
print("evaluate loss: {0[0]}\nevaluate acc: {0[1]}".format(score))
```

Out

```
Epoch 1/1
6000/6000 [==============================] - 0s 81us/step - loss: 2.1166
- acc: 0.3898
1000/1000 [==============================] - 0s 60us/step
evaluate loss: 1.9292679615020751
evaluate acc: 0.554
```

リスト 19.11：解答例

19.2.8 モデルによる分類

model の **predict()** メソッドを使って予測値を取得できます。

例えば **X_test** の初めの画像 1 枚の数字を予測するには以下のようにします（**predict** は複数枚の画像を引数に取ることを想定しているため、画像 1 枚を予測させる場合は次元に注意する必要があります）。

```
pred = np.argmax(model.predict([X_test[0]]))
print(" 予測値 :" + str(pred))
```

predict() メソッドの出力は 10 次元あるので、**argmax()** 関数を使って、一番大きい値を返すニューロンの場所を取得しています。

問題

学習を行った上で、**test[0:10]** の予測値を出力してください（リスト 19.12）。

In

```
import numpy as np
import matplotlib.pyplot as plt
from keras.datasets import mnist
from keras.layers import Activation, Dense
from keras.models import Sequential, load_model
from keras.utils.np_utils import to_categorical

(X_train, y_train), (X_test, y_test) = mnist.load_data()

X_train = X_train.reshape(X_train.shape[0], 784)[:6000]
X_test = X_test.reshape(X_test.shape[0], 784)[:1000]
y_train = to_categorical(y_train)[:6000]
y_test = to_categorical(y_test)[:1000]

model = Sequential()
model.add(Dense(256, input_dim=784))
model.add(Activation("sigmoid"))
```

```
model.add(Dense(128))
model.add(Activation("sigmoid"))
model.add(Dense(10))
model.add(Activation("softmax"))

model.compile(optimizer="sgd", loss="categorical_crossentropy",
metrics=["accuracy"])

model.fit(X_train, y_train, verbose=1)

score = model.evaluate(X_test, y_test, verbose=0)
print("evaluate loss: {0[0]}\nevaluate acc: {0[1]}".format(score))

# テストデータの最初の10枚を表示します
for i in range(10):
    plt.subplot(1, 10, i+1)
    plt.imshow(X_test[i].reshape((28,28)), "gray")
plt.show()

# X_testの最初の10枚の予測されたラベルを表示しましょう
# ---------------------------
# ここにコードを記述してください
# ---------------------------
```

リスト19.12：問題

ヒント

model.predict()を用いて予測を行うことができます。**argmax()**関数で行列の軸を指定するのを忘れないようにしましょう。

解答例

In

```
(…略…)
# X_testの最初の10枚の予測されたラベルを表示しましょう
# ---------------------------
```

```
# ここにコードを記述してください
pred = np.argmax(model.predict(X_test[0:10]), axis=1)
print(pred)
# ---------------------------
```

Out

```
Epoch 1/1
6000/6000 [==============================] - 1s 88us/step - loss: 2.1040
- acc: 0.4210
evaluate loss: 1.9076531372070313
evaluate acc: 0.607
```

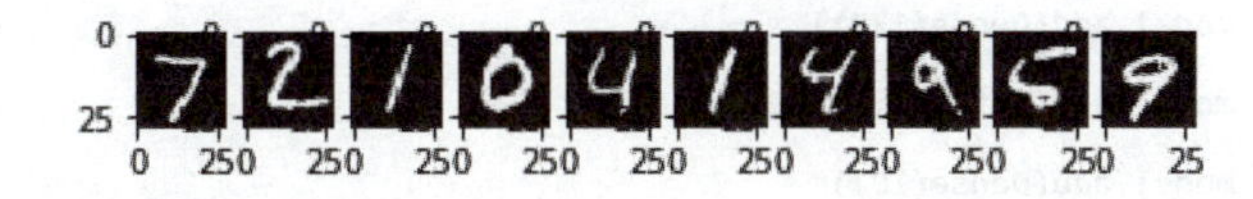

```
[7 6 1 0 9 1 7 9 0 7]
```

リスト 19.13：解答例

添削問題

ここまでで簡単な深層学習手法が使えるようになりました。手書き文字認識のコードの解説に挑戦しましょう。

問題

リスト 19.14 は、MNIST の分類のコードです。

コードを読んで、モデルの生成、学習、モデルによる分類がどの行（複数行選択可）で行われているかをコメントアウトを入れて答えてください。

In

```
import numpy as np
import matplotlib.pyplot as plt
from keras.datasets import mnist
from keras.layers import Activation, Dense
from keras.models import Sequential, load_model
from keras.utils.np_utils import to_categorical
%matplotlib inline
```

```
(X_train, y_train), (X_test, y_test) = mnist.load_data()

X_train = X_train.reshape(X_train.shape[0], 784)[:10000]
X_test = X_test.reshape(X_test.shape[0], 784)[:1000]
y_train = to_categorical(y_train)[:10000]
y_test = to_categorical(y_test)[:1000]

model = Sequential()
model.add(Dense(256, input_dim=784))
model.add(Activation("sigmoid"))
model.add(Dense(128))
model.add(Activation("sigmoid"))
model.add(Dense(10))
model.add(Activation("softmax"))

model.compile(optimizer="sgd", loss="categorical_crossentropy",
metrics=["accuracy"])

model.fit(X_train, y_train, verbose=1)

score = model.evaluate(X_test, y_test, verbose=0)
print("evaluate loss: {0[0]}\nevaluate acc: {0[1]}".format(score))

for i in range(10):
    plt.subplot(1, 10, i+1)
    plt.imshow(X_test[i].reshape((28,28)), "gray")
plt.show()

pred = np.argmax(model.predict(X_test[0:10]), axis=1)
print(pred)
```
リスト 19.14：問題

解答例

In

```
import numpy as np
import matplotlib.pyplot as plt
from keras.datasets import mnist
from keras.layers import Activation, Dense
from keras.models import Sequential, load_model
from keras.utils.np_utils import to_categorical
%matplotlib inline

# データセットを読み込みます
(X_train, y_train), (X_test, y_test) = mnist.load_data()

X_train = X_train.reshape(X_train.shape[0], 784)[:10000]
X_test = X_test.reshape(X_test.shape[0], 784)[:1000]
y_train = to_categorical(y_train)[:10000]
y_test = to_categorical(y_test)[:1000]

# 1. モデルを生成します
model = Sequential()
model.add(Dense(256, input_dim=784))
model.add(Activation("sigmoid"))
model.add(Dense(128))
model.add(Activation("sigmoid"))
model.add(Dense(10))
model.add(Activation("softmax"))

model.compile(optimizer="sgd", loss="categorical_crossentropy",
metrics=["accuracy"])

# 2. 学習させます
model.fit(X_train, y_train, verbose=1)
```

```
score = model.evaluate(X_test, y_test, verbose=0)
print("evaluate loss: {0[0]}\nevaluate acc: {0[1]}".format(score))

for i in range(10):
    plt.subplot(1, 10, i+1)
    plt.imshow(X_test[i].reshape((28,28)), "gray")
plt.show()

# 3. モデルによる分類を行います
pred = np.argmax(model.predict(X_test[0:10]), axis=1)
print(pred)
```

Out

```
Epoch 1/1
10000/10000 [==============================] - 1s 88us/step - loss:
1.9310 - acc: 0.5079
evaluate loss: 1.6201098241806031
evaluate acc: 0.651

 0
25
   0 250 250 250 250 250 250 250 250 250 25

[7 2 1 0 4 1 7 9 6 7]
```

リスト 19.15：解答例

解説

モデルの生成は、まず、モデルを管理するインスタンスを作り、**add()** メソッドで層を一層ずつ追加し、**model.fit(学習データ , 教師データ)** で学習させます。その後、**modelpredict** を用いて、予測値を取得できます。

また、**argmax()** 関数は、配列の最大要素のインデックスを返す関数です。**predict()** メソッドで 0~9 の数字の配列が出力され、**argmax()** 関数でその出力された配列の最大の要素を返すことで、予測された数字がどれに一番近いのかを見やすくすることができます。

第 20 章

深層学習のチューニング

20.1 ハイパーパラメータ

20.1.1 ハイパーパラメータ

深層学習手法を使うと、分類あるいは回帰のアルゴリズムをシンプルなコードで実装できるため、とても便利です。

また、ニューラルネットワークモデルはいろいろな場面に適用させることができ汎用的です。

しかし、ネットワークを構成する際に人が調整するべきパラメータがいくつか存在します。

これらは**ハイパーパラメータ**と呼ばれます。

リスト 20.1 は、第 19 章の **MNIST** 分類のコードに少しだけ変更を加え、またいくつかのパラメータを明示した典型的な深層学習手法のコードです。

リスト 20.1 のコードのどこがハイパーパラメータに相当するのかを見ていきます。

In

```
import numpy as np
import matplotlib.pyplot as plt
from keras.datasets import mnist
from keras.layers import Activation, Dense, Dropout
from keras.models import Sequential, load_model
from keras import optimizers
from keras.utils.np_utils import to_categorical

(X_train, y_train), (X_test, y_test) = mnist.load_data()

X_train = X_train.reshape(X_train.shape[0], 784)[:6000]
X_test = X_test.reshape(X_test.shape[0], 784)[:1000]
y_train = to_categorical(y_train)[:6000]
y_test = to_categorical(y_test)[:1000]

model = Sequential()
model.add(Dense(256, input_dim=784))
```

```
# ハイパーパラメータ：活性化関数
model.add(Activation("sigmoid"))
# ハイパーパラメータ：隠れ層の数、隠れ層のチャンネル数
model.add(Dense(128))
model.add(Activation("sigmoid"))
# ハイパーパラメータ：ドロップアウトする割合（rate）
model.add(Dropout(rate=0.5))
model.add(Dense(10))
model.add(Activation("softmax"))

# ハイパーパラメータ：学習率（lr）
sgd = optimizers.SGD(lr=0.01)

# ハイパーパラメータ：最適化関数（optimizer）
# ハイパーパラメータ：誤差関数（loss）
model.compile(optimizer=sgd, loss="categorical_crossentropy",
metrics=["accuracy"])

# ハイパーパラメータ：バッチサイズ（batch_size）
# ハイパーパラメータ：エポック数（epochs）
model.fit(X_train, y_train, batch_size=32, epochs=10, verbose=1)

score = model.evaluate(X_test, y_test, verbose=0)
print("evaluate loss: {0[0]}\nevaluate acc: {0[1]}".format(score))
```

リスト 20.1：ハイパーパラメータの例

MEMO：metrics

metricsは評価関数なので、学習自体には関係ありません。評価関数については第1章「機械学習概論」を参照してください。

リスト20.1のようにハイパーパラメータはたくさんあります。

ハイパーパラメータは自動で最適化されないものです。これらを適切に設定しないと正しく学習が行われません。

自分で新しくモデルを作る時には最適なハイパーパラメータを吟味する必要があり

ます。

この章ではそれぞれのハイパーパラメータの意味を理解し、自分でネットワークを構成、調整ができるようにしていきます。

問題

ハイパーパラメータについて説明した文として正しいものを選んでください。

1. ハイパーパラメータは学習時にモデルが自動的に調整する。
2. ハイパーパラメータは自分で調整する必要がある。
3. ハイパーパラメータは適切に設定するのが良いが、適切でなくとも多くの場合問題なく学習は進行する。

ヒント

パラメータのうち人が調整するパラメータをハイパーパラメータと言います。

解答例

2. ハイパーパラメータは自分で調整する必要がある。

20.2 ネットワーク構造

20.2.1 ネットワーク構造

ネットワークの構造（隠れ層の数、隠れ層のユニット数）は自由に決めて生成することができます。

一般に、隠れ層やユニット数を多くすると、多彩な関数が表現できるようになります。

しかし、隠れ層が多くなると、入力層に近い重みを適切に更新するのが難しく学習がなかなか進みにくくなったり、隠れ層のユニット数が多くなると重要性の低い特徴量を抽出してしまい過学習 (汎化性能が低くなった状態) をしやすくなったりするなど、適切にネットワークの構造を設定する必要があります。

ネットワーク構造は理論で裏付けて定めることが難しく、実際には他の似たような実装例を参考にするなど経験に基づいて決定される傾向があります。

問題

次の3つの中から一番精度の出るモデルを予想し、リスト20.2のコードを一部変更してください。

またネットワーク構造、特に隠れ層の構造がモデルの学習に与える影響を確認してください。

- A：ユニット数256の全結合隠れ層1つと、ユニット数128の全結合隠れ層1つを持つモデル（ハイパーパラメータの20.1.1項のものと同じモデル）
- B：ユニット数256の全結合隠れ層1つと、ユニット数128の全結合隠れ層3つを持つモデル
- C：ユニット数256の全結合隠れ層1つと、ユニット数1568の全結合隠れ層1つを持つモデル

なお、条件は以下のようにします。

- コードを2行コメントアウトにして、他は変更しないでください。

In

```
import numpy as np
import matplotlib.pyplot as plt
from keras.datasets import mnist
from keras.layers import Activation, Dense, Dropout
from keras.models import Sequential, load_model
from keras import optimizers
from keras.utils.np_utils import to_categorical

(X_train, y_train), (X_test, y_test) = mnist.load_data()

X_train = X_train.reshape(X_train.shape[0], 784)[:6000]
X_test = X_test.reshape(X_test.shape[0], 784)[:1000]
y_train = to_categorical(y_train)[:6000]
y_test = to_categorical(y_test)[:1000]
```

```
model = Sequential()
model.add(Dense(256, input_dim=784))
model.add(Activation("sigmoid"))

def funcA():
    model.add(Dense(128))
    model.add(Activation("sigmoid"))

def funcB():
    model.add(Dense(128))
    model.add(Activation("sigmoid"))
    model.add(Dense(128))
    model.add(Activation("sigmoid"))
    model.add(Dense(128))
    model.add(Activation("sigmoid"))

def funcC():
    model.add(Dense(1568))
    model.add(Activation("sigmoid"))

# 2つをコメントアウトしてください
# ---------------------------
funcA()
funcB()
funcC()
# ---------------------------

model.add(Dropout(rate=0.5))
model.add(Dense(10))
model.add(Activation("softmax"))

sgd = optimizers.SGD(lr=0.1)

model.compile(optimizer=sgd, loss="categorical_crossentropy",
```

```
metrics=["accuracy"])

model.fit(X_train, y_train, batch_size=32, epochs=3, verbose=1)

score = model.evaluate(X_test, y_test, verbose=0)
print("evaluate loss: {0[0]}\nevaluate acc: {0[1]}".format(score))
```

リスト 20.2：問題

全パターンを試してみてください。

解答例

In

```
(…略…)
    model.add(Activation("sigmoid"))

# 2つをコメントアウトしてください
#---------------------------
funcA()
# funcB()
# funcC()
#---------------------------

model.add(Dropout(rate=0.5))
(…略…)
```

Out

```
Epoch 1/3
6000/6000 [==============================] - 1s 97us/step - loss: 1.7664
- acc: 0.4078
Epoch 2/3
6000/6000 [==============================] - 1s 85us/step - loss: 1.0451
- acc: 0.6665
Epoch 3/3
6000/6000 [==============================] - 0s 82us/step - loss: 0.8813
```

```
- acc: 0.7207
evaluate loss: 0.7435055255889893
evaluate acc: 0.787
```

リスト 20.3：解答例

最も精度の出るモデルはAで、精度は0.787です。むやみにユニット数や層の数を増やせば良いというわけではありません。

20.3 ドロップアウト

20.3.1 ドロップアウト

ドロップアウトは、**過学習を防ぎモデルの精度を上げるための手法の1つ**です。

ドロップアウトを使うと、ユニットの一部が学習のたびにランダムに削除（より正確には0で上書き）されます。

これにより、ニューラルネットワークは特定のニューロンの存在に依存できなくなり、より**汎用的な（学習データ以外でも通用しやすい）特徴を学習する**ようになります。

その結果、学習データに対する過学習を防ぐことができます。

ドロップアウトは以下のようにして使います。

```
model.add(Dropout(rate=0.5))
```

ここで **rate** は削除するユニットの割合です。

ドロップアウトを使う位置、引数の rate はともにハイパーパラメータです。

問題

ドロップアウトを実装して、訓練データとテストデータそれぞれの正解率が近くなっていることを確認してください（リスト 20.4）。

In

```
import numpy as np
import matplotlib.pyplot as plt
from keras.datasets import mnist
```

```
from keras.layers import Activation, Dense, Dropout
from keras.models import Sequential, load_model
from keras import optimizers
from keras.utils.np_utils import to_categorical

(X_train, y_train), (X_test, y_test) = mnist.load_data()

X_train = X_train.reshape(X_train.shape[0], 784)[:6000]
X_test = X_test.reshape(X_test.shape[0], 784)[:1000]
y_train = to_categorical(y_train)[:6000]
y_test = to_categorical(y_test)[:1000]

model = Sequential()
model.add(Dense(256, input_dim=784))
model.add(Activation("sigmoid"))
model.add(Dense(128))
model.add(Activation("sigmoid"))

# --------------------------
# ここにコードを記述してください
# --------------------------

model.add(Dense(10))
model.add(Activation("softmax"))

sgd = optimizers.SGD(lr=0.1)

model.compile(optimizer=sgd, loss="categorical_crossentropy",
metrics=["accuracy"])

history = model.fit(X_train, y_train, batch_size=32, epochs=5,
verbose=1, validation_data=(X_test, y_test))

#acc、val_acc のプロット
```

```
plt.plot(history.history["acc"], label="acc", ls="-", marker="o")
plt.plot(history.history["val_acc"], label="val_acc", ls="-",
marker="x")
plt.ylabel("accuracy")
plt.xlabel("epoch")
plt.legend(loc="best")
plt.show()
```

リスト 20.4：問題

ヒント

ドロップアウトの実装は、**Dropout()** を用います。

解答例

In

```
(…略…)
model.add(Activation("sigmoid"))
# ---------------------------
# ここにコードを記述してください
model.add(Dropout(rate=0.5))
# ---------------------------
model.add(Dense(10))
(…略…)
```

Out

```
Train on 6000 samples, validate on 1000 samples
Epoch 1/5
6000/6000 [==============================] - 1s 96us/step - loss: 1.7256
- acc: 0.4243 - val_loss: 1.1533 - val_acc: 0.6820
Epoch 2/5
6000/6000 [==============================] - 0s 83us/step - loss: 1.0431
- acc: 0.6715 - val_loss: 0.8613 - val_acc: 0.7730
Epoch 3/5
6000/6000 [==============================] - 1s 86us/step - loss: 0.8772
- acc: 0.7247 - val_loss: 0.7622 - val_acc: 0.7900
Epoch 4/5
```

```
6000/6000 [==============================] - 0s 82us/step - loss: 0.7922
- acc: 0.7443 - val_loss: 0.6670 - val_acc: 0.8120
Epoch 5/5
6000/6000 [==============================] - 1s 83us/step - loss: 0.7465
- acc: 0.7618 - val_loss: 0.6178 - val_acc: 0.8340
```

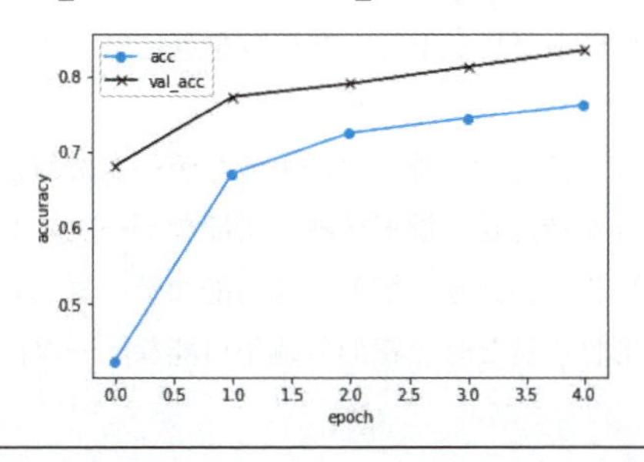

リスト 20.5：解答例

20.4 活性化関数

20.4.1 活性化関数

活性化関数とは、主に全結合層の後に適用する関数で、もともとニューロンの発火に相当していたものです。

全結合層では、入力を線形変換したものを出力しますが、**活性化関数を用いることで非線形性を持たせます。**

活性化関数を使わない場合、図 20.1 のような一本の直線で分離できない（線形分離不可能）データは分類できないことが数学的にわかっています。

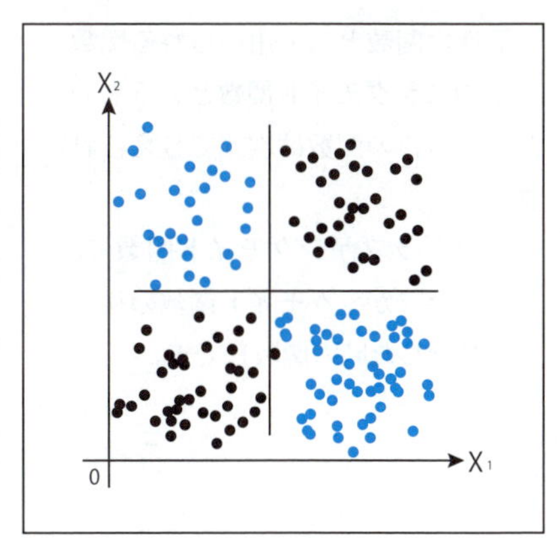

図 20.1：線形分離不可能なデータの例

非線形性を持たせることで、適切に学習が進めば線形分離不可能なモデルでも必ず分類することができます。

よく使われる活性化関数はいくつかあり、適切に選ぶ必要があります。

問題

活性化関数を使う理由として正しい選択肢を選んでください。

1. モデルに線形性を持たせ、線形分離可能なデータに対応させるため。
2. モデルに線形性を持たせ、線形分離不可能なデータに対応させるため。
3. モデルに非線形性を持たせ、線形分離可能なデータに対応させるため。
4. モデルに非線形性を持たせ、線形分離不可能なデータに対応させるため。

ヒント

モデルが線形性の場合は、線形分離不可能なデータを分類できません。

解答例

4. モデルに非線形性を持たせ、線形分離不可能なデータに対応させるため。

20.4.2 シグモイド関数

活性化関数として用いられる関数の1つに**シグモイド関数**というものがあり、この関数は次式で与えられます。

青いグラフがシグモイド関数で、黒のグラフがシグモイド関数の導関数（微分した時の関数）です。

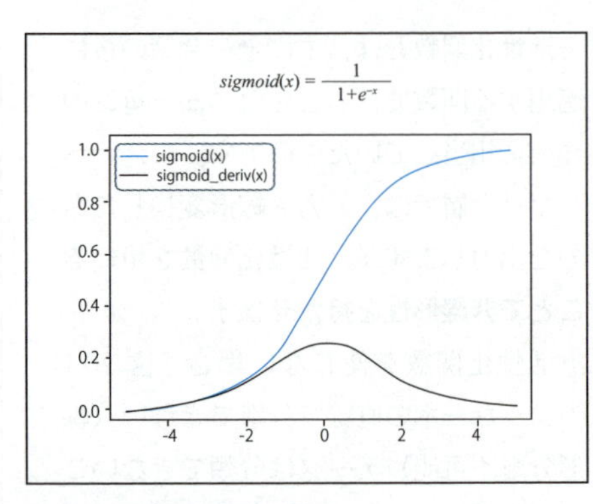

図 20.2：シグモイド関数の例

問題

説明文のグラフからわかる、シグモイド関数の説明として正しいものを 1 つ選んでください。

1. 出力は必ず区間 (0,1) に収まるので、極端な出力値が少ない。
2. どのような区間にも収まらず、極端な出力値が生成される可能性がある。
3. 出力が広い値をとるので、学習速度が早くなる。
4. 出力の範囲が限られていないので、学習速度が遅くなる。

縦軸の値に注目しましょう。

解答例

1. 出力は必ず区間 (0,1) に収まるので、極端な出力値が少ない。

20.4.3 ReLU 関数

もう 1 つ活性化関数によく用いられる **ReLU 関数**（ランプ関数）というものについて説明します。

ReLU は Rectified Linear Unit の略で次式のような関数です（図 20.3）。

$$\mathrm{ReLU}(x) = \begin{cases} 0 (x < 0) \\ x (x \geq 0) \end{cases}$$

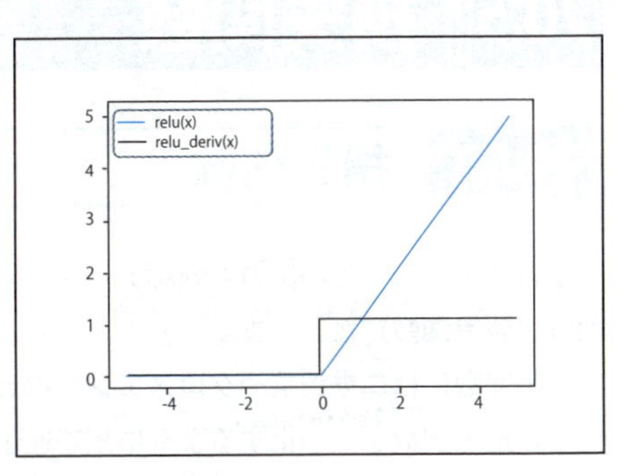

図 20.3：ReLU 関数の例

青いグラフが ReLU で、黒のグラフが ReLU の導関数です。

問題

説明文のグラフからわかる、ReLU関数の説明として正しいものを1つ選んでください。

1. 出力は必ず区間(0,1)に収まるので、極端な出力値が少ない。
2. 出力はどのような区間にも収まらず、極端な出力値が生成されうる。
3. 出力が広い値をとるので、学習速度が遅くなる。
4. 出力の範囲が限られているので、学習速度が遅くなる。

ヒント

一般的に、出力が大きい値だと学習速度は早くなります。

解答例

2. 出力はどのような区間にも収まらず、極端な出力値が生成されうる。

20.5 損失関数

20.5.1 損失関数

学習時に、モデルの出力と教師データとの差（間違え具合）を評価する関数を**損失関数（誤差関数）**と言います。

損失関数には**二乗誤差**や**クロスエントロピー誤差**などが用いられます。

この損失関数を最小化するように誤差逆伝播法という手法で各層の重みは更新されます。

問題

損失関数の性質を示した文として適切なものを選んでください。

1. 一般に、損失関数を最大化するように各層の重みを更新する。
2. 損失関数は重みを更新する際に重要な役割を持つので、適切なものを選ぶ必要がある。

3. 損失関数には正解率を求める式をそのまま使うのが良い。
4. 損失関数は 1 種類しかないので、これはハイパーパラメータではない。

ヒント

損失関数には様々な種類が存在し、値を最小化するように重みの更新をします。

解答例

2. 損失関数は重みを更新する際に重要な役割を持つので、適切なものを選ぶ必要がある。

20.5.2 二乗誤差

二乗誤差は、最小二乗法として統計学など様々な分野で用いられる誤差関数です。

$$E = \sum_{i=1}^{N} (t_i - y_i)^2$$

連続値の評価に優れているため主に回帰モデルの誤差関数として使われます。上式の y_i、t_i はそれぞれ、予測ラベル、正解ラベルを表しています。

問題

二乗誤差の説明として正しいものを 1 つ選んでください。

1. 回帰に向いており、最小値の付近ではゆっくりと更新が行われるため、学習が収束しやすい。
2. 回帰に向いており、最小値の付近ではゆっくりと更新が行われるため、学習が収束しにくい。
3. 分類に向いており、最小値の付近ではゆっくりと更新が行われるため、学習が収束しやすい。
4. 分類に向いており、最小値の付近ではゆっくりと更新が行われるため、学習が収束しにくい。

ヒント

下に凸の放物線をイメージしてください。

解答例

1. 回帰に向いており、最小値の付近ではゆっくりと更新が行われるため、学習が収束しやすい。

20.5.3 クロスエントロピー誤差

クロスエントロピー誤差は、**二値分類の評価に特化しているため、主に分類モデルの誤差関数**として使われます。

$$E = \sum_{i=1}^{N} (-t_i \log y_i - (1 - t_i) \log (1 - y_i))$$

それでは、この関数がどのような特性を持つのか見ていきましょう。

(i) $t_i << y_i$ の時、

$-t_i \log y_i$ はほぼ0で、$-(1-t_i) \log (1-y_i)$ は正の無限大です。

(ii) $t_i >> y_i$ の時、

$-t_i \log y_i$ は正の無限大で、$-(1-t_i) \log (1-y_i)$ はほぼ0です。

(iii) $t_i \fallingdotseq y_i$ の時、

$-t_i \log y_i - (1-t_i) \log (1-y_i)$ は 0.69... ~ 0 の値を取ることが簡単な計算で求まります。

したがって $-t_i \log y_i - (1-t_i) \log (1-y_i)$ は、

$|t_i - y_i|$ が大きい時、極端に大きな値を返し、$|t_i - y_i|$ が小さい時、0に近い値をとる

ということがわかります。

分類の学習において、予測ラベル y_i と正解ラベル t_i の値は近いほど良いのでこの関数は有用です。

これらのことから、クロスエントロピー誤差は、**0～1の2つの数の差を評価する上で合理的な関数**であると言えます。

問題

クロスエントロピー誤差について正しい選択肢を選んでください。

1. 正解ラベルと予測ラベルの値が近いほど小さい値をとなる。
2. 多クラス分類に特化した誤差関数である。
3. 回帰問題に頻繁に用いられる誤差関数である。

ヒント

クロスエントロピーは二値分類の評価に特化しており、主に分類モデルの誤差関数として使われます。

解答例

1. 正解ラベルと予測ラベルの値が近いほど小さい値をとなる。

20.6 最適化関数

20.6.1 最適化関数

重みの更新は、誤差関数を各重みで微分した値を元に、更新すべき方向とどの程度更新するかを決めます。

微分によって求めた値を、**学習率**、**エポック数**、**過去の重みの更新量**などを踏まえてどのように重みの更新に反映するかを定めるのが**最適化関数**です。

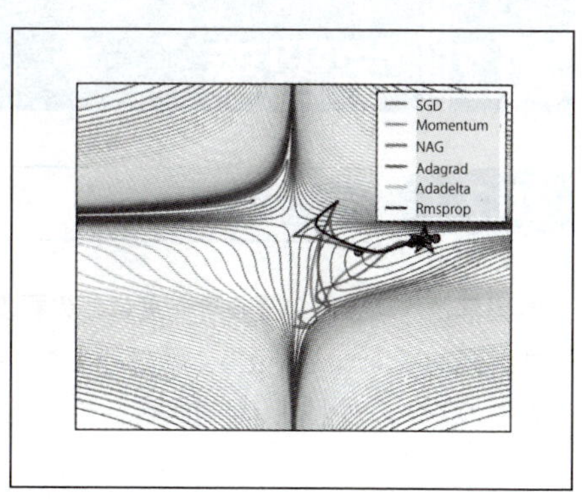

図 20.4：最適化関数の例

出典「CS231n Convolutional Neural Networks for Visual Recognition」より引用
URL http://cs231n.github.io/neural-networks-3/#add

最適化関数はハイパーパラメータです。

図 20.4 が示すように、最適化関数にはいくつか種類があり、正しく選択しないと学習に大きく時間がかかる場合があります。

問題

最適化関数の性質を示した文として適切なものを選んでください。

1. 一般に、最適化関数を最大化するように各層の重みを更新する。
2. 最適化関数はどれを選んでも最適化されるため、選ぶ必要はない。
3. 最適化関数は損失関数、エポック数など複数の情報を踏まえて重みの更新を行う。
4. 最適化関数には 1 種類しかないので、これはハイパーパラメータではない。

ヒント

最適化関数は様々な要素を踏まえて重みの更新を行いますが、手法によって重みの更新の仕方が異なり、ハイパーパラメータの一種となっています。

解答例

3. 最適化関数は損失関数、エポック数など複数の情報を踏まえて重みの更新を行う。

20.7 学習率

20.7.1 学習率

学習率とは、**各層の重みを一度にどの程度変更するかを決めるハイパーパラメータ**です。図 20.5 は、最小化を行おうとしているモデルと、学習率が与える影響を図示したものです。右上の点が初期値です。

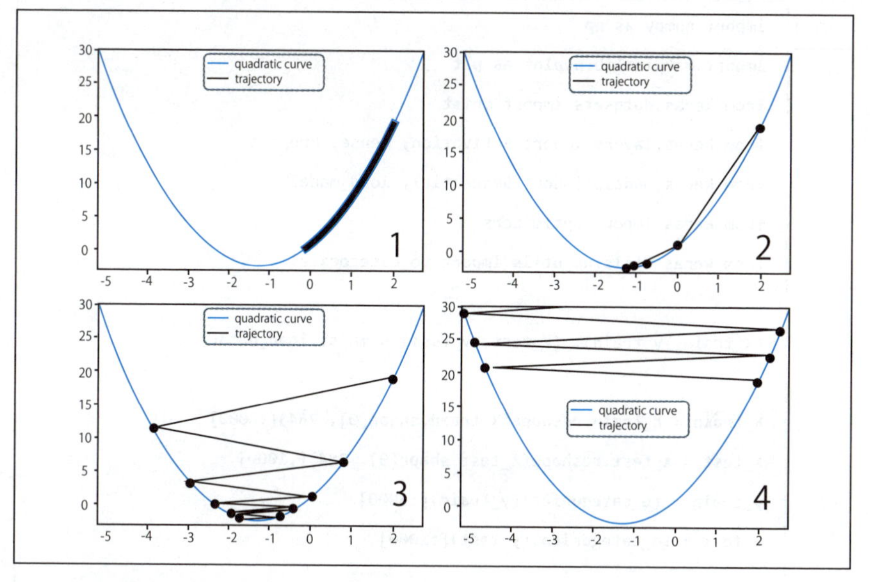

図 20.5：学習率の例

1. 学習率が低過ぎて、ほとんど更新が進んでいません。
2. 適切な学習率のため、少ない回数で値が収束しています。
3. 収束はしますが、値が大きいため、更新の仕方に無駄があります。
4. 学習率が大き過ぎて、値が発散してしまっています（上側に更新されており、値がどんどん大きくなっています）。

このように、**損失関数に対して適切な学習率を設定する必要**があります。

問題

次の 3 つの中から一番精度の出る学習率を予想し、リスト 20.6 のコードの一部を変更してください。

学習率がモデルの学習に与える影響を確認してください。

- **funcA() lr: 0.01**
- **funcB() lr: 0.1**
- **funcC() lr: 1.0**

なお、リスト 20.6 のコードは、2 行だけをコメントアウトし、他は変えないでください。

In

```
import numpy as np
import matplotlib.pyplot as plt
from keras.datasets import mnist
from keras.layers import Activation, Dense, Dropout
from keras.models import Sequential, load_model
from keras import optimizers
from keras.utils.np_utils import to_categorical

(X_train, y_train), (X_test, y_test) = mnist.load_data()

X_train = X_train.reshape(X_train.shape[0], 784)[:6000]
X_test = X_test.reshape(X_test.shape[0], 784)[:1000]
y_train = to_categorical(y_train)[:6000]
y_test = to_categorical(y_test)[:1000]

model = Sequential()
model.add(Dense(256, input_dim=784))
model.add(Activation("sigmoid"))
model.add(Dense(128))
model.add(Activation("sigmoid"))
model.add(Dropout(rate=0.5))
model.add(Dense(10))
model.add(Activation("softmax"))


def funcA():
    global lr
    lr = 0.01

def funcB():
    global lr
    lr = 0.1

def funcC():
```

```
    global lr
    lr = 1.0

# 2行をコメントアウトして学習率を決めてください
# ---------------------------
funcA()
funcB()
funcC()
# ---------------------------

sgd = optimizers.SGD(lr=lr)

model.compile(optimizer=sgd, loss="categorical_crossentropy", metrics=["accuracy"])

model.fit(X_train, y_train, batch_size=32, epochs=3, verbose=1)

score = model.evaluate(X_test, y_test, verbose=0)
print("evaluate loss: {0[0]}\nevaluate acc: {0[1]}".format(score))
```

リスト20.6：問題

ヒント

すべてのパターンを試してみましょう。

解答例

In

```
(…略…)
# 2行をコメントアウトして学習率を決めてください
#---------------------------
# funcA()
funcB()
# funcC()
#---------------------------
```

```
sgd = optimizers.SGD(lr=lr)
(…略…)
```

Out

```
Epoch 1/3
6000/6000 [==============================] - 1s 104us/step - loss: 1.7295 - acc: 0.4152
Epoch 2/3
6000/6000 [==============================] - 1s 88us/step - loss: 1.0606 - acc: 0.6552
Epoch 3/3
6000/6000 [==============================] - 1s 86us/step - loss: 0.8769 - acc: 0.7172
evaluate loss: 0.7500511503219605
evaluate acc: 0.764
```

リスト 20.7：解答例

20.8 ミニバッチ学習

20.8.1 ミニバッチ学習

モデルの学習を行う際、一度にモデルに渡す入力データの数は変えることができます。一度に渡すデータの数を、**バッチサイズ**と言い、これもハイパーパラメータです。

一度に複数のデータを渡した時、モデルはそれぞれのデータでの損失と損失関数の勾配（重みをどのように更新するべきか）を求めますが、重みの更新は、1 回のみ、求めた勾配の平均を使って行われます。

複数のデータを用いて重みの更新を行うことで、極端に変わったデータの影響をあまり受けずに済み、また並列計算が行えるので計算時間を短縮することができます。

一方、複数のデータを用いて重みの更新を行うと、極端な重みの更新が発生しなくなり、損失関数の局所解から抜け出せなくなる恐れがあります。

癖の強いデータが多い時はバッチサイズを大きくする、同じようなデータが多いときはバッチサイズを小さくするなどと、バッチサイズをうまく調整する必要があります。

バッチサイズを 1 とする手法を**オンライン学習（確率的勾配法）**、バッチサイズを全データ数とする手法を**バッチ学習**（**最急降下法**）、これらの中間となる手法を**ミニバッチ学習**と言います。

問題

次の3つの中から一番精度の出るバッチサイズを予想し、リスト20.8のコードの一部を変更してください。 バッチサイズがモデルの学習に与える影響を確認してください。

- **funcA() batch_size: 16**
- **funcB() batch_size: 32**
- **funcC() batch_size: 64**

なお、リスト20.8のコードは2行だけをコメントアウトして、他は変えないでください。

In

```
import numpy as np
import matplotlib.pyplot as plt
from keras.datasets import mnist
from keras.layers import Activation, Dense, Dropout
from keras.models import Sequential, load_model
from keras import optimizers
from keras.utils.np_utils import to_categorical

(X_train, y_train), (X_test, y_test) = mnist.load_data()

X_train = X_train.reshape(X_train.shape[0], 784)[:6000]
X_test = X_test.reshape(X_test.shape[0], 784)[:1000]
y_train = to_categorical(y_train)[:6000]
y_test = to_categorical(y_test)[:1000]

model = Sequential()
model.add(Dense(256, input_dim=784))
model.add(Activation("sigmoid"))
model.add(Dense(128))
model.add(Activation("sigmoid"))
```

```
model.add(Dropout(rate=0.5))
model.add(Dense(10))
model.add(Activation("softmax"))

sgd = optimizers.SGD(lr=0.1)

model.compile(optimizer=sgd, loss="categorical_crossentropy",
metrics=["accuracy"])

def funcA():
    global batch_size
    batch_size = 16

def funcB():
    global batch_size
    batch_size = 32

def funcC():
    global batch_size
    batch_size = 64

# 2行をコメントアウトしてbatch_sizeを決めてください
# ---------------------------
# batch_size: 16
funcA()
# batch_size: 32
funcB()
# batch_size: 64
funcC()
# ---------------------------

model.fit(X_train, y_train, batch_size=batch_size, epochs=3, verbose=1)

score = model.evaluate(X_test, y_test, verbose=0)
```

```
print("evaluate loss: {0[0]}\nevaluate acc: {0[1]}".format(score))
```

リスト20.8：問題

ヒント

すべてのパターンを実行してみましょう。

解答例

In

```
(…略…)
# 2行をコメントアウトしてbatch_sizeを決めてください
# ---------------------------
# batch_size: 16
# funcA()
# batch_size: 32
# funcB()
# batch_size: 64
funcC()
# ---------------------------


model.fit(X_train, y_train, batch_size=batch_size, epochs=3, verbose=1)
(…略…)
```

Out

```
Epoch 1/3
6000/6000 [==============================] - 0s 74us/step - loss: 1.9061
- acc: 0.3602: 1s - loss: 2.4185 - acc: 0.
Epoch 2/3
6000/6000 [==============================] - 0s 52us/step - loss: 1.1769
- acc: 0.6410
Epoch 3/3
6000/6000 [==============================] - 0s 54us/step - loss: 0.8767
- acc: 0.7400
evaluate loss: 0.72228968334198
evaluate acc: 0.819
```

リスト20.9：解答例

20.9 反復学習

20.9.1 反復学習

一般に、モデルの精度を上げるため同じ訓練データを使って何度か学習させるということを行います。これを**反復学習**と言います。

この学習を行う回数を**エポック数**と言い、これもハイパーパラメータです。

エポック数は大きくすればモデルの精度が上がり続ける、というものではありません。

正解率は途中から伸びなくなるだけでなく、繰り返し学習をすることで損失関数を最小化させようとして過学習が起こります。

適切なタイミングで学習を打ち切ることが必要となってきます。

問題

次の3つの中から一番精度の出るエポック数を予想し、リスト20.10の一部を変更してください。

エポック数がモデルの学習に与える影響を確認してください。

- **funcA() epochs: 5**
- **funcB() epochs: 10**
- **funcC() epochs: 60**

なお、リスト20.10のコードは2行だけをコメントアウトして、他は変えないでください。

In

```
import numpy as np
import matplotlib.pyplot as plt
from keras.datasets import mnist
from keras.layers import Activation, Dense, Dropout
from keras.models import Sequential, load_model
from keras import optimizers
from keras.utils.np_utils import to_categorical
```

```
(X_train, y_train), (X_test, y_test) = mnist.load_data()

X_train = X_train.reshape(X_train.shape[0], 784)[:1500]
X_test = X_test.reshape(X_test.shape[0], 784)[:6000]
y_train = to_categorical(y_train)[:1500]
y_test = to_categorical(y_test)[:6000]

model = Sequential()
model.add(Dense(256, input_dim=784))
model.add(Activation("sigmoid"))
model.add(Dense(128))
model.add(Activation("sigmoid"))
# ここではDropoutを使いません
#model.add(Dropout(rate=0.5))
model.add(Dense(10))
model.add(Activation("softmax"))

sgd = optimizers.SGD(lr=0.1)

model.compile(optimizer=sgd, loss="categorical_crossentropy",
metrics=["accuracy"])

def funcA():
    global epochs
    epochs = 5

def funcB():
    global epochs
    epochs = 10

def funcC():
    global epochs
    epochs = 60
```

```
# 2行をコメントアウトしてエポック数を決めてください
# ---------------------------
# epochs: 5
funcA()
# epochs: 10
funcB()
# epochs: 60
funcC()
# ---------------------------

history = model.fit(X_train, y_train, batch_size=32, epochs=epochs,
verbose=1, validation_data=(X_test, y_test))

# acc、val_accのプロット
plt.plot(history.history["acc"], label="acc", ls="-", marker="o")
plt.plot(history.history["val_acc"], label="val_acc", ls="-",
marker="x")
plt.ylabel("accuracy")
plt.xlabel("epoch")
plt.legend(loc="best")
plt.show()

score = model.evaluate(X_test, y_test, verbose=0)
print("evaluate loss: {0[0]}\nevaluate acc: {0[1]}".format(score))
```

リスト 20.10：問題

ヒント

すべてのパターンを実行してみましょう。

解答例

In

```
(…略…)
    epochs = 60
```

```
# 2行をコメントアウトしてエポック数を決めてください
# --------------------------
# epochs: 5
# funcA()
# epochs: 10
funcB()
# epochs: 60
# funcC()
# --------------------------

history = model.fit(X_train, y_train, batch_size=32, epochs=epochs,
verbose=1, validation_data=
(…略…)
```

Out

```
Train on 1500 samples, validate on 6000 samples
Epoch 1/10
1500/1500 [==============================] - 0s 279us/step - loss:
2.0033 - acc: 0.3653 - val_loss: 1.7397 - val_acc: 0.5270
Epoch 2/10
(…略…)
1500/1500 [==============================] - 0s 163us/step - loss:
0.5995 - acc: 0.8587 - val_loss: 0.7249 - val_acc: 0.7923
Epoch 10/10
1500/1500 [==============================] - 0s 166us/step - loss:
0.5679 - acc: 0.8607 - val_loss: 0.7066 - val_acc: 0.7983
```

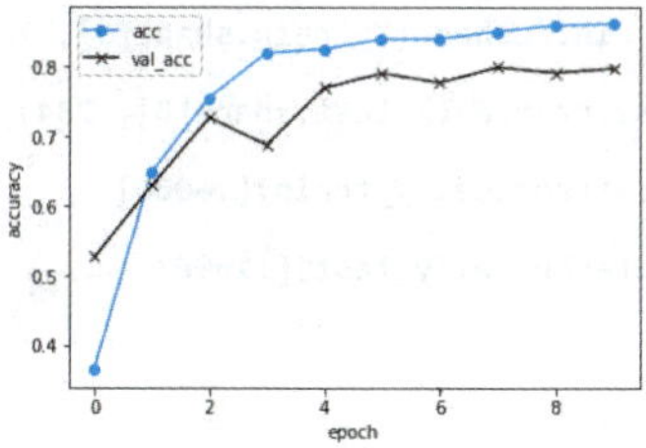

```
evaluate loss: 0.7066391777992248
evaluate acc: 0.7983333333333333
```

リスト20.11：解答例

添削問題

第20章でハイパーパラメータを一通り学習し、自分で適切なディープニューラルネットワークを構成、調整できるようになりました。ここではハイパーパラメータのチューニングのみでMNIST分類の精度向上を行い、ハイパーパラメータをより深く理解していきます。

問題

MNISTの分類モデルをディープニューラルネットワークで実装してください。条件は以下のようにします。

- テストデータによる正解率は80%以上を出してください。
- エポック数は**5**で固定とします。
- **X_train, y_train, X_test, y_test**の定義文は変更しないでください。

In

```
import numpy as np
import matplotlib.pyplot as plt
from keras.datasets import mnist
from keras.layers import Activation, Dense, Dropout
from keras.models import Sequential, load_model
from keras import optimizers
from keras.utils.np_utils import to_categorical

(X_train, y_train), (X_test, y_test) = mnist.load_data()

X_train = X_train.reshape(X_train.shape[0], 784)[:6000]
X_test = X_test.reshape(X_test.shape[0], 784)[:1000]
y_train = to_categorical(y_train)[:6000]
y_test = to_categorical(y_test)[:1000]

# ---------------------------
model = Sequential()
model.add(Dense(256, input_dim=784))
model.add(Activation("sigmoid"))
```

```
model.add(Dense(128))
model.add(Activation("sigmoid"))
model.add(Dropout(rate=0.5))
model.add(Dense(10))
model.add(Activation("softmax"))

sgd = optimizers.SGD(lr=0.1)
model.compile(optimizer=sgd, loss="categorical_crossentropy",↵
metrics=["accuracy"])

model.fit(X_train, y_train, batch_size=10, epochs=5, verbose=1)
score = model.evaluate(X_test, y_test, verbose=0)
print("evaluate loss: {0[0]}\nevaluate acc: {0[1]}".format(score))
# ---------------------------
```

リスト 20.12：問題

ヒント

20.1.1 項のコードを参考にしてもかまいません。コード中のハイパーパラメータを 1 つ変更するだけでも正解率 85% を出すことができます。

解答例

In

```
(…略…)
# ---------------------------
model = Sequential()
model.add(Dense(256, input_dim=784))
model.add(Activation("sigmoid"))
model.add(Dense(128))
model.add(Activation("sigmoid"))
model.add(Dropout(rate=0.5))
model.add(Dense(10))
model.add(Activation("softmax"))

sgd = optimizers.SGD(lr=0.1)
```

```
model.compile(optimizer=sgd, loss="categorical_crossentropy",↵
metrics=["accuracy"])

model.fit(X_train, y_train, batch_size=96, epochs=5, verbose=1)
score = model.evaluate(X_test, y_test, verbose=0)
print("evaluate loss: {0[0]}\nevaluate acc: {0[1]}".format(score))
# ---------------------------
```

Out

```
Epoch 1/5
6000/6000 [==============================] - 0s 69us/step - loss: 1.9879↵
- acc: 0.3192
Epoch 2/5
6000/6000 [==============================] - 0s 49us/step - loss: 1.3226↵
- acc: 0.5968
Epoch 3/5
6000/6000 [==============================] - 0s 52us/step - loss: 0.9912↵
- acc: 0.7063
Epoch 4/5
6000/6000 [==============================] - 0s 52us/step - loss: 0.8178↵
- acc: 0.7667
Epoch 5/5
6000/6000 [==============================] - 0s 51us/step - loss: 0.7186↵
- acc: 0.7990
evaluate loss: 0.6066007542610169
evaluate acc: 0.852
```

リスト 20.13：解答例

解説

この問題でのハイパーパラメータとは、活性化関数、ドロップアウトする割合、学習率（lr）、最適化関数（optimizer）、誤差関数（loss）、バッチサイズ（batch_size）、エポック数（epoch）があります。ここでは、この中でも、バッチサイズ（一度に渡すデータの数）を増やすことで、精度の向上を達成できました。

第 21 章

CNN を用いた画像認識の基礎

21.1 深層学習画像認識

21.1.1 画像認識

画像認識とは、画像や映像に映る文字や顔などといった「**モノ**」や「**特徴**」を検出する技術です。より具体的には、画像の分類や、モノの位置の推定（図 21.1）、画像の分類（描画内容の判別）（図 21.2）など様々な認識技術が挙げられます。

2012 年にトロント大学のチームが深層学習を用いた高精度の画像認識に関する研究を発表したことで、深層学習に対する関心が一層高まり、現在、文字認識、顔認識、自動運転、家庭用ロボットなど様々な分野で実用化が進んでいます。

この章では、**CNN**（Convolutional Neural Network、畳み込みニューラルネットワーク）と呼ばれる、画像認識に広く使われるディープニューラルネットワークを用いた深層学習手法を学んでいきます。

図 21.1：画像の分類、位置の検出

出典 「Google AI Blog」より引用

Image credit Michael Miley, original image.

URL https://research.googleblog.com/2017/06/supercharge-your-computer-vision-models.html

図 21.2：画像の領域分割

出典「NVIDIA: News」より引用

URL https://blogs.nvidia.com/blog/2016/01/05/eyes-on-the-road-how-autonomous-cars-understand-what-theyre-seeing/

問題

画像認識について述べた文として最も適当なものを選んでください。

1. 画像認識とは、画像を分類する技術のみを指す。
2. 近年、単回帰分析を用いた画像認識手法が盛んに開発されている。
3. 画像認識はすでに完成した技術であり、求める粒度ですべての物体を認識することができる。
4. 画像認識技術は、自動運転、農業、工業など様々な分野に使われることが期待されている。

ヒント

画像認識の分野は現在も盛んに技術開発が行われており、年々精度が上昇しています。

解答例

4. 画像認識技術は、自動運転、農業、工業など様々な分野に使われることが期待されている。

21.2 CNN

21.2.1 CNNの概要

CNN（Convolutional Neural Network、畳み込みニューラルネットワーク）とは、人間の脳の視覚野と似た構造を持つ**「畳み込み層」**という層を使って特徴抽出を行うニューラルネットワークです。第19章「深層学習の実践」で学習した全結合層のみのニューラルネットワークと比べ、画像認識等の分野でより高い性能を発揮します。

またCNNでは多くの場合、畳み込み層と共に**「プーリング層」**という層が使われます。**プーリング層**で**畳み込み層**から得た情報を縮約し、最終的に画像の分類などを行います（図21.3）。

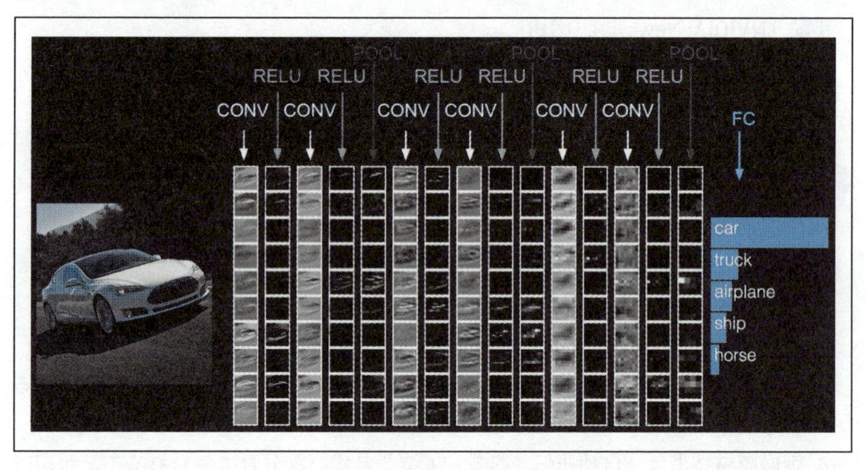

図21.3：CNNの構造

出典「Stanford University: CS231n: Convolutional Neural Networks for Visual Recognition」より引用

URL http://cs231n.stanford.edu/

畳み込み層は全結合層と同じように特徴の抽出を行う層ですが、全結合層とは違い2次元のままの画像データを処理し特徴の抽出が行えるため、線や角といった**2次元的な特徴**を抽出するのに優れています。次の項からは各層について学び、図21.4のようなCNNモデルを構築して実際に画像の分類を行います。

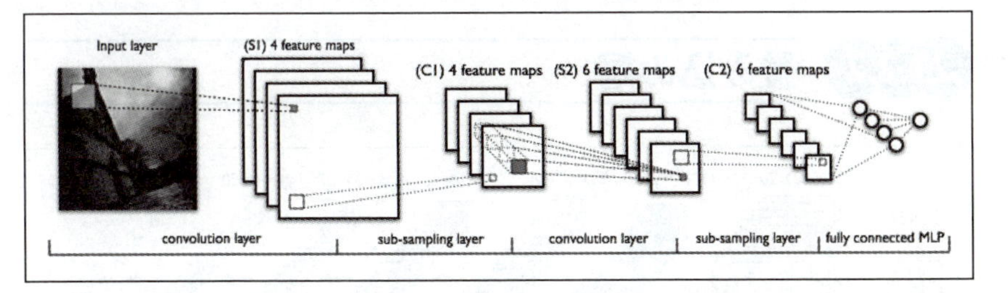

図 21.4：CNN の全体モデル

出典「theano: Convolutional Neural Networks」の「The Full Model: LeNet」より引用

URL http://deeplearning.net/tutorial/lenet.html#the-full-model-lenet

問題

CNN について述べた文として最も**適切でないもの**を選んでください。

1. 畳み込み層は全結合層と比べると、画素同士の位置的な関係も考慮した特徴抽出ができる点で優れている。
2. 畳み込み層で抽出する特徴量は、学習によって自動的に見つけ出される。
3. すべての層が畳み込み層となっているニューラルネットワークモデルを CNN という。
4. CNN は、画像の分類や物体検出などによく使われるニューラルネットワークである。

ヒント

CNN には、図 21.5 にも示されているように畳み込み層だけでなくプーリング層や全結合層も一緒に使われることが多いです。

解答例

3. すべての層が畳み込み層となっているニューラルネットワークモデルを CNN という。

21.2.2 畳み込み層

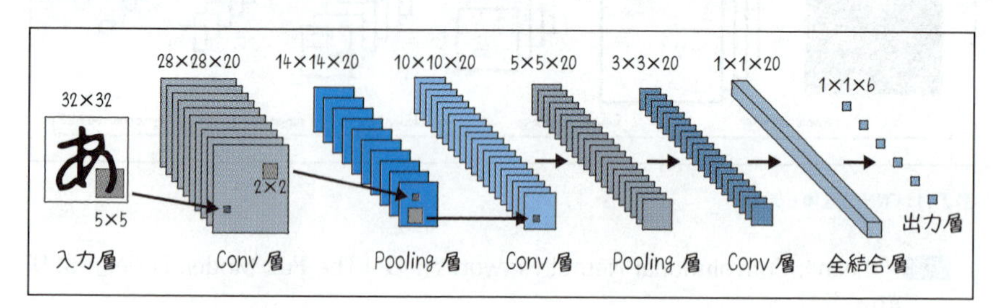

図 21.5：畳み込み層とプーリング層

出典「DeepAge」より引用

URL https://deepage.net/deep_learning/2016/11/07/convolutional_neural_network.html

畳み込み層は、図 21.5 のように**入力データの一部分に注目しその部分画像の特徴を調べる層**と言えます。

どのような特徴に注目すれば良いかは、学習用のデータや損失関数等を適切に定めることによって**自動的に**学習されます。

例えば顔認識をする CNN の場合、適切に学習が進むと、**入力層に近い畳み込み層では線や点といった低次元な概念の特徴に、出力層に近い層では目や鼻といった高次元な概念の特徴に注目するようになります**（図 21.6、図 21.7）（実際には、目や鼻のような高次の概念は元の入力画像から直接検出されるのではなく、入力層に近い層で検出された低次な概念の位置的な組み合わせを元に検出されます）。

注目すべき特徴はプログラム内部では**フィルタ（カーネル）**と呼ばれる**重み行列**として扱われ、各特徴につき 1 つのフィルタを用います。

図 21.6：入力層に最も近い畳み込み層の学習済みフィルタの例

出典「Convolutional Deep Belief Networks for Scalable Unsupervised Learning of Hierarchical Representations」の Figure 2 より引用

URL https://ai.stanford.edu/~ang/papers/icml09-ConvolutionalDeepBeliefNetworks.pdf

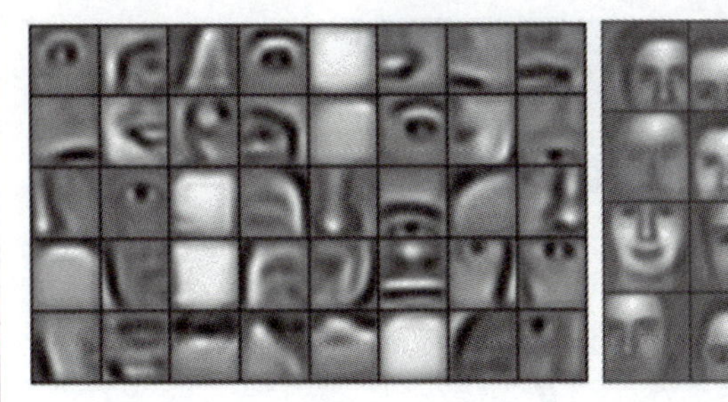
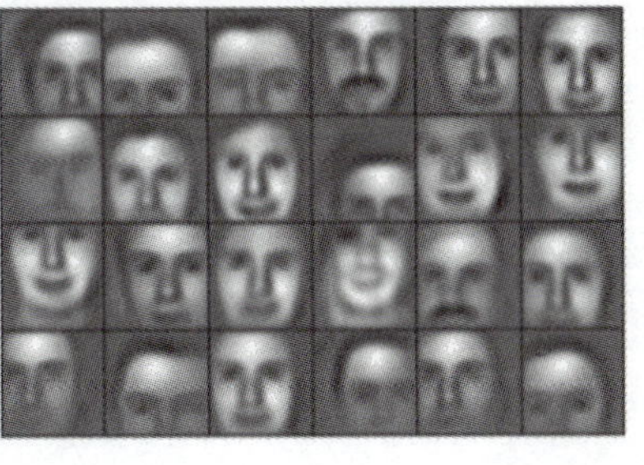

図 21.7：出力層に近い畳み込み層の学習済みフィルタの例（わかりやすく可視化されています）

出典「Convolutional Deep Belief Networks for Scalable Unsupervised Learning of Hierarchical Representations」の Figure 3 より引用

URL https://ai.stanford.edu/~ang/papers/icml09-ConvolutionalDeepBeliefNetworks.pdf

図 21.8 は、9 × 9 × 3（縦×横×チャンネル数）の画像に対し、3 × 3 × 3（縦×横×チャンネル数）のフィルタで畳み込みを行っている様子です。

1 つの 3 × 3 × 3 のフィルタを使って新しく 4 × 4 × 1 の特徴マップ（白黒画像のようなもの）を作っています。

さらにそれぞれ異なるいくつかのフィルタを使って、全部で N 枚の 4 × 4 × 1 のマップを作ります。

全体としてこの畳み込み層では、9 × 9 × 3 の画像が、4 × 4 × N の特徴マップに変換されます。

なお、この項の以下の問題も含め、畳み込み層の説明として 2 次元のフィルタが例として使われることが多いですが、実際には図 21.8 のように 3 次元のフィルタが用いられることが多いです。

図 21.8：畳み込みの様子

出典「Python API for CNTK」より引用

URL https://cntk.ai/pythondocs/CNTK_103D_MNIST_ConvolutionalNeuralNetwork.html

ここからは、畳み込み層やプーリング層で具体的にどのような処理が行われるのかを見ていくために、NumPy で実装されたコードを使いましょう。

ここでは、アルゴリズムの中身を理解するため、Keras や TensorFlow などのライブラリを使わずに実装してみます。Keras と TensorFlow による実装例も後ほど解説します。

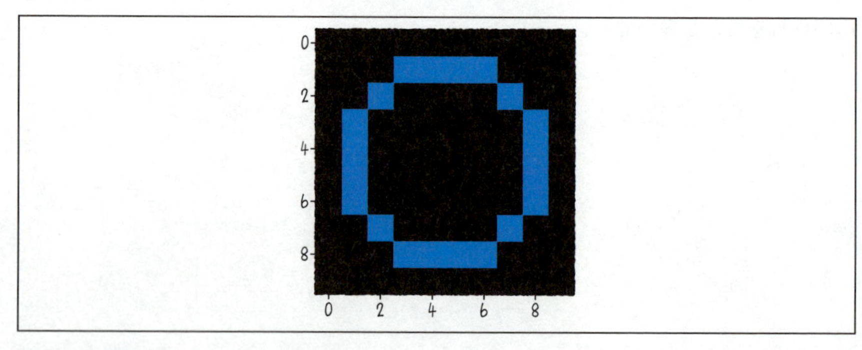

図 21.9：円の画像

ここでは、図 21.9 の円の画像（10 × 10 サイズのモノクロ画像）に対して図 21.10 のようなフィルタを用いて畳み込みを行い、縦、横、斜めの直線を検出します。

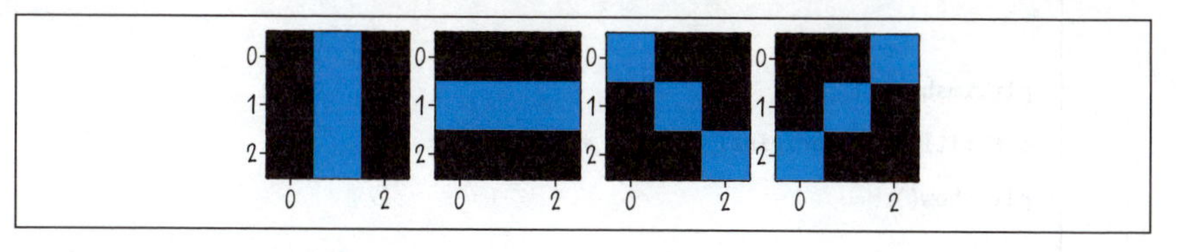

図 21.10：縦、横、斜めの直線を検出

問題

コード中のフィルタ **W1** をフィルタ **W2** ～ **W3** にならって適切に設定し、**縦の直線**を検出してください（リスト 21.1）。

In

```
import numpy as np
import matplotlib.pyplot as plt
import urllib.request
%matplotlib inline

# ごくシンプルな畳み込み層を定義しています
class Conv:
    # シンプルな例を考えるため、W は 3 × 3 で固定し、後の節で扱う strides や⏎
padding は考えません
    def __init__(self, W):
        self.W = W
    def f_prop(self, X):
        out = np.zeros((X.shape[0]-2, X.shape[1]-2))
        for i in range(out.shape[0]):
            for j in range(out.shape[1]):
                x = X[i:i+3, j:j+3]
                # 要素ごとの積の合計をとっています
                out[i,j] = np.dot(self.W.flatten(), x.flatten())
        return out

local_filename, headers = urllib.request.urlretrieve('https://⏎
```

```
aidemyexcontentsdata.blob.core.windows.net/data/5100_cnn/circle.npy')
X = np.load(local_filename)

plt.imshow(X)
plt.title("The original image", fontsize=12)
plt.show()

# カーネルを適切に設定してください
W1 = 


W2 = np.array([[0,0,0],
               [1,1,1],
               [0,0,0]])
W3 = np.array([[1,0,0],
               [0,1,0],
               [0,0,1]])
W4 = np.array([[0,0,1],
               [0,1,0],
               [1,0,0]])

plt.subplot(1,4,1); plt.imshow(W1)
plt.subplot(1,4,2); plt.imshow(W2)
plt.subplot(1,4,3); plt.imshow(W3)
plt.subplot(1,4,4); plt.imshow(W4)
plt.suptitle("kernel", fontsize=12)
plt.show()

# 畳み込み
conv1 = Conv(W1); C1 = conv1.f_prop(X)
conv2 = Conv(W2); C2 = conv2.f_prop(X)
conv3 = Conv(W3); C3 = conv3.f_prop(X)
conv4 = Conv(W4); C4 = conv4.f_prop(X)
```

```
plt.subplot(1,4,1); plt.imshow(C1)
plt.subplot(1,4,2); plt.imshow(C2)
plt.subplot(1,4,3); plt.imshow(C3)
plt.subplot(1,4,4); plt.imshow(C4)
plt.suptitle("Convolution result", fontsize=12)
plt.show()
```

リスト21.1：問題

ヒント

- 畳み込み結果の画像を見ると、特徴が検出された場所が明るくなっていることがわかります。
- **f_prop** は、Forward Propagation（順伝播）の略です。順伝播では、情報が入力側から出力側に伝播する（値が渡される）ことを指します。ここでは畳み込みを行う計算をしていると認識すれば問題ありません。

解答例

In

```
(…略…)
# カーネルを適切に設定してください
W1 = np.array([[0,1,0],
               [0,1,0],
               [0,1,0]])
W2 = np.array([[0,0,0],
(…略…)
```

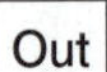

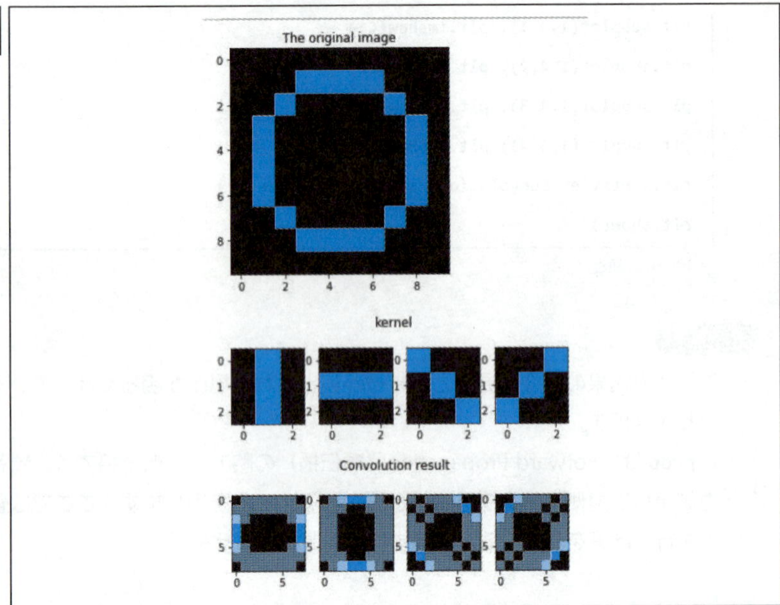

リスト 21.2：解答例

21.2.3 プーリング層

プーリング層は図 21.11 のように**畳み込み層の出力を縮約しデータの量を削減する層**と言えます。

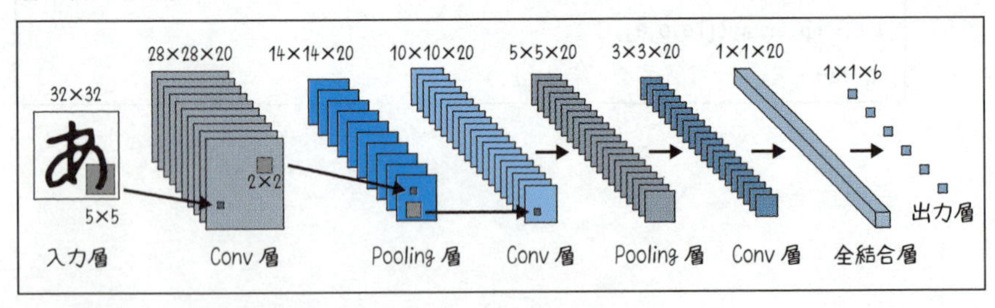

図 21.11：畳み込み層とプーリング層（再掲）

出典 「DeepAge」より引用

URL https://deepage.net/deep_learning/2016/11/07/convolutional_neural_network.html

図 21.12 のように、特徴マップの部分区間の最大値を取ったり（**Max プーリング**）、あるいは平均を取ったり（**Average プーリング**）することでデータの圧縮を実現します。

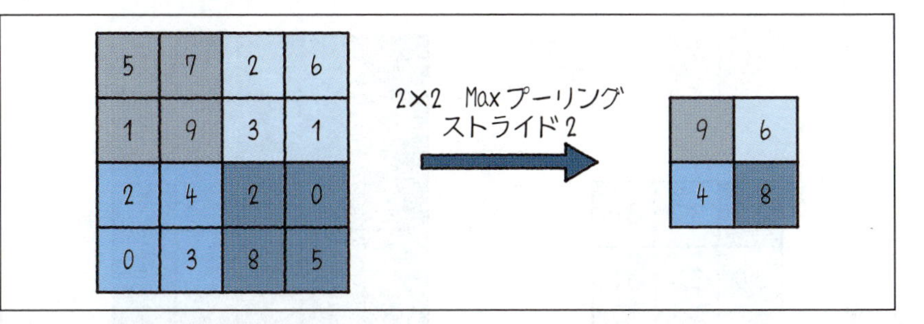

図 21.12：Max プーリング

出典「Python API for CNTK」より引用

URL https://cntk.ai/pythondocs/CNTK_103D_MNIST_ConvolutionalNeuralNetwork.html

MEMO：Max プーリング処理とストライド

Max プーリング処理では画像中の n × n ピクセルのプールサイズ部分での最大の値を出力します。

フィルタの適用位置を 1 ずつではなく、数画像ずつずらして計算する場合があります。このフィルタの適用位置の間隔をストライドと呼びます。

21.2.2 項「畳み込み層」で扱った畳み込みを行うと、画像の中の特徴量の分布を調べることができますが、同じ特徴は同じような場所にかたまって分布していることが多く、また時に特徴が見つからない場所が広く分布していることもあるなど、畳み込み層から出力される特徴マップにはそのデータの大きさに対して無駄が多くあります。

プーリングはそのようなデータの無駄を削減し、情報の損失を抑えながらデータを圧縮することができます。

その反面、プーリングによって細かい位置情報は削除されてしまいますが、逆にこれは、プーリング層によって抽出された特徴が元画像の平行移動などでも影響を受けないような役割を果たします。

例えば、写真に映る手書き数字の分類を行う場合、数字の位置は重要ではありませんが、プーリングによってそのようなあまり重要でない情報を削除し、入力画像に対する被検出物の位置の変化に強いモデルを構築することができます。図 21.13、図 21.14 は、5 × 5（縦×横）の特徴マップに対し、3 × 3（縦×横）ごとにプーリングを行っている様子です。

3.0	3.0	3.0
3.0	3.0	3.0
3.0	2.0	3.0

3	3	2	1	0
0	0	1	3	1
3	1	2	2	3
2	0	0	2	2
2	0	0	0	1

図 21.13：5 × 5（縦×横）の特徴マップに 3 × 3（縦×横）ごとにプーリングを行っている様子①

出典「Python API for CNTK」より引用

URL https://cntk.ai/pythondocs/CNTK_103D_MNIST_ConvolutionalNeuralNetwork.html

1.7	1.7	1.7
1.0	1.2	1.8
1.1	0.8	1.3

3	3	2	1	0
0	0	1	3	1
3	1	2	2	3
2	0	0	2	2
2	0	0	0	1

図 21.14：5 × 5（縦×横）の特徴マップに 3 × 3（縦×横）ごとにプーリングを行っている様子②

出典「Python API for CNTK」より引用

URL https://cntk.ai/pythondocs/CNTK_103D_MNIST_ConvolutionalNeuralNetwork.html

さて、ここでも Keras と TensorFlow を用いずプーリング層を定義し、どのようにプーリングが行われるのか実装しながら理解していきましょう。

図 21.15の画像は21.2.2項で畳み込みを行った結果の画像（8 × 8サイズの特徴マップ）です。この特徴マップに対してMaxプーリングを行います。

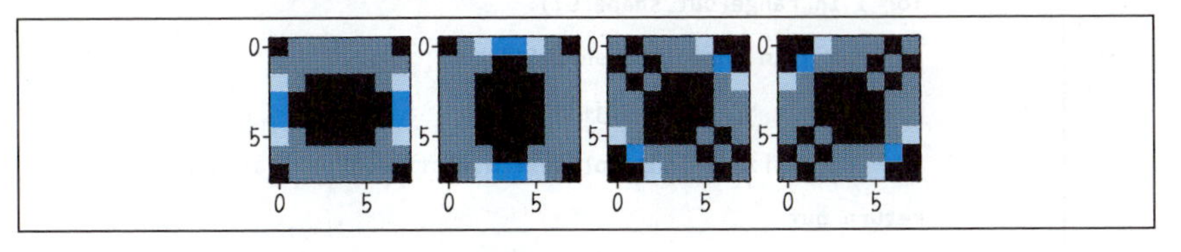

図 21.15：これらの画像に対してMaxプーリングを行う

正しくMaxプーリングが行われると図 21.16のような特徴マップに変換されます（後の項で扱ういくつかのプーリングのパラメータは、コード中で適当に定めています）。

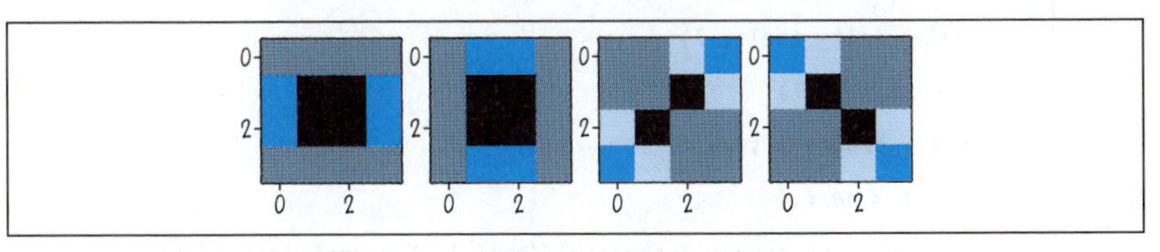

図 21.16：特徴マップに変換

問題

ヒントを参考にリスト 21.3のコード中の**Pool**クラスの空欄を適切に埋めて、正しくMaxプーリングを実行してください。

In

```
import numpy as np
import matplotlib.pyplot as plt
import urllib.request
%matplotlib inline


# ごくシンプルな畳み込み層を定義しています
class Conv:
    # シンプルな例を考えるため、Wは3×3で固定し、後のセッションで扱う↵
strides や padding は考えません
    def __init__(self, W):
        self.W = W
```

```
    def f_prop(self, X):
        out = np.zeros((X.shape[0]-2, X.shape[1]-2))
        for i in range(out.shape[0]):
            for j in range(out.shape[1]):
                x = X[i:i+3, j:j+3]
                out[i,j] = np.dot(self.W.flatten(), x.flatten())
        return out

# ごくシンプルなプーリング層を定義しています
class Pool:
    # シンプルな例を考えるため、後のセッションで扱う strides や padding は考え↵
ません
    def __init__(self, l):
        self.l = l
    def f_prop(self, X):
        l = self.l
        out = np.zeros((X.shape[0]//self.l, X.shape[1]//self.l))
        for i in range(out.shape[0]):
            for j in range(out.shape[1]):
                # 下の下線部を埋めて、コメントアウトを外してください
                out[i,j] = #_____(X[i*l:(i+1)*l, j*l:(j+1)*l])
        return out

local_filename, headers = urllib.request.urlretrieve('https://↵
aidemyexcontentsdata.blob.core.windows.net/data/5100_cnn/circle.npy')
X = np.load(local_filename)

plt.imshow(X)
plt.title("The original image", fontsize=12)
plt.show()

# カーネル
W1 = np.array([[0,1,0],
               [0,1,0],
```

```
                [0,1,0]])
W2 = np.array([[0,0,0],
               [1,1,1],
               [0,0,0]])
W3 = np.array([[1,0,0],
               [0,1,0],
               [0,0,1]])
W4 = np.array([[0,0,1],
               [0,1,0],
               [1,0,0]])

# 畳み込み
conv1 = Conv(W1); C1 = conv1.f_prop(X)
conv2 = Conv(W2); C2 = conv2.f_prop(X)
conv3 = Conv(W3); C3 = conv3.f_prop(X)
conv4 = Conv(W4); C4 = conv4.f_prop(X)

plt.subplot(1,4,1); plt.imshow(C1)
plt.subplot(1,4,2); plt.imshow(C2)
plt.subplot(1,4,3); plt.imshow(C3)
plt.subplot(1,4,4); plt.imshow(C4)
plt.suptitle("Convolution result", fontsize=12)
plt.show()

# プーリング
pool = Pool(2)
P1 = pool.f_prop(C1)
P2 = pool.f_prop(C2)
P3 = pool.f_prop(C3)
P4 = pool.f_prop(C4)

plt.subplot(1,4,1); plt.imshow(P1)
plt.subplot(1,4,2); plt.imshow(P2)
plt.subplot(1,4,3); plt.imshow(P3)
```

```
plt.subplot(1,4,4); plt.imshow(P4)
plt.suptitle("Pooling result", fontsize=12)
plt.show()
```

リスト 21.3：問題

ヒント

・X[i*l:(i+1)*l, j*l:(j+1)*l] は、特徴マップの部分区間を表しています。
・行列の最大値（部分区間の最大値）は、np.max() 関数で取得できます。

解答例

In

```
(…略…)
                # 下の下線部を埋めて、コメントアウトを外してください
                out[i,j] = np.max(X[i*l:(i+1)*l, j*l:(j+1)*l])
        return out
(…略…)
```

Out

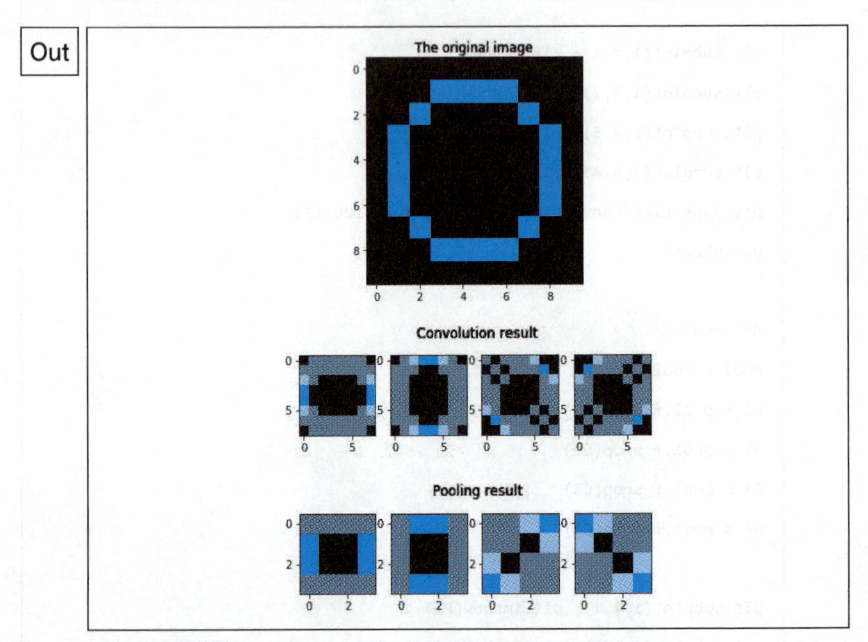

リスト 21.4：解答例

21.2.4 CNN の実装

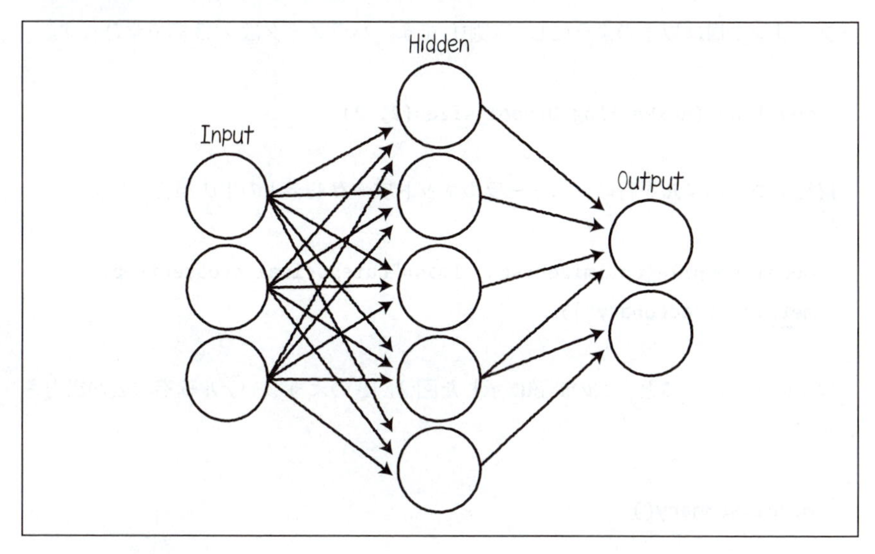

図 21.17：CNN の層の実装

さて、ここでは Keras と TensorFlow を使って CNN を実装しましょう。実務上では、これらのライブラリを使ってモデルを実装する場合がほとんどです。

Keras では、まずモデルを管理する**インスタンス**を作り、**add()** メソッドで層を一層ずつ定義していきます。

まず、**インスタンス**を作ります。

```
model = Sequential()
```

以下のように **add()** メソッドを用いてモデルの層を 1 層ずつ追加します。

全結合層は以下のように定義します。

```
model.add(Dense(128))
```

畳み込み層は以下のようにして追加します（64 通りの 3 × 3 のフィルタを入力画像に対して適用し、128 通りを出力するという意味です）。パラメータは 21.3 節で学びます。

```
model.add(Conv2D(filters=64, kernel_size=(3, 3)))
```

プーリング層は以下のようにして追加します。パラメータは21.3節で学びます。

```
model.add(MaxPooling2D(pool_size=(2, 2)))
```

最後に**コンパイル**を行い、ニューラルネットワークモデルの生成が終了します。

```
model.compile(optimizer=sgd, loss="categorical_crossentropy",
metrics=["accuracy"])
```

以下のようにすると、次の問題に示した図21.18のようなモデル構造の表が出力されます。

```
model.summary()
```

問題

図21.18のネットワークモデルを実装します。

空欄に次の層を追加して、図21.18のような構造のネットワークモデルを構築し、実行してください。

ただし、各層のパラメータは以下に従ってください（各パラメータの意味については21.3節で学んでいきます）。

```
・Conv2D(input_shape=(28, 28, 1), filters=32, kernel_size=(2, 2),
  strides=(1, 1), padding="same")
・MaxPooling2D(pool_size=(2, 2), strides=(1,1))
・Conv2D(filters=32, kernel_size=(2, 2), strides=(1, 1),
  padding="same")
・MaxPooling2D(pool_size=(2, 2), strides=(1,1))
```

```
Layer (type)                 Output Shape              Param #
=================================================================
conv2d_1 (Conv2D)            (None, 28, 28, 32)        160
_________________________________________________________________
max_pooling2d_1 (MaxPooling2 (None, 27, 27, 32)        0
_________________________________________________________________
conv2d_2 (Conv2D)            (None, 27, 27, 32)        4128
_________________________________________________________________
max_pooling2d_2 (MaxPooling2 (None, 26, 26, 32)        0
_________________________________________________________________
flatten_1 (Flatten)          (None, 21632)             0
_________________________________________________________________
dense_1 (Dense)              (None, 256)               5538048
_________________________________________________________________
activation_1 (Activation)    (None, 256)               0
_________________________________________________________________
dense_2 (Dense)              (None, 128)               32896
_________________________________________________________________
activation_2 (Activation)    (None, 128)               0
_________________________________________________________________
dense_3 (Dense)              (None, 10)                1290
_________________________________________________________________
activation_3 (Activation)    (None, 10)                0
=================================================================
Total params: 5,576,522
Trainable params: 5,576,522
Non-trainable params: 0
_________________________________________________________________
```

図 21.18：ネットワークモデル

In

```
from keras.layers import Activation, Conv2D, Dense, Flatten,⏎
MaxPooling2D
from keras.models import Sequential, load_model
from keras.utils.np_utils import to_categorical

# モデルを定義します
model = Sequential()

# ---------------------------------------------------------------
# ここにコードを記述してください





# ---------------------------------------------------------------
```

```
model.add(Flatten())
model.add(Dense(256))
model.add(Activation('sigmoid'))
model.add(Dense(128))
model.add(Activation('sigmoid'))
model.add(Dense(10))
model.add(Activation('softmax'))

model.summary()
```

リスト 21.5：問題

ヒント

model.summary() でモデルの構造を出力しています。この出力が問題の図と一致するように、モデルを定義してください。

解答例

In

```
(…略…)
# ---------------------------------------------------------------
# ここにコードを記述してください
model.add(Conv2D(input_shape=(28, 28, 1),
                 filters=32,
                 kernel_size=(2, 2),
                 strides=(1, 1),
                 padding="same"))
model.add(MaxPooling2D(pool_size=(2, 2),
                       strides=(1,1)))
model.add(Conv2D(filters=32,
                 kernel_size=(2, 2),
                 strides=(1, 1),
                 padding="same"))
model.add(MaxPooling2D(pool_size=(2, 2),
```

```
                    strides=(1,1)))
# ------------------------------------------------------------
(…略…)
```

Out

```
_________________________________________________________________
Layer (type)                 Output Shape              Param #
=================================================================
conv2d_1 (Conv2D)            (None, 28, 28, 32)        160
_________________________________________________________________
max_pooling2d_1 (MaxPooling2 (None, 27, 27, 32)        0
_________________________________________________________________
conv2d_2 (Conv2D)            (None, 27, 27, 32)        4128
_________________________________________________________________
max_pooling2d_2 (MaxPooling2 (None, 26, 26, 32)        0
_________________________________________________________________
flatten_1 (Flatten)          (None, 21632)             0
_________________________________________________________________
dense_1 (Dense)              (None, 256)               5538048
_________________________________________________________________
activation_1 (Activation)    (None, 256)               0
_________________________________________________________________
dense_2 (Dense)              (None, 128)               32896
_________________________________________________________________
activation_2 (Activation)    (None, 128)               0
_________________________________________________________________
dense_3 (Dense)              (None, 10)                1290
_________________________________________________________________
activation_3 (Activation)    (None, 10)                0
=================================================================
Total params: 5,576,522
Trainable params: 5,576,522
Non-trainable params: 0
_________________________________________________________________
```

リスト21.6：解答例

21.2.5 CNNを用いた分類（MNIST）

MNISTとは、図21.19のような手書き数字のデータセットのことです。

各画像はサイズが28ピクセル×28ピクセルで1チャンネル（モノクロ）のデータとなっており、それぞれ0～9のクラスラベルが付けられています。

CNNを使ってMNISTデータセットの分類を行っていきしょう。

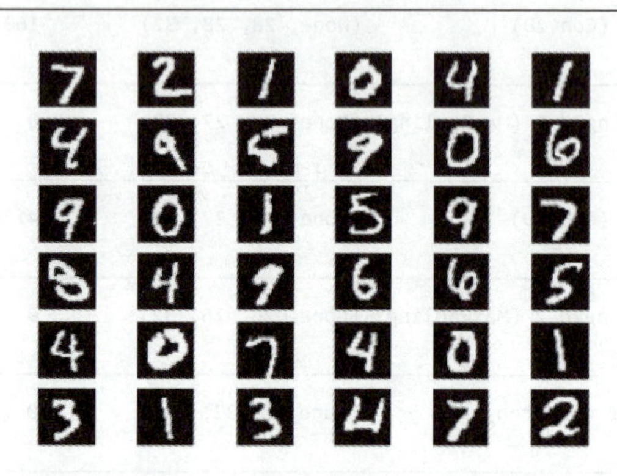

図21.19：MNIST

出典「corochannNote」より引用

URL http://corochann.com/mnist-inference-code-1202.html

問題

空欄に次の層を追加して、Kerasで図21.20のような構造のモデルを構築し、実行してください（リスト21.7）。

ただし、各層のパラメータは以下に従ってください。

- Conv2D(32, kernel_size=(3, 3), input_shape=(28,28,1))
- Activation('relu')
- Conv2D(filters=64, kernel_size=(3, 3))
- Activation('relu')
- MaxPooling2D(pool_size=(2, 2))
- Dropout(0.25)
- Flatten()

- Dense(128)
- Activation('relu')
- Dropout(0.5)
- Dense(10)

```
Layer (type)                 Output Shape              Param #
=================================================================
conv2d_1 (Conv2D)            (None, 26, 26, 32)        320
_________________________________________________________________
activation_1 (Activation)    (None, 26, 26, 32)        0
_________________________________________________________________
conv2d_2 (Conv2D)            (None, 24, 24, 64)        18496
_________________________________________________________________
activation_2 (Activation)    (None, 24, 24, 64)        0
_________________________________________________________________
max_pooling2d_1 (MaxPooling2 (None, 12, 12, 64)        0
_________________________________________________________________
dropout_1 (Dropout)          (None, 12, 12, 64)        0
_________________________________________________________________
flatten_1 (Flatten)          (None, 9216)              0
_________________________________________________________________
dense_1 (Dense)              (None, 128)               1179776
_________________________________________________________________
activation_3 (Activation)    (None, 128)               0
_________________________________________________________________
dropout_2 (Dropout)          (None, 128)               0
_________________________________________________________________
dense_2 (Dense)              (None, 10)                1290
_________________________________________________________________
activation_4 (Activation)    (None, 10)                0
=================================================================
Total params: 1,199,882
Trainable params: 1,199,882
Non-trainable params: 0
_________________________________________________________________
```

図 21.20：モデル

In

```
from keras.datasets import mnist
from keras.layers import Dense, Dropout, Flatten, Activation
from keras.layers import Conv2D, MaxPooling2D
from keras.models import Sequential, load_model
from keras.utils.np_utils import to_categorical
from keras.utils.vis_utils import plot_model
import numpy as np
import matplotlib.pyplot as plt
%matplotlib inline


# データをロードします
```

```
(X_train, y_train), (X_test, y_test) = mnist.load_data()

# ここでは全データのうち、学習には300枚、テストには100枚のデータを使用します
# Convレイヤーは4次元配列を受け取ります（バッチサイズ×縦×横×チャンネル数）
# MNISTのデータはRGB画像ではなくもともと3次元のデータとなっているのであらか↵
じめ4次元に変換します
X_train = X_train[:300].reshape(-1, 28, 28, 1)
X_test = X_test[:100].reshape(-1, 28, 28, 1)
y_train = to_categorical(y_train)[:300]
y_test = to_categorical(y_test)[:100]

# モデルを定義します
model = Sequential()

# ---------------------------------------------------------------
# ここにコードを記述してください










# ---------------------------------------------------------------

model.compile(loss='categorical_crossentropy',
              optimizer='adadelta',
              metrics=['accuracy'])

model.fit(X_train, y_train,
          batch_size=128,
          epochs=1,
          verbose=1,
          validation_data=(X_test, y_test))
```

```
# 精度を評価します
scores = model.evaluate(X_test, y_test, verbose=1)
print('Test loss:', scores[0])
print('Test accuracy:', scores[1])

# データを可視化します（テストデータの先頭の 10 枚）
for i in range(10):
    plt.subplot(2, 5, i+1)
    plt.imshow(X_test[i].reshape((28,28)), 'gray')
plt.suptitle("The first ten of the test data",fontsize=20)
plt.show()

# 予測します（テストデータの先頭の 10 枚）
pred = np.argmax(model.predict(X_test[0:10]), axis=1)
print(pred)

model.summary()
```

リスト 21.7：問題

add() メソッドを使って層を追加してください。

解答例

In

```
(…略…)
# ---------------------------------------------------------------
# ここにコードを記述してください
model.add(Conv2D(32, kernel_size=(3, 3),input_shape=(28,28,1)))
model.add(Activation('relu'))
model.add(Conv2D(filters=64, kernel_size=(3, 3)))
model.add(Activation('relu'))
model.add(MaxPooling2D(pool_size=(2, 2)))
model.add(Dropout(0.25))
```

```
model.add(Flatten())
model.add(Dense(128))
model.add(Activation('relu'))
model.add(Dropout(0.5))
model.add(Dense(10))
# ---------------------------------------------------------------
(…略…)
```

Out

```
Train on 300 samples, validate on 100 samples
Epoch 1/1
300/300 [==============================] - 1s 3ms/step - loss: 13.1235 -⏎
acc: 0.1500 - val_loss: 12.7333 - val_acc: 0.2100
100/100 [==============================] - 0s 979us/step
Test loss: 12.733295669555664
Test accuracy: 0.21
```

The first ten of the test data

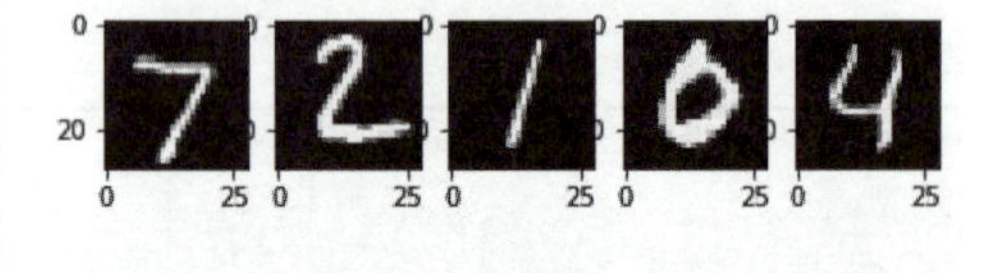

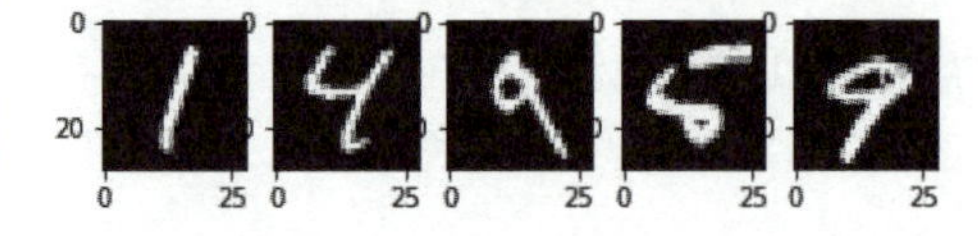

```
[1 1 1 0 0 1 1 1 0 1]
_________________________________________________________________
Layer (type)                 Output Shape              Param #
=================================================================
conv2d_1 (Conv2D)            (None, 26, 26, 32)        320
_________________________________________________________________
activation_1 (Activation)    (None, 26, 26, 32)        0
_________________________________________________________________
conv2d_2 (Conv2D)            (None, 24, 24, 64)        18496
_________________________________________________________________
```

```
activation_2 (Activation)    (None, 24, 24, 64)       0
_________________________________________________________________
max_pooling2d_1 (MaxPooling2 (None, 12, 12, 64)       0
_________________________________________________________________
dropout_1 (Dropout)          (None, 12, 12, 64)       0
_________________________________________________________________
flatten_1 (Flatten)          (None, 9216)             0
_________________________________________________________________
dense_1 (Dense)              (None, 128)              1179776
_________________________________________________________________
activation_3 (Activation)    (None, 128)              0
_________________________________________________________________
dropout_2 (Dropout)          (None, 128)              0
_________________________________________________________________
dense_2 (Dense)              (None, 10)               1290
_________________________________________________________________
activation_4 (Activation)    (None, 10)               0
=================================================================
Total params: 1,199,882
Trainable params: 1,199,882
Non-trainable params: 0
_________________________________________________________________
```

リスト 21.8：解答例

21.2.6 CNN を用いた分類（cifar10）

cifar10 とは、図 21.21 の写真のように 10 種類のオブジェクトが映った画像のデータセットです。

各画像はサイズが 32 × 32 ピクセルで 3 チャンネル（R、G、B）のデータとなっており、それぞれ 0 ～ 9 のクラスラベルが付けられています。

各クラスラベルに対応するオブジェクトは以下の通りです。

- 0: 飛行機

- 1: 自動車
- 2: 鳥
- 3: 猫
- 4: 鹿
- 5: 犬
- 6: 蛙
- 7: 馬
- 8: 船
- 9: トラック

CNNを使ってcifar10データセットの分類を行っていきしょう。

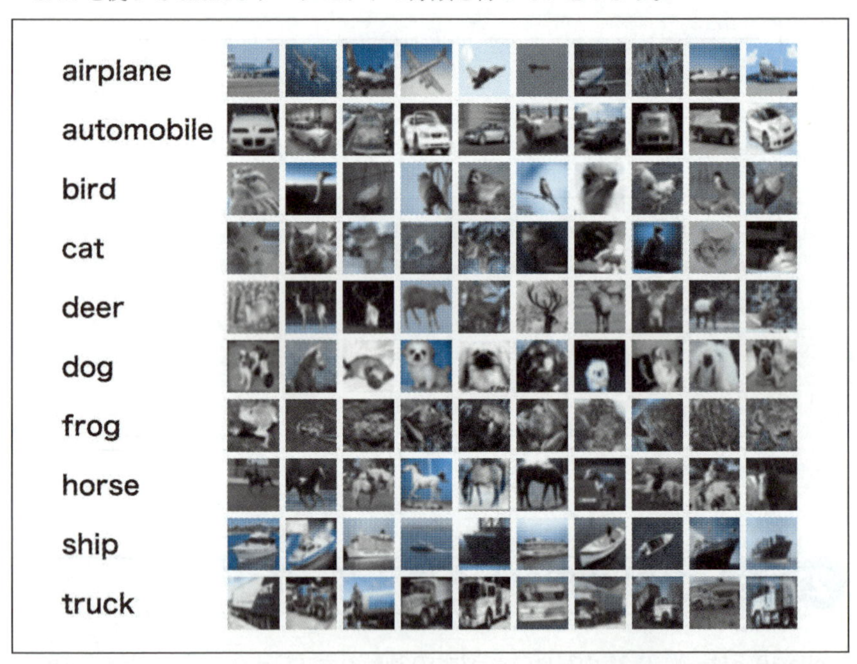

図 21.21：cifar10

出典「The CIFAR-10 dataset」より引用

URL https://www.cs.toronto.edu/~kriz/cifar.html

問題

リスト 21.9の空欄に次の層を追加して、Kerasで図 21.22のような構造のモデルを構築し、実行してください。ただし、各層のパラメータは以下に従ってください。

- **Conv2D(64, (3, 3), padding='same')**
- **Activation('relu')**
- **Conv2D(64, (3, 3))**
- **Activation('relu')**
- **MaxPooling2D(pool_size=(2, 2))**
- **Dropout(0.25)**

```
Layer (type)                 Output Shape              Param #
=================================================================
conv2d_1 (Conv2D)            (None, 32, 32, 32)        896
_________________________________________________________________
activation_1 (Activation)    (None, 32, 32, 32)        0
_________________________________________________________________
conv2d_2 (Conv2D)            (None, 30, 30, 32)        9248
_________________________________________________________________
activation_2 (Activation)    (None, 30, 30, 32)        0
_________________________________________________________________
max_pooling2d_1 (MaxPooling2 (None, 15, 15, 32)        0
_________________________________________________________________
dropout_1 (Dropout)          (None, 15, 15, 32)        0
_________________________________________________________________
conv2d_3 (Conv2D)            (None, 15, 15, 64)        18496
_________________________________________________________________
activation_3 (Activation)    (None, 15, 15, 64)        0
_________________________________________________________________
conv2d_4 (Conv2D)            (None, 13, 13, 64)        36928
_________________________________________________________________
activation_4 (Activation)    (None, 13, 13, 64)        0
_________________________________________________________________
max_pooling2d_2 (MaxPooling2 (None, 6, 6, 64)          0
_________________________________________________________________
dropout_2 (Dropout)          (None, 6, 6, 64)          0
_________________________________________________________________
flatten_1 (Flatten)          (None, 2304)              0
_________________________________________________________________
dense_1 (Dense)              (None, 512)               1180160
_________________________________________________________________
activation_5 (Activation)    (None, 512)               0
_________________________________________________________________
dropout_3 (Dropout)          (None, 512)               0
_________________________________________________________________
dense_2 (Dense)              (None, 10)                5130
_________________________________________________________________
activation_6 (Activation)    (None, 10)                0
=================================================================
Total params: 1,250,858
Trainable params: 1,250,858
Non-trainable params: 0
_________________________________________________________________
```

図 21.22：作成するモデル

In

```
import keras
from keras.datasets import cifar10
from keras.layers import Activation, Conv2D, Dense, Dropout, Flatten,⏎
MaxPooling2D
from keras.models import Sequential, load_model
from keras.utils.np_utils import to_categorical
import numpy as np
import matplotlib.pyplot as plt
%matplotlib inline

# データをロードします
(X_train, y_train), (X_test, y_test) = cifar10.load_data()

# ここでは全データのうち、学習には 300 枚、テストには 100 枚のデータを使用します
X_train = X_train[:300]
X_test = X_test[:100]
y_train = to_categorical(y_train)[:300]
y_test = to_categorical(y_test)[:100]



# モデルを定義します
model = Sequential()
model.add(Conv2D(32, (3, 3), padding='same',
                input_shape=X_train.shape[1:]))
model.add(Activation('relu'))
model.add(Conv2D(32, (3, 3)))
model.add(Activation('relu'))
model.add(MaxPooling2D(pool_size=(2, 2)))
model.add(Dropout(0.25))

# ---------------------------------------------------------------
# ここにコードを記述してください
```

```
# ---------------------------------------------------------------

model.add(Flatten())
model.add(Dense(512))
model.add(Activation('relu'))
model.add(Dropout(0.5))
model.add(Dense(10))
model.add(Activation('softmax'))

# コンパイルします
opt = keras.optimizers.rmsprop(lr=0.0001, decay=1e-6)
model.compile(loss='categorical_crossentropy',
              optimizer=opt,
              metrics=['accuracy'])


# 学習させます
model.fit(X_train, y_train, batch_size=32, epochs=1)

# 重みの保存をする場合には以下を使います
model.save_weights('param_cifar10.hdf5')

# 精度を評価します
scores = model.evaluate(X_test, y_test, verbose=1)
print('Test loss:', scores[0])
print('Test accuracy:', scores[1])

# データを可視化します（テストデータの先頭の10枚）
for i in range(10):
    plt.subplot(2, 5, i+1)
    plt.imshow(X_test[i])
```

```
plt.suptitle("The first ten of the test data",fontsize=20)
plt.show()


# 予測します（テストデータの先頭の10枚）
pred = np.argmax(model.predict(X_test[0:10]), axis=1)
print(pred)


model.summary()
```
リスト21.9：問題

ヒント

add() メソッドを使って層を追加してください。

解答例

In

```
(…略…)
# ---------------------------------------------------------------
# ここにコードを記述してください
model.add(Conv2D(64, (3, 3), padding='same'))
model.add(Activation('relu'))
model.add(Conv2D(64, (3, 3)))
model.add(Activation('relu'))
model.add(MaxPooling2D(pool_size=(2, 2)))
model.add(Dropout(0.25))
# ---------------------------------------------------------------
(…略…)
```

Out

```
Downloading data from https://www.cs.toronto.edu/~kriz/cifar-10-python.tar.gz
170500096/170498071 [==============================] - 94s 1us/step
Epoch 1/1
300/300 [==============================] - 2s 5ms/step - loss: 14.5762 -
acc: 0.0700
100/100 [==============================] - 0s 2ms/step
Test loss: 13.65814666748047
Test accuracy: 0.13
```

The first ten of the test data

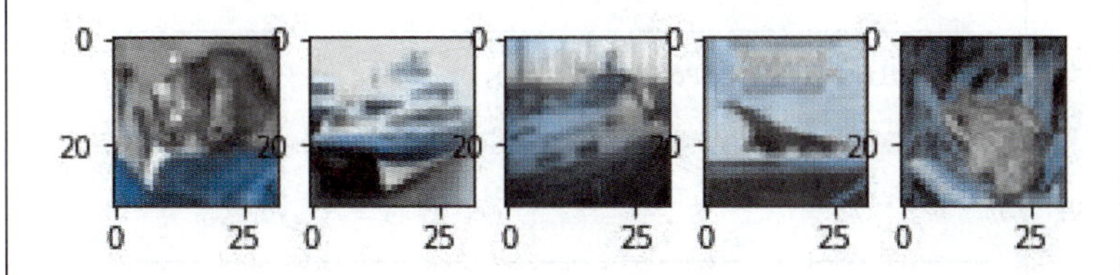

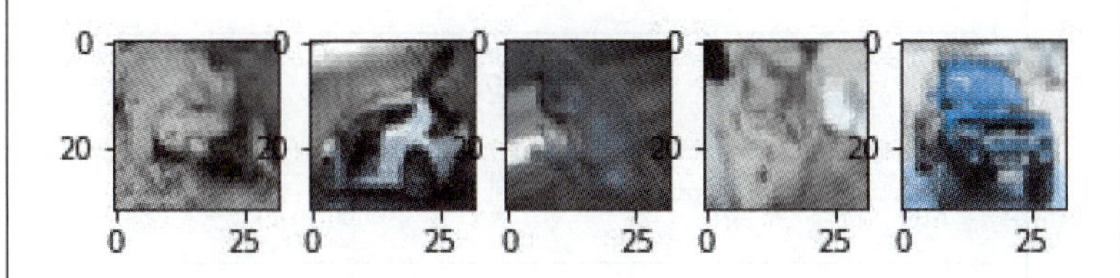

```
[8 8 8 8 8 8 8 8 8 8]
_________________________________________________________________
Layer (type)                 Output Shape              Param #
=================================================================
conv2d_7 (Conv2D)            (None, 32, 32, 32)        896
_________________________________________________________________
activation_11 (Activation)   (None, 32, 32, 32)        0
_________________________________________________________________
conv2d_8 (Conv2D)            (None, 30, 30, 32)        9248
_________________________________________________________________
activation_12 (Activation)   (None, 30, 30, 32)        0
_________________________________________________________________
max_pooling2d_4 (MaxPooling2 (None, 15, 15, 32)        0
_________________________________________________________________
dropout_6 (Dropout)          (None, 15, 15, 32)        0
_________________________________________________________________
conv2d_9 (Conv2D)            (None, 15, 15, 64)        18496
_________________________________________________________________
activation_13 (Activation)   (None, 15, 15, 64)        0
```

```
_________________________________________________________________
conv2d_10 (Conv2D)           (None, 13, 13, 64)        36928
_________________________________________________________________
activation_14 (Activation)   (None, 13, 13, 64)        0
_________________________________________________________________
max_pooling2d_5 (MaxPooling2 (None, 6, 6, 64)          0
_________________________________________________________________
dropout_7 (Dropout)          (None, 6, 6, 64)          0
_________________________________________________________________
flatten_3 (Flatten)          (None, 2304)              0
_________________________________________________________________
dense_5 (Dense)              (None, 512)               1180160
_________________________________________________________________
activation_15 (Activation)   (None, 512)               0
_________________________________________________________________
dropout_8 (Dropout)          (None, 512)               0
_________________________________________________________________
dense_6 (Dense)              (None, 10)                5130
_________________________________________________________________
activation_16 (Activation)   (None, 10)                0
=================================================================
Total params: 1,250,858
Trainable params: 1,250,858
Non-trainable params: 0
_________________________________________________________________
```

リスト 21.10：解答例

21.3 ハイパーパラメータ

21.3.1 filters（Conv 層）

畳み込み層の **filters** パラメータは、**特徴マップの数つまり抽出する特徴の種類**

を指定します。

図 21.23 のように、1 回目の畳み込み層では **filters** は 20、2 回目の畳み込み層でも **filters** は 20 となります。

filters が小さ過ぎて必要な特徴が抽出できないとうまく学習を進めることができませんが、逆に大き過ぎると過学習しやすくなるので注意してください。

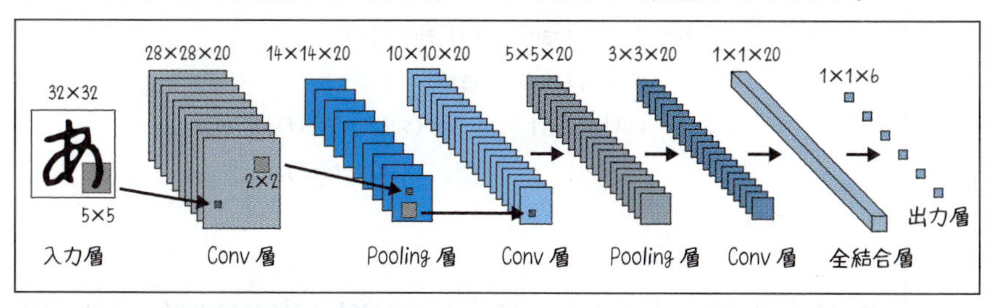

図 21.23：畳み込み層とプーリング層（再掲）

出典 「DeepAge」より引用

URL https://deepage.net/deep_learning/2016/11/07/convolutional_neural_network.html

問題

ここでもアルゴリズムの中身を理解するため、Keras と TensorFlow を用いずに実装してみましょう。

畳み込みの実行の部分を正しく埋めて、**filters=10** の畳み込みを行ってください。またこの時、似た特徴マップが多く作られてしまうことを確認してください。

In

```
import numpy as np
import matplotlib.pyplot as plt
import urllib.request

# ごくシンプルな畳み込み層を定義しています
# 1 チャンネルの画像の畳み込みのみを想定しています
# シンプルな例を考えるため、カーネルは 3 × 3 で固定し、strides や padding は考⏎
えません
class Conv:
    def __init__(self, filters):
        self.filters = filters
```

```
        self.W = np.random.rand(filters, 3, 3)
    def f_prop(self, X):
        out = np.zeros((filters, X.shape[0]-2, X.shape[1]-2))
        for k in range(self.filters):
            for i in range(out[0].shape[0]):
                for j in range(out[0].shape[1]):
                    x = X[i:i+3, j:j+3]
                    out[k,i,j] = np.dot(self.W[k].flatten(),
                                        x.flatten())
        return out

local_filename, headers = urllib.request.urlretrieve('https://⏎
aidemyexcontentsdata.blob.core.windows.net/data/5100_cnn/circle.npy')
X = np.load(local_filename)

filters=10

# 畳み込み層を生成します
conv = Conv(filters=filters)

# 畳み込みを実行してください
C =
# ---------------------------------------------------------------
# 以下はすべて可視化のためのコードです
# ---------------------------------------------------------------
plt.imshow(X)
plt.title('The original image', fontsize=12)
plt.show()

plt.figure(figsize=(5,2))
for i in range(filters):
    plt.subplot(2,filters/2,i+1)
    ax = plt.gca() # get current axis
    ax.tick_params(labelbottom="off", labelleft="off", bottom="off",
```

```
                   left="off") # 軸を削除します
    plt.imshow(conv.W[i])
plt.suptitle('kernel', fontsize=12)
plt.show()

plt.figure(figsize=(5,2))
for i in range(filters):
    plt.subplot(2,filters/2,i+1)
    ax = plt.gca() # get current axis
    ax.tick_params(labelbottom="off", labelleft="off", bottom="off",
                   left="off") # 軸を削除します
    plt.imshow(C[i])
plt.suptitle('Convolution result', fontsize=12)
plt.show()
```

リスト 21.11：問題

conv.f_prop(X) とすると X に畳み込みを行うことができます。

解答例

In

```
(…略…)
# 畳み込みを実行してください
C = conv.f_prop(X)
# -------------------------------------------------------------
# 以下はすべて可視化のためのコードです
# -------------------------------------------------------------
(…略…)
```

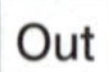
Out

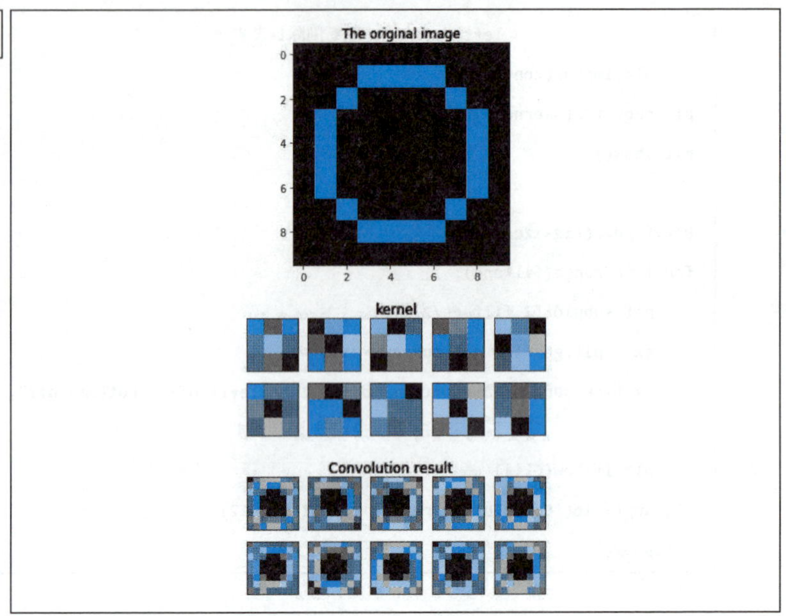

リスト 21.12：解答例

21.3.2 kernel_size（Conv 層）

畳み込み層の **kernel_size** パラメータは、**カーネルのサイズ**を指定します。図 21.24 では、1 回目の畳み込み層では **kernel_size** は 5 × 5 となります。

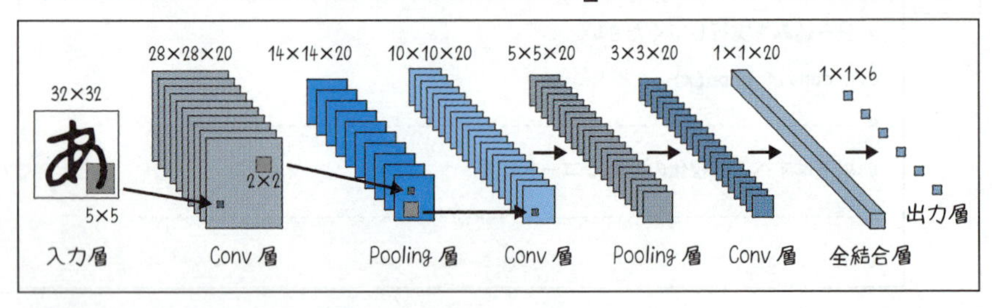

図 21.24：畳み込み層とプーリング層（再掲）

出典「DeepAge」より引用

URL https://deepage.net/deep_learning/2016/11/07/convolutional_neural_network.html

kernel_size が小さ過ぎると、ごく小さな特徴も検出できなくなりうまく学習を進めることができません。逆に大き過ぎると、本来小さな特徴の集まりとして検出されるはずだった大きな特徴まで検出されてしまうことになり、階層構造を捉えることが得意なニューラルネットワークモデルの強みを生かせておらず非効率なモデルになってしまいます。

問題

ここでもアルゴリズムの中身を理解するため、Keras と TensorFlow を用いずに実装してみましょう。

リスト 21.13 の**畳み込み 2** の部分を正しく埋めて、**kernel_size=(6,6)** の畳み込みを行ってください。

またこの時、カーネルサイズが大き過ぎると何を検出したのかよくわからないぼやけた特徴マップが検出されてしまうことを確認しましょう。

In

```
import numpy as np
import matplotlib.pyplot as plt
import urllib.request

# ごくシンプルな畳み込み層を定義しています
# 1 チャンネルの画像の畳み込みのみを想定しています
# シンプルな例を考えるため、strides や padding は考えません
class Conv:
    def __init__(self, filters, kernel_size):
        self.filters = filters
        self.kernel_size = kernel_size
        self.W = np.random.rand(filters, kernel_size[0], kernel_size[1])
    def f_prop(self, X):
        k_h, k_w = self.kernel_size
        out = np.zeros((filters, X.shape[0]-k_h+1, X.shape[1]-k_w+1))
        for k in range(self.filters):
            for i in range(out[0].shape[0]):
                for j in range(out[0].shape[1]):
                    x = X[i:i+k_h, j:j+k_w]
                    out[k,i,j] = np.dot(self.W[k].flatten(),
```

```
                                             x.flatten())
        return out

local_filename, headers = urllib.request.urlretrieve('https://⏎
aidemyexcontentsdata.blob.core.windows.net/data/5100_cnn/circle.npy')
X = np.load(local_filename)

# 畳み込み 1
filters = 4
kernel_size = (3,3)

# 畳み込み層を生成します
conv1 = Conv(filters=filters, kernel_size=kernel_size)

# 畳み込みを実行します
C1 = conv1.f_prop(X)

# 畳み込み 2
filters = 4
kernel_size = (6,6)

# 畳み込み層を生成してください
conv2 =

# 畳み込みを実行してください
C2 =
# ---------------------------------------------------------------
# 以下はすべて可視化のためのコードです
# ---------------------------------------------------------------
plt.imshow(X)
plt.title('The original image', fontsize=12)
plt.show()

plt.figure(figsize=(10,1))
```

```
for i in range(filters):
    plt.subplot(1,filters,i+1)
    ax = plt.gca() # get current axis
    ax.tick_params(labelbottom="off", labelleft="off", bottom="off",
                   left="off") # 軸を削除します
    plt.imshow(conv1.W[i])
plt.suptitle('Kernel Visualization', fontsize=12)
plt.show()

plt.figure(figsize=(10,1))
for i in range(filters):
    plt.subplot(1,filters,i+1)
    ax = plt.gca() # get current axis
    ax.tick_params(labelbottom="off", labelleft="off", bottom="off",
                   left="off") # 軸を削除します
    plt.imshow(C1[i])
plt.suptitle('Convolution result 1', fontsize=12)
plt.show()

plt.figure(figsize=(10,1))
for i in range(filters):
    plt.subplot(1,filters,i+1)
    ax = plt.gca() # get current axis
    ax.tick_params(labelbottom="off", labelleft="off", bottom="off",
                   left="off") # 軸を削除します
    plt.imshow(conv2.W[i])
plt.suptitle('Kernel Visualization', fontsize=12)
plt.show()

plt.figure(figsize=(10,1))
for i in range(filters):
    plt.subplot(1,filters,i+1)
    ax = plt.gca() # get current axis
    ax.tick_params(labelbottom="off", labelleft="off", bottom="off",
```

```
                    left="off") # 軸を削除します
    plt.imshow(C2[i])
plt.suptitle('Convolution result 2', fontsize=12)
plt.show()
```

リスト 21.13：問題

ヒント

畳み込み 1 の実装を参考にしてください。

解答例

In

```
(…略…)
# 畳み込み層を生成してください
conv2 = Conv(filters=filters, kernel_size=kernel_size)

# 畳み込みを実行してください
C2 = conv2.f_prop(X)

# 以下はすべて可視化のためのコードです
(…略…)
```

Out

The original image

Kernel Visualization

Convolution result1

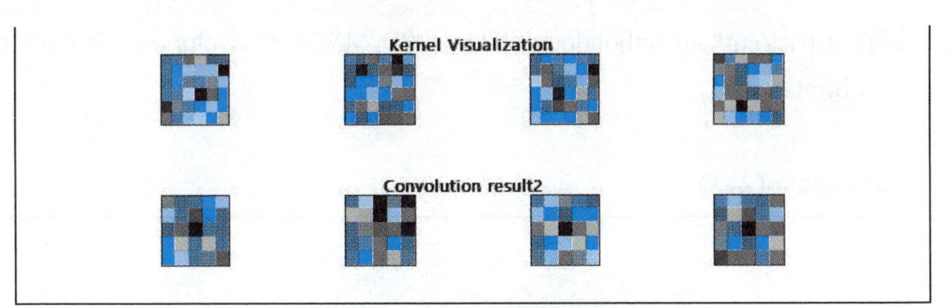

リスト 21.14：解答例

21.3.3 strides（Conv 層）

畳み込み層の **strides** パラメータは、**特徴を抽出する間隔**、つまり**カーネルを動かす距離**を指定します（図 21.25、図 21.26）。なお図の青色のパネルの周りに白い枠があるのは現時点では気にしないでください。次の項で扱います。

strides が小さいほど、きめ細かく特徴量を抽出できますが、画像中の同じ場所の同じ特徴を複数回検出してしまうなど、無駄な計算が多くなっているように思えます。

しかし一般的に **strides** は小さいほうが良いとされ、Keras の **Conv2D** レイヤーでは **strides** はデフォルトで **(1,1)** となっています。

・**strides=(1,1)**

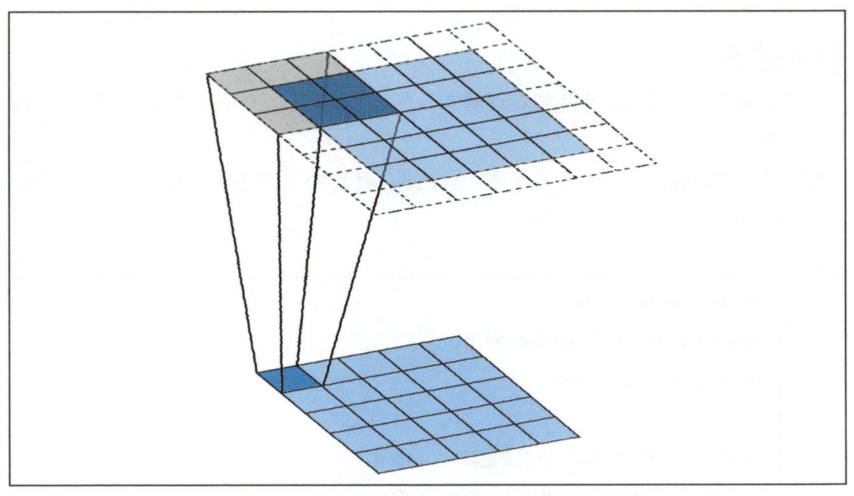

図 21.25：strides=(1,1)

出典「CNTK 103: Part D - Convolutional Neural Network with MNIST」より引用

URL https://cntk.ai/pythondocs/CNTK_103D_MNIST_ConvolutionalNeuralNetwork.html

・**strides=(2,2)**

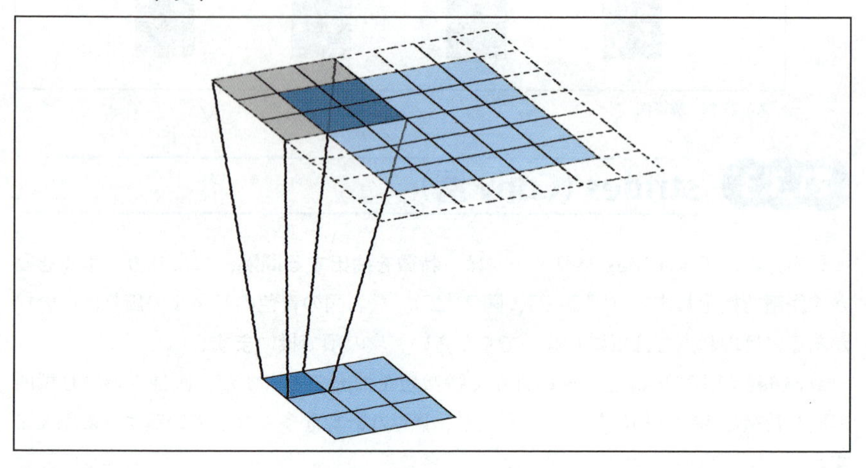

図 21.26：strides=(2,2)

出典「CNTK 103: Part D - Convolutional Neural Network with MNIST」より引用
URL https://cntk.ai/pythondocs/CNTK_103D_MNIST_ConvolutionalNeuralNetwork.html

問題

ここでもアルゴリズムの中身を理解するため、Keras と TensorFlow を用いずに実装してみましょう。

畳み込み 2 の部分を正しく埋めて、**strides=(2,2)** の畳み込みを行ってください（リスト 21.15）。

In

```
import numpy as np
import matplotlib.pyplot as plt
import urllib.request


# ごくシンプルな畳み込み層を定義しています
# 1チャンネルの画像の畳み込みのみを想定しています
# シンプルな例にするため、padding は考えません
```

```
class Conv:
    def __init__(self, filters, kernel_size, strides):
        self.filters = filters
        self.kernel_size = kernel_size
        self.strides = strides
        self.W = np.random.rand(filters, kernel_size[0], kernel_size[1])
    def f_prop(self, X):
        k_h = self.kernel_size[0]
        k_w = self.kernel_size[1]
        s_h = self.strides[0]
        s_w = self.strides[1]
        out = np.zeros((filters, (X.shape[0]-k_h)//s_h+1,
                                (X.shape[1]-k_w)//s_w+1))
        for k in range(self.filters):
            for i in range(out[0].shape[0]):
                for j in range(out[0].shape[1]):
                    x = X[i*s_h:i*s_h+k_h, j*s_w:j*s_w+k_w]
                        out[k,i,j] = np.dot(self.W[k].flatten(),↵
x.flatten())
        return out

local_filename, headers = urllib.request.urlretrieve('https://↵
aidemyexcontentsdata.blob.core.windows.net/data/5100_cnn/circle.npy')
X = np.load(local_filename)

# 畳み込み1
filters = 4
kernel_size = (3,3)
strides = (1,1)

# 畳み込み層を生成します
conv1 = Conv(filters=filters, kernel_size=kernel_size, strides=strides)

# 畳み込みを実行します
```

```
C1 = conv1.f_prop(X)

# 畳み込み2
filters = 4
kernel_size = (3,3)
strides = (2,2)

# 畳み込み層を生成してください
conv2 = 
conv2.W = conv1.W # カーネルを統一しています

# 畳み込みを実行してください
C2 = 
# ------------------------------------------------------------
# 以下はすべて可視化のためのコードです
# ------------------------------------------------------------
plt.imshow(X)
plt.title('The original image', fontsize=12)
plt.show()

plt.figure(figsize=(10,1))
for i in range(filters):
    plt.subplot(1, filters, i+1)
    ax = plt.gca() # get current axis
    ax.tick_params(labelbottom="off", labelleft="off", bottom="off",
                   left="off") # 軸を削除します
    plt.imshow(conv1.W[i])
plt.suptitle('Kernel Visualization', fontsize=12)
plt.show()

plt.figure(figsize=(10,1))
for i in range(filters):
    plt.subplot(1, filters, i+1)
    ax = plt.gca() # get current axis
```

```
    ax.tick_params(labelbottom="off", labelleft="off", bottom="off",
                   left="off") # 軸を削除します
    plt.imshow(C1[i])
plt.suptitle('Convolution result 1', fontsize=12)
plt.show()

plt.figure(figsize=(10,1))
for i in range(filters):
    plt.subplot(1, filters, i+1)
    ax = plt.gca() # get current axis
    ax.tick_params(labelbottom="off", labelleft="off", bottom="off",
                   left="off") # 軸を削除します
    plt.imshow(conv2.W[i])
plt.suptitle('Kernel Visualization', fontsize=12)
plt.show()

plt.figure(figsize=(10,1))
for i in range(filters):
    plt.subplot(1, filters, i+1)
    ax = plt.gca() # get current axis
    ax.tick_params(labelbottom="off", labelleft="off", bottom="off",
                   left="off") # 軸を削除します
    plt.imshow(C2[i])
plt.suptitle('Convolution result 2', fontsize=12)
plt.show()
```

リスト 21.15：問題

ヒント

畳み込み 1 の実装を参考にしてみてください。

解答例

In

```
(…略…)
# 畳み込み層を生成してください
```

```
conv2 = Conv(filters=filters, kernel_size=kernel_size, strides=strides)
conv2.W = conv1.W # カーネルを統一しています

# 畳み込みを実行してください
C2 = conv2.f_prop(X)

# 以下はすべて可視化のためのコードです
(…略…)
```

Out

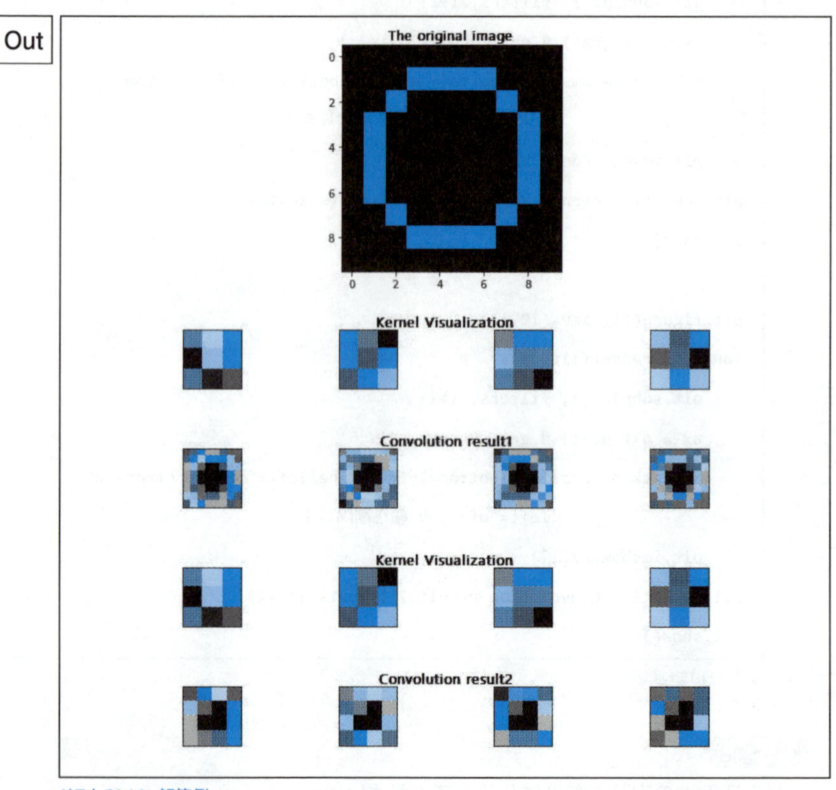

リスト 21.16：解答例

21.3.4 padding（Conv 層）

パディングとは、**入力画像の周辺を 0 で埋めること**を指します。

パディングによって端のデータの特徴もよく考慮されるようになりますが、他にも、データ更新の頻度が上がることや、各層の入出力ユニット数の調整が行えることなどのメリットが考えられます。

図 21.27 の薄い青のパネルの周りの白い枠はパディングを表現していますが、これは上下に 1、左右にも 1 パディングをした図となります。

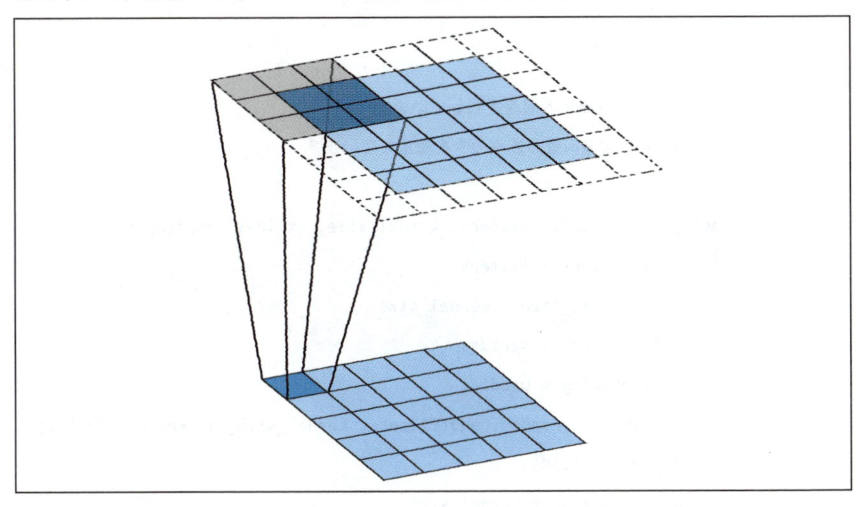

図 21.27：strides=(1,1)（再掲）

出典「CNTK 103: Part D - Convolutional Neural Network with MNIST」より引用

URL https://cntk.ai/pythondocs/CNTK_103D_MNIST_ConvolutionalNeuralNetwork.html

Keras の **Conv2D** 層では、**padding=valid**、**padding=same** などのようにしてパディングの仕方を指定します。

padding=valid の場合パディングは行われず、**padding=same** の場合、出力される特徴マップが入力のサイズと一致するように、入力にパディングが行われます。

リスト 21.17 ①では、**padding=(1,1)** のように、パディングする幅を引数に取ります。

問題

ここでもアルゴリズムの中身を理解するため、Keras と TensorFlow を用いずに実装してみましょう。

リスト 21.17 の畳み込み 2 の部分を正しく埋めて、**padding=(2,2)** の畳み込みを行ってください。

In

```
import numpy as np
import matplotlib.pyplot as plt
import urllib.request


# ごくシンプルな畳み込み層を定義しています
# 1チャンネルの画像の畳み込みのみを想定しています
class Conv:
    def __init__(self, filters, kernel_size, strides, padding):
        self.filters = filters
        self.kernel_size = kernel_size
        self.strides = strides
        self.padding = padding
        self.W = np.random.rand(filters, kernel_size[0], kernel_size[1])
    def f_prop(self, X):
        k_h, k_w = self.kernel_size
        s_h, s_w = self.strides
        p_h, p_w = self.padding
        out = np.zeros((filters, (X.shape[0]+p_h*2-k_h)//s_h+1,
                            (X.shape[1]+p_w*2-k_w)//s_w+1))
        # パディング
        X = np.pad(X, ((p_h, p_h), (p_w, p_w)), 'constant',
                   constant_values=((0,0),(0,0)))
        self.X = X # 後でパディング結果を可視化するために保持しておきます
        for k in range(self.filters):
            for i in range(out[0].shape[0]):
                for j in range(out[0].shape[1]):
                    x = X[i*s_h:i*s_h+k_h, j*s_w:j*s_w+k_w]
                    out[k,i,j] = np.dot(self.W[k].flatten(),
                                        x.flatten())
        return out
```

```
local_filename, headers = urllib.request.urlretrieve('https://⏎
aidemyexcontentsdata.blob.core.windows.net/data/5100_cnn/circle.npy')
X = np.load(local_filename)

# 畳み込み1
filters = 4
kernel_size = (3,3)
strides = (1,1)
padding = (0,0)          ①

# 畳み込み層を生成します
conv1 = Conv(filters=filters, kernel_size=kernel_size, strides=strides,
             padding=padding)

# 畳み込みを実行します
C1 = conv1.f_prop(X)

# 畳み込み2
filters = 4
kernel_size = (3,3)
strides = (1,1)
padding = (2,2)          ①

# 畳み込み層を生成してください
conv2 =
conv2.W = conv1.W # 重みを統一しています

# 畳み込みを実行してください
C2 =
# --------------------------------------------------------------
# 以下はすべて可視化のためのコードです
# --------------------------------------------------------------
plt.imshow(conv1.X)
plt.title('Padding result of convolution 1', fontsize=12)
```

```
plt.show()

plt.figure(figsize=(10,1))
for i in range(filters):
    plt.subplot(1, filters, i+1)
    ax = plt.gca() # get current axis
    ax.tick_params(labelbottom="off", labelleft="off", bottom="off",
                   left="off") # 軸を削除します
    plt.imshow(conv1.W[i])
plt.suptitle('Visualization of the convolution 1 kernel', fontsize=12)
plt.show()

plt.figure(figsize=(10,1))
for i in range(filters):
    plt.subplot(1, filters, i+1)
    ax = plt.gca() # get current axis
    ax.tick_params(labelbottom="off", labelleft="off", bottom="off",
                   left="off") # 軸を削除します
    plt.imshow(C1[i])
plt.suptitle('Result of convolution 1', fontsize=12)
plt.show()

plt.imshow(conv2.X)
plt.title('Padding result of convolution 2', fontsize=12)
plt.show()

plt.figure(figsize=(10,1))
for i in range(filters):
    plt.subplot(1, filters, i+1)
    ax = plt.gca() # get current axis
    ax.tick_params(labelbottom="off", labelleft="off", bottom="off",
                   left="off") # 軸を削除します
    plt.imshow(conv2.W[i])
plt.suptitle('Visualization of the convolution 2 kernel', fontsize=12)
```

```
plt.show()


plt.figure(figsize=(10,1))
for i in range(filters):
    plt.subplot(1, filters, i+1)
    ax = plt.gca() # get current axis
    ax.tick_params(labelbottom="off", labelleft="off", bottom="off",
                   left="off") # 軸を削除します
    plt.imshow(C2[i])
plt.suptitle('Result of convolution 2', fontsize=12)
plt.show()
```

リスト 21.17：問題

ヒント

畳み込み 1 の実装を参考にしてみてください。

解答例

In

```
(…略…)
# 畳み込み層を生成してください
conv2 = Conv(filters=filters, kernel_size=kernel_size, strides=strides, ↵
padding=padding)
conv2.W = conv1.W # 重みを統一しています

# 畳み込みを実行してください
C2 = conv2.f_prop(X)
# ---------------------------------------------------------------
# 以下はすべて可視化のためのコードです
# ---------------------------------------------------------------
(…略…)
```

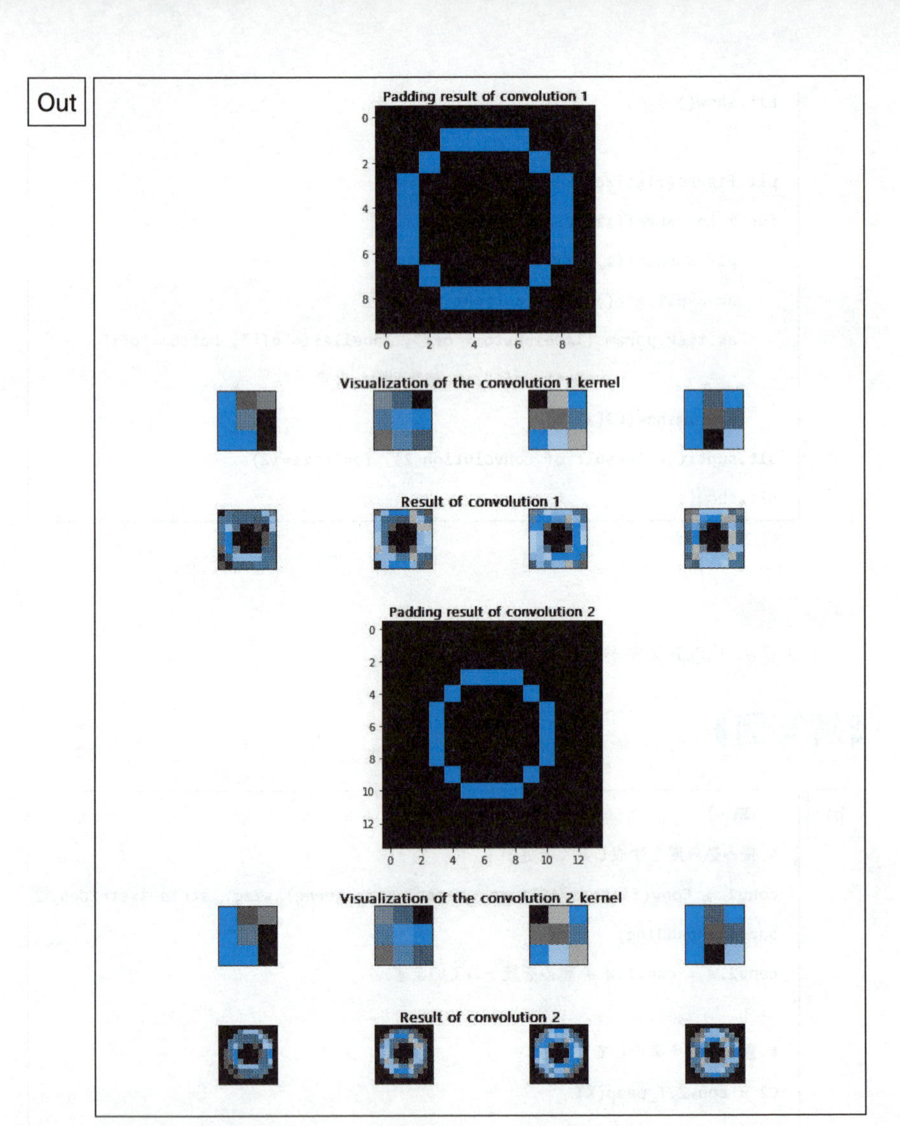

リスト 21.18：解答例

21.3.5 pool_size（Pool 層）

プーリング層の **pool_size** パラメータは、**プーリングの粗さ**を指定するパラメータです。図 21.28 では、最初のプーリングのサイズは 2 × 2 となっています。

pool_size を大きくすることで、位置に対するロバスト性が上がる（画像の中でオブジェクトが映る位置が多少変化しても出力が変化しないこと）とされますが、基本的に **pool_size** は 2 × 2 にすれば良いとされています。

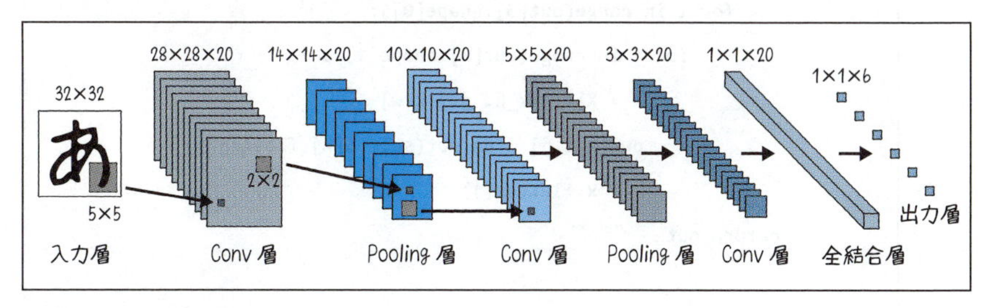

図 21.28：畳み込み層とプーリング層（再掲）

出典「DeepAge」より引用

URL https://deepage.net/deep_learning/2016/11/07/convolutional_neural_network.html

問題

ここでもアルゴリズムの中身を理解するため、Keras と TensorFlow を用いずに実装してみましょう。

リスト 21.19 のプーリング 2 の部分を正しく埋めて、**pool_size = (4,4)** の Max プーリングを行ってください。

In

```
import numpy as np
import matplotlib.pyplot as plt
import urllib.request

# ごくシンプルな畳み込み層を定義しています
class Conv:
    def __init__(self, W, filters, kernel_size):
        self.filters = filters
        self.kernel_size = kernel_size
        self.W = W # np.random.rand(filters, kernel_size[0],
                   #                    kernel_size[1])
    def f_prop(self, X):
        k_h, k_w = self.kernel_size
```

```
        out = np.zeros((filters, X.shape[0]-k_h+1, X.shape[1]-k_w+1))
        for k in range(self.filters):
            for i in range(out[0].shape[0]):
                for j in range(out[0].shape[1]):
                    x = X[i:i+k_h, j:j+k_w]
                    out[k,i,j] = np.dot(self.W[k].flatten(),
                        x.flatten())
        return out

# ごくシンプルなプーリング層を定義しています
# 1チャンネルの特徴マップのプーリングのみを想定しています
class Pool:
    def __init__(self, pool_size):
        self.pool_size = pool_size
    def f_prop(self, X):
        k_h, k_w = self.pool_size
        out = np.zeros((X.shape[0]-k_h+1, X.shape[1]-k_w+1))
        for i in range(out.shape[0]):
            for j in range(out.shape[1]):
                out[i,j] = np.max(X[i:i+k_h, j:j+k_w])
        return out

local_filename, headers = urllib.request.urlretrieve('https://⏎
aidemyexcontentsdata.blob.core.windows.net/data/5100_cnn/circle.npy')
X = np.load(local_filename)

local_filename_w, headers = urllib.request.urlretrieve('https://⏎
aidemyexcontentsdata.blob.core.windows.net/data/5100_cnn/weight.npy')
W = np.load(local_filename_w)

# 畳み込み
filters = 4
kernel_size = (3,3)
conv = Conv(W=W, filters=filters, kernel_size=kernel_size)
```

```
C = conv.f_prop(X)

# プーリング1
pool_size = (2,2)
pool1 = Pool(pool_size)
P1 = [pool1.f_prop(C[i]) for i in range(len(C))]

# プーリング2（定義してください）
pool_size = (4,4)
pool2 =
P2 =
# ---------------------------------------------------------------
# 以下はすべて可視化のためのコードです
# ---------------------------------------------------------------
plt.imshow(X)
plt.title('The original image', fontsize=12)
plt.show()

plt.figure(figsize=(10,1))
for i in range(filters):
    plt.subplot(1, filters, i+1)
    ax = plt.gca() # get current axis
    ax.tick_params(labelbottom="off", labelleft="off", bottom="off",
                   left="off") # 軸を削除します
    plt.imshow(C[i])
plt.suptitle('Convolution result', fontsize=12)
plt.show()

plt.figure(figsize=(10,1))
for i in range(filters):
    plt.subplot(1, filters, i+1)
    ax = plt.gca() # get current axis
    ax.tick_params(labelbottom="off", labelleft="off", bottom="off",
                   left="off") # 軸を削除します
    plt.imshow(P1[i])
```

```
plt.suptitle('Pooling result', fontsize=12)
plt.show()


plt.figure(figsize=(10,1))
for i in range(filters):
    plt.subplot(1,filters,i+1)
    ax = plt.gca() # get current axis
    ax.tick_params(labelbottom="off", labelleft="off", bottom="off",
                   left="off") # 軸を削除します
    plt.imshow(P2[i])
plt.suptitle('Pooling result', fontsize=12)
plt.show()
```

リスト 21.19：問題

ヒント

プーリング1の実装を参考にしてみてください。

解答例

In

```
import numpy as np
import matplotlib.pyplot as plt
import urllib.request

(…略…)
# プーリング2（定義してください）
pool_size = (4,4)
pool2 = Pool(pool_size)
P2 = [pool2.f_prop(C[i]) for i in range(len(C))]
# ---------------------------------------------------------------
# 以下はすべて可視化のためのコードです
# ---------------------------------------------------------------
(…略…)
```

Out

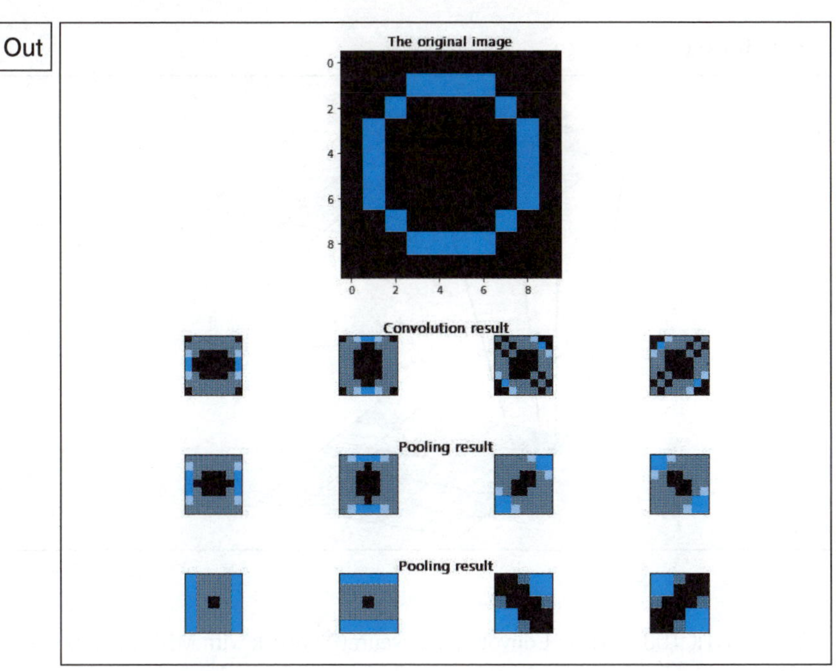

リスト21.20：解答例

21.3.6 strides（Pool 層）

プーリング層の **strides** パラメータは、畳み込み層の **strides** パラメータと同様に、特徴マップをプーリングする間隔を指定します。

Keras の **Conv2D** レイヤーでは **strides** はデフォルトで **pool_size** と一致させるようになっています。

・**strides=(1,1)**

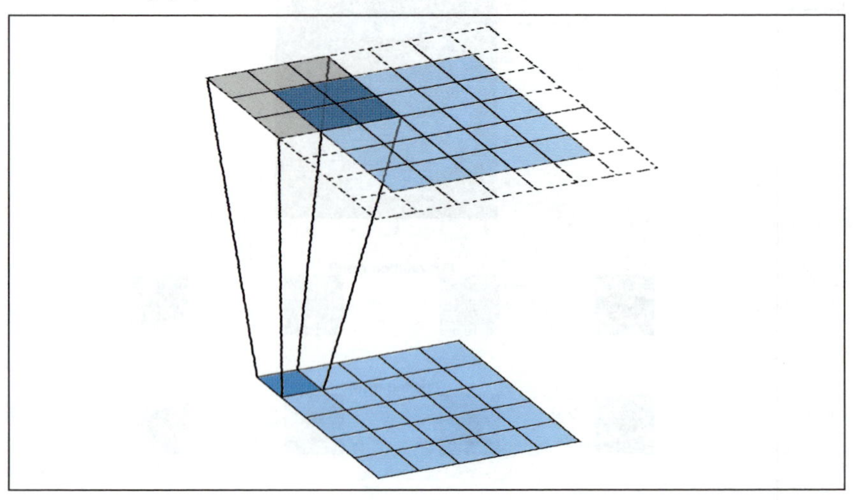

図 21.29：strides=(1,1)（再掲）

出典「CNTK 103: Part D - Convolutional Neural Network with MNIST」より引用

URL https://cntk.ai/pythondocs/CNTK_103D_MNIST_ConvolutionalNeuralNetwork.html

・**strides=(2,2)**

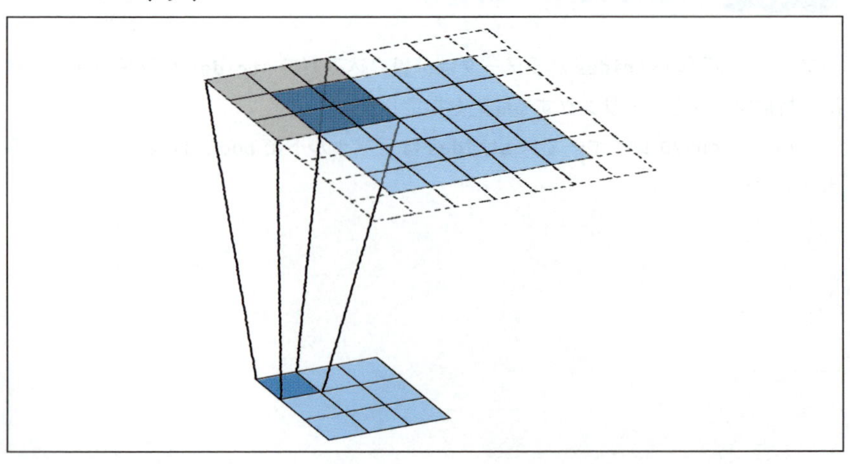

図 21.30：strides=(2,2)（再掲）

出典「CNTK 103: Part D - Convolutional Neural Network with MNIST」より引用

URL https://cntk.ai/pythondocs/CNTK_103D_MNIST_ConvolutionalNeuralNetwork.html

問題

ここでもアルゴリズムの中身を理解するため、Keras と TensorFlow を用いずに実装してみましょう。

リスト 21.21 のプーリング 2 の部分を正しく埋めて、**strides=(2,2)** の Max プーリングを行ってください。

In
```
import numpy as np
import matplotlib.pyplot as plt
import urllib.request

# ごくシンプルな畳み込み層を定義しています
class Conv:
    def __init__(self, W, filters, kernel_size):
        self.filters = filters
        self.kernel_size = kernel_size
        self.W = W # np.random.rand(filters, kernel_size[0],
                   #                   kernel_size[1])
    def f_prop(self, X):
        k_h, k_w = self.kernel_size
        out = np.zeros((filters, X.shape[0]-k_h+1, X.shape[1]-k_w+1))
        for k in range(self.filters):
            for i in range(out[0].shape[0]):
                for j in range(out[0].shape[1]):
                    x = X[i:i+k_h, j:j+k_w]
                    out[k,i,j] = np.dot(self.W[k].flatten(),
                                        x.flatten())
        return out

# ごくシンプルなプーリング層を定義しています
# 1 チャンネルの特徴マップのプーリングのみを想定しています
class Pool:
```

```
    def __init__(self, pool_size, strides):
        self.pool_size = pool_size
        self.strides = strides
    def f_prop(self, X):
        k_h, k_w = self.pool_size
        s_h, s_w = self.strides
        out = np.zeros(((X.shape[0]-k_h)//s_h+1,
                        (X.shape[1]-k_w)//s_w+1))
        for i in range(out.shape[0]):
            for j in range(out.shape[1]):
                out[i,j] = np.max(X[i*s_h:i*s_h+k_h, j*s_w:j*s_w+k_w])
        return out

local_filename, headers = urllib.request.urlretrieve('https://↵
aidemyexcontentsdata.blob.core.windows.net/data/5100_cnn/circle.npy')
X = np.load(local_filename)

local_filename_w, headers = urllib.request.urlretrieve('https://↵
aidemyexcontentsdata.blob.core.windows.net/data/5100_cnn/weight.npy')
W = np.load(local_filename_w)

# 畳み込み
filters = 4
kernel_size = (3,3)
conv = Conv(W=W, filters=filters, kernel_size=kernel_size)
C = conv.f_prop(X)

# プーリング1
pool_size = (2,2)
strides = (1,1)
pool1 = Pool(pool_size, strides)
P1 = [pool1.f_prop(C[i]) for i in range(len(C))]

# プーリング2（定義してください）
```

```
pool_size = (3,3)
strides = (2,2)
pool2 =
P2 =
# ------------------------------------------------------------
# 以下はすべて可視化のためのコードです
# ------------------------------------------------------------
plt.imshow(X)
plt.title('The original image', fontsize=12)
plt.show()

plt.figure(figsize=(10,1))
for i in range(filters):
    plt.subplot(1,filters,i+1)
    ax = plt.gca() # get current axis
    ax.tick_params(labelbottom="off", labelleft="off", bottom="off",
                   left="off") # 軸を削除します
    plt.imshow(C[i])
plt.suptitle('Convolution result', fontsize=12)
plt.show()

plt.figure(figsize=(10,1))
for i in range(filters):
    plt.subplot(1, filters, i+1)
    ax = plt.gca() # get current axis
    ax.tick_params(labelbottom="off", labelleft="off", bottom="off",
                   left="off") # 軸を削除します
    plt.imshow(P1[i])
plt.suptitle('Pooling result', fontsize=12)
plt.show()

plt.figure(figsize=(10,1))
for i in range(filters):
    plt.subplot(1, filters, i+1)
```

```
    ax = plt.gca() # get current axis
    ax.tick_params(labelbottom="off", labelleft="off", bottom="off",
                   left="off") # 軸を削除します
    plt.imshow(P2[i])
plt.suptitle('Pooling result', fontsize=12)
plt.show()
```

リスト 21.21：問題

ヒント

プーリング１の実装を参考にしてみてください。

解答例

In

```
(…略…)
# プーリング 2（定義してください）
pool_size = (3,3)
strides = (2,2)
pool2 = Pool((3,3), (2,2))
P2 = [pool2.f_prop(C[i]) for i in range(len(C))]
# ---------------------------------------------------------------
# 以下はすべて可視化のためのコードです
# ---------------------------------------------------------------
(…略…)
```

Out

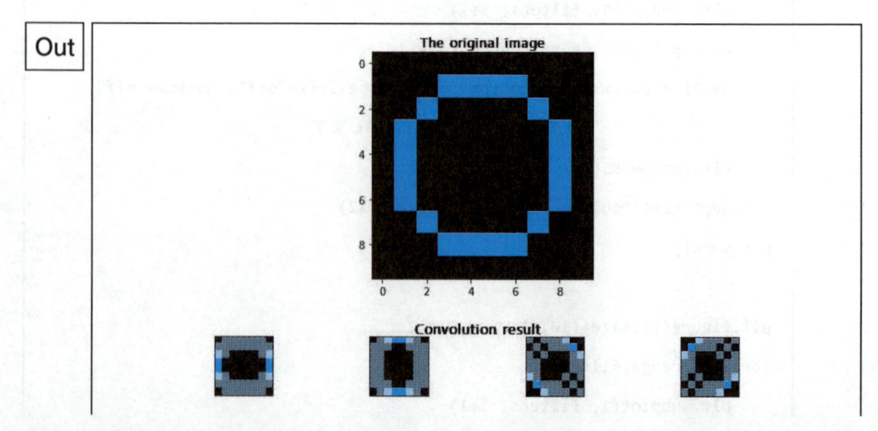

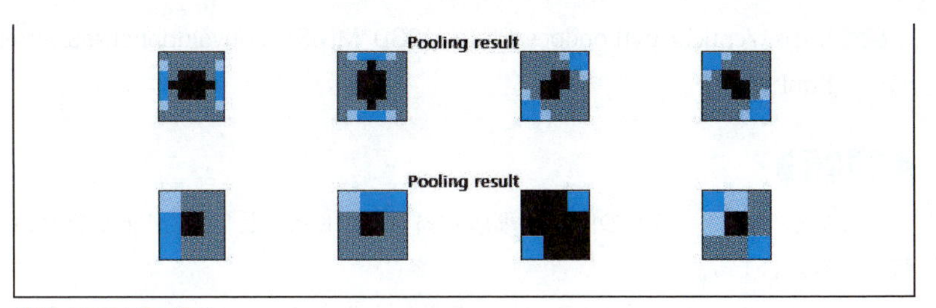

リスト21.22：解答例

21.3.7 padding（Pool層）

畳み込み層の**padding**と同様に、プーリング層の**padding**パラメータは、パディングの仕方を指定します（図21.31）。

Kerasの**MaxPooling2D**層では、**padding=valid**、**padding=same**などのようにしてパディングの仕方を指定します。

padding=validの場合にはパディングは行われず、**padding=same**の場合、出力される特徴マップが入力のサイズと一致するように、入力にパディングが行われます。

リスト21.23 ①の**padding=(1,1)**のように、パディングする幅を引数に取ります。

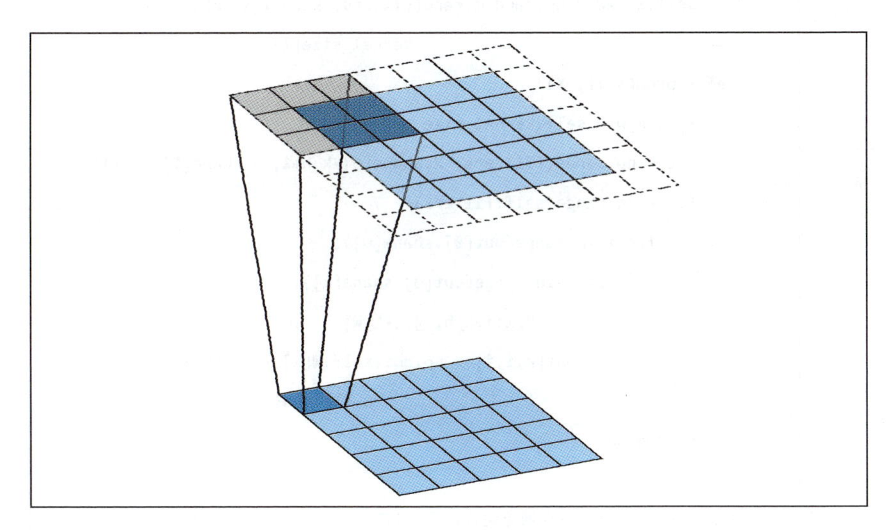

図21.31：strides=(1,1)（再掲）

出典「CNTK 103: Part D - Convolutional Neural Network with MNIST」より引用

URL https://cntk.ai/pythondocs/CNTK_103D_MNIST_ConvolutionalNeuralNetwork.html

問題

ここでもアルゴリズムの中身を理解するため、Keras と TensorFlow を用いずに実装してみましょう。

リスト 21.23 のプーリング２の部分を正しく埋めて、**padding=(1,1)** で Max プーリングを行ってください。

In

```
import numpy as np
import matplotlib.pyplot as plt
import urllib.request

# ごくシンプルな畳み込み層を定義しています
class Conv:
    def __init__(self, W, filters, kernel_size):
        self.filters = filters
        self.kernel_size = kernel_size
        self.W = W # np.random.rand(filters, kernel_size[0],
                   #                         kernel_size[1])
    def f_prop(self, X):
        k_h, k_w = self.kernel_size
        out = np.zeros((filters, X.shape[0]-k_h+1, X.shape[1]-k_w+1))
        for k in range(self.filters):
            for i in range(out[0].shape[0]):
                for j in range(out[0].shape[1]):
                    x = X[i:i+k_h, j:j+k_w]
                    out[k,i,j] = np.dot(self.W[k].flatten(),
                                        x.flatten())
        return out

# ごくシンプルなプーリング層を定義しています
# 1チャンネルの特徴マップのプーリングのみを想定しています
class Pool:
```

```
    def __init__(self, pool_size, strides, padding):
        self.pool_size = pool_size
        self.strides = strides
        self.padding = padding
    def f_prop(self, X):
        k_h, k_w = self.pool_size
        s_h, s_w = self.strides
        p_h, p_w = self.padding
        out = np.zeros(((X.shape[0]+p_h*2-k_h)//s_h+1,
                        (X.shape[1]+p_w*2-k_w)//s_w+1))
        X = np.pad(X, ((p_h,p_h),(p_w,p_w)), 'constant',
                   constant_values=((0,0),(0,0)))
        for i in range(out.shape[0]):
            for j in range(out.shape[1]):
                out[i,j] = np.max(X[i*s_h:i*s_h+k_h, j*s_w:j*s_w+k_w])
        return out

local_filename, headers = urllib.request.urlretrieve('https://⏎
aidemyexcontentsdata.blob.core.windows.net/data/5100_cnn/circle.npy')
X = np.load(local_filename)

local_filename_w, headers = urllib.request.urlretrieve('https://⏎
aidemyexcontentsdata.blob.core.windows.net/data/5100_cnn/weight.npy')
W = np.load(local_filename_w)

# 畳み込み
filters = 4
kernel_size = (3, 3)
conv = Conv(W=W, filters=filters, kernel_size=kernel_size)
C = conv.f_prop(X)

# プーリング1
pool_size = (2,2)
strides = (2,2)
```

```
padding = (0,0)
pool1 = Pool(pool_size=pool_size, strides=strides, padding=padding)
P1 = [pool1.f_prop(C[i]) for i in range(len(C))]

# プーリング2（定義してください）
pool_size = (2,2)
strides = (2,2)
padding = (1,1)        ①
pool2 = 
P2 = 
# ---------------------------------------------------------------
# 以下はすべて可視化のためのコードです
# ---------------------------------------------------------------
plt.imshow(X)
plt.title('The original image', fontsize=12)
plt.show()

plt.figure(figsize=(10, 1))
for i in range(filters):
    plt.subplot(1,filters, i+1)
    ax = plt.gca() # get current axis
    ax.tick_params(labelbottom="off", labelleft="off", bottom="off",
                   left="off") # 軸を削除します
    plt.imshow(C[i])
plt.suptitle('Convolution result', fontsize=12)
plt.show()

plt.figure(figsize=(10,1))
for i in range(filters):
    plt.subplot(1, filters, i+1)
    ax = plt.gca() # get current axis
    ax.tick_params(labelbottom="off", labelleft="off", bottom="off",
                   left="off") # 軸を削除します
    plt.imshow(P1[i])
```

```
plt.suptitle('Pooling result', fontsize=12)
plt.show()


plt.figure(figsize=(10,1))
for i in range(filters):
    plt.subplot(1, filters, i+1)
    ax = plt.gca() # get current axis
    ax.tick_params(labelbottom="off", labelleft="off", bottom="off",
                   left="off") # 軸を削除します
    plt.imshow(P2[i])
plt.suptitle('Pooling result', fontsize=12)
plt.show()
```

リスト21.23：問題

ヒント

プーリング1の実装を参考にしてみてください。

解答例

In

```
(…略…)
# プーリング2（定義してください）
pool_size = (2,2)
strides = (2,2)
padding = (1,1)
pool2 = Pool(pool_size=pool_size, strides=strides, padding=padding)
P2 = [pool2.f_prop(C[i]) for i in range(len(C))]
# ---------------------------------------------------------------
# 以下はすべて可視化のためのコードです
# ---------------------------------------------------------------
(…略…)
```

Out

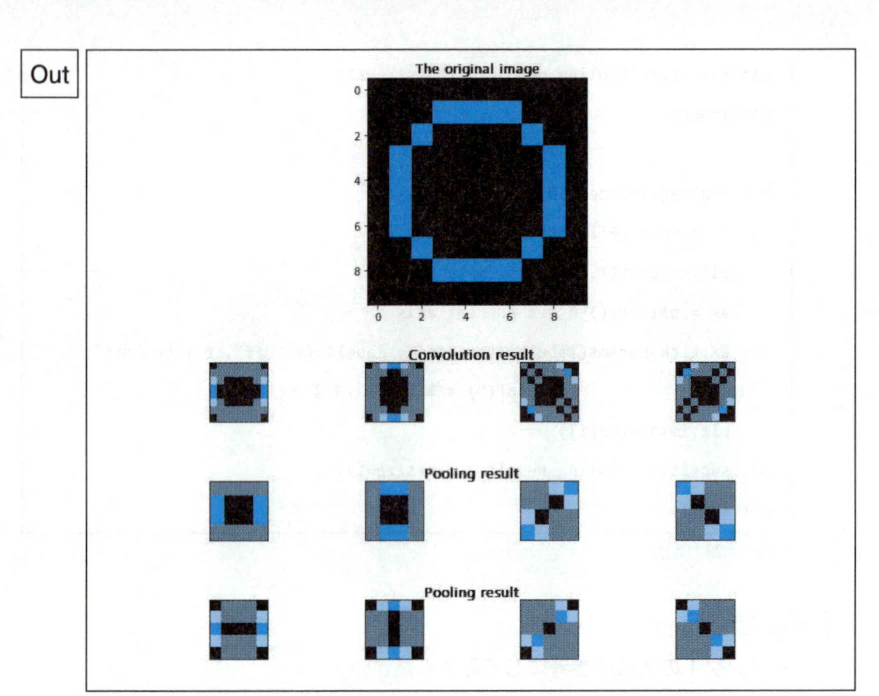

リスト 21.24：解答例

添削問題

ここまでのコードをベースに、Keras で CNN を実装し、モデルの構築まで行いましょう。

問題

リスト 21.25 のコメントアウトの部分を実装してください。

In

```
from keras.layers import Activation, Conv2D, Dense, Flatten,↵
MaxPooling2D
from keras.models import Sequential, load_model
from keras.utils.np_utils import to_categorical

# モデルを定義します
# インスタンスを作成してください
model =
```

```
model.add(Conv2D(input_shape=(28, 28, 1),
                 filters=32,
                 kernel_size=(2, 2),
                 strides=(1, 1),
                 padding="same"))
model.add(MaxPooling2D(pool_size=(2, 2),
                       strides=(1,1)))
model.add(Conv2D(filters=32,
                 kernel_size=(2, 2),
                 strides=(1, 1),
                 padding="same"))
model.add(MaxPooling2D(pool_size=(2, 2),
                       strides=(1,1)))
model.add(Flatten())
model.add(Dense(256))


# 活性化関数はsigmoidを使ってください
model.add()
model.add(Dense(128))

# 活性化関数はsigmoidを使ってください
model.add()
model.add(Dense(10))

# 活性化関数はsoftmaxを使ってください
model.add()

model.summary()
```

リスト21.25：問題

モデルのインスタンスは **Sequential()** で作成できます。

解答例

In

```
from keras.layers import Activation, Conv2D, Dense, Flatten,↵
MaxPooling2D
from keras.models import Sequential, load_model
from keras.utils.np_utils import to_categorical

# モデルを定義します
# インスタンスを作成してください
model = Sequential()
(…略…)
# 活性化関数はsigmoidを使ってください
model.add(Activation('sigmoid'))
model.add(Dense(128))

# 活性化関数はsigmoidを使ってください
model.add(Activation('sigmoid'))
model.add(Dense(10))

# 活性化関数はsoftmaxを使ってください
model.add(Activation('softmax'))

model.summary()
```

Out

```
_________________________________________________________________
Layer (type)                 Output Shape              Param #
=================================================================
conv2d_1 (Conv2D)            (None, 28, 28, 32)        160
_________________________________________________________________
max_pooling2d_1 (MaxPooling2 (None, 27, 27, 32)        0
_________________________________________________________________
conv2d_2 (Conv2D)            (None, 27, 27, 32)        4128
_________________________________________________________________
```

```
max_pooling2d_2 (MaxPooling2 (None, 26, 26, 32)        0
_________________________________________________________________
flatten_1 (Flatten)          (None, 21632)             0
_________________________________________________________________
dense_1 (Dense)              (None, 256)               5538048
_________________________________________________________________
activation_1 (Activation)    (None, 256)               0
_________________________________________________________________
dense_2 (Dense)              (None, 128)               32896
_________________________________________________________________
activation_2 (Activation)    (None, 128)               0
_________________________________________________________________
dense_3 (Dense)              (None, 10)                1290
_________________________________________________________________
activation_3 (Activation)    (None, 10)                0
=================================================================
Total params: 5,576,522
Trainable params: 5,576,522
Non-trainable params: 0
_________________________________________________________________
```

リスト 21.26：解答例

解説

Keras では、まずモデルを管理するインスタンスを作り、**add()** メソッドで層を一層ずつ定義していきます。Sequential モデルのインスタンスを作成するには、**model = Sequential()** としましょう。中でも、**Activation('sigmoid')** とすることで、活性化関数を指定できます。

この章を復習して各層の引数に関して、それぞれどの役割があるのかを理解しましょう。

第 22 章

CNN を用いた画像認識の応用

22.1 データの水増し

22.1.1 ImageDataGenerator

画像認識では、画像データとそのラベル（教師データ）の組み合わせが大量に必要となります。しかしながら十分な数の画像とラベルの組み合わせを用意することは、しばしばかなりのコストがかかります。そこで、データの個数を十分量に増やす際に行われるテクニックとして、**画像の水増し**があります。

画像の水増しといっても、ただ単にデータをコピーして量を増やすだけでは意味がありません。そこで、例えば画像を**反転**したり、**ずらし**たりして新たなデータを作り出します（図 22.1）。

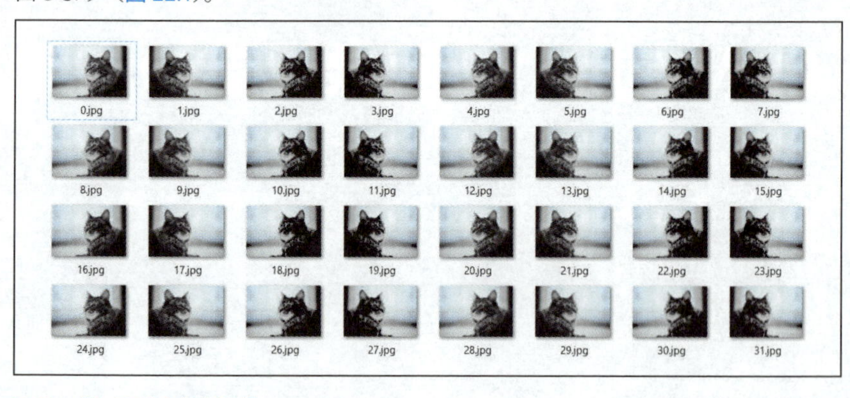

図 22.1：新たな画像を作成する例

ここでは、Keras の `ImageDataGenerator` を使って水増しを行っていきます。

`ImageDataGenerator` には多くの引数があり、様々な手法で簡単にデータを加工することができます。また複数の加工を組み合わせて新しい画像を生成することもできます。

`ImageDataGenerator` でよく使われる引数を見ていきます。

構文

```
datagen = ImageDataGenerator(rotation_range=0.,
                             width_shift_range=0.,
                             height_shift_range=0.,
                             shear_range=0.,
```

```
                    zoom_range=0.,
                    channel_shift_range=0,
                    horizontal_flip=False,
                    vertical_flip=False)
```

- rotation_range: ランダムに回転する回転範囲（単位：degree）
- width_shift_range: ランダムに水平方向に平行移動する、画像の横幅に対する割合
- height_shift_range: ランダムに垂直方向に平行移動する、画像の縦幅に対する割合
- shear_range: せん断の度合い。大きくするとより斜め方向に押しつぶされたり伸びたりしたような画像になる（単位：degree）
- zoom_range: ランダムに画像を圧縮、拡大させる割合。最小で 1-zoomrange まで圧縮され、最大で 1+zoom_range まで拡大される
- channel_shift_range: 入力が RGB3 チャンネルの画像の場合、R,G,B それぞれにランダムな値を足したり引いたりする (0~255)
- horizontal_flip: True を指定すると、ランダムに水平方向に反転する
- vertical_flip: True を指定すると、ランダムに垂直方向に反転する

他にもいくつか引数がありいろいろな処理を行うことができるので、興味がある方は以下を参考にしてください。

- Keras 公式サイト：画像の前処理
  URL https://keras.io/ja/preprocessing/image

問題

ImageDataGenerator を用いて以下の条件の下でデータの水増しを行う時に使用するコードとして正しいものを選んでください。

1. **ImageDataGenerator(rotation_range=30,height_shift_range=0.2,vertical_flip=True)**
2. **ImageDataGenerator(rotation_range=30,height_shift_range=0.2,horizontal_flip=True)**
3. **ImageDataGenerator(rotation_range=30,width_shift_range=0.2,vertical_flip=True)**
4. **ImageDataGenerator(rotation_range=30,width_shift_range=0.2,horizontal_flip=True)**

・条件

- ランダムに回転する範囲は **30degree**
- ランダムに水平方向に移動する際の画像の横幅に対する割合は 20%
- ランダムに垂直方向に反転

ヒント

datagen = ImageDataGenerator()のようにしてジェネレーターを生成できます。

解答例

3. **ImageDataGenerator(rotation_range=30,width_shift_range=0.2,vertical_flip=True)**

22.2 正規化

22.2.1 様々な正規化手法

図 22.2 は**正規化**の例です。データにある決まりに従って処理を行い、使いやすくすることを**正規化**と言います。

図 22.2 の例では**正規化**を行うことで、光の当たり方を統一し、学習に直接関係のないデータ間の差異を取り除いています。これにより、学習の効率を格段に上げることができます。

図 22.2：正規化の例

図 22.3 のグラフは、cifar10 の分類に**バッチ正規化**（**バッチノーマライゼーション、BN**）という正規化を行うと正解率が大きく上がったことを示しています。

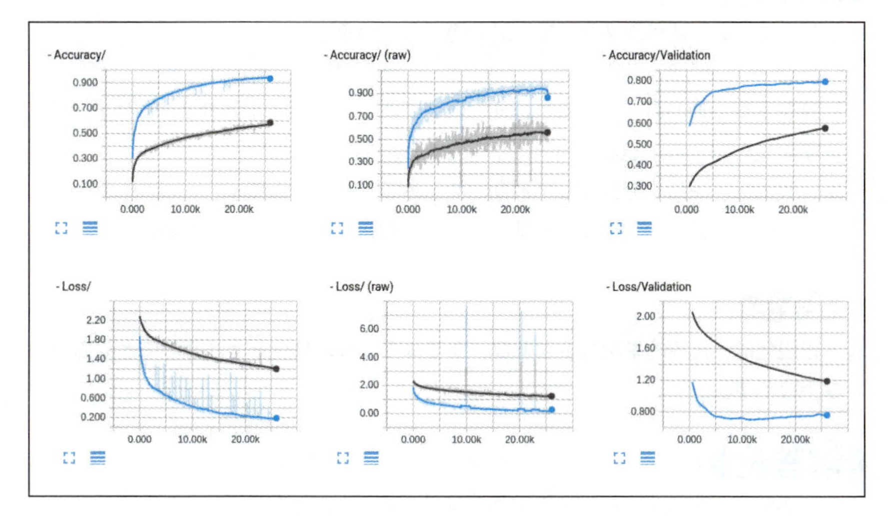

図 22.3：正規化なしとあり

出典「DeepAge」より引用

URL https://deepage.net/deep_learning/2016/10/26/batch_normalization.html

青が BN あり、黒が BN なしとなっています。

近年、深いニューラルネットワークモデルにおいて正規化はあまり必要ないとされることもありますが、簡単なモデルを使う際に極めて有用なことは間違いありません。深層学習に用いる正規化の方法にはいろいろあり、代表的なものは以下の通りです。

- バッチ正規化（BN）
- 主成分分析（PCA）
- 特異値分解（SVD）
- ゼロ位相成分分析（ZCA）
- 局所的応答正規化（LRN）
- 大域コントラスト正規化（GCN）
- 局所コントラスト正規化（LCN）

これらの正規化手法は大きく**標準化**と**白色化**に分けられます。次の項からそれぞれについて見ていきます。

問題

正規化について述べた文として、最も適当なものを選んでください。

1. 深層学習で使われる、あるいは使われていた正規化手法は全部で 2 種類である。
2. 正規化の処理の手順は自動的に学習される。
3. 一般的に、正規化を行うと学習効率を上げることができる。
4. 正規化の手法は、大きく「標準化」と「平均化」の 2 つに分けられる。

ヒント

正規化は、比較的単純なネットワークではモデルの精度を上げるのにとても有効な手段です。

解答例

3. 一般的に、正規化を行うと学習効率を上げることができる。

22.2.2 標準化

標準化は、個々の特徴を平均 0、分散 1 にすることで、特徴ごとのデータの分布を近づける手法です。

図 22.4 の画像は、cifar10 のデータセットに、各特徴（ここでは R、G、B の 3 チャンネル）それぞれについて**標準化**を行ったものです（見やすくなるようにさらに少し処理を入れてあります）。

標準化を行うことで色合いが平均的になり灰色がかったように見えますが、逆に、それまで目立っていなかった色（R か G か B）が他の色と同じレベルで重要視される（重みづけされる）ようになるため、隠れていた特徴を見つけやすくなります。

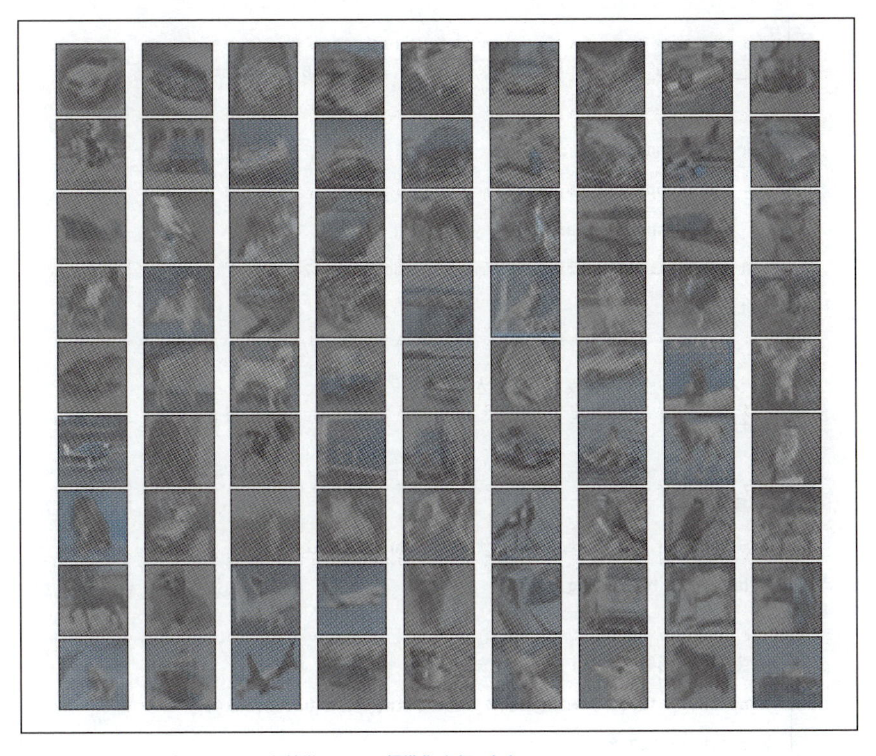

図 22.4：cifar10 のデータセットに各特徴について 標準化 を行ったもの

問題

ここからは、Keras と TensorFlow を用いた実装を行いましょう。

以下の条件とリスト 22.1 に従って cifar10 のデータセットの先頭 10 枚の画像に標準化を行い、行わなかった時の画像と比べてください。

- 各画像に標準化を行ってください。
- 標準化には **ImageDataGenerator** を使うこと。その際、ヒントを参考に **ImageDataGenerator** に適切な引数を渡してください。

In

```
import matplotlib.pyplot as plt
from keras.datasets import cifar10
from keras.preprocessing.image import ImageDataGenerator
%matplotlib inline
```

```
(X_train, y_train), (X_test, y_test) = cifar10.load_data()

for i in range(10):
    plt.subplot(2, 5, i + 1)
    plt.imshow(X_train[i])
plt.suptitle('The original image', fontsize=12)
plt.show()

# ジェネレーターを生成してください
datagen = 

# 標準化します
g = datagen.flow(X_train, y_train, shuffle=False)
X_batch, y_batch = g.next()

# 生成した画像を見やすくしています
X_batch *= 127.0 / max(abs(X_batch.min()), X_batch.max())
X_batch += 127.0
X_batch = X_batch.astype('uint8')

for i in range(10):
    plt.subplot(2, 5, i + 1)
    plt.imshow(X_batch[i])
plt.suptitle('Standardization result', fontsize=12)
plt.show()
```

リスト 22.1：問題

ヒント

- **datagen = ImageDataGenerator()** とするとジェネレーターを生成できます。
- 各チャンネルの平均を **0** に、分散を **1** にすることで標準化が行えます。
- **ImageDataGenerator** に **samplewise_center=True** を指定して各画像のチャンネルごとの平均を **0** に、**samplewise_std_normalization=True** を指定して各画像のチャンネルごとの分散を **1** にすることができます。

解答例

In

```
(…略…)
# ジェネレーターを生成してください
datagen = ImageDataGenerator(samplewise_center=True,
                             samplewise_std_normalization=True)


# 標準化します
(…略…)
```

Out

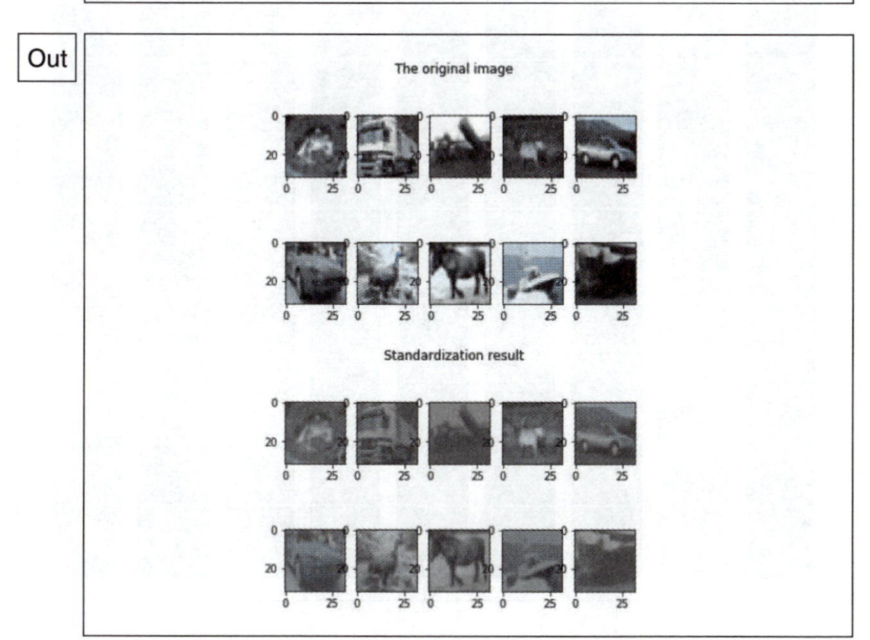

リスト22.2：解答例

22.2.3 白色化

白色化はデータの成分間の相関をなくす手法です。

図22.5の画像は、cifar10のデータセットに、各特徴（ここではR、G、Bの3チャンネル）それぞれについて**白色化**を行ったものです（見やすくなるようにさらに少

し処理を入れてあります）。

白色化を行うことで、全体的に暗くなりエッジが強調されたように見えますが、これは白色化が、周りのピクセルの情報から容易に想定される色合いは無視するような効果があるからです。

白色化によって情報量の少ない面や背景等ではなく、情報量の多いエッジ等を強調することで学習効率を上げることができます。

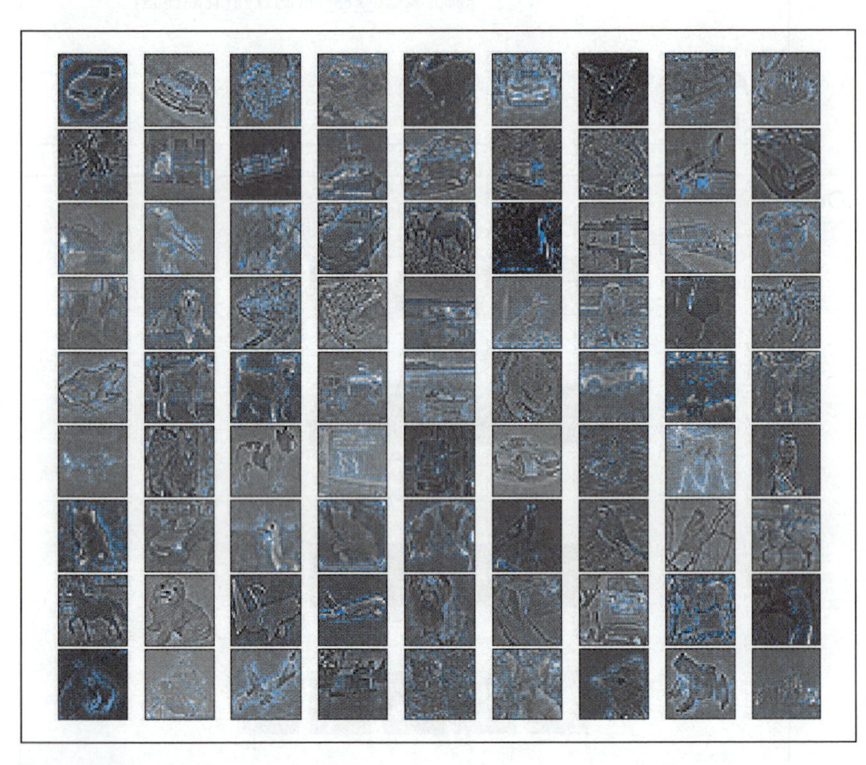

図 22.5：白色化

問題

以下の条件とリスト 22.3 に従って、cifar10 のデータセットの先頭 10 枚の画像に白色化を行い、行わなかった時の画像と比べてください。

- 白色化には `ImageDataGenerator` を使うこと。その際、ヒントを参考に `ImageDataGenerator` に適切な引数を渡すこと。

In

```
import matplotlib.pyplot as plt
from keras.datasets import cifar10
from keras.preprocessing.image import ImageDataGenerator
%matplotlib inline

(X_train, y_train), (X_test, y_test) = cifar10.load_data()

# ここでは全データのうち、学習には300枚、テストには100枚のデータを使用します
X_train = X_train[:300]
X_test = X_test[:100]
y_train = y_train[:300]
y_test = y_test[:100]

for i in range(10):
    plt.subplot(2, 5, i + 1)
    plt.imshow(X_train[i])
plt.suptitle('The original image', fontsize=12)
plt.show()

# ジェネレーターを生成してください
datagen =

# 白色化します
datagen.fit(X_train)
g = datagen.flow(X_train, y_train, shuffle=False)
X_batch, y_batch = g.next()

# 生成した画像を見やすくします
X_batch *= 127.0 / max(abs(X_batch.min()), abs(X_batch.max()))
X_batch += 127
X_batch = X_batch.astype('uint8')

for i in range(10):
    plt.subplot(2, 5, i + 1)
```

```
    plt.imshow(X_batch[i])
plt.suptitle('Whitening result', fontsize=12)
plt.show()
```

リスト 22.3：問題

ヒント

- **datagen = ImageDataGenerator()** とするとジェネレーターを生成できます。
- **ImageDataGenerator** に **zca_whitening=True** を指定することでゼロ位相成分分析を適用することができます。

解答例

In

```
(…略…)
# ジェネレーターを生成してください
datagen = ImageDataGenerator(zca_whitening=True)

# 白色化します
(…略…)
```

Out

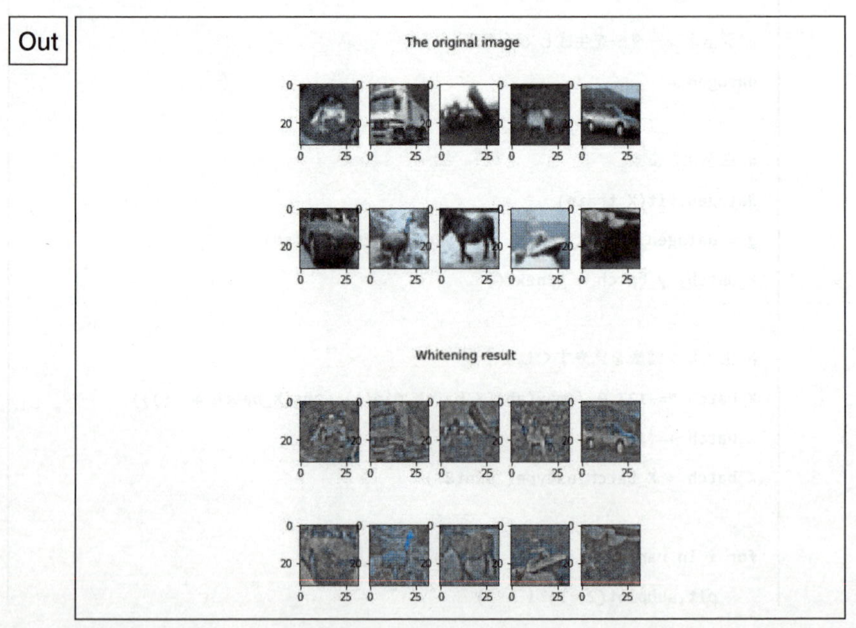

リスト 22.4：解答例

22.2.4 バッチ正規化

深層学習において、ミニバッチ学習の際にバッチごとに標準化を行うことを**バッチ正規化**（バッチノーマライゼーション）と言います。

Kerasでは以下のように、全結合層や畳み込み層、活性化関数などと同じようにmodelの**add()**メソッドでモデルに組み込むことができます。

```
model.add(BatchNormalization())
```

バッチ正規化はデータの前処理としてだけではなく、中間層の出力に適用することができます。

特に、活性化関数ReLUなど、出力値の範囲が限定されていない関数の出力に対して**バッチ正規化**を使うと、学習がスムーズに進みやすくなり大きな効果を発揮します。

問題

リスト22.5の空欄にバッチ正規化を組み込む文を書き加えて実行してください。なお以下の点に注意してください。

- 正しく正規化を使うと、活性化関数に**sigmoid**関数ではなく**ReLU**関数を用いてもうまく学習を進めることができます。
- ReLUを正しく使うと、**sigmoid**関数を使うより良い学習結果が出ることが多いです。

In

```
import numpy as np
import matplotlib.pyplot as plt
from keras.datasets import mnist
from keras.layers import Activation, Conv2D, Dense, Flatten,⏎
MaxPooling2D, BatchNormalization
from keras.models import Sequential, load_model
from keras.utils.np_utils import to_categorical

(X_train, y_train), (X_test, y_test) = mnist.load_data()
X_train = np.reshape(a=X_train, newshape=(-1, 28, 28, 1))[:300]
```

```
X_test = np.reshape(a = X_test,newshape=(-1, 28, 28, 1))[:300]
y_train = to_categorical(y_train)[:300]
y_test = to_categorical(y_test)[:300]

# model1（活性化関数にsigmoid関数を使うモデル）を定義します
model1 = Sequential()
model1.add(Conv2D(input_shape=(28, 28, 1), filters=32,
                 kernel_size=(2, 2), strides=(1, 1), padding="same"))
model1.add(MaxPooling2D(pool_size=(2, 2)))
model1.add(Conv2D(filters=32, kernel_size=(
    2, 2), strides=(1, 1), padding="same"))
model1.add(MaxPooling2D(pool_size=(2, 2)))
model1.add(Flatten())
model1.add(Dense(256))
model1.add(Activation('sigmoid'))
model1.add(Dense(128))
model1.add(Activation('sigmoid'))
model1.add(Dense(10))
model1.add(Activation('softmax'))

# コンパイルします
model1.compile(optimizer='sgd', loss='categorical_crossentropy',
              metrics=['accuracy'])
# 学習させます
history = model1.fit(X_train, y_train, batch_size=32, epochs=3,
                    validation_data=(X_test, y_test))

# 可視化します
plt.plot(history.history['acc'], label='acc', ls='-', marker='o')
plt.plot(history.history['val_acc'], label='val_acc', ls='-',
         marker='x')
plt.ylabel('accuracy')
plt.xlabel('epoch')
plt.suptitle('model1', fontsize=12)
```

```
plt.show()


# model2（活性化関数にReLUを使うモデル）を定義します
model2 = Sequential()
model2.add(Conv2D(input_shape=(28, 28, 1), filters=32,
                 kernel_size=(2, 2), strides=(1, 1), padding="same"))
model2.add(MaxPooling2D(pool_size=(2, 2)))
model2.add(Conv2D(filters=32, kernel_size=(
    2, 2), strides=(1, 1), padding="same"))
model2.add(MaxPooling2D(pool_size=(2, 2)))
model2.add(Flatten())
model2.add(Dense(256))
model2.add(Activation('relu'))
# 以下にバッチ正規化を追加してください


model2.add(Dense(128))
model2.add(Activation('relu'))
# 以下にバッチ正規化を追加してください


model2.add(Dense(10))
model2.add(Activation('softmax'))


# コンパイルします
model2.compile(optimizer='sgd', loss='categorical_crossentropy',
              metrics=['accuracy'])
# 学習させます
history = model2.fit(X_train, y_train, batch_size=32, epochs=3,
                    validation_data=(X_test, y_test))


# 可視化します
plt.plot(history.history['acc'], label='acc', ls='-', marker='o')
plt.plot(history.history['val_acc'], label='val_acc', ls='-',
         marker='x')
plt.ylabel('accuracy')
```

```
plt.xlabel('epoch')
plt.suptitle('model2', fontsize=12)
plt.show()
```

リスト22.5：問題

ヒント

バッチ正規化は一見、層ではありませんが、Kerasでは他の層と同じように扱うことができます。

解答例

In

```
(…略…)
# 以下にバッチ正規化を追加してください
model2.add(BatchNormalization())
model2.add(Dense(128))
model2.add(Activation('relu'))
# 以下にバッチ正規化を追加してください
model2.add(BatchNormalization())
model2.add(Dense(10))
model2.add(Activation('softmax'))

# コンパイルします
(…略…)
```

Out

```
Train on 300 samples, validate on 300 samples
Epoch 1/3
300/300 [==============================] - 0s 1ms/step - loss: 2.5737 -
acc: 0.0767 - val_loss: 2.3909 - val_acc: 0.0667
Epoch 2/3
300/300 [==============================] - 0s 745us/step - loss: 2.2726
- acc: 0.1600 - val_loss: 2.2532 - val_acc: 0.1567
Epoch 3/3
300/300 [==============================] - 0s 792us/step - loss: 2.1457
- acc: 0.2800 - val_loss: 2.1900 - val_acc: 0.3367
```

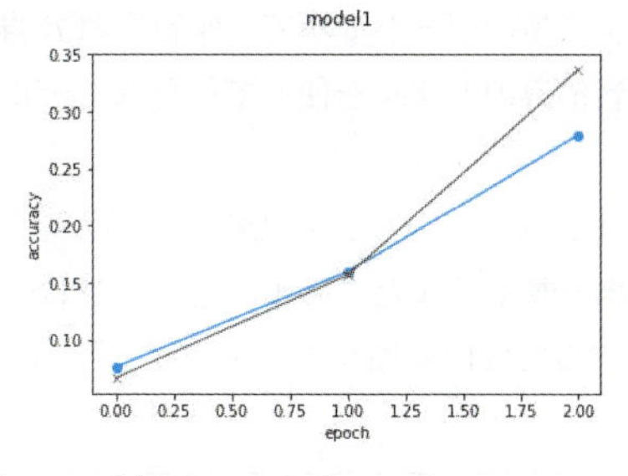


```
Train on 300 samples, validate on 300 samples
Epoch 1/3
300/300 [==============================] - 1s 3ms/step - loss: 1.6684 -
acc: 0.4900 - val_loss: 1.7386 - val_acc: 0.5033
Epoch 2/3
300/300 [==============================] - 0s 759us/step - loss: 0.6411
- acc: 0.8267 - val_loss: 1.3585 - val_acc: 0.5833
Epoch 3/3
300/300 [==============================] - 0s 768us/step - loss: 0.3779
- acc: 0.9200 - val_loss: 1.0487 - val_acc: 0.6367
```

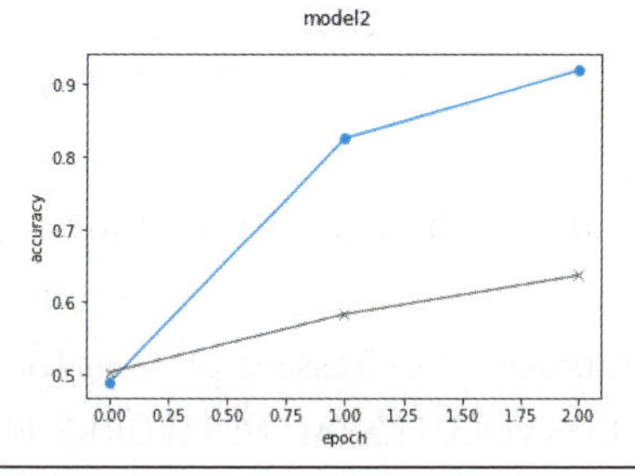

リスト22.6：解答例

22.3 転移学習

22.3.1 転移学習

大規模なニューラルネットワークを学習させるのにはとても時間がかかり、データも大量に必要になります。

このような場合は、大量のデータですでに学習され公開されているモデルを用いることが有効です。学習済みのモデルを使って新たなモデルの学習を行うことを**転移学習**と言います。

Kerasでは、ImageNet（120万枚、1,000クラスからなる巨大な画像のデータセット）で学習した画像分類モデルとその重みをダウンロードし、使用できます。

公開されているモデルには何種類かありますが、ここでは**VGG16**というモデルを例に説明します。

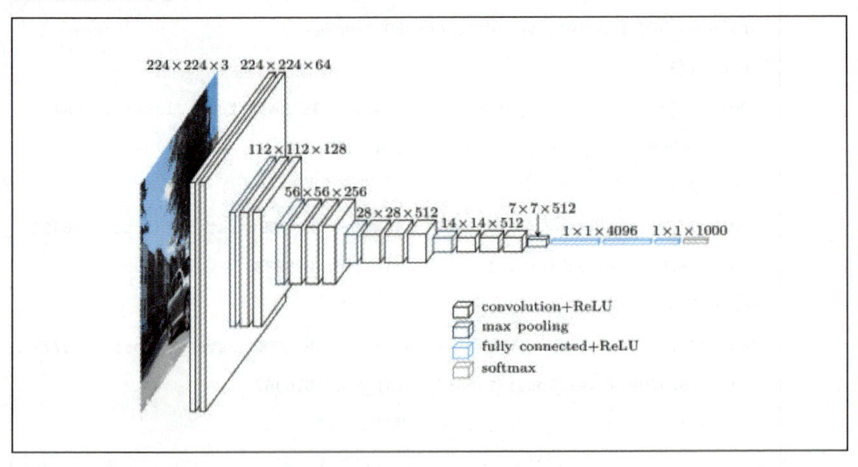

図22.6：VGGモデル

出典「VGG in TensorFlow」の「FIG.2 - MACROARCHITECTURE OF VGG16」より引用

URL http://www.cs.toronto.edu/~frossard/post/vgg16/

参考 VERY DEEP CONVOLUTIONAL NETWORKS FOR LARGE-SCALE IMAGE RECOGNITION

URL https://arxiv.org/pdf/1409.1556.pdf

VGGモデルは、2014年のILSVRCという大規模な画像認識のコンペティションで2位になった、オックスフォード大学VGG（Visual Geometry Group）チームが作成したネットワークモデルです（図22.6）。

小さいフィルタを使った畳み込みを2～4回連続で行いさらにプーリングする、というのを繰り返し、当時としてはかなり層を深くしてあるのが特徴です。VGGモデルには、重みがある層（畳み込み層と全結合層）を16層重ねたものと19層重ねたものがあり、それぞれ**VGG16**や**VGG19**と呼ばれます。VGG16は、畳み込み13

層＋全結合層 3 層＝ 16 層のニューラルネットワークになっています。

もともとの VGG モデルは、1,000 クラスの分類モデルなので出力ユニットは 1,000 個ありますが、最後の全結合層は使わずに途中までの層を特徴抽出のための層として使うことで、転移学習に用いることができます。

また、入力画像のサイズも気にする必要はありません。これは、VGG16 モデルは、畳み込み層のカーネルサイズは **3 × 3** と小さく、また **padding='same'** とされており、極端に入力画像が小さくない限り 13 層を経て抽出される特徴の数が一定数確保されるためです。

問題

転移学習について述べた文として、最も適当なものを選んでください。

1. 入力画像のサイズは、元のモデルの構造に合わせてあらかじめ拡大したり縮小したりする必要がある。
2. 元のモデルと同じ出力を想定してないモデルには、転移学習を行うことができない。
3. 転移学習では、学習済みのモデル構造を新たなモデルに使うことができるが、重みは一から学習させる必要がある。
4. 転移学習を行うと、一般的に学習に要する時間を短縮することができる。

ヒント

元のモデルと入力や出力が異なるモデルにも転移学習を行うことができ、重みも学習済みのものを使うことができます。

解答例

4. 転移学習を行うと、一般的に学習に要する時間を短縮することができる。

22.3.2 VGG16

Keras で cifar10 のデータセットを転移学習を用いて分類します。

ここまで使ってきた **Sequential** というタイプのモデルに VGG16 のモデルを組み合わせます。まず、VGG のモデルを作ります（リスト 22.7）。

In

```
from keras.applications.vgg16 import VGG16

input_tensor = Input(shape=(32, 32, 3))
vgg16 = VGG16(include_top=False, weights='imagenet', input_tensor=input_
tensor)
```

リスト22.7：VGGのモデルの作成例

input_tersor として入力の形を与えます。

include_top は、元のモデルの最後の全結合層の部分を用いるかどうかです。これを **False** にすることで元のモデルの畳み込み層による特徴抽出部分のみを用いて、それ以降の層に自分で作成したモデルを追加することができます。

weights は **imagenet** を指定すると、ImageNetで学習した重みを用い、**None** とするとランダムな重みを用いるようになります。

特徴抽出部分以降に新しく他の層を追加するには、あらかじめVGGとは別のモデル（ここでは **top_model**）を定義し、リスト22.8のようにして結合します。

In

```
top_model = vgg16.output
top_model = Flatten(input_shape=vgg16.output_shape[1:])(top_model)
top_model = Dense(256, activation='sigmoid')(top_model)
top_model = Dropout(0.5)(top_model)
top_model = Dense(10, activation='softmax')(top_model)

model = Model(inputs=vgg16.input, outputs=top_model)
```

リスト22.8：別のモデルを定義

VGG16による特徴抽出部分の重みは更新されると崩れてしまうので、リスト22.9のようにして固定します。

In

```
# modelの19層目までがvggのモデル
for layer in model.layers[:19]:
    layer.trainable = False
```

リスト22.9：重みを固定化

コンパイル・学習は同様に行えますが、転移学習する場合、最適化はSGDを選択するのが良いとされています（リスト22.10）。

In

```
model.compile(loss='categorical_crossentropy',
              optimizer=optimizers.SGD(lr=1e-4, momentum=0.9),
              metrics=['accuracy'])
```

リスト22.10：SGDで最適化

問題

リスト22.11のプログラムを埋めて、cifar10の分類モデルをVGG16を使って生成し、転移学習させるコードを完成させてください。

In

```
from keras import optimizers
from keras.applications.vgg16 import VGG16
from keras.datasets import cifar10
from keras.layers import Dense, Dropout, Flatten, Input
from keras.models import Model, Sequential
from keras.utils.np_utils import to_categorical
import matplotlib.pyplot as plt
import numpy as np
%matplotlib inline

(X_train, y_train), (X_test, y_test) = cifar10.load_data()
y_train = to_categorical(y_train)
y_test = to_categorical(y_test)

# input_tensorの定義をしてください
input_tensor =

vgg16 = VGG16(include_top=False, weights='imagenet', input_tensor=input_
tensor)

top_model = vgg16.output
top_model = Flatten(input_shape=vgg16.output_shape[1:])(top_model)
top_model = Dense(256, activation='sigmoid')(top_model)
```

```
top_model = Dropout(0.5)(top_model)
top_model = Dense(10, activation='softmax')(top_model)

# vgg16 と top_model を連結してください
model = 

# 19 層目までの重みを固定してください



# モデルを確認します
model.summary()

model.compile(loss='categorical_crossentropy',
              optimizer=optimizers.SGD(lr=1e-4, momentum=0.9),
              metrics=['accuracy'])

# すでに学習済みのモデルを保存している場合、以下のように学習済みモデルを取得で⏎
きます
# model.load_weights('param_vgg.hdf5')

# バッチサイズ 32, エポック数 3 で学習を行っています
model.fit(X_train, y_train, validation_data=(X_test, y_test), batch_⏎
size=32, epochs=3)

# 以下の式でモデルを保存することができます
model.save_weights('param_vgg.hdf5')

# 精度を評価します
scores = model.evaluate(X_test, y_test, verbose=1)
print('Test loss:', scores[0])
print('Test accuracy:', scores[1])

# データを可視化します（テストデータの先頭の 10 枚）
for i in range(10):
```

```
    plt.subplot(2, 5, i+1)
    plt.imshow(X_test[i])
plt.suptitle("The first ten of the test data",fontsize=16)
plt.show()

# 予測します（テストデータの先頭の 10 枚）
pred = np.argmax(model.predict(X_test[0:10]), axis=1)
print(pred)
```

リスト 22.11：問題

ヒント

精度は 47% ほどにとどまります。訓練データをかさ増ししたり何度も学習を繰り返すと 90% ほどまで出ますが、計算資源と時間がかなり必要になります。

解答例

In

```
(…略…)
# input_tensor の定義をしてください
input_tensor = Input(shape=(32, 32, 3))
(…略…)
# vgg16 と top_model を連結してください
model = Model(inputs=vgg16.input, outputs=top_model)

# 19 層目までの重みを固定してください
for layer in model.layers[:19]:
    layer.trainable = False

# モデルを確認します
model.summary()
(…略…)
```

Out

```
_________________________________________________________________
Layer (type)                 Output Shape              Param #
=================================================================
```

```
input_3 (InputLayer)         (None, 32, 32, 3)      0
_________________________________________________________________
block1_conv1 (Conv2D)        (None, 32, 32, 64)     1792
_________________________________________________________________
block1_conv2 (Conv2D)        (None, 32, 32, 64)     36928
_________________________________________________________________
(…略…)
_________________________________________________________________
dense_5 (Dense)              (None, 256)            131328
_________________________________________________________________
dropout_3 (Dropout)          (None, 256)            0
_________________________________________________________________
dense_6 (Dense)              (None, 10)             2570
=================================================================
Total params: 14,848,586
Trainable params: 133,898
Non-trainable params: 14,714,688
_________________________________________________________________
Train on 50000 samples, validate on 10000 samples
Epoch 1/3
50000/50000 [==============================] - 552s 11ms/step - loss:
2.3704 - acc: 0.2003 - val_loss: 1.7705 - val_acc: 0.3910
Epoch 2/3
50000/50000 [==============================] - 534s 11ms/step - loss:
1.9159 - acc: 0.3298 - val_loss: 1.6014 - val_acc: 0.4467
Epoch 3/3
50000/50000 [==============================] - 537s 11ms/step - loss:
1.7461 - acc: 0.3849 - val_loss: 1.5204 - val_acc: 0.4737
10000/10000 [==============================] - 88s 9ms/step
Test loss: 1.5204114944458007
Test accuracy: 0.4737
```

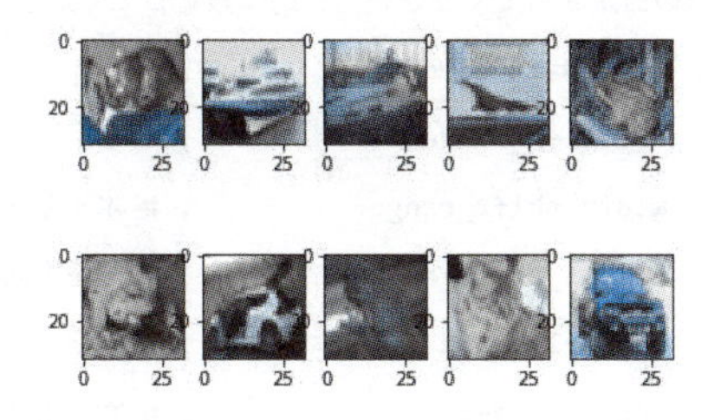


```
[3 8 8 8 6 6 1 6 5 3]
```

リスト 22.12：解答例

添削問題

CNN ではデータの水増しをして学習させることで、より過学習を避けて汎化性能のあるモデルを作ることができます。ここでは **ImageDataGenerator** の使い方を復習しましょう。

問題

リスト 22.13 でコメントアウトの部分を実装してください。

In

```
import matplotlib.pyplot as plt
from keras.datasets import cifar10
from keras.preprocessing.image import ImageDataGenerator
% matplotlib inline

# 画像データを読み込みます
(X_train, y_train), (X_test, y_test) = cifar10.load_data()

# 画像を表示します
for i in range(10):
    plt.subplot(2, 5, i + 1)
    plt.imshow(X_train[i])
plt.suptitle('original', fontsize=12)
plt.show()
```

```
# 拡張する際の設定をしてください（自由に設定してください）
generator = ImageDataGenerator(
            rotation_range=           , # ○○°まで回転します
            width_shift_range=        , # 水平方向にランダムでシフトさせます
            height_shift_range=       , # 垂直方向にランダムでシフトさせます
            channel_shift_range=      , # 色調をランダム変更します
            shear_range=              , # 斜め方向(pi/8まで)に引っ張ります
            horizontal_flip=          , # 垂直方向にランダムで反転します
            vertical_flip=            , # 水平方向にランダムで反転します
            )

# 画像を拡張してください（.flowを使って拡張する画像データを渡してください。表⏎
示した時に比較をしたいので、shuffle=Falseを指定してください）
extension =
X_batch  =



# 生成した画像を見やすくしています
X_batch *= 127.0 / max(abs(X_batch.min()), X_batch.max())
X_batch += 127.0
X_batch = X_batch.astype('uint8')

# 拡張した画像を表示します
for i in range(10):
    plt.subplot(2, 5, i + 1)
    plt.imshow(X_batch[i])
plt.suptitle('extension', fontsize=12)
plt.show()
```

リスト 22.13：問題

.flow(データ,引数)で設定します。

解答例

In

```
(…略…)
# 拡張する際の設定をしてください（自由に設定してください）
generator = ImageDataGenerator(
            rotation_range=90,          # 90°まで回転させます
            width_shift_range=0.3,      # 水平方向にランダムでシフトさせます
            height_shift_range=0.3,     # 垂直方向にランダムでシフトさせます
            channel_shift_range=70.0,   # 色調をランダム変更します
            shear_range=0.39,           # 斜め方向（pi/8まで）に引っ張ります
            horizontal_flip=True,       # 垂直方向にランダムで反転します
            vertical_flip=True          # 水平方向にランダムで反転します
            )

# 画像を拡張してください（.flowを使って拡張する画像データを渡してください。表示した時に比較をしたいので、shuffle=Falseを指定してください）
extension = generator.flow(X_train,shuffle=False)
X_batch = extension.next()
(…略…)
```

Out

original

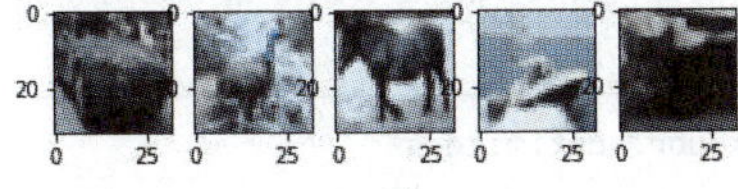

extension

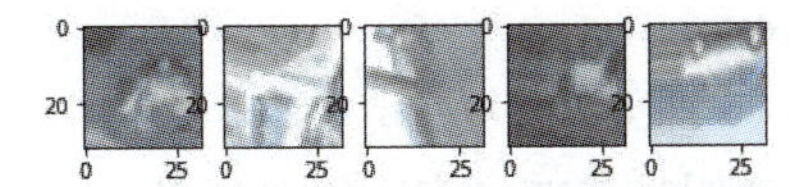

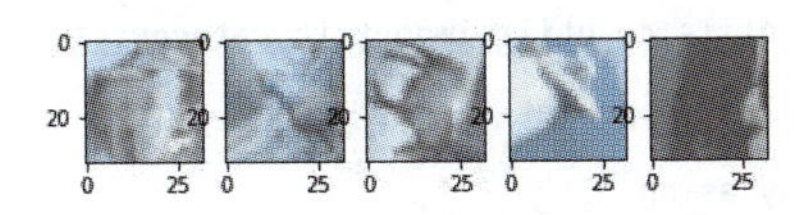

リスト22.14：解答例

解説

`ImageDataGenerator` でよく使われる引数を表 22.1 で見ていきます。

表 22.1：ImageDataGenerator でよく使われる引数

変数	説明
rotation_range	ランダムに回転する回転範囲（単位：degree(度)）
width_shift_range	ランダムに水平方向に平行移動する画像の横幅に対する割合
height_shift_range	ランダムに垂直方向に平行移動する画像の縦幅に対する割合
shear_range	せん断の度合い。大きくするとより斜め方向に押しつぶされたり伸びたりしたような画像になる（単位：degree）
channel_shift_range	入力がRGB3チャンネルの画像の場合、R、G、Bそれぞれにランダムな値を足したり引いたりする（0~255）
horizontal_flip	Trueを指定するとランダムに水平方向に反転する
vertical_flip	Trueを指定するとランダムに垂直方向に反転する

最終添削問題

リスト 22.15 のプログラムを埋めて、cifar10 を vgg16 のモデルの転移学習させてください。

・cifar10 のデータはすべて用いて良いです。
・データの水増し、拡張は「なし」とします。
・重みの固定は 15 層目までとしましょう。
・epoch 数は 3 で、65% 以上の精度を出しましょう。

In

```
from keras import optimizers
from keras.applications.vgg16 import VGG16
from keras.datasets import cifar10
from keras.layers import Dense, Dropout, Flatten, Input
from keras.models import Model, Sequential
from keras.utils.np_utils import to_categorical
import matplotlib.pyplot as plt
import numpy as np
```

```
# データをロードしてください
(X_train, y_train), (X_test, y_test) =
y_train = to_categorical(y_train)
y_test = to_categorical(y_test)

# input_tensor の定義をして、vgg の ImageNet による学習済みモデルを作成してく⏎
ださい
input_tensor =
vgg16 =

# 特徴量抽出部分のモデルを作成しています
top_model = vgg16.output
top_model = Flatten(input_shape=vgg16.output_shape[1:])(top_model)
top_model = Dense(256, activation='sigmoid')(top_model)
top_model = Dropout(0.5)(top_model)
top_model = Dense(10, activation='softmax')(top_model)

# vgg16 と top_model を連結してください
model =

# 以下の for 文を完成させて、15 層目までの重みを固定させてください
for layer in :
    layer.trainable =

#  学習の前に、モデル構造を確認してください
model.summary()

# コンパイルをしています
model.compile(loss='categorical_crossentropy',
              optimizer=optimizers.SGD(lr=1e-4, momentum=0.9),
              metrics=['accuracy'])

#  すでに学習済みのモデルを保存している場合、以下のように学習済みモデルを取得で⏎
```

```
きます
# model.load_weights('param_vgg_15.hdf5')

# バッチサイズ32で学習を行ってください
model.fit()

# 以下の式でモデルを保存することができます
model.save_weights('param_vgg_15.hdf5')

# 精度の評価をしています
scores = model.evaluate(X_test, y_test, verbose=1)
print('Test loss:', scores[0])
print('Test accuracy:', scores[1])
```

リスト22.15：問題

ヒント

モデルの作成は、22.3.2項「**VGG16**」を参考にしてください。

解答例

In

```
(…略…)
# データをロードしてください
(X_train, y_train), (X_test, y_test) = cifar10.load_data()
y_train = to_categorical(y_train)
y_test = to_categorical(y_test)

# input_tensorの定義をして、vggのImageNetによる学習済みモデルを作成してく↵
ださい
input_tensor = Input(shape=(32, 32, 3))
vgg16 = VGG16(include_top=False, weights='imagenet', input_tensor=input_↵
tensor)
(…略…)
# vgg16とtop_modelを連結してください
model = Model(inputs=vgg16.input, outputs=top_model)
```

```
# 以下の for 文を完成させて、15 層目までの重みを固定させてください
for layer in model.layers[:15]:
    layer.trainable = False
(…略…)
# バッチサイズ 32 で学習を行ってください
model.fit(X_train, y_train, validation_data=(X_test, y_test), batch_
size=32, epochs=3)
(…略…)
```

Out

```
_________________________________________________________________
Layer (type)                 Output Shape              Param #
=================================================================
input_1 (InputLayer)         (None, 32, 32, 3)         0
_________________________________________________________________
(…略…)
_________________________________________________________________
dense_2 (Dense)              (None, 10)                2570
=================================================================
Total params: 14,848,586
Trainable params: 7,213,322
Non-trainable params: 7,635,264
_________________________________________________________________
Train on 50000 samples, validate on 10000 samples
Epoch 1/3
50000/50000 [==============================] - 1209s 24ms/step - loss:
1.6510 - acc: 0.4311 - val_loss: 1.1068 - val_acc: 0.6207
Epoch 2/3
50000/50000 [==============================] - 1218s 24ms/step - loss:
1.1535 - acc: 0.6079 - val_loss: 0.9505 - val_acc: 0.6742
Epoch 3/3
50000/50000 [==============================] - 1206s 24ms/step - loss:
0.9989 - acc: 0.6653 - val_loss: 0.8661 - val_acc: 0.7040
10000/10000 [==============================] - 89s 9ms/step
```

```
Test loss: 0.8661002549171448

Test accuracy: 0.704
```

リスト22.16：解答例

解説

転移学習の22.3.2項「**VGG16**」とは異なり、すべての層を固定するのではなく、一部の層だけ固定して学習してみました。ここで作成したmodelの19層目まではImageNetによる重みの学習が完了していますが、ここではそのうちの15層目までを固定しました。22.3.2項では、同じ学習方法で、およそ47%の精度が出たのに対して、ここでは70%近くまで精度を上げられました。ただし、実行時間はおよそ2～3倍になりました。

固定する層を一部にしたことで、学習が必要なパラメータの数が増えたため、計算量が増えた一方、精度は向上しました。データの数が少ない時などは、このように一部の層だけを固定する方法はとても有用ですが、精度と学習時間はトレードオフの関係にあることを意識しましょう。

あとがき

人工知能、暗号通貨などの様々な先端テクノロジーの研究が進んでいますが、「人工知能は人間の仕事を奪うのでは？」「暗号通貨はマネーロンダリングなどに使われる可能性がある危険な通貨では？」など間違ったイメージを持つ方も多いです。

一方で、こうした先端テクノロジーを駆使して、自動車の自動運転など、いままで人類が享受できなかった便利なサービスが数多く生まれています。そこで、Aidemyのミッションはこうしたテクノロジーの広がりを支援するため、「社会とテクノロジーをつなぐ」ことに決まりました。自動運転などの便利なツールやシステムを作ることができるのはエンジニアであり、Aidemyのミッションが具現化できるのは、エンジニアが中心になると考えています。そのため、筆者はAidemyを通じ、エンジニアのスキルアップやプロダクト制作の支援を続けているのです。

本書の出版が打診された際、ステークホルダーや社内から「本書を出版することで、Aidemy自体の売上が落ちてしまうのではないか？」という議論もありました。確かに、本書とAidemyのコンテンツは重複する箇所があります。そのため、短期的に見ればAidemyの売上が落ちることもあり得ます。しかし、Aidemyの事業領域は、機械学習や深層学習の教育コンテンツのWeb販売だけではありません。Aidemyは「社会とテクノロジーをつなぐ」会社です。そのため、事業ドメインとしても教育・研修・人材サービスは勿論のこと、エンジニア向けツール提供など広範囲に取り組む予定です。したがって、社内の教育コンテンツの売上という指標だけを追うことはせず、エンジニアに広く貢献する会社になれるかどうかを最も重要視しています。そうした背景から、本書を出版することを決意しました。本書がきっかけとなり、一人でも多くのエンジニアが人工知能（機械学習）のテーマをもっと身近に感じて頂ければ、「社会とテクノロジーをつなぐ」会社として冥利に尽きます。

最後に、本書を書くにあたって、多くの方にお世話になりましたので、謝辞を述べさせていただきます。本書の執筆には、Aidemyのビジョンに共感し、Aidemyのコンテンツを執筆頂いた数多くのエンジニアにご協力いただきました。特に、コンテンツの品質を上げるために尽力して頂いた村上 真太朗さん、加賀美 崚さん、森山 広大さん、河合 大さん、山崎 泰晴さん、木村 優志さんには、特に感謝申し上げます。また、編集者である株式会社翔泳社の宮腰隆之さんには、書籍執筆の貴重な機会を頂き、多大なるご尽力をいただきました。本書やサービス「Aidemy」によって、多くのエンジニアがスキルアップすることを願って。

2018年9月吉日

株式会社アイデミー 代表取締役CEO 石川 聡彦

INDEX

著者プロフィール

石川 聡彦（いしかわ・あきひこ）
株式会社アイデミー　代表取締役社長　CEO。
東京大学工学部卒。株式会社アイデミーは2014年に創業されたベンチャー企業で、10秒で始める先端テクノロジー特化型のプログラミング学習サービス「Aidemy」を提供。様々な企業のアプリケーション制作・データ解析を行った。現在の主力サービス「Aidemy」はAIやブロックチェーンなどの先端テクノロジーに特化したプログラミング学習サービスで、リリース100日で会員数10,000名以上、演習回数100万回以上を記録。早稲田大学主催のリーディング理工学博士プログラムでは、AIプログラミング実践授業の講師も担当した。著書に『人工知能プログラミングのための数学がわかる本』（KADOKAWA/2018年）などがある。

装丁デザイン　大下賢一郎
本文デザイン　NONdesign 小島トシノブ
装丁写真　Getty Images
DTP　株式会社アズワン
編集協力　佐藤弘文

Python（パイソン）で動かして学ぶ！あたらしい深層学習の教科書
機械学習の基本から深層学習まで

2018年10月22日　初版第1刷発行
2020年 2 月15日　初版第3刷発行

著者　株式会社アイデミー　石川 聡彦（いしかわ あきひこ）
発行人　佐々木 幹夫
発行所　株式会社翔泳社（https://www.shoeisha.co.jp）
印刷・製本　株式会社ワコープラネット

ISBN978-4-7981-5857-0　Printed in Japan